물의 과학

물의 궁극적 실체를 밝히는 과학 여행

The Fourth Phase of Water

① SOLID 얼음

② LIQUID 물

③ VAPOR 수증기

물의 과학

물의 궁극적 실체를 밝히는 과학 여행

④ AND EXCLUSION ZONE
그리고 물의 네 번째 상, 배타 구역

일러두기

- 본문 중 각주는 모두 옮긴이가 쓴 것이다.
- 본문 중 고딕체는 원서에서 이탤릭체로 강조한 부분이다.
- 책은 『』, 학술지나 잡지는 《 》, 영화는 〈 〉로 구분했다.

세포 안의 물이 시험관 속의 물과 같지 않음을
가르쳐준 스승이자 불굴의 용기로 끊임없는 영감을 준
길버트 링Gilbert Ling에게

모든 사람이 보고 있지만 그 누구도 생각 못하는 것을
생각하는 것이 곧 발견이다.
– 얼베르트 센트죄르지Albert Szent-Györgyi(1893~1986), 노벨상 수상자

옮긴이의 글

뜨끈하게 바로 내온 미소 된장을 자세히 내려다본 적이 있는가? 혹시 물이 움직이면서 된장국 표면에 모자이크 모양을 빚어내는 모습을 본 적이 있는가? 끓는 물에 라면 수프를 넣자마자 물거품이 급작스레 확 커지는 현상을 목격한 적이 있는가? 주전자에서 끓는 물은 어떻게 휘파람처럼 삑삑 뿜는 소리를 내는 것일까?

이러한 현상이 어떻게 생기는지 하나라도 만족스럽게 설명할 수 있나 스스로에게 물어보자. 나? 솔직히 말하면 아직도 잘 모르겠다. 책을 옮기기까지 했으니 나도 이런 현상의 배후에 물이 숨어 있다는 정도는 짐작한다. 하지만 다른 사람들에게 명쾌하게 설명하기는 여전히 힘들 것 같다. 얼음이 어는 원리와 스케이트 날이 얼음을 긋고 지나갈 때 물의 구조를 알고 그것을 알아들을 수 있게 설명할 수 있다면 그 사람은 무척 특별한 사람일 것이다. 가까운 곳에 있다면 기꺼이 차비와 막걸리 값을 지불할 용의가 있다.

세포와 생물학을 30년 가까이 공부해온 나는 현재 과학계에 아직 해결하지 못한 커다란 난제가 있다는 사실을 실감한다. 그것은 바로 물과 관련된 질문들이다. 그리고 우리가 이미 잘 알고 있는 사실조차 신기루처럼 보일 때가 있다는 점도 인정한다. 가령 우리는 인간의 몸을 구성하는 물질의 60퍼센트가 물이라는 사실을 '잘 안다'. 하지만 그 말이 무엇을 의미할까? 세포 안에서 물은 어떤 형태로 존재할까? 크기가 0.3나노미터라는 물은 세포 안에 몇 개나 들어 있을까? 부끄럽게도 나는 그 답을 모른다.

세포 안에 들어 있는 물 분자의 개수는 어찌어찌 실험해볼 수는 있을 것 같다. 가령 100만 개의 배양 세포를 용광로 고온에서 말린 다음 말리기 전의 무게와 비교하는 것이다. 하지만 열을 가했다고 해서 세포 안에 물이 남아 있지 말라는 법은 없을 것이다. 만일 고분자와 강하게 결합하고 있는 물 분자가 고온에도 끄떡없이 버틸 수 있다면 어찌할 것인가? 이 말은 곧 세포 안에서 물 분자가 어떤 형태로 존재하는지 모른다는 고해성사와 다르지 않다.

현재 지구 위 생명체 대부분은 태양에서 오는 빛에 신세를 지고 있다. 사실 궁극적으로 남세균과 식물들은 물을 깨는 데 태양 에너지를 사용한다. 호두까기 인형으로나 비유함 직한 산소발생 복합체oxygen-evolving complex는 물을 깨서 그 안에 들어 있는 생명의 정수를 끄집어낸다. 짐작하다시피 그것은 바로 양성자와 전자이다. 그리고 그 부산물로 산소가 만들어진다. 식물도 자신들이 만든 산소를 쓰기 때문에 동물로서의 미안함이 좀 가시기는 하지만 그 산소는 종속 생명체가 살아가는 데 절대적으로 필요한 물질이다. 먼 길을 돌고 돌아온 양성자와 전자를 다시 품는 과정에서 산소가 사용되기 때문이다. 물을 깨서 얻은 양성자와 전자는 산소와 만나 다시 물이 된다.

이런 사실을 알고서 시인 한용운이 "타고 남은 재가 다시 기름이 됩니다"라고 했을 리 만무하지만 물에서 물로 되돌아가는 과정은 가히 천의무

봉天衣無縫 격으로 아름답기 그지없다. 파프리카에서 비타민 C를 발견하고 연구한 헝가리의 과학자 얼베르트 센트죄르지는 이런 말을 했다고 한다.

"생명은 고체solid의 장단에 맞춰 물이 추는 춤이다."

멋진 말이다. 춤을 추고 있는 물을 60퍼센트나 채운 나는 가히 물 풍선에 가깝다. 우리는 그 물이 섭씨 37도 정도에 해당하는 열에너지를 갖도록 몸의 기관과 조직을 쉼 없이 움직인다.

근육 생리학을 연구하면서 과학자로서의 이력을 쌓은 제럴드 폴락Gerald Pollack은 현재 미국 시애틀에 있는 워싱턴대학에서 물 연구를 계속하고 있다. 이 책을 읽다 보면 느끼겠지만 그는 어려운 수식을 전혀 사용하지 않는다. 심지어 동료 심사를 거친 폴락의 논문에서도 수식은 찾아보기 힘들다. 그가 《사이언스》나 《네이처》 혹은 물리학 잡지에서 볼 수 있는 난해함을 적극적으로 피했다는 점을 알 수 있다. 어찌 보면 폴락의 연구실에서 진행되는 실험은 텔레비전 요리 프로그램을 보는 듯하다. 사용하는 기기도 적외선 카메라가 가장 비싼 게 아닌가(그렇지는 않겠지만) 싶을 정도다.

본문에서 폴락 스스로 고백하듯 그는 첨단의 장비와 물리학 공식으로 치장한 주류 연구자가 아니다. 대신 일상에서 볼 수 있는 열일곱 가지의 의문을 하나씩 해결해나가는 실험 과정을 낱낱이 보여준다. 그게 이 책이 지닌 가장 큰 매력이다. 거칠게나마 물을 이해할 수 있다는 사실. 아, 그리고 하나 더 있다. 우리가 얼마나 모르는 게 많은지 깨우치게 되었다는 사실.

나는 제럴드 폴락이 물의 모든 것을 이해했다거나 또는 그가 전적으로 옳다거나 주장할 의도는 전혀 없다. 누군가 있어 물을 다 이해했다고 말한다면 그것은 거짓말이다. 한국에서도 『흐름』, 『모양』, 『가지』 형태학 3부작으로 유명한 필립 볼Philip Ball은 자신의 책 『H_2O: 물의 연대기H_2O: A Biography of Water』에서 이렇게 탄식했다.

아무도 물을 진정으로 이해하지 못한다는 사실을 받아들이는 것은 당혹스럽다. 우리 행성의 3분의 2를 둘러싸고 있는 물질은 아직도 미스터리투성이이다. 더 큰 문제는 우리가 그 물질을 들여다볼수록 질문만 더 늘어난다는 점이다. 액체인 물의 구조를 들여다볼 수 있는 첨단 기술도 의구심을 자아내고 있다.

물에 대한 우리의 입장은 아마도 이게 맞을 것이다. 물은 산소 하나에 수소가 두 개 붙어 있어서 일산화이수소dihydrogen monoxide라고도 불리는 물질이다. 산소 원자를 일컬어 전기 음성도가 크다고 말한다. 주기율표의 오른쪽에 위치하는 원자들이 흔히 저런 성질을 띤다고 말하는데 그 이유는 전자를 받아들여야만 안정해지기 때문이다. 반대로 주기율표의 왼쪽에 있는 원자들은 전자를 내버려야 홀가분해한다. 이 말에서 우리는 물 분자 안에서 산소 쪽으로 전자가 치우쳐 있는 모습을 연상할 수 있다. 바로 이런 화학적 성질 때문에 물은 이 지구상에서 가장 이해할 수 없는 물질로 자리매김하는 것이다.

물은 정말 이상한 물질이다.

온도가 섭씨 4도에 접근하면 물은 고체인 얼음보다 무거워진다. 날이 추워 수온이 섭씨 4도에 접근하면 호수의 물은 무거워 아래로 내려간다. 그러면서 호수 표면은 더 차가워지고 섭씨 4도의 물을 아래에 두고 얼어붙기 시작한다. 얼음이 호수 표면부터 언다는 사실은 얼마나 이상한 일인가? 하지만 바로 이 '기이함' 때문에 겨울 얼음장 아래로 물이 흐르고 물고기가

◆ 국내에는 『H_2O: 지구를 색칠하는 투명한 액체』라는 제목으로 소개되었다. 이 책은 물을 지질학, 천문학, 생물학 등 다양한 측면에서 서술하고 있다.

얼어 죽지 않는다.

물은 홀로 존재하지 않는다. 폴락은 이러한 물의 특성에 '사회적'이라는 용어를 부여했다. 집단으로서의 물은 세 가지의 상으로 존재한다. 잘 알다시피 고체, 액체 그리고 기체다. 섭씨 100도 이상의 온도에서 수증기 형태로 존재하는 물은 섭씨 0도 아래에서는 얼음 상태로 변한다. 물론 그 중간에서는 액체의 물로 존재한다. 하지만 폴락은 여기에 액체-결정 상태의 물을 추가하여 물이 네 종류의 상phase으로 존재한다고 강조한다.

이 책의 주제는 바로 액체-결정이다. 다른 말로 배타 구역 혹은 EZ exclusion zone이다. 사실 중합체 표면에서 물이 작은 입자를 밀쳐내는 현상은 오래전부터 알려졌다. 미국 보건원에서 운영하는 웹 사이트인 펍메드PubMed에서 배타 구역을 검색하면 계면에서 물의 특성을 정의하는 뜻 외에 체르노빌도 나온다. 원전 사고 때문에 사람의 접근을 금하는 장소도 배타 구역이다. 하지만 폴락은 물이 '사회적'으로 행동하면서 다른 입자의 접근을 불허한다는 의미에서 배타 구역이라는 말을 사용한다. 폴락이 이미 지적했듯 배타 구역은 정확한 과학 용어가 아니다. 하지만 물의 집단적 특성을 강조하기 위해 그는 이 용어를 서슴없이 사용하고 있다. 그뿐만이 아니다. 그는 배타 구역의 물이 어떤 성질을 갖는지 그리고 그것이 우리가 일상에서 관찰하는 물의 행동을 설명할 수 있는지 타진한다. 그 결과물이 이 책이다.

말 나온 김에 펍메드에서 '제럴드 폴락'을 검색해보았다. 그와 이름이 같은 과학자는 없는 모양인지 바로 논문을 죽 볼 수 있었다. 1968년부터 시작된 그의 논문은 지금까지 모두 152편이다. 초반기 논문은 심장 근육에 관한 것들이 대부분이었고 최근 들어서는 주로 물과 관련된 연구를 하는 것으로 보인다. 화학 계통의 잡지인 《랭뮤어Langmuir》에 실린 논문이 가장 최근에 발표된 것인데 배타 구역의 개념을 빌려 얼음이 녹는 현상을 설명하고 있었다. 폴락의 연구 경력이 50년임을 감안하면 그는 이미 칠순을 넘은 노인이다. 하지만 그는 아직도 왕성하게 활동하는 것처럼 보인다.

사실을 말하자면 나는 그를 한 번 대면한 적이 있다. 2015년 4월 대구에서 치러진 세계 물 포럼에 폴락이 참가한 모양이었다. 마포에 있는 한 출판사 사무실에서 만난 그는 슬리퍼에 청바지 차림이었다. 오래 얘기를 나눈 것은 아니었지만 나는 그가 소탈한 사람이라는 느낌을 받았다. 그 만남을 통해 어쨌든 나는 원했던 목표를 이루었고 그렇게 내가 번역했던 그의 첫 번째 책이 한국에서 빛을 보게 되었다. 결과적으로 폴락의 첫 번째 책의 한국 출간에 내가 다리를 놓은 셈이 되었다. 세포 안에서 물이 어떻게 행동하는지를 근육 세포의 움직임을 통해 설명하는 내용이 주된 것이었다. 폴락은 물 분자가 작은 자석처럼 행동할 것이라고 말했다. 하지만 그보다는 막대자석에 못을 여러 개 이어 붙인 모습을 상상하는 것도 나쁘지 않다.

세포 안의 단백질을 구성하는 아미노산은 스무 개다. 음이든 양이든 전하를 띤 아미노산은 다섯 개다. 이들 아미노산이 단백질에 박혀 있으면 그 표면은 전하를 띤 상태가 될 것이고 분자 자석인 물 분자를 전하가 없는 곳과 다르게 배치할 것이다. 이런 내용을 담아서 폴락은 기존의 생물학을 완전히 다른 방식으로 설명하고 있다. 나는 이 책에서 아드레날린과 같은 신경 전달 물질이 어떻게 방출될 수 있는지 설명하는 폴락의 글을 넋을 놓고 읽은 기억이 난다. 아름다웠다. 하지만 그의 견해는 아직 교과서의 테두리 밖에 있다.

여기서 분명히 해둘 것이 한 가지 있다. 나는 그의 가설이 전부 실험 결과에 의해 든든한 뒷배를 가졌다고 생각하지는 않는다. 심지어 틀린 내용도 있다. 가령 생명의 기원을 설명하는 부분에서 유리-밀러의 진공관 방전을 무비판적으로 수용한 부분이 그렇다. 아마 물의 네 번째 상을 설명하는 이 책에도 그런 부분이 분명 있을 것이다. 하지만 펍메드를 뒤져 뒷조사를 좀 해보았더니 책 내용의 상당 부분은 이미 논문으로 활자화된 상태였다.

০০০

생명체의 60퍼센트 정도가 물 분자라고 흔히 얘기하지만 이때 60퍼센트가 무게의 비율이라는 점을 잠시 짚고 넘어가자. 이 말은 70킬로그램 성인의 몸 안에는 얼추 40킬로그램의 물이 들어 있다는 뜻이다. 하지만 물은 다른 신체 구성 요소인 단백질이나 지방산 등과 비교했을 때 크기가 아주 작은 물질이다. 그렇기 때문에 무게가 아니라 숫자로 따진다면 우리 신체를 구성하는 물질의 99퍼센트는 물 분자라는 결론에 이르게 된다. 근육의 운동을 연구하던 폴락은 이 99퍼센트의 물 분자를 무시한 생물학은 시작부터 '틀렸다'고 보았다.

폴락 박사가 물을 염두에 두고 연구 방향을 선회하게 된 이유가 여기에 있다고 스스로 말한 적도 있다. 물에 관한 폴락의 첫 번째 책『진화하는 물 Cells, Gels, and the Engine of Life: A New Unifying Approach to Cell Function』에 비해『물의 과학』은 훨씬 잘 읽힌다. 게다가 그림과 이미지를 적절한 곳에 집어넣어 시각적 설명을 제공한다는 점도 이 책의 강점이라고 볼 수 있다. 말로만 설명하면 이해하기 어려운 배타 구역도 이미지를 그려 설명하고 있다.

이 책이 가진 또 하나의 강점을 꼽으라면 나는 책을 읽으면서 이전에 알고 있던 지식을 다시 한 번 되새김질하게 만드는 묘한 매력에 있다고 할 것이다. 가령 확산과 삼투가 그런 대표적인 예이다. 삼투압은 막을 사이에 두고 일어나는 물의 움직임을 다룬다. 가령 짜디짠 소금물에 적혈구를 집어넣었을 때 어떤 일이 벌어지겠느냐 하는 것이다. 이때는 적혈구 세포의 막이 반투과성을 띤다는 사실을 전제로 한다. 즉, 세포막을 통해 물은 통과하지만 나트륨과 같은 용질은 통과하지 못한다고 설명한다. 세포 안에 들어있던 물은 소금물을 희석하러 세포 밖으로 빠져나온다. 이 현상을 좀 더 전문적으로 표현해보자. 물은 용질의 농도가 낮은 쪽에서 높은 쪽으로 흘러간다. 같은 이유로 소금물에 절인 배추가 풀기를 잃는다. 그와 반대로 증류수에 적혈구를 넣으면 안으로 물이 계속해서 들어가 세포가 터져버린다.

삼투압 실험을 하던 폴락 실험실 대학원생이 실험 기구를 세척하지 않은 실수담도 꽤 재미있고 재현해보고 싶은 생각이 간절하다. 우리는 보통 실험을 하면서 실험 기구를 바로바로 씻어놓는다. 다음 사람이 사용할 수 있게 준비하는 것이지만 안전을 위해서도 그렇게 한다. 어떤 물질이 들어 있는지 사용한 사람이 가장 잘 알 것 아니겠는가? 어쨌든 폴락 실험실 대학원생은 반투막을 경계로 한쪽에는 고농도의 용액이 다른 쪽에는 물이 들어 있는 장치를 사용하였다. 그런데 고농도 용액이 들어 있는 쪽에 구멍이 나서 전부 새 나가는 일이 벌어졌다. 하지만 맞은편 물은 전날과 다름없는 높이를 유지한 채 그대로 남아 있었다. 물이 반투막을 자유롭게 통과한다면 물의 양은 줄어들거나 거의 없어야 할 것 같은 상황이었다. 고농도 용액이 없는 데도 불구하고 물이 그쪽으로 움직이지 않았다는 말이다. 이런 경우라면 삼투압 개념도 처음부터 다시 생각해야 한다. 농도가 다른 용액이 마주하고 있는 상황에서 물을 움직이게 하는 힘은 과연 어디에서 비롯되었을까?

확산은 보통 비커에 담긴 물에 잉크를 한 방울 떨어뜨렸을 때 잉크 분자의 움직임을 설명할 때 등장하는 개념이다. 꽃가루가 물에서 끊임없이 움직이는 브라운 운동도 삼투와 확산의 개념을 빌려 설명한다. 어렵다. 하지만 책에서 손을 떼기는 생각보다 쉽지 않다. 세기의 천재 아인슈타인이 정식화한 삼투와 확산 개념도 폴락은 부정확하다고 얘기하면서 물의 '사회성'으로 다시 화제를 돌린다. 어떤 식으로 전개되는지 본문을 보시라. 충분히 흥미롭다.

사실 이쯤 되면 책에서 설명하지는 않지만 나는 나노 크기를 설명하고픈 욕망이 생긴다. 나노 크기의 물질 사이에서는 에너지 변환이 쉽게 일어나기 때문이다. 단백질과 같은 생명의 기제가 나노 크기인 것은 우연이 아닐 것이다. 앞에서 살펴본 꽃가루도 나노 크기에 가까울 것이다. 문틈 빛을 통해 본 먼지의 움직임을 상상해보라. 물 위에서 꽃가루가 쉼 없이 움직이도록 하는 힘 혹은 에너지는 어디에서 오는 것일까?

결론을 에둘러 말하면 물 분자에 전달된 에너지가 그 추동력을 제공한다. 아마도 태양에서 출발해서 지구에 도착한 적외선 또는 가시광선이 가진 에너지가 물 분자 안으로 전달되고 그것이 방출되면서 꽃가루를 간단없이 움직이게 할 수 있다는 것이다. 물론 폴락은 더 자세하고 구체적인 예를 들어 설명한다. 그러니 그의 설명을 듣고 설득력이 있는지 판단해보자.

학부 학생들과 함께 나는 폴락이 설명하는 실험 몇 가지를 재현해본 적이 있다. 온도를 설명하는 장에 등장하는 소용돌이 실험, 물 표면에 동전 띄우기 및 물 얼리기 실험이었다. 앞에서 설명했던 물 분자들끼리의 결합은 보통 수소 결합이라는 개념을 빌려 설명한다. 물의 모든 기이한 특성이 바로 수소 결합에서 비롯된다는 뜻이다. 저마다 수소 결합을 얘기하지만 사실 그 구체적 양상에 대해서는 잘 모른다. 단백질 표면에서 물은 얼마나 많은 층layer을 이룰 수 있는가? 이런 질문은 수소 결합을 통해 이해가 가능하겠지만 구체적인 숫자를 제시하지는 못한다. 우리들은 수소 결합의 힘을 변화시킬 수 있도록 알코올도 첨가해보았고 산이나 염기를 집어넣어

보기도 했다. 물을 끓일 때 수소 이온 농도가 변하는지도 조사해보았다. 수소 이온은 물을 쪼갤 때 나오는 양성자와 다르지 않다. 끓일 때 날아가는 수증기의 pH 값이 떨어진다. 물이 얼 때도 pH가 변화한다. 왜 그런지 궁금하지 않은가?

앞에서 언급했듯 나는 폴락이 제시하는 설명이 구구절절이 다 옳다고 생각하지는 않지만, 독자들이 특히 물리학자들이 물의 배타 구역 혹은 구조화된 물을 통해 여러 가지 현상을 실험하고 해석하는 방식에 대한 기존의 통념을 한번 반추해보기를 바란다. 지구에서 식수로 쓸 수 있는 물이 제한적이고 또 그것이 오염되기도 했기 때문에 물 시장은 사실 더 커질 것이다. 게다가 어떤 종류의 물이 건강에 좋다는 둥 하는 과학과 유사 과학 사이를 위태롭게 왔다 갔다 하는 경향도 눈앞에서 빈번하게 나타나기 때문에 물 연구는 특히 주의해야 할 필요가 있다. 폴락의 『물의 과학』도 이런 염려에서 완전히 자유롭지 못하다.

마지막으로 한 가지 언급할 것이 있다. 10년 넘는 기간 동안 한 가지 실험만을 되풀이해서 그 횟수가 25만 건이 넘었던 과학의 역사를 폴락이 소개한 대목이 오래 기억에 남았기 때문이다. 결국 여기서의 결론은 물이 환경으로부터 유래하는 에너지를 흡수할 수 있고 그에 따라 각 실험 간의 미세한 편차가 비롯될 수 있다는 것이었다. 실험 편차가 계절별 주기를 보였고 그 실험이 온대 지방인 프랑스 파리에서 수행된 것은 참 다행스러운 일이 아닐 수 없다. 그렇다면 적도 부근과 극지방에서 같은 실험을 한다면 결과가 달라질 가능성도 배제할 수 없게 된다. 이는 지금껏 한 번도 생각해보지 않은 가설이다. 이 책을 읽으면서 자주 상상의 나래를 펼쳤던 것도 나쁘지 않았다.

어쨌든 실험 결과의 계절별 주기성은 물 때문에 발생했다. 물은 어디에고 있지만 우리는 물이 없으면 살지 못하고 그것이 너무 많아도 주체하지 못한다. 그렇기에 우리는 과학계의 마지막 숙제인 물로 돌아가야 한다. 나는 물이 없는 생물학은 뭔가가 한참 빠진 것이라는 사실을 절절하게 깨달았다. 그것이 이 책을 읽고 난 후의 느낌이었다.

생물학, 화학, 물리학, 과학의 모든 분야에서 우리는 물을 해석해야만 한다. 인간은 물에서 나고 물을 먹으며 살고 물에서 뽑아낸 전자와 양성자로부터 에너지를 얻고 살다가 죽는다. 우리가 물을 해석하고 이해해야 하는 이유이다. 마지막으로 폴락이 지적하는 과학계의 풍토를 그의 목소리로 들어보자.

단순함을 추구하는 것은 이제 과학자의 머릿속에서 사라져버린 것 같다. 40년 이상 연구를 계속해오면서 나는 이런 새로운 문화가 담대함은 잃고 대신 보다 실용적인 측면으로 흐르고 있음을 목격했다. 용감함은 어디에서고 찾아볼 수 없다.

아마도 물 연구가 그것을 가능케 할 것이다.

김홍표

감사의 글

시골에서 자라는 아이처럼 이 책도 동네 사람들의 이러저런 노력을 바탕으로 탄생했다.

물에 대한 지대한 관심을 불러일으켰던 길버트 링에 대해 우선 얘기해야 할 것 같다. 링은 시대를 앞서간 과학자다. 그의 선도적인 연구는 많은 과학자들이 물에 대해 각성하는 계기를 마련했다. 그는 물이 단지 생명 현상을 수행하는 운반자 중 하나가 아니라 모든 생명 과정의 핵심에 있다는 사실을 알려주었다. 하지만 애석하게도 그의 노력은 빛을 발하지 못했다. 과학의 핵심에 도전한 그의 의지를 사람들은 좋아하지 않았다. 1980년대 중반에 처음 만난 이후, 길버트는 계속 나의 영감을 자극했다. 이 책의 씨앗을 뿌린 사람은 단연 길버트 링이다.

다음으로 떠오르는 사람은 모스크바대학의 블라디미르 보에이코프Vladimir Voeikov다. 블라디미르가 잘 모르는 과학 주제는 거의 없다. 이 책에서 다루는 논제 대부분은 그와 대화하는 도중에 불거진 것들이다. 폭넓은 그의 전망이 나의 좁은 시야를 틔웠다. 상트페테르부르크의 한 아파트에서 사는 동안 그와 함께 훌륭한 러시아의 음식을 공유할 수 있었기에 더욱 고맙다. 필메니• 와 보드카의 조합이 신경계의 창조성을 일깨웠다. 그 강렬함은 아마 시카고처럼 먼 도시에서조차 인식할 수 있을 정도였다.

실제로 이 책을 준비하는 동안 나는 세 사람에게 신세를 졌다. 시간 순서로 써보겠다.

첫째, 우리가 만나기 이전부터 도움을 준 브랜던 레인스Brandon Reines다. 브랜던과 나는 오랜 기간 과학적으로 소통했다. 그가 풀기 어려운 문제를 제기하면 나는 출간 예정인 책이 답을 줄 수 있으리라 제안하기도 했다. 그는 책에 몰입했고 내용에서 취할 장점이 무척 많다고 답해주었다. 초콜릿이 듬뿍 든 아이스크림이 한 개라면 괜찮지만 열다섯 개나 된다면 그 누구도 소화하기 쉽지 않을 것이다. 브랜던의 '조미료'는 이 책의 여러 장에 걸쳐 만날 수 있다. 새가 어떻게 나는가(여러분이 생각하는 것과 다를 수도 있다), 종에 따라 며칠을 살거나 수백 년을 사는 생명체가 공존하는 까닭은 무엇인가 등 주제의 폭도 상당히 넓다. 이런 것들 말고도 나는 브랜던과 공유했던 이러저러한 주제를 다음 책에서 다룰 예정이다. 브랜던은 이 책의 모든 부분에서 독자들이 읽기 쉽게 꾸리는 데 엄청난 도움을 주었다. 머리말이 너무 지겹지 않도록 여러 차례의 수정을 거쳐 진정한 차이를 만들어냈다. 나는(아마 나의 독자들도) 그에게 신세를 졌다고 해야 할 것이다.

둘째, 나의 아들인 예술가 이선 폴락Ethan Pollack이다. 4살부터 그림 그리기를 즐겼던 이선은 시러큐스대학에서 조형을 공부했다. 피렌체에서 기술을 더 익힌 그는 뉴욕으로 돌아와 세계적 예술가인 제프 쿤스Jeff Koons와 일했으며 마침내 시애틀 고향으로 돌아왔다. 이선과 함께 일하는 것은 그

• 러시아식 만두이다.

저 즐거울 따름이었다. 이선은 과학적 개념을 철저하게 인식한 후 감각적이며 독특한 창의성을 발휘하여 이 책 곳곳에 상세함을 부가했다. 매력적인 그림을 통해 개념을 명확히 이해했다면 그것은 이선의 능력 덕이다.

마지막으로 고마워해야 할 사람은 나의 편집자인 돈 스콧Don Scott이다. 돈은 내가 아는 사람 중 자신의 생각을 가장 정확히 쓸 줄 아는 사람이다. 철학을 공부하고 변호사 훈련을 받은 그에게는 언어를 다루는 특별한 능력이 있다. 내가 무슨 말을 해야 할지 고민하고 있으면 그가 언어를 찾아주었다. 모호하게 쓴 글은 돈의 손을 거쳐 미묘하게 변했다. 비록 잘 모르는 분야라 할지라도 그는 논리적인 맥락을 놓치지 않았다. 좀 불명확한 부분이 있다면 그의 충고를 무시한 내 고집 때문일 것이다.

이 세 사람 말고도 나의 책을 읽고 조언을 아끼지 않은 세 그룹의 사람들이 있다. 우리 실험실 구성원들이 첫 번째다. 그들은 이 책에서 자신이 동의하지 않는 부분을 그냥 넘어갈 호락호락한 친구들이 아니다. 몇몇은 정통적이지 않은 설명에 불편함을 토로했다. 따라서 모든 책임이 그들이 아니라 나에게 있다는 점은 분명하다. 점심을 먹으며 함께 토론하고 수정한 것들이 최종 원고에 포함되었다. 특히 가장 어렵다고 생각되는 장에 더욱 많은 손길을 주었다. 또한 그들은 이 책 전체의 뼈대를 이룬 실험을 직접 수행한 당사자들이다.

학부 학생들도 도움이 되는 답을 많이 해주었다. 어디든 실험실에 와서 자발적으로 일하는 학생들이 있게 마련이다. 그들 대부분에게 실험이란 일이 아니라 놀이에 가깝다. 우리가 장난감을 주면 그들은 상상력을 동원해서 과학적 '어른'이 감히 상상하지 못하는 일을 수행하기도 한다. 학생들은 그런 종류의 실험을 좋아한다. 어떤 실험은 전혀 예상치 못했던 엄청난 결과를 내놓기도 한다. 이 책 일부에 그런 실험 결과가 포함되었다. 실험뿐만 아니라 학생들은 이 책의 초고를 읽고 비판하기도 했다. 그들에게도 고맙다는 말을 전한다.

이들 외에 전 세계 각지에 있는 동료들도 초고를 읽고 비판을 남겼다. 이들은 화학자에서 물리학자, 공학자, 생물학자에 이르기까지 다양하다. 과학자가 아닌 사람들도 있다. 그들은 기꺼이 시간을 내주었고 내가 너무 헤매지 않도록 길을 다잡아주었다. 책의 내용을 구성하는 데 도움을 주기도 했다. 이런 작업은 생각보다 간단하지 않다. 그들은 물 과학의 완전성을 담보하는 한 권의 책을 완성하는 작업이 불가능하지 않다는 사실을 일깨워주었다. 각 장은 전체를 향해 확장된다. 가독성이 있어야 하고 길이도 적절해야 하는 것이다.

완전히 다른 이유로 나는 가족들에게도 고마움을 전한다. 나의 공적인 주관자이자 평생의 동반자인 에밀리 프리드먼Emily Freedman에게 이전의 책에서 다음 책은 더 짧을 것이며 시간을 많이 소비하지 않겠노라 했던 약속을 어겼다. 이 책은 더 긴 또 다른 두 권의 책과 함께 작업했다. 이런 작업을 수행하는 데 뭐가 필요한지 에밀리는 잘 알고 있다. 그녀는 천사 못지않은 인내심을 발휘하고 있다. 다른 가족들도 도움을 주었다. 미아Mia는 컴퓨터에 빠진 아빠를 가끔 불러내 현실감을 일깨웠다. 이선은 이 책의 삽화를 열심히 그렸다. 세스Seth와도 '조직화된 물'에 관해 질문을 주고받았다. 몇 년 동안 우리 가족들은 끈끈히 서로 돕고 있다.

마지막으로 초고를 읽고 비판을 아끼지 않은 사람들을 언급하고 싶다. 학생도 있고, 연구원, 과학자 및 일반인도 있다. 학위가 높다고 그에 비례해서 도움의 크기가 커지는 것은 아니다. 알파벳 순으로 나열하겠다. 의도하지는 않았지만 혹시 빼먹은 사람들이 있다면 미리 사과한다.

피터 알렌Peter Allen, 브랜던 보먼Brandon Bowman, 브라이언 비컴Brian

Biccum, 프랭크 보그Frank Borg, 빙후아 차이Binghua Chai, 루잉 천Ruying Chen, 다니엘 치앙Daniel Chiang, 치 추앙Chi Chuang, 카라 컴퍼트Cara Comfort, 찰스 쿠싱Charles Cushing, 로니 다스Ronnie Das, 켄 데이비드슨Ken Davidson, 제임스 디메오James deMeo, 아파라지타 두츠초우헤리Aparajeeta Duttchoudhury, 나이절 다이어Nigel Dyer, 콜린 에딩턴Collin Eddington, 사비에르 피게로아Xavier Figueroa, 허브 플레슈너Herb Fleschner, 벤 플라워스Ben Flowers, 에밀리 프리드먼, 곤살로 가르시아Gonzalo Garcia, 칼 가테레Karl Gatterer, 매슈 겔버Matthew Gelber, 크리스털 긴터Krystal Ginter, 마티아스 곤살레스Matias Gonzalez, 론 그리핀Ron Griffin, 존 그리그John Grigg, 잔나 그리고리언Zhanna Grigoryan, 에마뉘엘 헤이븐Emmanuel Haven, 매완 호Maewan Ho, 아리 호로비츠Arie Horowitz, 린다 허나겔Linda Hufnagel, 브리나 허스카Breanna Huschka, 존 황John Hwang, 페데리코 이엔나Federico Ienna, 히로마사 이시와타리Hiromasa Ishiwatari, 텐기즈 잘리아슈빌리Tengiz Jaliashvili, 마날 즈마이레Manal Jmaileh, 콘스탄틴 코롯코프Konstantin Korotkov, 이선 쿵Ethan Kung, 커트 쿵Kurt Kung, 빅터 쿠즈Victor Kuz, 알리시아 레토우노Alysia Letourneau, 정 리Zheng Li, 몰리 맥기Molly McGee, 리오 밀러Lior Miller, 프란체스코 무주메시Francesco Musumeci, 카일리 반 응우옌Kylie van Nguyen, 데릭 난Derek Nhan, 가브리엘라 파티리아Gabriela Patilea, 버나드 페녹Bernard Pennock, 아리 펜틸라Ari Penttila, 오리온 폴린스키Orion Polinsky, 이선 폴락, 세스 폴락, 실비아 폴락Sylvia Pollack, 리오 라마커스Leo Ramakers, 랜디 랜들Randy Randall, 수데슈나 사우Sudeshna Sawoo, 라이너 슈탈베르크Rainer Stahlberg, 클린트 스티븐슨Clint Stevenson, 헤더 스웨인Heather Swain, 마사키 타카라다Masaaki Takarada, 슈루티 탄돈Shrutee Tandon, 욜렌 토머스Yolene Thomas, 토니 톰슨Tony Thomson, 메리 토Merry Toh, 제라드 트림버거Gerard Trimberger, 카롤리 트롬비타스Karoly Trombitas, 오우티 빌

레Outi Villet, 블라디미르 보예이코프, 제이컵 올러Jacob Woller, 제프 양Jeff Yang, 혁 유Hyok Yoo, 롤프 이프마Rolf Ypma. 카라 컴퍼트, 찰스 쿠싱 그리고 롤프 이프마 세 사람은 엄청난 시간과 노력을 아끼지 않았다.

마지막으로 아만다 프레더릭스Amanda Fredericks에게 고마움을 전한다. 그녀는 전체적인 도안은 물론 상세한 부분까지 온갖 참신한 아이디어를 제공해주었다. 롤프 이프마는 찾아보기 작업에 상당한 시간을 할애했다.

이 책을 만드는 데 기여한 많은 사람들의 노력과 사려 깊음에 진심으로 따뜻한 감사의 마음을 전한다.

서문

거실에는 노벨상 수상자가 앉아 있다. 그는 말이 없고 나도 무슨 말을 꺼내야 될지 몰라 쭈뼛하게 있었기에 분위기는 사뭇 어색했다. 마치 아인슈타인하고 짤막한 대화라도 나누려는 것 같았다. 무슨 말을 할 수 있을까?

앤드루 헉슬리Andrew Huxley 경은 노벨상 수상자들 중에서도 단연 돋보인다. 그는 세포막에 관한 고전적인 실험을 이미 끝낸 상태였다. 내가 처음 그를 만났던 당시 근육 수축 분야의 연구를 주도하고 있었던 그는 이미 왕립학회 회장, 케임브리지대학 트리니티 컬리지의 총장을 역임했고 영국 왕실의 작위를 받았다. 그는 유명한 헉슬리 가문의 전통을 면면히 이어가고 있다. 다윈의 불독으로 알려진, 전설적인 생물학자 토마스 헨리 헉슬리Thomas Henry Huxley, 그리고 선견지명이 있던 저술가 알도스 헉슬리Aldous Huxley처럼 말이다. 초라한 나의 집 거실에 과학의 위대한 귀족이 앉아 있었다.

어색한 침묵이 흘렀지만 누구도 방 안의 코끼리•에 대해서는 발설하지 않았다. 우리 실험 결과는 내 손님의 이론이 틀렸을지도 모른다는 것이었다. 우리가 얻은 실험 결과를 확인하기 위해 그는 이 도시를 방문했고 실험실에서 볼일을 다 마친 상태였다. 거실에서 우리는 첨예한 문제에 대해서는 서로 입을 다물고 다만 날씨와 같은 환담이나 나누었다. 와인을 몇 순배나 마셨음에도 그는 여전히 담담했다. 언제나 그는 과학계의 신적인 존재였다.

선구자인 헉슬리는 놀라운 인물이지만 제아무리 훌륭한 과학자일지라도 인간임을 우리는 자주 잊는다. 그들도 우리와 같은 음식을 먹고 감정을 드러내고 약점도 있다. 그들의 통찰력에 놀라고 과학적 발견에 경의를 표하지만 그들이 절대 무결하다거나 완벽하다고는 생각하지 않는다. 과학 세계에서 신성이란 존재하지 않는 것이다.

과학 이론을 신성한 것이라 간주하면 심각한 오류에 빠지게 된다. 우리 이해의 틀은 신성이 아니라 실험적 증거에 바탕을 둔 것이다. 그렇지 않으면 M. C. 에스허르M. C. Escher♦♦의 작품들처럼 착시 현상을 불러올 수도 있기 때문에 이를 피해야 한다. 오래 받아들여졌던 이론들도 우리의 이성을 만족시킬 만큼 충분히 단순한 것들이 아니라면 취약함을 면하기 힘들다. 갈릴레오가 확립한 '주전원'은 경험적 관찰에 입각한 것이다. 그것에 대해서도 이제 보다 단순한 토대를 확립해야 할 때다.

이 책은 물의 새로운 과학에 대한 믿을 만한 토대를 세우기 위해 쓰였다. 그 토대는 최근에 이루어진 새로운 발견에 바탕을 두고 있다. 그것을 근거로 우리는 예측력을 갖춘 이론의 틀을 정립하려 한다. 비비 꼬이거나 논리

♦ 영어로는 'the elephant in the room'이다. 다 알고 있지만 얘기하기 껄끄러워 쉽사리 발설하지 않는 금기를 의미한다.

♦♦ 네덜란드 출신 판화가로 '패턴과 공간의 환영'을 반복한 작품을 발표하여 수학과 예술의 결합을 시도한 예술가로 알려져 있다.

적 비약 없이 우리가 매일매일 보고 느끼는 현상을 설명할 수 있어야 한다. 그런 과정을 거치는 동안 얻는 것도 있었다. 새로운 이해의 틀을 세우는 동안 과학적인 원칙이 드러나기도 하는 것이다. 이러한 원리는 물뿐만 아니라 자연계 전체를 포괄할 수 있을 것이다.

따라서 내가 취한 접근 방식은 일상적인 것은 아니었다. '일상적인 통념'에 바탕을 둔 것이 아니라는 뜻이다. 현재 유효한 모든 이론을 그저 수용하겠다는 뜻도 아니다. 대신 과학적 방법의 기본으로 돌아가 늘 보는 현상, 간단한 논리, 그리고 가장 기초적인 물리화학적 원리를 근거로 이해의 틀을 높이려 한다. 예를 들어 뜨거운 커피 잔에서 솟아오르는 수증기는 직접 눈으로 볼 수 있는 것이다. 증발 과정의 본성에 대해 우리는 무엇을 말할 수 있을까? 지금 현재 우리가 가지고 있는 과학 방정식으로 우리가 보고 있는 수증기를 속 시원하게 설명할 수 있을까? 아니면 뭔가 다른 것을 찾아야 하는 것일까? (15장을 읽다 보면 무슨 말인지 이해할 수 있을 것이다.)

과학의 '신'에게 경의를 표하지 않기 때문에 약간 구닥다리식 접근 방법이 불경스럽게 보일지도 모르겠다. 그러나 나는 그런 방법이 자연을 직관적으로 이해하는 데 가장 좋은 방법이라고 생각한다. 일반인들도 곧 쉽게 이해할 수 있을 것이다.

혁명적인 삶을 살았다고 나는 생각지 않는다. 사실 나는 매우 보수적인 편이다. 전기공학 석사 과정 학생으로서 나는 정장을 하고 수업을 열심히 들었고 교수님을 존경하는 마음도 놓지 않았다. 파티에 갈 때는 넥타이를 맸고 친구들처럼 정장 차림이었다. 나는 혁명*을 노부인이 돌리고 있는 재봉틀 바퀴의 회전 정도로 생각했다.

---

* 여기서 혁명은 'revolution'이다. 'revolution'에는 회전이라는 뜻도 있다.

펜실베이니아대학에서 대학원을 다닐 때 혁명의 씨앗이 될 만한 영감을 받은 적이 있다. 당시 나는 생체 공학에 대해 연구하고 있었다. 공학적인 부분은 그저 그랬지만 생물학 쪽에서 많은 감흥을 받았다. 거기에는 뭔가가 있을 것 같았다. 역동적이었고 미래가 보이는 듯싶었다. 그렇지만 생물학 교수 중 그 누구도 우리 학생들이 나중에 과학적 신천지를 개척하리란 암시조차 주지 않았다. 우리의 작업이란 이미 있는 뼈대에 살을 입히는 것이었다.

점점 살을 붙여나가는 것이 과학이라고 굳게 믿었다. 그런데 내 동료가 빨간 신호등을 켠 것이다. 타츠오 이와즈미Tatsuo Iwazumi는 내가 박사 학위를 마칠 즈음에 우리 실험실에 합류했다. 당시 나는 헉슬리 모델에 근거를 두고 조악한 컴퓨터를 이용해서 심장 수축을 시뮬레이션하고 있었고, 이와즈미도 내가 해왔던 일을 계속 하기로 했다. 그런데 그는 "불가능해!"라고 말했다. 내가 알고 있던 일본인들은 예외 없이 점잖고 예의 바르다. 그는 주저 없이 내가 하고 있는 시뮬레이션이 쓸모없다고 말했다. 그것은 확립된 이론에 입각해 있었고 이론적인 기제가 틀릴 리도 없었다. 그런데도 그는 계속해서 "그 기제는 본래 불안정해요"라고 말했다. "진짜 근육이 그런 식으로 움직인다면 단 한 번의 수축으로도 날 수 있을 거예요."

와! 헉슬리의 근육 이론이 틀렸다고? 말도 안 돼.

비록 동경대학과 매사추세츠대학MIT에서 수학한 (고인이 된) 이와즈미가 매 순간 빛났고 교육 이력도 화려했지만, 전설적인 앤드루 헉슬리 경에 비할 바는 못 되었다. 어떻게 저명한 노벨상 수상자가 잘못될 수 있단 말인가? 진리라고 여겨질 정도이고 교과서에 수록된 과학적 기제를 두고 지금 패기만만한 일본인 젊은이는 그것이 틀린 것도 아니고 아예 불가능하다고 말하고 있었다.

그러나 나는 명쾌하고 논리적이고 단순한 이와즈미의 말이 설득력이 있다고 마지못해 수긍했다. 내가 알기로 그 당시 이 이론에 이의를 제기한 사람은 아무도 없었다. 누군가 그때 우리가 하는 얘기를 들었다면 그의 정연한 논리가 놀랄 정도로 단순하다고 느꼈을 것이다.

그때가 내게는 전환점이 되었다. 지지자가 많은 난공불락의 믿음 체계에도 논리적이고 설득력 있는 논쟁이 끼어들 여지가 있다는 사실을 배운 셈이었다. 증명할 수 없다면 이론은 설 자리를 잃는다. 믿음 체계는 결코 죽지 않는다. 끊임없는 집착은 종교적 믿음과 비슷한 말이지만 과학은 그렇지 않다. 이와즈미와 대면하고 나는 독립적으로 생각하는 것이 진부한 이론보다 낫다는 것도 배웠다. 진실을 찾기 위해서 그것은 반드시 필요한 것이다. 새로운 깨달음을 바탕으로 나는 근육 수축에 관한 앤드루 헉슬리 경의 이론을(결정된 것이 아니다) 반박했다.

나는 교과서에 실린 이론에 도전하는 것은 결코 행복한 일이 아니라고 확신을 담아 말하고 싶다. 기존의 과학계가 새로운 접근 방식을 감싸고 북돋아줄 것이라고 생각할지도 모르지만 대다수 과학자들은 그러지 않는다. 새로운 접근 방식은 오래된 관행에 도전하는 것이다. 깃발을 든 과학자들은 언제나 방어적이다. 그들의 존립을 위협하기 때문이다. 따라서 도전자의 길은 험난하다. 위험이 도사리고 있고 도처에서 무서운 장벽을 만나게 된다.

박사를 취득한 뒤 얼마 동안 나는 어떻게든 살아남아야 했다. 확고한 기존 과학계에 불경스럽지 않지만 경의를 표하지도 않는 미묘한 자리매김을 통해 어쨌든 큰 부상은 입지 않았다. 우리가 세운 가설은 확실했지만 기술적으로 많은 진보가 있어야 했다. 그런 덕분에 내 학생들은 세계 여기저기에서 자리를 잘 잡아갔고 학계에서 높은 지위에 오르기도 했다. 너무 부딪히지 않으려고 노력한 덕에 어쨌든 대부분의 도전이 마주치는 파멸에 이르지는 않았다.

연구 경력이 어느 정도 무르익었을 때 나의 관심사는 폭이 넓어졌다. 여기저기 킁킁거리고 돌아다니는 쥐처럼 과학의 여러 영역을 폭넓게 바라보기 시작한 것이다. 모순점도 많이 발견했다. 근육 수축 분야에서 내가 내민 도전장과 같은 것들이 다른 분야에서도 많았던 것이다.

그중 한 가지가 물에 관한 것이다. 바로 이 책의 주제이기도 하다. 당시 가장 도전적인 인물은 길버트 링이었다. 링은 유리 미세 전극을 발명했다. 세포 전기 생리학의 혁명적 사건이었다. 노벨상을 받을 수도 있었지만 그는 과학계의 심기를 건드렸다. 세포 안의 물이 조직화된 형태로 배열되며 층층이 쌓여 있다고 말한 것이다. 이런 질서가 대부분 생물 혹은 물리 과학자들을 불편하게 했다. 링은 호락호락하지 않아서 다르게 생각하는 사람들과 난투극을 벌였다.

그로 인해 마치 이단자처럼 링의 명성은 추락했다. 기존의 통념에 사로잡힌 과학자들일수록 그를 악의 옹호자라며 욕을 퍼부었다. 나는 다르게 생각한다. 세포 내부에서 물에 관한 링의 생각은 이와즈미가 근육 수축에 대해 가졌던 시각과 다를 바가 없었다. 풀리지 않은 문제가 남아 있지만 전반적으로 링의 가설은 실험에 바탕을 두고 있고 논리적이며 외연도 매우 넓다. 우리 대학으로 링 박사를 초청해 강연을 듣기도 했다. 노과학자는 내게 다시 한 번 잘 생각해보라고 타일렀다. 논쟁이 많은 분야에 그렇게 공을 들인다면 내 명성이 돌이킬 수 없는 치명상을 입을 수도 있노라고 아버지처럼 말했다. 나는 위험을 감수했지만 그의 경고가 가지는 의미는 오래도록 남았다.

링을 보면서 나의 시야는 더욱 넓어졌다. 나는 왜 도전자들이 늘 그렇게 무너지는지에 대해 이해하기 시작했다. 정통성을 믿는 사람들을 불편하게 하는 것이 도전이다. 그것이 도전자들을 위태롭게 한다. 도전은 우리가 생각하는 것보다 훨씬 많고 늘 있어온 것이다. 물과 근육만이 아니다. 신경전달에서 우주적 중력에 이르기까지 반론은 끊이지 않는다. 찾아볼수록 더 눈에 띈다. 사람들의 눈이나 끌려고 하는 미친 도전을 이야기하는 것이 아니다. 사색적이고 전문적인 과학자들이 던진 의미 있는 도전장들이 아주 많이 있다.

과학계 전반에 걸쳐 진지한 도전들은 넘쳐난다. 다만 시야에 걸려들지 않기 때문에 우리가 그 모든 것을 다 알지 못할 뿐이다. 그들이 가진 무기의 극히 일부도 드러나지 않기 때문에 대부분의 도전은 시야에서 사라진다. 새로운 분야에 진입하는 젊은 과학자들은 그 분야의 정통성이 항상 포위 공격에 시달린다는 사실을 알지 못한다.

이런 도전은 예측 가능한 양상을 보인다. 이론의 복잡성이 자주 난항에 부딪히고 또 실험적 결과와도 불일치하는 경우가 생겨난다. 과학자들은 이 문제를 얘기한다. 대체 이론을 들고 나오기도 한다. 대부분 이런 도전은 무시된다. 대부분의 도전이 모호함이라는 무덤 안에서 썩는다. 몇몇 도전에 옹호자가 생길 수는 있지만 그렇더라도 냉혹한 포화를 감내해야 한다. 야유와 욕설을 퍼붓기도 한다. 정신이 나갔다는 말도 서슴지 않는다.

이런 결과는 예상할 수 있는 것이다. 과학은 동요를 원치 않는다. 많은 일이 생기지 않을 것이다. 암은 치유될 수 없다. 과학의 성채는 규모를 확대하고 연구비 규모도 커진다. 복잡한 모델과 대수롭지 않은 상세함으로 채워진 교과서는 배가 불룩하다. 어떤 분야는 너무 커져서 정체성을 상실할 정도이다. 다른 분야라면 서로 쳐다보지도 않는다. 많은 과학자들은 으레 과학이 그러하다고 말한다. 복잡하고 인간의 잡사와는 동떨어진 어떤 것이라고. 그들에게 원인과 결과의 단순성은 호랑이 담배 피우던 옛날 얘기이다. 복잡한 통계와 근대성이 옛날 얘기를 몰아냈다.

리처드 파인먼Richard Feynman의 양자전기역학QED을 보면서 나는 과학적 복잡성에 굴종하는 경향에 대해 많은 생각을 했다. 많은 사람들은 20세기의 아인슈타인이라고 하면서 파인먼을 물리학계의 전설로 생각한다. 2006년에 출시된 파인먼의 책 서문에서 그는 이렇게 말했다. 독자 여러분은 아마도 물질을 이해하지 못할 것이다. 그렇지만 그것이 중요하기 때문에 읽어야만 한다. 이런 말을 들으면 기분이 상한다. 그러나 파인먼이 이렇게 말한다면 기분이 상할 정도는 아닐 것이다. "여러분이 그것을 이해하지 못한다는 이유로 책을 덮지 않도록 하는 것이 내가 할 일이다. 물리학을 수강하는 내 학생들도 마찬가지로 이해하지 못한다. 왜냐하면 내가 이해하지 못하기 때문이다. 사실 아무도 모른다."

여러분이 보고 있는 이 책은 인간은 근대 과학을 이해하지 못한다는 명제에 도전장을 내민다. 단순함을 유지하기 위해 우리는 최선을 다했다. 현재 과학의 정통 이론이 우리가 매일 마주하는 현상을 설명하지 못한다면 나는 벌거벗은 왕이 옷을 입지 않았다고 말할 준비가 되어 있다. 이런 원리라면 불충분한 것이다. 이런 기본 원리가 과학의 거장에게서 나온 것이라 해도, 우리는 새로운 이론이 더 잘 설명할 수 있다는 가능성을 결코 폄하하지 않는다.

우리의 특별한 목적은 물을 이해하는 것이다. 물은 복잡해 보인다. 일상생활에서 목격하는 현상을 이해하는 것은 간혹 복잡한 논리와 비직관적인 방향 전환이 필요한 듯 보이지만 여전히 우리는 그 현상을 만족할 만하게 설명하지 못한다. 아마 그 저변에 깔린 기초가 복잡하게 얽혀 있기 때문일 것이다. 여러 분야에서 임시변통으로 빌려온 짜깁기식 원리가 물에 대한 정당한 이해를 방해한다. 직접적으로 물을 연구하면서 적절한 토대를 쌓는 길만이 단순한 이해에 이르는 첩경일 것이다. 그 방향을 향해 우리는 나아가고 있다.

이 책을 읽기 위해 과학자가 될 필요는 없다. 이 책은 과학적 지식이 거의 없는 사람도 읽을 수 있게 고안되었다. 음극이 양극을 끌어들인다는 것만 이해한다면 혹은 주기율표라는 말을 들어보았다면 분명 어떤 정보를 얻을 수 있을 것이다. 반면 현재의 도그마를 건드린다고 콧날을 찌푸리는 사람들이라면 이런 시도가 구미에 맞지 않을 수도 있다. 이 책은 다양하고 새로운 시도가 씨줄과 날줄처럼 얽혀서 직조되어 있다. 이 책은 상식을 벗어난 것들로 꽉 차 있다. 안개 속을 헤매고 예상치 못한 미로를 탐험하는 여행이다. 모든 것이 만족할 만한 뭔가를 찾기 위한 여정이다. 아마 재미있다고 생각하는 사람도 있을 것이다.

굳이 언급할 필요가 없다고 생각되는 정식 과학적 논문은 가능한 한 싣지 않았다. 일반적으로 알려져 있거나 쉽게 접근할 수 있는 것들은 빼기도 했다. 책을 보다 친근하게 읽을 수 있게 만드는 것이 중차대한 목적이었기 때문이다.

마지막으로 여기에서 제시한 모든 아이디어가 기본적 진실이라고 얘기하고픈 생각은 하나도 없다. 추론에 불과한 것들도 많다. 과학적 허구가 아니라 사실을 밝히는 것이 목표라는 것을 언제든 잊지 않으려 했다. 그러나 알다시피 한 가지 추악한 사실이 이론 전체를 파국으로 끌고 가기도 한다. 여기에 제시한 데이터는 내가 가진 가장 최선의 것이고 열심히 노력해서 얻은 결과이다. 해석하기에 별 어려움이 없을 것이다. 이론의 틀이 생소하기 때문에 모든 과학자들이 이 관점에 동의하지 않으리라는 점도 잘 알고 있다. 그렇지만 따로 설명할 수 없는 것들을 설명하려고 애를 썼다는 점을 알아주었으면 좋겠다.

우리는 어두운 물의 세계로 뛰어들었다. 거기에 어떤 빛이 새어 들어오는지 지켜보자.

GHP

2012년 9월, 시애틀

차례

물의 세계를 탐험하기 위한 길라잡이

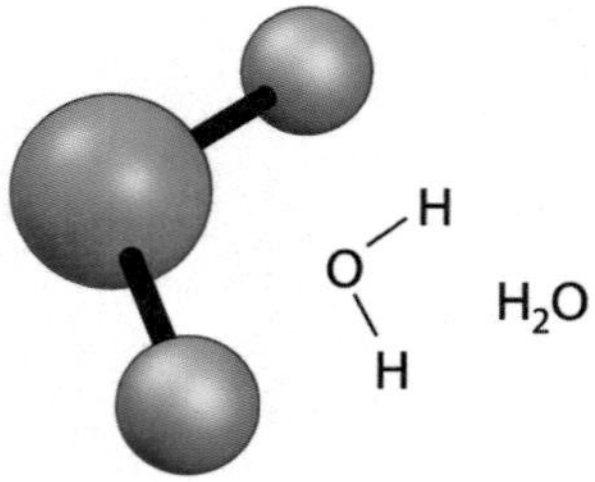

물 분자

수소 원자 두 개와 산소 원자 한 개로 구성된다.

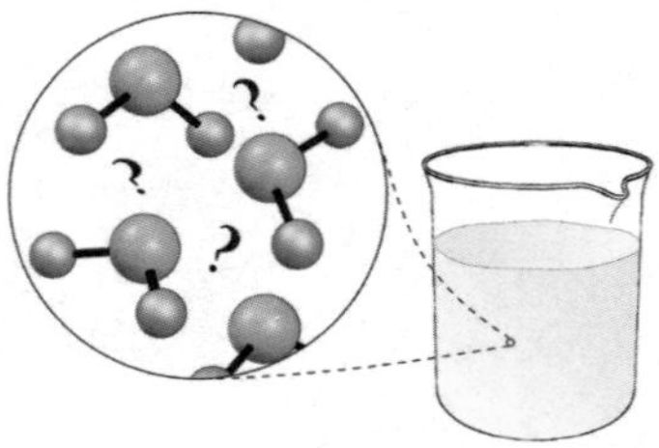

일반적인 물 bulk water

물 분자가 모여 있는 것으로, 이들이 어떻게 배치되어 있는지 아직도 논란이 끊이지 않는다.

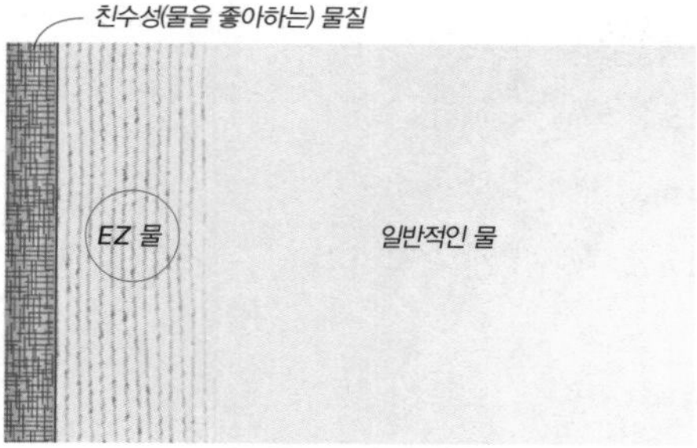

배타 구역 exclusion zone, EZ

다양한 물체의 주변에서 형성될 수 있는 물의 구역으로, 예상보다 폭넓게 분포한다. 이 물은 모든 것을 배제할 수 있기 때문에 이런 이름이 붙었다. 배타 구역은 하전을 띠고 있으며 그것은 일반적인 물◆의 하전 양상과 완전히 다르다. 가끔 물의 네 번째 상(water's fourth phase)으로 불리기도 한다.

◆ 영어로는 'bulk water'이다. 10리터들이 에탄올을 한 통 사면 우리는 그것을 벌크로 샀다고 얘기한다. 그중 일부를 취해 유리병에 담아 보관하면 소분했다고(aliquot) 말한다. 여기서 벌크는 배타 구역이 아닌 모든 물을 지칭한다. 그래서 '일반적인 물'이라고 번역했다.

전자와 양성자

전자와 양성자는 전하의 기본적인 단위이다. 하나는 양성이고 다른 하나는 음성이기 때문에 이 둘은 서로 끌어당긴다. 전자와 양성자는 우리가 생각하는 것 이상으로 물의 행동을 설명하는 데 중요한 역할을 한다.

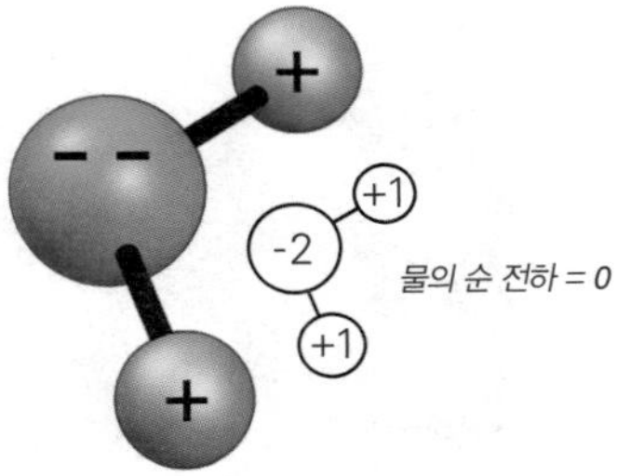

물 분자의 하전

물은 중성이다. 산소는 −2의 하전을 띠지만 수소 원자 두 개가 각각 +1의 하전을 띠기 때문이다.

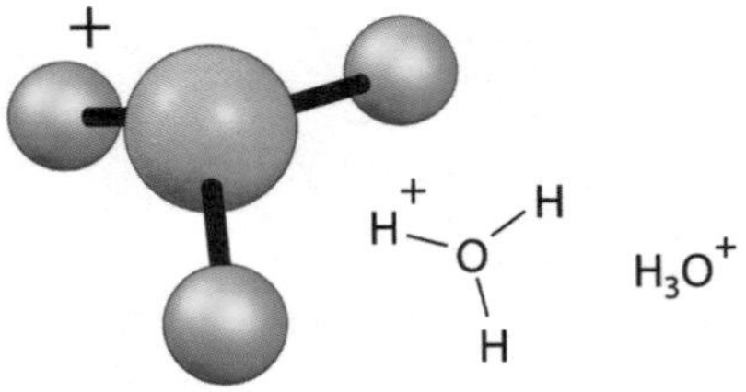

히드로늄 이온

물 분자에 양성자가 결박되면 히드로늄 이온이 된다. 양성으로 하전된 물을 상상해보라. 그것이 히드로늄 이온이다. 매우 활동적이어서 많은 것을 파괴할 수 있다.

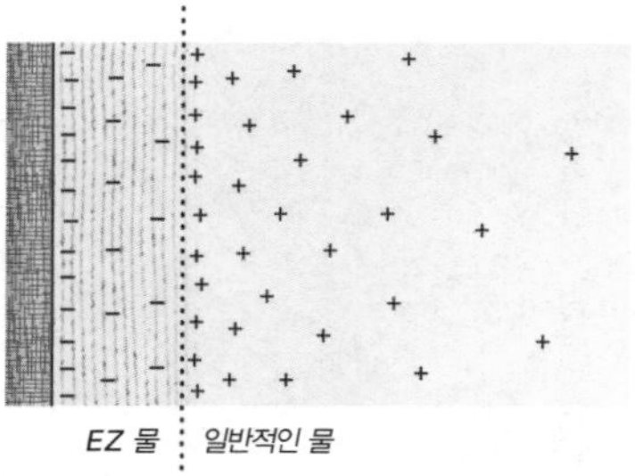

계면 배터리

배타 구역과 일반적인 물의 구역을 동시에 갖는 배터리이다. 각각의 구역은 다르게 하전되어 있으며 이들 구역은 배터리처럼 서로 분리되어 있다.

복사 에너지

복사 에너지는 배터리를 충전한다. 이 에너지는 태양이나 다른 원천에서 유래한다. 물은 복사 에너지를 흡수해서 배터리를 충전하는 데 사용한다.

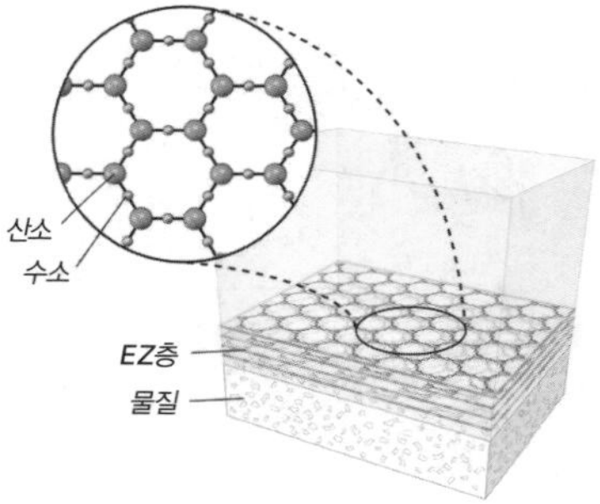

벌집 판구조

벌집 판구조는 배타 구역과 같이 단일한 구조를 갖는다. 판은 물질 표면과 평행하게 배열되어 배타 구역을 이룬다.

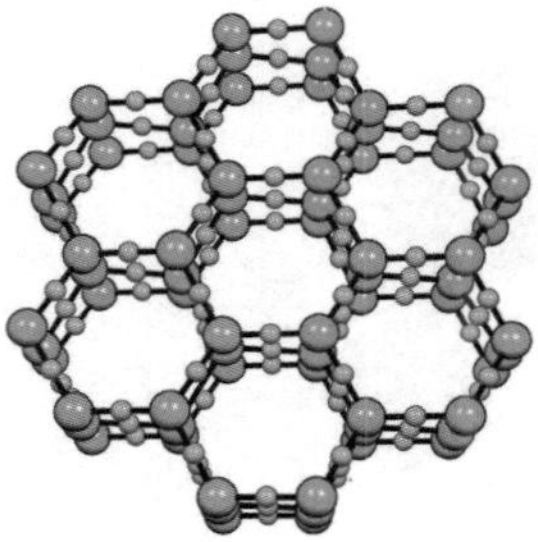

얼음

얼음의 원자 구조는 배타 구역의 원자 구조와 닮았다. 이런 유사성은 우연이 아니다. 배타 구역은 쉽게 얼음 구조로 전환될 수 있다. 반대도 마찬가지다.

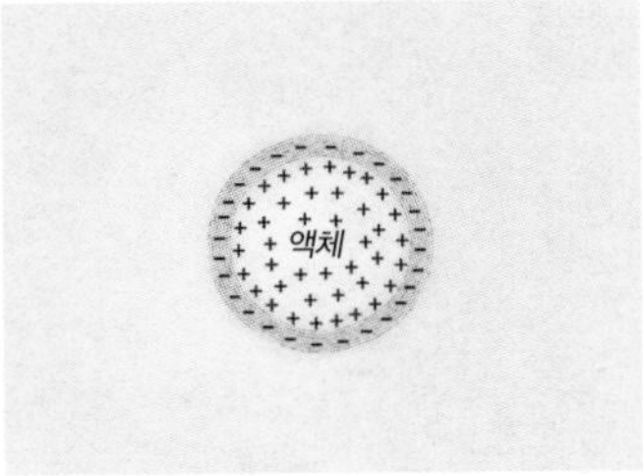

물방울droplet

물방울은 일반적인 물을 둘러싸고 있는 배타 구역 껍질을 가지고 있다. 이 두 요소는 서로 다르게 하전되어 있다.

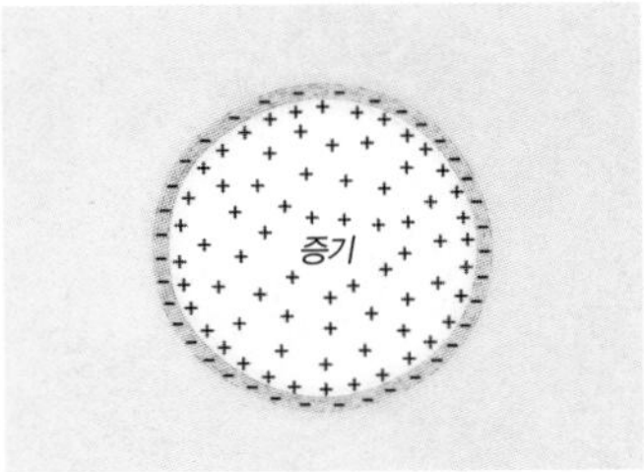

기포bubble

물방울의 구조와 흡사하다. 차이점이 있다면 내부에 물 대신 공기가 채워져 있다는 점이다. 일반적으로 공기는 수증기이다.

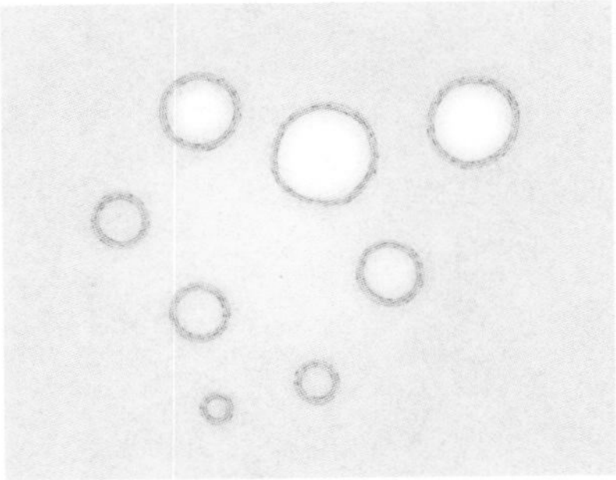

소체vesicle

물방울과 기포가 비슷한 구조를 가지고 있기 때문에 여기서는 좀 더 일반적인 소체를 소개한다. 소체는 그 안에 있는 물의 상(phase)에 따라서 물방울이거나 기포일 수 있다. 또 충분히 에너지를 흡수하면 물방울은 기포가 될 수 있다.

SECTION 1

물의 탐험

1장
미스터리에 둘러싸여

비커를 손에 든 두 학생이 복도를 달려온다. 기대하지 않았던 뭔가를 내게 보여주기 위해서다. 하지만 불행히도 그 결과는 내가 보기도 전에 사라지고 말았다. 그렇다고 거짓말은 아니었다. 다음 날 그 현상이 다시 나타났기 때문이다. 또 왜 학생들이 그토록 흥분했는지도 확실해졌다. 그들이 목격한 것은 설명할 필요도 없이 물에 기초한 현상이었다.

물은 지구의 상당 부분을 둘러싸고 있다. 하늘에도 많다. 우리의 세포도 채우고 있다. 그 양은 우리가 생각하는 것보다 훨씬 많다. 부피로 보았을 때 우리 세포의 3분의 2는 물이다. 그러나 물의 크기는 너무나 작기 때문에 세포 안에 있는 분자들의 수를 셀 수 있다면 99퍼센트가 물일 것이다. 그 많은 수의 물이 약 3분의 2에 이르는 부피를 차지하는 것이다. 사람들은 대부분이 물 분자로 된 세포주머니인 발을 평생 끌고 다니는 셈이다.

우리는 물 분자에 대해 무엇을 알고 있을까? 물에 대해 과학자들이 연구하기는 하지만 비커에서 흔히 볼 수 있는 것과 같은 물 분자의 총체적 모습 자체에 대한 연구는 좀처럼 찾아볼 수 없다. 대부분의 과학자들은 하나의 분자와 그 분자의 즉자적인 대응물에 관심을 집중하고 그것을 통해 우리가 볼 수 있는 거대한 현상을 연역하려고 한다. 사람들은 눈에 보이는 물의 행동, 가령 물 분자는 어떻게 '사회적으로' 행동하느냐 등을 이해하려고 노력한다.

우리는 정말 물의 사회적social 행동에 대해 이해하고 있을까?

물은 어디에나 있기 때문에 물을 완전히 이해하고 있다고 쉽게 결론을 내릴지도 모르겠다. 나는 그런 편안한 결론에 안주할 수 없다. 앞으로 나는 우리가 매일 관찰할 수 있는 현상이나 실험실에서 간단히 해볼 수 있는 실험에 대해 얘기할 것이다. 여러분이 그 현상을 설명할 수 있는지 스스로에게 묻기 바란다. 만약 여러분이 그 현상을 명쾌하게 설명할 수 있다면 나의 패배를 기꺼이 인정하겠다. 그렇다면 이 책을 더 이상 읽지 않아도 좋다. 그러나 풍부한 자료를 가지고도 이런 현상을 제대로 설명할 수 없다면 이제 물에 관해 모르는 게 없다는 투의 암묵적인 가정을 다시 한 번 생각해보아야 할 것이다.

내 생각에 우리는 물에 관해 아는 것이 그리 많지 않다. 이제 슬슬 길을 나서보자.

우리 주변에서 관찰할 수 있는 미스터리

우리 주변에서 관찰할 수 있는 미스터리한 현상 15가지를 소개한다. 이 현상들을 어떻게 설명할 수 있을까?

• 젖은 모래와 마른 모래 마른 모래를 걸으면 발이 푹푹 빠진다. 그러나 물

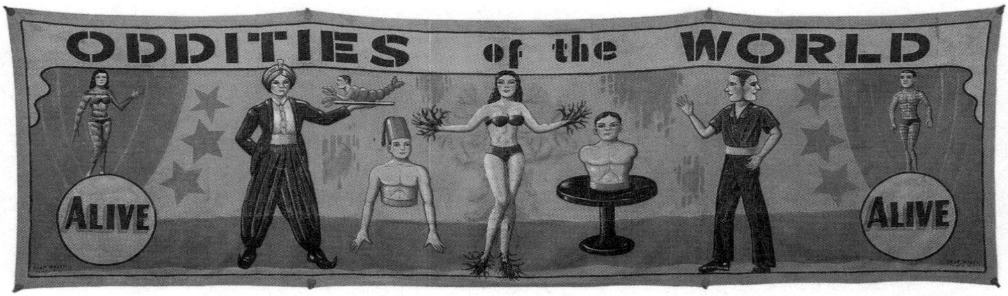

미스터리한 세상.

가에 있는 젖은 모래에서는 그런 일이 벌어지지 않는다. 젖은 모래는 충분히 견고해서 모래성을 쌓을 수도 큰 조형물을 만들 수도 있다. 이때 물은 접착제 역할을 할 것이다. 그렇지만 물이 모래를 결합하는 데 정확히 어떤 역할을 하는 걸까?(8장)

- 바다의 파도 파도는 상대적으로 짧은 거리를 지나면서 스러져간다. 그러나 지진 해일에 동반되는 어마어마한 파도는 지구를 몇 바퀴 돌 정도로 먼 거리를 갈 수 있다. 파도가 엄청난 거리를 지나도 유지될 수 있는 까닭은 무엇일까?(16장)

그림 1.1
푸딩에서 물이 뚝뚝 떨어지지 않는 까닭은 무엇일까?

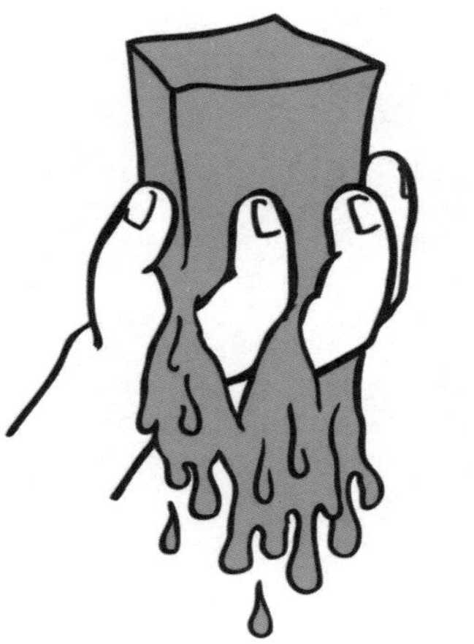

- 젤라틴 후식 젤라틴 후식(푸딩)은 대부분이 물이다. 물이 대부분이기 때문에 그 물이 새 나올 것이라고 기대할 수 있을 것이다(그림 1.1). 그렇지만 그런 일은 일어나지 않는다. 무려 99.95퍼센트가 물인 겔gel에서도[1] 물이 흘러내리는 것을 볼 수 없다. 어떻게 물이 새 나오지 않을까?(4장, 11장)
- 기저귀 겔과 비슷하게 기저귀도 많은 양의 물을 담을 수 있다. 자신의 무게보다 50배가 넘는 오줌과 800배가 넘는 물을 담을 수 있다고 한다. 기저귀는 어떻게 물을 잡고 있을까?(11장)

- 얼음의 미끄러움 고형 물체는 일반적으로 쉽게 미끄러지지 않는다. 경사진 언덕길에 발을 디디고 있는 상황을 생각해보라. 신발의 마찰력 때문에 잘 미끄러지지 않는다. 그러나 언덕길이 빙판이라면 얼굴을 다치지 않도록 세심한 주의를 기울여야 할 것이다. 왜 얼음은 다른 고체들과 다르게 행동할까?(12장)
- 팽창하기swelling 친구가 테니스를 치다가 복사뼈를 다쳤다고 하자. 복사뼈는 몇 분 안에 평소보다 두 배나 부풀어 오른다. 물은 어떻게 그렇게 빠르게 상처 부위로 옮겨갈 수 있을까?(11장)
- 따뜻한 물 얼리기 조숙한 중학생이 어느 날 요리 수업시간에 매우 기이한 현상을 관찰했다. 아이스크림 가루를 섞을 때 빨리 얼리려면 찬물보다 따뜻한 물을 부어주는 것이 좋다는 사실을 발견한 것이다. 이런 역설적인 관찰은 금방 유명해졌다. 어떻게 따뜻한 물이 찬물보다 빨리 얼까?(17장)
- 나무를 타고 오르는 물 잎은 목이 마르다. 식물이나 나무가 증발로 부족해진 물을 보충하려면, 물은 가느다란 관을 타고 뿌리에서 위를 향해 흘러가야 한다. 이 현상은 관의 끝이 아래에 있는 물을 끌어 올리는 힘을 갖기(모세관 현상) 때문에 일어날 수 있다고 흔히 설명한다. 그러나 100미터가 넘는 나무에서도 이런 일이 일어날지는 미지수이다. 각 모세관에 있는 물의 무게가 모세관을 파괴할 정도로 무거울 것이기 때문이다. 한번 깨지면 모세관은 더 이상 물을 끌어 올릴 수 없다. 자연은 어떻게 이런 장애를 극복할 수 있을까?(16장)
- 콘크리트 깨기 우리가 걸어 다니는 콘크리트 보도는 나무의 뿌리가 솟아올라오면 쉽게 갈라질 수 있다. 나무의 뿌리도 주로 물이다. 물을 함유하고 있는 뿌리가 어떻게 콘크리트 구조물을 파괴할 정도의 힘을 갖게 될까?(12장)

• 표면의 물방울 물방울은 표면에서 잠시 구슬처럼 튀어 오르기도 하고 퍼져나가기도 한다. 사실 이들 물방울이 확산되는 정도에 따라 표면을 다양하게 구분하기도 한다. 구분은 할 수 있지만 물방울이 왜 확산되는지 또 물방울이 얼마나 넓게 퍼져나갈지는 알지 못한다. 무슨 힘이 물방울을 흩어지게 만드는 걸까?(14장)

• 물 위를 걷기 아마도 여러분은 '예수 그리스도' 도마뱀♦이 호수의 표면을 걷는 영상을 본 적이 있을 것이다. 도마뱀은 매우 빠르게 움직인다. 물의 표면 장력이 매우 클 경우 가능하다. 그러나 표면 장력이 표면에 있는 몇 층의 물 분자층에서 기인하는 것이라면 장력은 매우 약할 것이다. 물(혹은 도마뱀)의 어떤 특성이 이처럼 성경에 나올 법한 기적을 이루어낼까?(16장)

그림 1.2
어떻게 구름은 특정한 장소에만 솟아오를 수 있을까?

• 푸른 하늘 위의 구름 한 뙈기♦♦ 해양의 물은 별 어려움 없이 방대한 양의 수증기를 하늘로 끌어 올린다. 이런 증기는 어디에나 있다. 그렇지만 하얀 구름 한 뙈기가 가끔 관찰된다. 마치 푸른 하늘에 구멍이 뚫린 것 같다(그림 1.2). 어떤 힘이 확산된 증기를 특정한 장소에 모으는 것일까?(8장, 15장)

• 삐걱거리는 관절 무릎 관절이 구부러진다고 해도 보통은 삐걱거리는 소리가 나지는 않는다. 물이 뼈와 뼈(실제로는 뼈의 끝 가장자리를 둘러싼 연골층) 사이에서 훌륭한 윤활제로 기능하기 때문이다. 물의 어떤 특성이 이런 마찰을 사라지게 할 수 있을까?(12장)

♦ 인도, 필리핀 등 동남아시아에서 발견되는 날도마뱀(flying lizard)이다.
♦♦ 뙈기는 땅을 가리키는 말이다. 푸른 하늘에 조각구름 하나가 떠 있는 것을 일컫는데, 이 말은 박상륭의 책『칠조어론』에서 빌려왔다.

• 물에 뜬 얼음 대부분의 물질은 차가워지면 수축한다. 물도 마찬가지다. 그러나 섭씨 4도가 될 때까지만이다. 특정한 임계 온도 아래로 내려가면 물은 이제 팽창한다. 얼음으로 전이될 때이다. 바로 이런 이유로 얼음은 물에 뜬다. 섭씨 4도는 얼마나 특별한 온도인가? 또 왜 얼음은 물보다 밀도가 낮은 것일까?(17장)
• 요구르트의 일관성 왜 요구르트는 그렇게 강하게 서로를 붙들고 있는 것일까?(8장)

실험실에서 진행되는 미스터리

지금부터 간단한 실험 몇 가지를 살펴보자. 비커를 들고 복도를 뛰어온 내 학생들의 관찰에서부터 얘기를 시작해보자.

1. 움직이는 미소구체의 미스터리

학생들은 매우 간단한 실험을 했다. 학생들은 '미소구체microsphere'라는 작은 구체를 비커에 담긴 물에 뿌렸다. 그리고 이들이 물과 잘 섞이도록 저어주고 물이 기화하지 않도록 위를 닫았다. 그리고 집으로 돌아가 잠을 잤다. 다음 날 아침 결과를 확인했다.

바닥에 미소구체가 깔려 있는 것 말고 비커 안에서 뭔가 특별한 일이 생겼으리라곤 미상불 생각하지 않을 것이다. 처음에 미소구체 현탁액은 구름처럼 뿌옇게 보였다. 마치 약간의 우유를 물에 붓고 잘 섞은 것처럼 말이다.

현탁액은 일관되게 구름처럼 보였다. 거의 대부분이 그랬다. 깨끗한 물이 관(실린더) 모양으로 비커의 한가운데(위에서 내려다볼 때)에 형성된 것이

그림 1.3
미소구체가 없는 현탁액의 중앙부. 어떻게 미소구체가 존재하지 않는 관 모양의 구조가 저절로 생겨날까?

비현실적으로 보였다는 점은 빼고 말이다(그림 1.3). 가운데가 관 모양으로 깨끗하다는 것은 거기에 미소구체가 없다는 말이다. 어떤 미스터리한 힘이 비커 중앙 부위의 미소구체를 주변부로 밀어낸 것이었다. 만약 여러분이 〈2001 스페이스 오디세이〉라는 영화를 보았다면 원숭이 인간이 거대하고 완벽한 지석묘를 보고 놀라는 장면을 떠올릴 수 있을 것이다. 바로 그렇게 턱이 떨어졌다. 장관이었다.

최초의 몇 가지 조건이 잘 유지되는 한 이 선명한 실린더는 매우 일관되게 나타났다. 실험을 반복하고 또 반복해도 결과는 마찬가지였다.[2] 질문은 다음과 같다. 미소구체를 중앙에서 주변부로 밀어내며 직관에 반하는 이런 현상을 추동하는 힘은 무엇인가?(9장)

2. 물로 만든 다리

실험하다가 발견한 호기심을 자극하는 또 다른 현상은 소위 '물 다리water bridge'라는 것이다. 이 다리는 두 유리 비커를 연결하고 있다. 비록 물 다리가 알려진 것은 한 세기가 넘었지만 엘마 푸크스Elmar Fuchs와 그의 동료들이 수행한 근대적인 실험을 통해 이 사실은 전 세계적인 관심을 불러일으켰다.

이 실험은 두 개의 비커에 언저리까지 물을 채우면서 시작된다. 그리고 이들 비커를 주둥이가 맞닿도록 서로 붙여놓는다. 각각의 비커에 전극을 집어넣어 전위차가 약 10킬로볼트가 되도록 한다. 바로 그때 한 비커에 있는 물이 언저리를 지나 다른 비커를 타고 넘어간다. 다리가 만들어지면 이제 두 비커를 천천히 떨어뜨린다. 그래도 물 다리는 파괴되지 않는다. 대신 이 다리는 죽 늘어나서 수 센티미터까지 간격이 벌어질 수 있다(그림 1.4).

그림 1.4
물 다리. 물이 가득 찬 비커 사이에서 물이 뻗어나가 다리 모양을 하고 있다. 이 다리를 지탱하는 힘은 무엇일까?

놀랍게도 물 다리는 거의 수그러들지 않고 거의 얼음과 같은 정도의 강직성을 유지한다. 실온에서 실험을 하는 경우인데도 그렇다.

고압을 걸어주어야 하는 실험이기 때문에 조심해야 할 것이다. 감전될 수도 있기 때문이다. 차라리 이 실험을 촬영한 동영상을 보는 편이 나을 것이다.[3] 여기서 질문은 이것이다. 물로 만든 다리를 지탱하는 힘은 무엇인가?(17장)

3. 떠 있는 물방울

물은 즉시 물과 섞여야 한다. 그러나 만일 여러분이 물이 가득 찬 접시 위로 작은 관을 통해 물방울을 떨어뜨리면 물방울은 물속에 흡수되기 전까지 한참 동안 물 표면을 떠다닌다(그림 1.5). 어떤 때는 물방울이 약 10초 정도 지속되는 경우도 관찰된다. 보다 역설적인 것은 물방

그림 1.5
물 표면에 떨어진 물방울이 흡수되지 않고 잠시 떠 있다. 왜일까?

울이 단일한 방법으로 해소되지 않는다는 점이다. 물방울은 분출하듯 쭉 이어지며♦ 용해되기도 한다.[4] 이들의 용해는 마치 준비된 춤을 추는 것과 닮았다.

떠 있는 물방울은 장소만 잘 찾으면 자연에서도 쉽게 관찰할 수 있다. 비가 온 다음이 좋은 때다. 처마의 물이 웅덩이로 떨어진다거나 뱃전의 물이 호수로 떨어질 때 이런 현상이 관측된다. 간혹 빗방울도 바닥의 물을 칠 때 떠 있을 수 있다. 질문을 명확하게 하면 다음과 같다. 만약 물이 자연스럽게 섞인다면 그들의 섞임을 지연시키는 속성은 어디에서 유래하는가?(13장, 16장)

그림 1.6
켈빈의 낙수 장치 시연. 물의 수위가 올라가면 고압의 전류가 흐른다. 왜 이런 일이 생길까?

4. 켈빈 경의 방전

그림 1.6의 실험도 흥미롭다. 물을 위에서 아래로 보내는 병 혹은 일반적인 수도꼭지와 마찬가지로 물줄기를 두 줄기로 나뉘게 한다. 두 물줄기에서 물방울이 똑똑 떨어지면서 금속으로 만든 고리 사이를 지나 금속 물받이에 모이도록 만들었다. 그림에서 보듯 금속 고리와 금속 물받이는 전선으로 서로 엇갈리게 연결되어 있다. 각 금속 물받이에서 뻗어 나온 금속 구체는 약 수 밀리미터 떨어져서 서로 마주 보고 있다.

원래 켈빈 경Lord Kelvin이 만들었던 이 장치는 매우 놀라운 결과를 낳았다. 물방울이 충분히 많이 떨어지면

♦ 부엌에서 직접 실험해보았다. 스포이트가 있으면 더 쉽게 할 수 있겠지만, 대신 바늘로 우유 비닐팩에 구멍을 내 물방울을 떨어뜨렸다. 물 표면에 뜬 물방울은 작은 방울로 깨지면서 표면에 쭉 이어나가다가 사라지기도 한다. 좀 더 높은 위치에서 떨어뜨리면 기포도 생겨났다.

이제 지지직 하는 소리를 들을 수 있다. 그다음에는 구체 사이에서 섬광이 번득인다. 이 순간에도 여전히 깨지는 듯한 소리를 들을 수 있다.

전기 방전discharge은 두 물받이 사이에 형성된 전지 전위의 차이가 클 때만 나타난다. 간극의 크기에 따라 이런 전위차가 달라지기는 하지만 쉽게 10만 볼트에 이른다. 그렇지만 이런 전위차를 가능하게 하는 전하의 광범한 분리가 단 한 종류의 원천인 물에서 나온다는 점을 생각해야 할 것이다.

집에서도 이런 장치를 만들 수 있지만[5] 동영상으로 보는 편이 더 쉬울 것이다. 발터 레윈Walter Lewin 교수는 보다 더 정교한 장치를 고안했다.[6] 그는 아직 풋풋하고 경외감으로 충만한 MIT 신입생들이 참여한 수업에서 장치를 시연했다. 그리고 왜 이런 일이 일어나는지 숙제로 풀어오게 했다. 단 한 가지의 원천인 물에서 어떻게 이런 광범위한 하전의 분리가 일어나는지 설명할 수 있겠는가?(15장)

미스터리에서 배울 수 있는 것

앞에서 제시한 여러 가지 현상들은 평범한 설명으로는 부족하다. 저명한 물 과학자라고 해도 피상적인 설명은 할 수 있겠지만 이런 현상을 만족스럽게 설명하지 못할 것이다. 그렇다면 우리의 이해 체계 내에 뭔가 빠진 것이 있는 게 아닐까? 그렇지 않고서야 어떻게 이런 현상을 알아듣기 쉽게 설명하지 못한단 말인가?

여기에서 나는 다시 한 번 강조할 것이 있다. 우리는 지금 물을 개별 분자 수준에서 다루는 것이 아니라 집단 수준에서 다루고 있다. 우리는 지금껏 물 분자가 다른 물 분자들과 어떤 상호작용을 하고 있는지, 물의 '사회적' 행동을 알지 못한다.

사회적 행동은 사회과학자나 임상의사들 사이에서 사용되는 용어이다. 거기에서도 뭔가 배울 것이 있다. 정신과 의사인 친구는 인간의 행동을 이해하기 위해서는 별난 사람과 정신 장애인을 관찰해야 한다고 말했다. 정신과 의사들은 그들이 행동 면에서 한쪽의 극단에 있으며 그 행동을 분석하면 나머지 일반 대중을 이해하는 단서를 얻을 수 있을 것이라고 생각한다. 그와 비슷한 추론을 여기서도 할 수 있을 것이다. 앞에서 든 몇 예들은 물의 행동적 극단을 보여주고 있다. 그것을 이해하면 일반적인 물 분자들의 행동을 설명할 단서를 얻게 될 것이다.

따라서 앞에서 얘기한 현상을 설명할 수 없다는 것을 너무 자책하기보다는 우리는 앞의 현상들에 어떤 단서가 있는지 추적해야 할 것이다. 뭔가 얻는 것이 있어야 한다. 이 책의 중반에 접어들면 단서를 찾아가는 과정에서 많은 예를 보게 될 것이다.

다음 장에서 물의 이해를 위해 몇 가지 도움이 될 만한 배경을 설명하고자 한다. 우리가 물의 사회적 행동에 대해 이미 알고 있는 것은 무엇이고 모르는 것은 무엇인지 또 왜 지구상 가장 흔한 물질에 대한 이해가 그토록 부족한지 간단하게 알아보자.

2장
물의 사회적 행동

물은 생명의 중심이다. 근대 생화학의 아버지 격인 얼베르트 센트죄르지는 이렇게 말했다. "생명은 고체solid의 장단에 맞춰 물이 추는 춤이다." 그러한 춤이 없다면 생명은 존재할 수 없는 것이다.

물의 이러한 중요한 역할을 고려하면 21세기에 사는 우리가 물에 관해 모르는 것이 거의 없을 것이라고 생각하기 쉽다. 모든 해답은 이미 다 나와 있어야 한다. 그러나 1장에서 살펴보았듯이 그렇게 익숙하고 흔한 물질에 대한 우리의 이해는 빈약하기 그지없다.

필립 볼이 이 문제와 관련해 기술한 얘기를 들어보자. 볼은 우리 시대 가장 우수한 과학 저술가 중의 한 명이다. 그는 물에 관한 책『H_2O: 물의 연대기』를 썼고 오랫동안《네이처》의 고문으로 일했다. 볼은 이렇게 말한다. "아무도 물을 진정으로 이해하지 못한다는 사실을 받아들이는 것은 당혹스럽다. 우리 행성의 3분의 2를 둘러싸고 있는 물질은 아직도 미스터리투성이이다. 더 큰 문제는 우리가 그 물질을 들여다볼수록 질문만 더 늘어난다는 점이다. 액체인 물의 구조를 들여다볼 수 있는 첨단 기술도 의구심을 자아내고 있다."[1]

물 분자 그 자체에 관해서라면 우리는 비교적 잘 이해하고 있다. 이미 두 세기 전에 게이뤼삭Gay-Lussac과 폰 훔볼트von Humboldt가 물의 기초적인 본성에 대해 정의를 내린 바 있다. 지금은 이 물질의 미세 구조까지 잘 알려져 있다. 확실히 물 분자는 두 개의 수소 원자와 한 개의 산소 원자로 구성되어 있다. 어떤 교과서를 펼쳐도 물의 원자 구조에 관한 내용은 쉽게 찾아볼 수 있다(그림 2.1).

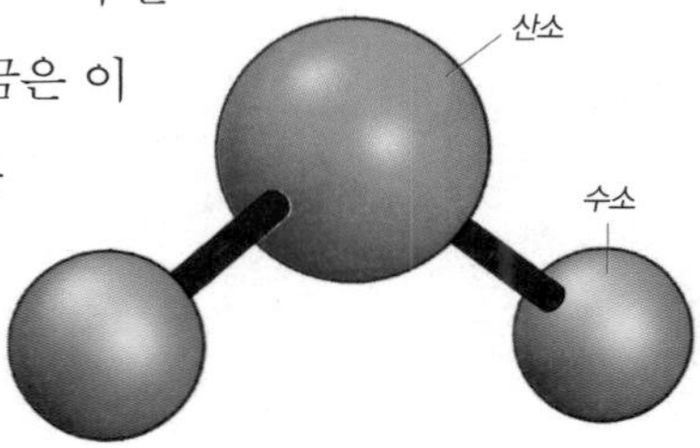

그림 2.1
물 분자 구조.

우리가 아직 잘 모르는 것은 이 물 분자가 다른 물 분자 혹은 다른 분자들과 어떤 상호작용을 하고 있느냐이다. 전문가가 아니면 이런 질문 자체를 제기하지도 않는다. 대부분의 사람들은 물 분자는 어떤 식으로든 다른 물 분자들과 연결되어 있을 것이라는 정도에 만족할 것이다. 그게 다이다. 예를 들어 생물학자들은 물을 거대한 분자 바다로 간주하고 거기에 생명의 필수적인 분자들이 헤엄치고 있다고 본다. 우리는 물 분자가 다른 무언가와 상호작용을 하고 있다는 사실을 심각하게 고려하지 않는다.

그렇지만 물 분자는 무언가와 반드시 상호작용을 해야 한다. 간단한 물방울을 생각해보자. 물방울에는 엄청난 수의 물 분자들이 서로 엉켜 있어야 한다. 그렇지 않으면 그것은 더 이상 물방울이 아니다. 이런 응집력은 정적인 것이 아니어서 두 개의 물방울이 서로 달라붙을 수 있다. 또 이들 물방울은 표면에서 확산해 퍼져나갈 수도 있다. 물과 물의 상호작용에 대해 알지 못하면 이런 간단한 물방울조차도 이해할 수 없는 것이다.

따라서 우리는 질문해야 한다. 이런 상호작용의 본성은 대체 무엇일까?

물에 관한 현재의 이해 수준

아이디어는 뒤죽박죽이지만 아래 제시하는 예들은 물의 행동을 이해하고자 하는 현재의 몇 가지 의미 있는 시도에 대한 식견을 제공할 것이다. 물과 물의 상호작용에 대한 이론은 매우 복잡하다. 심지어 물을 연구하는 과학자들조차 다른 종류의 이론을 이해하는 데 곤란을 겪는다. 그래서 나는 가능한 한 간략하게 기술할 것이다. 만약에 독자들이 물에 관한 폭넓은 이해를 구하고자 한다면 필립 볼의 리뷰를 읽어보는 것도 나쁘지 않다.[2] 여기서는 7개의 과학자 집단이 생각하고 있는 물과 물의 상호작용에 대해 간단하게 살펴볼 것이다(그림 2.2).

• 물과 물의 상호작용에 대한 고전적인 시각으로는 1957년 프랭크Frank

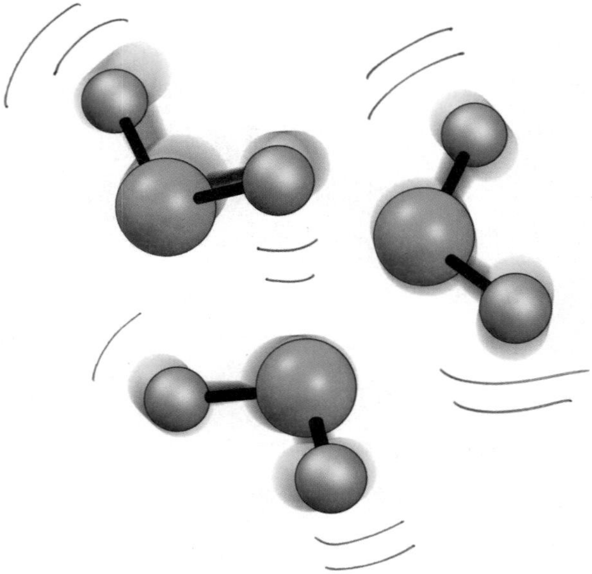

그림 2.2
물 분자 상호작용.
이 상호작용의
본성은 잘 알려지지
않았다.

와 웬Wen이 제시하는 '집단 무도flickering cluster' 모델이 있다. 이 모델에서는 물 분자가 주변의 물과 집단을 형성하고 있다. 양성 되먹임positive feedback에 의해 물 집단은 특정 크기까지 커질 수 있고 그다음에는 자발적으로 흩어진다. 이런 모든 일은 10^{-10}~10^{-11}초 정도로 매우 빨리 일어난다. 따라서 이들 집단은 모였다 흩어지는 집단의 '춤flicker'과 같다. 비록 시간이 지나기는 했지만 이 이론은 여전히 몇몇 교과서에서 찾아볼 수 있다.

- 런던의 사우스뱅크대학의 마틴 채플린Martin Chaplin은 좀 더 조직화된 이론을 제시했다. 채플린은 액상의 물이 나노미터 크기를 가진 두 가지 유형의 물 집단이 섞여 있는 것이라고 생각했다. 한 유형은 속이 비고 껍질을 가졌으며 다소 와해된 것이고, 다른 유형은 고체와 같아서 구조화되어 있다. 물 분자는 이들 두 가지 유형을 왔다 갔다 할 수 있지만 특정한 조건에서는 양쪽 유형에 속한 물 분자의 숫자가 같아질 수 있다. 흥미로운 이 이론은 채플린의 유명한 웹 사이트에 자세히 소개되어 있다.[3]
- 스탠퍼드대학의 안데르스 닐손Anders Nilsson과 스톡홀름대학의 라르스 페터손Lars Petterson은 사뭇 다른 모델을 제시했다. 이들도 두 종류의 물 분자 집단이 있다고 전제한다. 얼음과 흡사한 집단 혹은 사슬이 그중 하나이며 약 100개의 물 분자로 구성되어 있다. 다른 집단은 앞에서 말한 얼음과 같은 집단의 주변에 무질서하게 존재하고 있는 물 분자들이다. 이들은 무질서한 물의 바다를 상정했고 거기에는 수소와 산소 원자가 고리 혹은 사슬 구조를 취하고 있다고 본다.
- 밀라노대학의 에밀리오 델 주디체Emilio Del Giudice가 제시한 모델은 물 분자 집단의 크기를 좀 더 확대했다. 델 주디체는 양자론에 근거하여 마이크로미터 크기로 응집된 물의 집단을 제시하고, 거기에 약 수백만 개

의 물 분자들이 결합되어 있을 것으로 생각했다. 이 집단에 속한 물 분자 사이의 결속력은 일종의 안테나와 같은 것이어서 외부로부터 전자기 에너지를 제공받는다. 이런 에너지를 바탕으로 물 분자는 전자를 방출할 수 있으며, 바로 그것 때문에 물이 각종 화학 반응에 참여할 수 있는 것이다.

- 이상에서 제시한 모든 모델을 포괄하면서도 가장 평판이 좋은 모델은 보스턴대학의 진 스탠리Gene Stanley에게서 나왔다. 스탠리의 물은 뚜렷하게 두 가지 상태로 나뉜다. 하나는 밀도가 낮고 다른 하나는 밀도가 높다. 이런 차이는 과냉각된 물에서 가장 잘 드러난다. 낮은 밀도의 물은 열린 정사면체 구조를 취하지만 높은 밀도의 물은 보다 치밀한 구조를 갖는다. 물 분자들은 이 두 상태를 끊임없이 오락가락할 수 있다.
- 또 다른 두 가지 상태 모델은 물 분자가 거울 상태로 존재한다는 점을 강조한다. 말하자면 한 부분의 물은 좌左선형이고 다른 부분의 물은 우右선형이다. 이 모델은 러시아의 세르게이 페르신Sergey Pershin 그리고 이스라엘의 메이르 쉬니즈키Meir Shinitzky와 요시 스콜닉Yosi Scolnik이 제안한 것이다. 그들은 이러한 두 종류의 물을 통해 물의 다양한 특성을 설명할 수 있다고 본다.
- 구조적으로 가장 복잡한 모델은 후기 재료과학material-science의 선구자인 러스텀 로이Rustum Roy가 제안했다. 그는 물 구조의 이질성에 초점을 맞추었다. 마찬가지로 물은 다양한 구조 사이를 왔다 갔다 할 수 있다고 보았다. 그런 전이 과정에서 에너지는 거의 소모되지 않는다. 그림 2.3에 몇 가지 대표적인 물의 구조를 도식화하였다.

이제 물의 구조 모델에 관해 충분히 알게 되었다고 생각할지도 모른다.

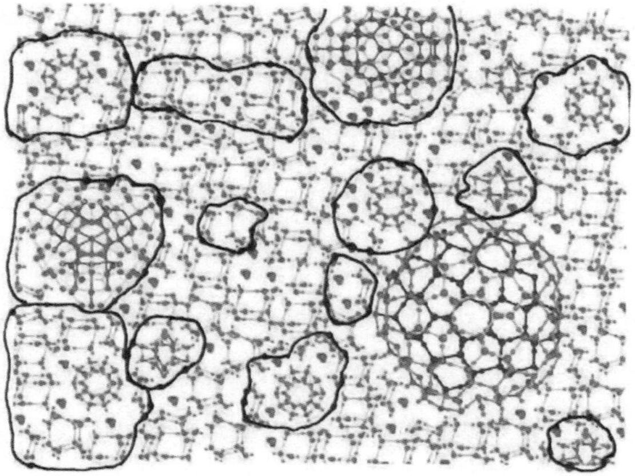

그림 2.3
러스텀 로이와 동료들이 제안한 액상 물의 구조.[4] 물 중합체들을 검은색으로 테두리 했다.

그렇지만 지금까지 설명한 모델은 빙산의 일각일 뿐이다. 여전히 논란 중인 모델은 수없이 많다. 물에 대해 우리가 이해한 것은 이 정도이다. 볼은 여전히 이렇게 말한다. "미스터리다."

한편, 이들 모델에는 공통적인 특성이 있다. 물 분자가 다양한 상태로 존재할 수 있다는 것이다. 이 모델들은 물이 한 가지 상태로 존재하지 않음을 피력하고 물의 여러 가지 상태를 제시한다. 나중에 우리는 관찰이 가능한 물의 정상 상태에 대한 확고한 증거를 보게 될 것이며, 그것은 아주 잘 정의된 물의 특성을 드러낼 것이다.

왜 이렇게 물에 대해 잘 모르는 것일까?

믿기 힘들겠지만 물을 연구하는 과학자들은 거의 없다. 대부분의 사람들과 마찬가지로 과학자들도 보편적인 물질인 물에 관한 연구는 이미 다 되어 있을 것으로 간주하는 경향이 있다. 그러니 과학적 도전이 있을 수 있겠는가? 단조롭기 그지없는 물을 연구하느니 분자생물학이나 나노과학처럼 좀 더 유행하는 스타일을 추구하는 것이 낫지 않겠는가?

과학자들이 물 연구를 기피한 두 번째 이유는, 물이 신비로운 어떤 특성을 가진 것 같다는 견해가 팽배하기 때문이다. 고대의 종교 지도자들은 물이 경이로운 치유 능력을 가진다고 보았다. '신성한 물'을 생각해보자. 이런 미신적인 생각 때문에 물 연구는 매우 모험적인 것으로 간주되었다. 물의 이질적인 특성을 악마의 소행으로 여기는 한 과학이 낄 자리는 없었다. 저주의 위험은 일단 피하고 보는 것이다.

물의 연구를 지체시킨 이런 두 가지 원인에도 불구하고 물이 과학 연구의 중심적 지위를 차지했던 적이 단 한 번 있었다. 20세기 초반의 약 50년간 과학계가 강조했던 경향은 지금과 사뭇 달랐다. 매우 협소한 분야에 전문적인 지식을 일부 더하는 대신 과학자들은 자연계 전체를 통찰할 수 있는 일반적 원리를 찾고자 노력했다. 전체가 개별 분자들보다 훨씬 중요했던 시기였다. 그 전체에는 물도 당연히 포함되어 있었다. 물은 실제적으로 모든 곳에 존재하기 때문이다.

또 당시는 콜로이드colloid의 시대였다. 현미경으로나 관찰 가능한 입자들이 액체에 현탁된 콜로이드도 중요하긴 마찬가지였다. 생명이 콜로이드에 기초한 것이라는 믿음을 바탕으로 과학자들은 물과 콜로이드와의 상호작용에 대한 지식이 생명을 추동하는 화학을 설명할 수 있을 것이라고 생각했다. 콜로이드를 중심으로 하는 총체적이고 과학적인 연구의 중심에 물이 있었다.

그러나 20세기 중반을 넘어서면서 이제 막 떠오르는 물 연구의 싹을 꺾어놓는 두 가지 사건이 발생했다. 첫 번째는 전문화 경향이 나타난 것이었다. 과학자들은 이제 분자 연구에 몰두했고 물을 부차적인 것으로 끌어내렸다. 분자들이 대유행의 물살을 탔다. 분자에 대해 더 이해할수록 좀 더 과학적 진실에 접근하는 것처럼 보였다. 물 연구는 불가피하게 구닥다리가 되었고 점차 그 명성을 잃어갔다.

물 연구 분야에서 과학자들을 소원하게 만든 두 번째 일은 두 가지의 사회정치적인 사건이었다. 이 사건들로 인해 물 연구는 그야말로 풍비박산 났다.

첫 번째 사건은 소위 '중합수 논쟁'이다. 1960년대 말 냉전 중에 시작된 이 논쟁은 러시아 과학자들의 발견에서 비롯되었다. 러시아 과학자들은 아주 좁은 모세관 안에 붙들린 물이 일반적인 물과 다르게 행동하는 것을 발견했다. 이들 분자는 다르게 진동했고 밀도도 비정상적으로 높았다. 얼리기 힘들었으며 증기로 날리기도 쉽지 않았다. 확실히 물이 이상하게 행동하고 있는 듯했다. 많은 중합체들이 높은 안정성을 보이는 경향이 있기 때문에 화학자들은 이들이 '중합체-물polymer-water'이라고 생각했고 마침내 운명적인 이름인 '중합수polywater'라는 용어가 태어났다.

많은 과학자들 사이에서 중합수의 발견은 엄청난 반향을 일으켰다. 상상해보자. 물의 새로운 상phase이라니. 그러나 곧 이 발견은 회의론의 반격을 맞게 되었다. 서방의 과학자들이 그 모세관에서 불순물을 확인하게 됨에 따라 러시아 과학자들은 당황하게 되었다. 정제수라고 믿었던, 모세관 안에 있던 물 안에는 염류와 관에서 유래한 실리카가 존재하는 것으로 밝혀진 것이다. 이런 오염 물질에 의해 물의 기이한 행동이 초래된 것이었다. 이들 초기 연구를 이끌었던 유명한 물리화학자인 보리스 데리아긴Boris Derjaguin조차도 대중들 앞에서 이들 모세관에 불순물이 있었다고 시인했다. 회의론자들은 중합수에 대한 그들의 초기 대응이 정당했다고 하면서 중합수는 "받아들이기 힘든" 것이라고 말했다.

나중에 중합수에 대해 좀 더 얘기할 것이다. 그렇지만 여기서는 다만 '오염 물질'이 과학 전 분야를 괴롭힌 도깨비 같은 것이었다고만 말해두자. 과학자들은 뭔가 순수한 것을 원한다. 그러나 완전한absolute 순수를 얻기는 힘들다. 물의 경우 순수한 물을 얻는 것은 불가능하다. 왜냐하면 물은 거의 모든 외부 물질을 흡수할 수 있기 때문이다. 물은 거의 모든 것의 용매이다. 이런 관점에서 불순물은 차라리 물의 본성이라고 해야 할 것이다. 불순물이 소량 존재한다고 해서 중합수 팀이 얻은 모든 결과를 자동적으로 폐기 처분할 필요는 없는 것이다.

그림 2.4
중합수라는 망령.

그렇지만 상처는 컸다. 1970년대 초반, 실험에 신중을 기하지 못한 러시아 과학자들의 과실이 판명 났다. 언론이 앞다투어 중합수를 보도하면서 야단법석을 친 바람에 이들은 자신들이 잘못했던 것보다 훨씬 더 큰 손상을 입었다. 언론에 나왔던 것을 한번 살펴보자. 중합수 한 방울이 바다에 떨어지면 그들은 다른 중합체 촉매가 그러하듯이 바다의 모든 물을 중합할 것이어서 전 세계의 물이 한 덩어리가 될 것이고, 그러면 모든 생명은 끝장날 것이다. 확실히 위험한 것이다(그림 2.4).

따라서 사람들은 중합수가 오염된 물질 때문이라는 결론에 대해 위안을 얻을 수 있었다. 새로운 과학적 발견에 흥분했던 보다 합리적인 사람들은 실험의 오류에 대한 실망감을 감추지 못했다. 그러나 어떤 경우든 물 과학자들은 설 자리를 점차 잃어갔다.

후속되는 모든 물 연구가 치명적인 타격을 받았으리라는 점은 쉽게 상상할 수 있다. 데리아긴 같은 저명한 러시아 물리화학자가 쉽게 좌초될 정도였으니 일반 과학자들이야 어찌 되었겠는가? 당혹감이 엄청났을 것이다. 물 연구를 하고 있는 여타의 재능 있는 과학자들이 이제 중합수와 관련된 분야는 피하는 게 안전하다고 느꼈으리라는 점은 쉽게 짐작할 수 있다.

사실상 물 연구는 중단되었다고 보아야 할 것이다. 소수의 용감한 과학자들이 물의 생물학 분야에서 분투하기는 했지만 그 기세는 초라하기 짝이 없었다. 물의 미스터리를 둘러싼 이런 사건들이 돌파구를 마련하기 위해서는 뭔가 새로운 구세주가 등장해야만 했다. 그렇지만 그때가 언제일지 막연하기만 했다.

기억하는 물의 실패

20년이 지나자 물 과학은 다소 회복되는 기미를 보였다. 그러나 이번에도 엄청난 파도가 밀어닥쳤다. 바로 '기억하는 물'이 그것이다. 여기서는 프랑스 과학자이자 면역학자인 자크 벵베니스트Jacques Benveniste가 중심에 있다. 거의 우연이라고나 할 정도로 벵베니스트와 그의 동료들은 물이 자신과 상호작용하는 분자에 관한 정보를 간직할 수 있다는 증거를 확보했다. 물은 그야말로 '기억할' 수 있었다.

기억하는 물에 관한 증거는 생물학적으로 활성이 있는 물질을 계속해서 희석하는 실험에서 나왔다. 어떤 물질을 물에 녹인 다음 이 용액을 희석해보자. 그리고 이런 과정을 무한히 반복한다. 충분히 희석했다고 가정하면 결국 나중에 남는 것은 물뿐이다. 통계적으로 물질은 아무것도 남아 있지 않을 것이다. 벵베니스트와 그의 동료들은 이런 식으로 거의 아무런 물질이 남아 있지 않을 때까지 희석을 계속했다. 그럼에도 불구하고 용액은 원래 희석하지 않았을 때처럼 면역학적으로 활성이 있음을 확인할 수 있었다. 농축된 물질이거나 혹은 연속적으로 희석한 물질이거나 상관없이 이들 물질을 세포에 처리했을 경우 동등한 분자의 춤을 볼 수 있었다. 마치 희석한 물이 그 전에 그와 접촉했던 물질을 '기억'하고 있는 것처럼 보였다. 왜냐하면 바로 그 물질만이 그런 분자의 춤을 개시할 수 있었기 때문이다.

《네이처》의 편집자인 존 매덕스John Maddox 경은 앞뒤가 뒤바뀐 것이라고 생각했다. 도대체 어떻게 물이 정보를 저장할 수 있단 말인가? 모든 사람이 일견 명백한 이런 반응 결과를 수긍하지는 않았다. 비록 벵베니스트는 동종 요법에 별다른 관심을 보이지 않았지만, 동종 요법은 바로 이런 과정을 거쳐 시행된다. 따라서 동종 요법에 종사하는 사람들은 과학자들이 자신들의 정당성을 입증했다고 느꼈다. 《네이처》가 자신들의 실험 결과를 게재하기를 거절하자 벵베니스트는 자신들의 실험을 재현해달라고 실험실 세 곳에 부탁했다.

놀랍게도 그들은 벵베니스트의 실험을 재현할 수 있었다. 반복해도 결과는 변하지 않았다. 벵베니스트는 그들의 결과를 다시 《네이처》에 보냈다. 저널 측은 전과 같은 반응을 보였다. 아무리 많은 실험실이 그 결과를 재현한다고 해도 그들의 발견은 해석 불가능한 것처럼 보였다. 희석된 물 실험에 뭔가 장난이 숨겨져 있는 것처럼 보였기 때문이다. 아직까지 중합수의 망령이 사람들의 마음속에서 완전히 사라지지 않았다. 《네이처》는 뭔가 낌새를 눈치챘다.

공정해야 한다는 압력 때문에 저널 측은 결국 그 논문을 출판하기로 결정했다. 단 한 가지 조건을 달았다. 프랑스 과학자들이 그 실험을 재현할 수 있는지를 편집자들이 소집한 위원회가 감독하기로 한 것이었다. 위원회는 그 결과를 《네이처》 독자들에게 발표하기로 했다. 프랑스의 연구진들도 그 조건을 받아들였다. 논문은 금방 출판되었다. 여기에 회의적인 시각이 있다는 말도 덧붙였다. 그리고 편집자는 프랑스 과학자들이 실험을 되풀이할 것이라는 말도 빼놓지 않았다.

사실 과학자 동료들의 위원회는 탐정과 같은 일을 했다. 편집자인 매덕스가 그 위원회를 총지휘했다. 매덕스는 두 사람을 더 불러 모았다. 한 사람은 미국 국립보건원의 월터 스튜어트Walter Stewart였으며 과학적 사기를 조사하는 임무를 부여받았다. 그는 전문적인 탐정이었다. 다른 사람은 '놀라운 랜디'라는 별명을 가진 제임스 랜디James Randi였다. 그는 세계적인 마술사였다. 특히 유리 겔러Uri Geller와 같은 마술사들의 트릭을 찾아내고 폭로하면서 명성을 얻었다. '동료' 과학자 위원회 면면을 보건대 매덕스는 단순히 의도하지 않은 실수 이상을 찾아내려 한 것처럼 보였다.

위원들은 파리로 날아와서 실험을 면밀히 관찰했다. 첫 번째 실험은 아무런 문제가 없이 벵베니스트의 결과를 재현했다. 그러나 방문한 위원 한 명이 그 물질을 희석했을 때는 결과가 예상한 대로 나타나지 않았다. 상황은 뒤죽박죽이 되었다. 왜 프랑스 과학자들은 재현이 가능했지만 방문객은 그렇지 못했을까? 위원회는 이 결과에 뭔가 트릭이 있을 것으로 결론을 지었다. 그렇지만 그 구체적인 내용이 무엇인가는 아직도 밝혀지지 않았다. 그럼에도 불구하고 위원회는 용감하게 전 세계 과학자 집단을 향해 기억하는 물은 '기만'이라고 선언했다.

이들 이야기는 다른 곳에 자세하게 기록되어 있다. 궁금한 독자들에게 두 책을 권한다. 하나는 앞에서 얘기한 필립 볼의 책[1]이다. 당시 그는《네이처》에서 일했고 매덕스와도 친했다. 두 번째 책은 물리학자인 고 마이클 쉬프Michel Schiff가 쓴『물의 기억The Memory of Water』[5]이다. 쉬프는 사건 당시 프랑스 실험실에서 일하고 있었다. 충분히 상상할 수 있듯이 이 두 저자는 다른 종류의 동정심을 보였다. 사건의 전모를 파악하기 위해 이 책 두 권이면 충분하다.

이 실패로 벵베니스트는 처절한 굴욕을 당했다. 연구비 지원도 끊겼고 실험실도 더 운영할 수 없게 되었다. 더 이상 과학적 결과를 출판할 수도 없었다. 불가능한 연구에 하버드 학생들이 부여하는 불명예인 '이그노벨 Ig-Nobel'상을 두 번씩이나 수상했다. 프랑스 과학계도 달가울 것은 전혀 없었다(그림 2.5).

여기서 중요한 것은 사건의 추악함이나 과학자들의 경력 단절이 아니다. 오히려 물의 연구가 심각한 피해를 입었다는 점이 더욱 중요하다. 중합수 논쟁에서 미처 빠져나오기도 전에 물 연구 분야는 두 번째 충격을 받아 휘청거렸다. 기억하는 물은 과학계에서 오랫동안 비웃음거리가 되었다. 이름을 기억하기 힘이 드세요? 물을 더 드시도록 하세요. (하하!)

이런 문젯거리 역사를 감안하면 물 연구의 결과가 어찌 되었을지 쉽사리 짐작할 수 있다. 온전한 정신을 가진 과학자들이라면 중합수로 얼룩지고 과학계의 조롱거리로 추락한 물의 연구 분야를 거들떠보지 않을 것이었다. 물 연구를 지속하는 과학자는 정말 씨가 말랐다. 그렇지만 거기에 역설이 있었다. 나중에 다른 과학자들이 나서서 벵베니스트의 결과를 재확인했다.[6] 그중에는 노벨상 수상자인 뤼크 몽타니에Luc Montagnier도 있었는데, 그는 물속에 기억된 정보가 전달된다고 하면서 다시 기억하는 물에 대해 언급했다.[7] 이런 에피소드가 있기는 했지만 기억하는 물은 여전히 진지한 과학적 연구로 이어지기보다는 과학적 농담거리에 가까웠다.

그림 2.5
당혹한 프랑스 과학계.

주춤하는 미스터리

이제 왜 우리 주변에서 흔히 볼 수 있는 물에 관한 연구가 그렇게 적을 수밖에 없었는지 이해했을 것으로 생각한다. 연속된 두 번의 좌절을 거치면서 한때 역동적이었던 물 연구 분야는 이젠 과학자들이 의심의 눈초리를 보내는 장소로 전락했다.

이런 두 번의 무너진 잿더미 속에서 뭔가 꿈틀거리는 맹아가 보이기 시작하는 것이 물 연구의 현 상황이다. 이 분야를 가장 잘 표현하는 말은 아마도 정신분열증적schizophrenic일 것이다. 한 측의 주류 과학자들은 컴퓨터 시뮬레이션과 기술적으로 정교한 접근법을 통해 물 분자와 그 주변 물질에 대해 점점 더 많은 정보를 축적하고 있다. 이런 결과가 현재 물 분야를 규정하고 있다. 그들은 상대적으로 위험성이 적은 접근 방법으로 점진적인 진보를 이루어왔으며 2장에서 전술한 여러 가지 모델들을 우아하게 제시했다.

그러나 다른 부류의 과학자들은 보다 도전적인 분야를 연구하고 있다. 1장에서 예시한 실험들이 그런 것이다. 이런 현상을 언급하면 코웃음을 치는 주류 과학자들도 있다. 그들은 이런 현상들이 예외적이고 덜 과학적인 주제라고 생각한다. 어떤 주류 과학자들은 이런 현상을 일으키는 물에 대해 '괴이쩍은 물'이라는 투로 취급한다.

두 부류의 물 과학자들이 함께하는 경우는 많지 않다. 괴이쩍은 물을 연구하는 과학자들은 주류 과학자들의 현란함을 동경한다. 그렇지만 가끔은 그들의 방법이 너무 외곬이고 융통성이 없다고 생각한다. 따라서 그들은 서로 거리를 두고 있다. 또 주류 과학자들은 괴이쩍은 물 분파 과학자들을 기피한다. 또다시 물 연구가 좌초되는 것은 아닌가 미심쩍은 눈길을 보낸다. 괴이쩍은 물 연구는 과학의 한 주변부 극단에 있는 셈이다. 마치 저온 핵융합,* 미확인 비행물체, 미세 에너지**와 동격이다. 과학자로서 품위를 손상하지 않으려면 적당히 거리를 두는 편이 좋다.

이런 미심쩍은 시선을 감안하면 물의 행동을 이해하기 위한 우리의 시도가 매우 도전적인 작업이라는 점은 능히 짐작이 갈 것이다. 물에 관한 기초적인 연구를 수행하는 일은 진흙탕 속에서 금괴를 찾는 것과 유사하다. 아마 찾아지기는 할 것이다. 그렇지만 그 작업은 느리고 고된 과정을 거치는 한편 불가능에 가까운 무모한 일을 하고 있다는 주변의 시선도 신경 써야 하는 것이다.

그러나 진흙탕 길에 대해서는 자세히 언급하지 않을 작정이다. 우리는 다른 사람들이 무시했던 단서에서 완전히 새로운 길을 찾아 나서려고 한다. 지금 이해하고 있는 것처럼 물의 사회적 행동이 불가해의 세계가 아니라는 입장을 우리는 고수한다. 상당수의 과학자들이 믿고 있듯이 자연계가 단순하고 직관적인 것이라면, 우리는 지구에 존재하는 가장 보편적인 물질도 당연히 단순하고 직관적일 것임을 믿는다.

우리가 이해하고자 애쓰는 것이 바로 이 단순함이다.

---

* 저온에서 핵융합을 수행하려는 것으로, 이를 통해 향후 인류의 에너지 문제를 해결하겠다는 흐름을 말한다.

** 인체에 있을 것으로 생각하는 미세 에너지를 말한다. 아직 주류 의학에 편입되지 못했다.

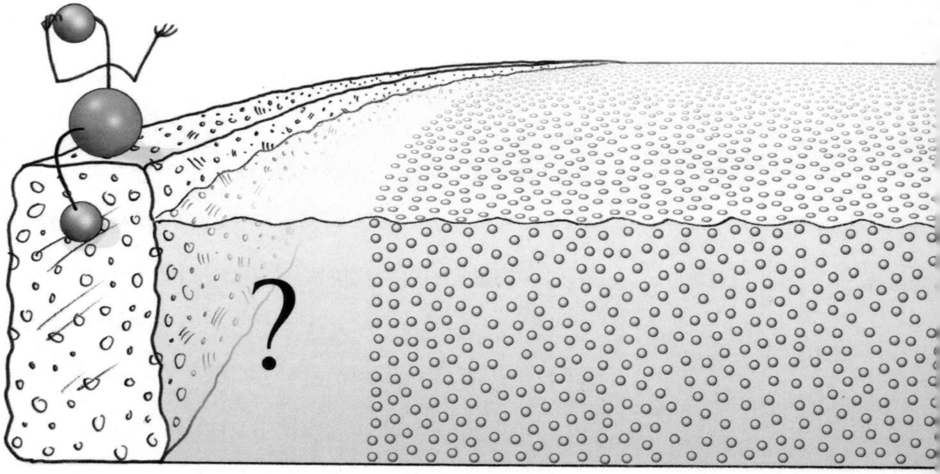

3장
계면에 존재하는 물의 수수께끼

유리컵에 있는 물은 모두 같아 보인다. 아무리 눈을 부라리고 쳐다보아도 한 부분의 물이 다른 곳과 다르게 배열하고 있다거나 하는 단서는 포착되지 않는다. 물은 그저 물일 뿐이다.

반면 우리는 곧잘 피상적인 형태에 속는다. 나는 지난 10년 동안 물질의 표면이 그 주변에 있는 물 분자들에게 강력한 효과를 나타낼 수 있다는 것을 배웠다. 강력할 뿐 아니라 거의 모든 경우 물의 형태를 급격히 변화시킨다. 실제로 물과 마주하고 있는 어떤 표면도 물의 행동 양식에 영향을 준다. 용기, 물에 떠 있는 입자, 혹은 심지어 물에 녹아 있는 것도 마찬가지다. 모든 종류의 표면은 주변의 물 분자에 강한 영향을 끼친다.

내가 문헌을 공들여 찾아 읽었더라면 이런 표면 효과에 대해 좀 더 일찍 알게 되었을지 모르겠다. 반세기도 더 전에 JC 헤니커JC Henniker가 쓴 종설 논문[1]에는, 물을 포함하는 액체에 미치는 물질 표면의 장거리 효과long-range effects에 관한 100편도 넘는 연구가 소개되어 있다. 증거는 이미 도처에 넘쳐나고 있었다.

그러나 내게 이 장거리 효과라는 것은 새로운 계시와도 같이 느껴졌다. 나는 물질의 표면이 아마도 수십 개의 물층에 영향을 줄 수 있을 거라는 사실을 알고 있었다. 심지어 나는 이런 조직화된 물의 생물학적 의미에 관한 책도 썼다.[2] 그렇지만 진정한 장거리 효과라면, 수천 개 혹은 수백만 개의 층에 영향을 끼칠 수 있어야 하지 않을까? 그게 사실이라면 이런 강력한 효과가 물에 기초한 현상의 중심에 있는 것은 당연한 일일 것이다.

나는 처음에 어떻게 이런 장거리 조직화에 관한 증거와 마주치게 되었는지 쓰려고 한다. 또 그 증거가 확고하다는 것도 여러 경로를 통해 조사했다. 그러나 중요한 계기는 학술 모임에서 우연히 찾아왔다.

히라이와 점심을 먹다

1990년대 후반 어느 찌는 듯이 더운 여름날 세미나에 참가하기 위해 다른 건물로 급히 발을 옮기다가 나는 일본 신슈Shinshu대학의 토시히로 히라이Toshihiro Hirai 교수와 마주치는 행운을 얻었다. 우리는 길게 얘기를 나누었다. 나는 세포가 기능할 때 물이 어떤 역할을 하는지에 관한 책『진화하는 물』을 쓰고 있다고 말했다. 이 주제가 그의 관심을 끌었는지 그는 더운 열기를 피해 점심이나 함께 하자고 말했다. 히라이 교수는 물을 이해하기 위해 필요한 결정적으로 중요한 정보를 제공해주었다. 그의 학생이 관찰한 결과를 내게 말해주었던 것이다.

신슈대학의
토시히로 히라이.

히라이와 그의 학생들은 혈관에서 혈액의 흐름을 연구하고 있었다. 실제 혈관을 사용하는 대신 그들은 겔 안에 원통

형 구멍이 뚫린 용기, 그리고 혈액 대신 미소구체 현탁액을 사용했다(그림 3.1). 펌프를 이용해 미소구체가 현탁된 물을 주입하면 그것이 혈관을 따라 흐르는 혈액을 대체하는 가상 모델이 되는 것이다. 겔은 투명하기 때문에 그들 연구자들은 쉽게 '혈액'의 흐름을 추적할 수 있었다. 여기에 아주 간단한 현미경 하나만 있으면 모든 것이 준비되는 셈이었다.

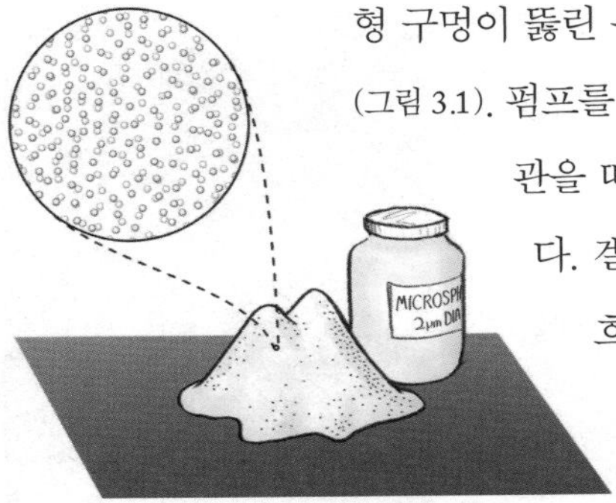

그림 3.1
과학자들이 흔히 사용하는 미소구체.

히라이 박사는 기꺼이 그들의 결과를 공유해주었다. 나는 그들의 결과가 실제 혈액이 흐르는 양상을 잘 모방하고 있다고 보았다. 그러나 정말 나의 관심을 끌었던 점은 그가 미소구체의 행동이 이상하다고 한 것이었다. 그는 미소구체가 겔 안쪽 표면 바로 근처에 형성된 고리 모양의 영역을 피하는 것 같다고 말했다. 미소구체는 원통형 구멍의 중간에만 한정되어 분포하였다(그림 3.2). 히라이는 이런 현상을 특별히 주목하지 않아서 그저 단순한 이차적인 효과로 생각했다. 미소구체가 표면 주변을 배제하면서 중앙에 편재된다는 생각을 그가 아직 떠올리지 못한 것이 틀림없었다.

모임을 마치고 히라이와 나는 수많은 이메일을 교환했다. 나는 일본식

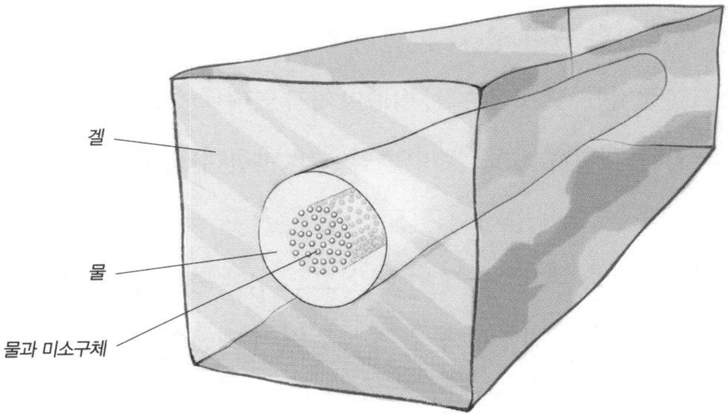

그림 3.2
겔의 원통형 구멍 안에는 미소구체가 존재하지 않는 영역(그림에서 '물'로 표시된 부분)이 있다.

소통 예절의 경계를 지키려고 애쓰면서 그에게 결과물을 출판하라고 설득했다. 그 논문을 내 책의 참고 문헌으로 사용할 수 있을 터였다. 그러나 그런 일은 일어나지 않았다. 내가 지속적으로 보낸 이메일이 그의 인내심의 한계를 건드렸다. 그는 자신이 앞으로 출판할 논문에 나의 이름을 넣어줄 테니 제발 그의 리듬pace을 지킬 수 있도록 해달라고 말했다.

그림 3.3
지안밍 짐 정.

내가 아는 한 히라이의 결과는 논문으로 출판되지 않았다. 그렇지만 매우 우연찮게 그의 방에서 박사 후 연구원으로 있던 친구가 시애틀로 이사를 왔다. 그는 내 실험실로 와서 우리가 하는 일을 유심히 보았다. 즉시 그를 고용했다. 지안밍 정Jian-ming Zheng(그림 3.3)과 나는 히라이의 관찰을 더 추적해보기로 했다.

그 당시 우리는 겔 표면 주변을 미소구체가 기피하는 현상이 매우 중요한 의미를 가진다고 생각했다. 아마 겔 표면이 자신과 접촉하는 물 분자를 조직화할 수 있을 것이었다. 마치 얼음 결정이 자라면서 물속에 떠 있는 미립자를 밀쳐내듯이, 물은 그런 조직화를 통해 미소구체를 밀어낼 수 있을 것이다. 그러나 이런 해석은 정통적인 것이 아니었다. 나는 이런 내용을 2001년에 출판된 책에 자세하게 기술했다.

그렇지만 히라이의 관찰 중 가장 놀라운 것은 그 크기였다. 미소구체가 존재하지 않는 영역은 겔 표면에서 100마이크로미터가 넘었다. 이 사실은 물 분자가 수십만 개의 층으로 쌓여야 함을 의미한다. 구슬로 미식축구 구장 여러 개를 채우는 것과 유사한 정도인 것이다. 세포 내부에서 물이 조직화되어 있다는 개념을 책[2]으로 쓴 나지만 그 크기에는 압도될 지경이었다. 미소구체가 배제된 층이 너무나 두껍게 느껴졌기 때문이다.

오래전에 출판된 문헌들을 내가 잘 꿰고 있었다면 이런 식의 머뭇거림은 없었을 것이다. 앞에서 언급했던, 이미 출판된 많은 결과를 참고 문헌으로 무장한 60년 전에 쓰인 종설[1]도 이와 비슷한 결론을 이끌어냈다. 표면은 액체의 연속성에 장거리 효과를 미친다. 그들은 분자들을 재조직화한다. 내가 이런 증거를 알지 못했다면 우리는 쓸데없이 시간을 낭비했을지도 모른다.

우리는 히라이가 수행했던 것과 비슷한 실험을 진행했다. 같은 유형의 겔을 사용해서 구멍을 내고 미소구체 현탁액을 집어넣었다. 그리고 무슨 일이 생기는지 현미경으로 관찰했다. 현탁액이 겔과 만나자마자 미소구체는 겔의 표면에서 멀어지기 시작했다. 미소구체가 존재하지 않는 영역은 100마이크로미터(0.1밀리미터)에 이르렀다. 물은 그 영역 안에 있었지만 미소구체는 그렇지 않았다. 한번 이런 영역이 형성되면, 이후에도 그대로 유지되었다. 몇 시간이 지나도 상황은 변하지 않았다. 그림 3.4에서 보듯이 미소구체는 '배타 구역exclusion zone' 밖에 존재했다.

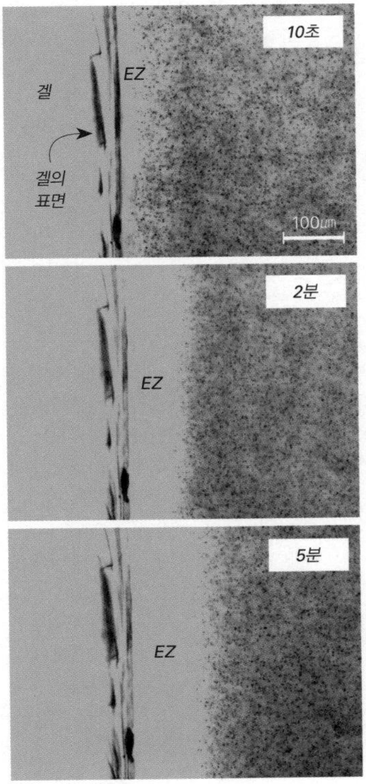

그림 3.4
겔 표면 주변의 미소구체 배타 구역. 배타 구역은 처음 5분 동안 점차 자라나서 한동안 안정적으로 유지된다.

우리의 결과는 미소구체가 존재하지 않는 영역이 히라이가 생각한 것처럼 혈액의 유체역학적 흐름 때문이 아니라는 점을 보여주었다. 우리의 실험 장치에는 흐름이라는 것이 아예 없었다. 그럼에도 불구하고 우리도 히라이처럼 동일한 배타 구역을 얻을 수 있었기 때문이다. 겔 표면에 있는 뭔가가 미소구체를 밀어낸 것이 틀림없다. 그 현상은 흐름이 있건 없건 일관되게 나타난다. 두 경우 동일한 결과가 나타났다. 우리는 이를 선명한 '배타 구역', 혹은 'EZ'로 부를 것이다.

통상적인 기대

이런 배제 현상은 근대 화학의 정신에 위배되는 것이다. 이런 현상은 존재하면 아예 안 되는 것이다. 표면은 주변의 액체에 영향을 끼칠 수 있다. 그러나 이런 영향은 (헤니커의 종설 논문에서 인용된 증거에도 불구하고) 아주 적은 수의 액체층을 넘어서 나타날 수 없다는 생각이 광범위하게 받아들여지고 있다.

왜 그런 영향은 제한적이어야 하는가? 그것은 전기적 전하가 '이중double 층'으로 구성된다고 이론화되어 있기 때문이다. 따라서 물에 있는 대전된 표면은 반대로 하전된 이온을 잡아당길 것이다(그림 3.5). 이들 이온층 밖에는 그 이온과 반대되는 하전을 띤 것들이 층을 이룰 것이고 액체 안에서 느슨하게 확장될 것이다. 이들 이중층 밖에는 확산된 전하의 층들이 있어야 한다. 결국 전체적으로 전하는 중성이 된다. 이런 중성화된 층 밖에 있는 어떤 것도 표면을 인식하지 못한다. 그러므로 표면이 없는 것이나 마찬가지다.

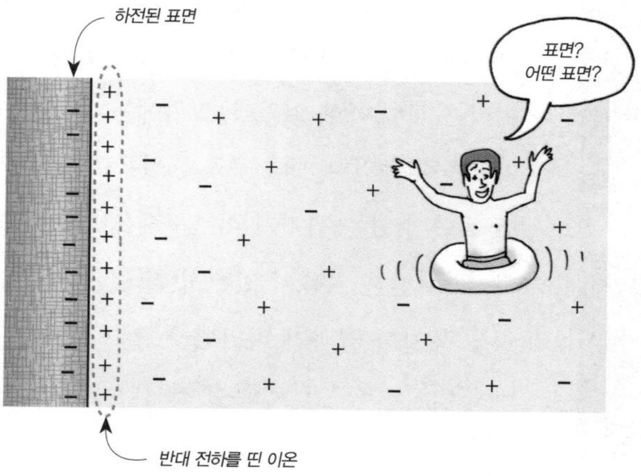

그림 3.5
이중층 표준 이론. 표면 전하(왼쪽)는 반대 극성을 띤 이온을 끌어당긴다. 반대 극성을 띤 이온은 다시 분산되어 존재하는 반대 극성의 이온을 잡아당긴다. 따라서 계면에서 멀리 떨어져 있는 관찰자들은 중화된 표면을 전혀 감지하지 못한다.

이런 최소거리를 네덜란드 물리학자인 피터 디바이Peter Debye의 이름을 따서 '디바이 길이Debye length'라고 부른다. 디바이 길이의 값은 반대 하전을 띤 이온 구름cloud층의 확장성을 반영하고 있다. 많은 요소들이 정확한 수치를 결정하겠지만 그 길이는 전형적으로 나노미터(10^{-9}미터) 수준이다. 이 이론에 따르면, 몇 나노미터를 너머서 액체 내부에 존재하는 어떤 이온이나 입자도 표면의 전하를 감지하지 못한다.

이들 이론은 우리가 관찰한 것과는 상당한 괴리가 있다(그림 3.4). 입자는 물체의 표면에 대하여 엄청난 감수성을 보이고 있었다. 또 그 거리는 디바이 길이의 물경 10만 배가 넘는다.

이런 관찰 결과는 곧장 문제를 불러일으켰다. 계면 화학에서 디바이 길이와 이중층 이론은 반석에 올라앉은 개념이기 때문이다. 확고한 이론에 도전하려면 우선 우리가 확실해야만 한다. 설명도 명쾌해야 하고 있을 수 있는 어떤 종류의 인위적인 결과도 배제해야 한다. 그것들은 우리의 결과를 훼손할 것이기 때문이다.

진부한 설명

정과 나는 오롯이 꼬박 1년을 들여서 생각할 수 있는 모든 오류를 검사했다.[3, 4] 물체의 표면을 해석하면서 생길 수 있는 오류 꼬집기를 서슴지 않는 다른 과학자들의 얘기도 수없이 들었다. 많은 문제들이 해결되었다. 그중에서 특히 문제가 될 만한 것은 다음 네 가지이다.

- 첫 번째 논점은 각기 다른 지역에서 미묘한 온도 차이에 의해 생길 수도

있는 대류의 영향에 관한 것이었다. 이런 온도 차이에 의해 유체의 소용돌이가 생길 수 있고 그 때문에 미소구체가 표면에서 멀어질 가능성이 있다. 반복되는 실험을 통해 우리는 대류의 흐름을 목격하기도 했다. 그러나 그런 흐름이 생기지 않는 다른 실험도 있었다. 이 두 경우 모두 배타 구역이 생기는 데는 차이가 없었다. 따라서 대류에 의한 흐름은 우리가 관찰한 배타 구역을 설명하기에는 적절하지 않았다.

- 두 번째 논점은 중합체-솔질 효과polymer-brush effect였다. 겔은 중합체(단위 구조체가 반복적으로 결합한 거대 분자)로 이루어져 있기 때문에 그 가닥이 겔 밖으로 나와 용액으로 뻗어 있을 수도 있다. 칫솔처럼 말이다. 가늘고 성긴 솔은 현미경에서 관찰되지 않을 수 있지만 미소구체를 밀어낼 수도 있다. 그러나 겔의 표면을 따라 엄청나게 감도가 좋은 나노탐침을 걸어보아도 그런 솔은 감지되지 않았다. 눈에 보이지 않는 솔은 존재하지 않았다.

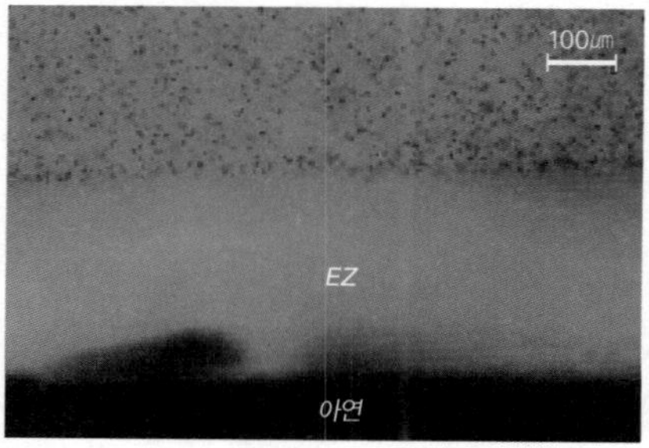

그림 3.6
참고 문헌[5]에서 제시한 결과이며 아연 근처에서 형성된 배타 구역이다. 현미경 필터 때문에 녹색으로 보인다.

이어지는 실험도 이런 결론을 확신시켜주었다. 그것은 자가 조립하는 단층monolayer에 관한 실험으로, 하나의 분자층이 하전을 띠고 있는 경우다. 단층에는 중합체 솔이 없다. 하지만 이들도 충분한 크기의 배타 구역을 만들어냈다.[4] 우리는 어떤 n-형 실리콘층이 역시 배타 구역을 만들 수 있음을 확인했고, 금속 표면도 마찬가지였다.[5] 이들 어떤 것에서도 돌출된 솔은 발견되지 않았다. 그림 3.6은 그 한 예를 보여준다.

- 세 번째 진부한 설명은 미소구체의 배제가 장거리 정전기적 반발력 때문에 생긴다는 것이다. 표면의 전하가 음성이고 미소구체도 음성이라면 이들 둘은 서로를 밀친다. 이런 강한 반발력이 배타 구역을 만들어내기

에 충분한 힘이 된다. 그러나 이중층 이론에 따른다 할지라도 수 나노미터를 넘으면 이런 반발력이 사라진다는 점을 우리는 알고 있다. 우리가 관찰한 배타 구역은 그 거리의 10만 배가 넘는다.

반발 가설을 논박하는 간단한 실험은 음으로 하전된 미소구체를 양으로 하전된 미소구체로 바꾸는 것이다. 정전기 이론에 의하면 양으로 하전된 미소구체는 음으로 하전된 물체의 표면으로 가까이 다가와야 한다. 우리는 가끔 양으로 하전된 미소구체가 배타 구역을 흐트러뜨리는 것을 발견했다. 그러나 다른 경우에는 배타 구역이 유지될 뿐 아니라 그 크기도 음으로 하전된 미소구체를 사용할 때와 차이가 없었다.[3, 4]

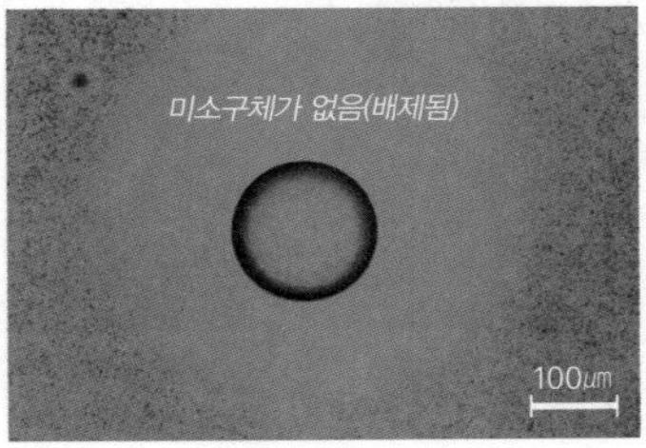

그림 3.7
하전된 겔 소구 주변에 형성된 배타 구역(현미경 필터 때문에 녹색으로 보인다). 유리 표면에 소구를 놓고 미소구체 현탁액을 떨어뜨렸다. 시간이 흐르며 배타 구역이 자라나는 것을 관찰할 수 있다.

표면의 하전을 반대로 바꾼 경우에도 우리는 동일한 결과를 얻었다. 이 실험에서는 겔 소구를 이용하였다. 이 소구의 둥근 표면은 껍질과 비슷한 배타 구역을 생성할 수 있었다(그림 3.7). 겔 소구 표면이 음성이든 양성이든 관계없이, 음성으로 하전된 미소구체가 한결같이 배제됨을 확인했다.[6] 따라서 단순히 정전기적 반발력에 의해서는 이러한 현상을 설명할 수 없음은 물론이다.

- 네 번째 가능한 시나리오는 겔에서 어떤 물질이 확산되어 나오는 경우일 것이다. 이렇게 새어 나오는 불순물이 미소구체를 밀어낼 수도 있을 것이다. 그러나 앞에서 설명한 단층 실험은 이 가설이 실현될 가능성이 적음을 암시한다. 분자 한 층만으로도 충분히 배타 구역을 생성할 수 있기 때문이다.[4] 이 층은 매우 얇아서 아무것도 새어 나올 수 없다.
- 우리는 다른 방법으로도 실험을 진행했다. 확산되어 나올지도 모를 불순물을 씻어내는 일이 추가적으로 수행되었다. 배타 구역의 중심(겔 소구

의 표면)을 격렬하게 씻어내도 배타 구역을 없앨 수는 없었다.[7]

- 마지막으로 우리는 겔에서 뭔가가 새어 나오기 때문에 배타 구역이 생긴다고 하기엔 그 배타 구역이 너무 폭넓게 형성된다는 점을 알게 되었다. 이런 확장성은 길이 방향으로 수평하게 놓인 원통형 관에서 확인할 수 있었다. 여기서는 원통형 관의 끝부분에 원판 모양의 겔을 클립으로 고정해놓은 모델을 사용했다. 그리고 관에 미소구체 현탁액을 채운 다음 결과를 관찰했다. 예상했던 대로 팬케이크와 유사한 배타 구역이 만들어졌다. 겔 표면에서 약 수백 마이크로미터에 달하는 구역이었다. 거기에 그치지 않고 그 배타 구역은 길게 자라나서(그림 3.8) 쐐기를 친 듯이 뻗어나가 막대를 꽂아둔 것처럼 보였다. 때로는 가지를 치기도 했으며 심지어 그 길이가 1미터에 이르기도 했다.[8] 이렇게 긴 배타 구역이 확산해 나오는 불순물에 의한 것이라고 생각하기는 힘들다.

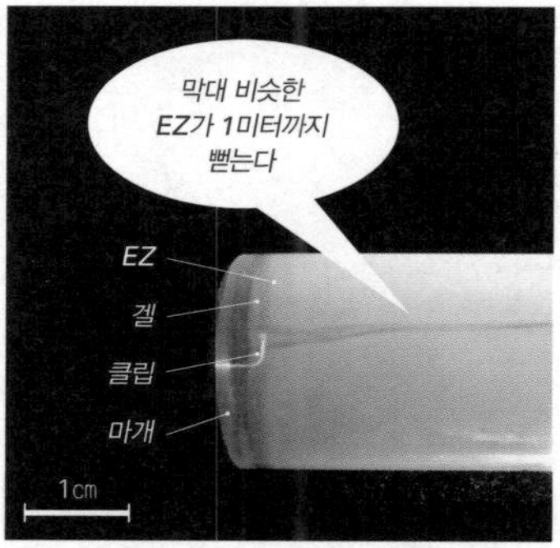

그림 3.8
배타 구역이 길게 뻗은 모습. 판 모양의 겔은 판 모양의 배타 구역을 만든다. 그 사이를 가는 줄기 모양의 선이 뻗어 나온다. 이 선은 1미터까지 뻗기도 한다.

1년여에 걸친 이런 보충 실험을 통해 우리가 관찰했던 배타 구역의 존재가 기존의 진부한 통념으로 설명할 수 없다는 사실을 알게 되었다. 이 글을 쓰고 있는 지금, 수십 개에 달하는 실험실에서 배타 구역의 존재를 확인했다. 게다가 (우리 것을 포함해서) 1970년에 출판된 논문도 동일한 결과를 보이고 있다. 중합체나 또는 생물학적 겔 표면 주변에서 미소구체를 밀어내는 구역은 수백 마이크로미터까지 퍼져나갈 수 있었다.[9] 따라서 미소구체의 배제는 거짓 현상이 아니다. 뭔가 예측할 수 없는 일이 일어나 물체의 표면으로부터 미소구체를 밀어내는 것이다.

비록 뭔가 인위적인 실수가 없을까 확인하는 실험은 고된 일이었지만,

우리는 여기서 예상치 못한 하나의 단서를 확보했다. 1미터에 이르는 배타 구역이 어떻게 생길 수 있었을까 고민하던 중 뭔가 결정과 같은 구조가 관여하지 않겠느냐 하는 생각이 떠올랐다. 왜냐하면 결정은 쉽게 자라서 길이 성장을 할 수 있기 때문이다. 고드름을 생각해보라. 결정이 자라면서 불순물 입자를 배제한다. 배타 구역이 마치 결정과 같은 물질이 아닐까 하는 생각이 우리의 호기심을 한껏 자극했다.

결정은 보통 핵이 되는nucleation 장소로부터 성장한다. 그곳은 다시 말하면 일종의 표면 같은 것이다. 따라서 이제 어떤 종류의 표면이 배타 구역이 자라는 핵이 되느냐가 관건이었다.

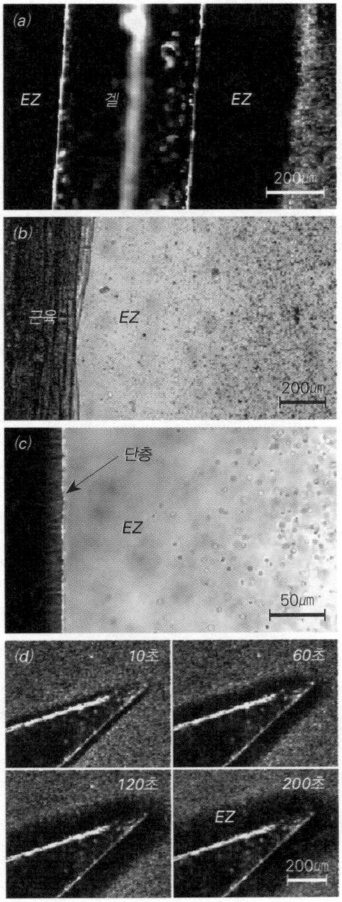

그림 3.9
광학현미경으로 본 미소구체 배타 구역.
(a) 폴리아크릴산 겔, (b) 근육, (c) 자가 조립한 금의 단층, (d) 나피온 중합체 (시간대별로 촬영함).

배타 구역은 얼마나 일반적인 현상일까?

우리는 앞에서 기술한 겔 외에도 많은 다양한 종류의 겔을 조사했다. 물을 함유하는 (수화) 겔은 모두 배타 구역을 만들었다. 중합체에 의한 것이든 생물체 내의 분자든 마찬가지였다(그림 3.9a). 혈관의 내피세포층(혈관의 안쪽층), 식물의 뿌리, 그리고 근육과 같은 자연 상태의 생물체 표면도 배타 구역을 생성한다는 사실을 확인했다(그림 3.9b). 자가 조립하는 단층에 대해서는 앞에서 말했다(그림 3.9c). 분자 단층의 표면에서도 매우 넓은 배타 구역이 생성된다는 점에서 우리는 물질의 두께가 이 현상에 큰 영향을 끼치지 않는다고 짐작하게 되었다. 따라서 배타 구역을 만들기 위해서라면 단지 분자의 주형만이 필요해 보였다.

다양하게 하전된 중합체도 배타 구역을 형성했다. 특히 나피온이 그랬다(그림 3.9d). 테플론과 골격이 비슷한 나피온은 음으로 하전된 술폰산기• 를 많이 함유하고 있다. 이런 화학적 수식으로 인해 나피온 중합체는 강력하게 미소구체를 배제할 수 있다. 바로 이런 특성 때문에 앞으로 나피온 중합체를 자주 언급하게 될 것이다.

우리가 사용했던 것 중에서 가장 이상스러웠던 것은 물체의 갈라진 틈이었다. 이 틈이 만들어낸 국소적인 표면에서는 배타 구역이 형성되지 않았다. 이런 틈이 전형적으로 발견된다고 말할 수는 없겠지만 이런 표면은 특정 금속의 근처에서는 일상적으로 발견된다. 또 중합체 막을 서로 다른 종류의 용액에 함께 집어넣었을 경우에도 관찰된다. 이 막은 삼투 실험을 할 때 다시 거론될 것이다(11장). 배타 구역의 갈라진 틈으로 마치 일상적인 배타 구역에 구멍이 뚫린 것 같았다.

지금까지 언급한, 배타 구역의 핵이 되는 물질은 물을 좋아하는 '친수성' 계통에 속하는 것들이다. 이들은 물과 친화성이 있기 때문에 다른 물체는 멀리하고 오직 물하고만 가까이 할 수도 있을 것이다. 대조적으로 테플론과 같이 물을 싫어하는 '소수성' 표면은 배타 구역을 만들기에 적당하지 않았다. 따라서 이런 배제 현상은 친수성 표면의 특성에 속한다.

배타 구역의 일반적 성질을 파악하고 난 후 다음 질문은 이것이었다. 배타 구역이 배제하는 것은 무엇인가? 단지 미소구체인가 아니면 다른 물질도 몰아낼 수 있는가?

• $-SO_3H$를 말한다.

•• 용액에 용해되는 물질을 말한다. 여기서는 잘 녹는 물질이라는 의미가 더 강하지만 그냥 용질로 번역했다. 가령 설탕물에서 물은 용매, 설탕은 용질, 그리고 설탕물은 용액이라고 말한다.

그림 3.10
배제되는 물질의 범위.

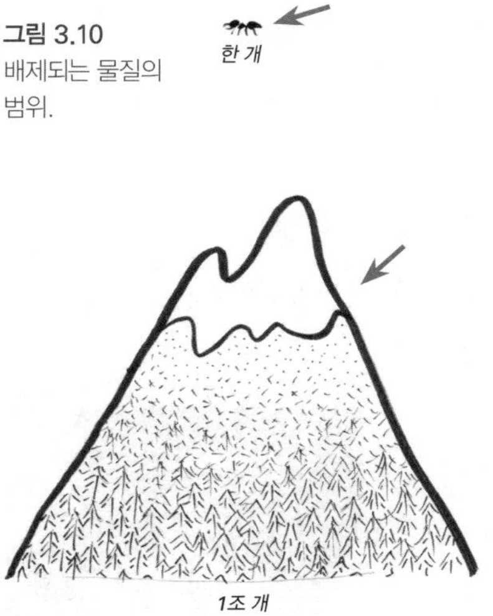

배타 구역이 밀어내는 물질로 우리가 발견한 것은 큰 현탁 입자에서부터 아주 작은 용질** 분자들까지 꽤 많았다.[3] 모든 종류의 미소구체는 배타 구역에서 다 배제될 수 있었다. 그들의 크기는 10마이크로미터에서 0.1마이크로미터에 이르렀으며 다양한 물질로 구성되어 있었다. 심지어 적혈구, 몇 종의 세균, 그리고 우리 실험실에 들어온 먼지 입자들도 배제될 수 있었다. 알부민과 같은 단백질도 배제되었다. 보통 소금 분자보다 분자량이 조금 큰 약 100 돌턴 정도인 염색액들도 배제되었다. 가장 큰 것과 가장 작은 것은 약 1조 배 차이가 났다(그림 3.10).

이상의 실험을 요약하면 배타 구역은 매우 다양한 크기의 물질을 광범위하게 배제한다는 것을 알 수 있다.

아주 극히 작은 물질은 확인하지 못했다. 그럼에도 불구하고 우리는 이런 배제 현상이 보편적이라는 결론을 내릴 수 있었다. **종합하면 대부분의 친수성 표면은 배타 구역을 형성할 수 있고 배타 구역은 다양한 현탁 입자 혹은 용질을 물에서 배제할 수 있다.**

왜 용질은 배제되는가?

배제의 강력한 힘을 실험을 통해 입증했으니, 결정과도 같은 어떤 종류의 물질을 다시 한 번 살펴보자. 왜냐하면 결정은 자신 외의 것을 강력하게 배제하기 때문이다. 나는 앞에서 결정 구조 비슷한 것을 언급했었다. 친수성 표면은 주변에 있는 물 분자를 일렬로 배치하여 마치 액체 결정처럼 만들 수 있다. 이런 조직화된 물이 자라나면 빙하가 바위를 쪼개듯이 다른 용질을 밀쳐낼 수 있는 것이다.

분자의 이러한 조직화는 새로운 개념이 아니다. 앞에서 언급한 헤니커가 1949년에 발표한 종설 논문은 그 전에 수행되었던 많은 실험 결과를 수집하여 표면 근처에서 분자들이 재조직화할 수 있음을 보였다. 그의 목소리는 바람에 헛되이 실려가지 않았다. 뒤이어 물의 장거리 조직화에 관한 개념이 많은 과학자들 사이에서 회자되었다. 발터 드로스트-한센Walter Drost-Hansen, 제임스 클레그James Clegg 그리고 특히 얼베르트 센트죄르지와 길버트 링이 그들이다. 센트죄르지(그림 3.11)는 비타민 C를 발견했고 노벨상을 수상했다. 물의 장거리 조직화라는 불세출의 개념이 그의 삶의 족적을 지탱해준 것이었다.

그림 3.11
얼베르트 센트죄르지.

길버트 링(그림 3.12)도 그와 비슷한 생각을 했다. 그는 특히 세포가 제대로 기능하려면 물의 조직화가 매우 중요함을 강조하면서 생물학의 이해를 향한 혁명적인 토대를 쌓아 나갔다. 그는 이 주제에 관해 다섯 권의 책을 썼다. 마지막은 2001년에 단행본 형태로 쓴 논문인 『세포와 세포 하위 수준에서의 생명Life at the Cell and Below-Cell Level』이다.[10] 이 책에서 그는 세포의 하전된 표면이 주변에 있는 물 분자를 조직화하고 그것이 많은 용질을 배제할 것이라고 말했다. 링에 의하면 세포 내부에 용질이 저농도로 존재하는 이유가 바로 이런 조직화 현상 때문이었다. 조직화된 물이 이들 용질을 배제하는 것이다.

그림 3.12
길버트 링.

이런 거장들에 의해 무대가 세워졌다. 하전된 혹은 친수성인 표면을 중심으로 어느 정도의 거리까지 물을 조직화할 수 있다는 개념은 설득력이 있어 보인다. 우리는 이런 종류의 실험이 이미 진행되었음을 확인했다. 그러나 오늘날 주류 화학자들은 이런 종류의 조직화가 일어날 것이라고 생각하지 않는다. 왜냐하면 분자들은 무질서를 향해 움직이는 경향이 있기 때문이다. 그렇지만 어떻게든 이런 배제 현상에는 설명이 필요하고 물의 조직화는 그 가능성을 높인다. 우리 실험실에서는 그 가능성을 타진해보기로 했다.

표면이 주변의 물에 미치는 효과에 관한 추가적인 증거

배타 구역의 물리적 본성을 파악하기 위해 우리는 매우 다양한 방법을 모색했다. 대부분의 실험에서 배타 구역의 형성을 관찰할 수 있었다(가능한 한 순수한 물을 사용했다). 이런 조건에서 우리는 연구하고자 하는 배타 구역의 특성이 그 구역 밖에 있는 물과 어떻게 다른지 연구했다. 이렇게 함으로써 우리는 그 차이를 규명하고 또 운이 좋다면 배타 구역의 물이 어떤 본성을 갖는지도 알게 될 것이었다. 지금부터 매우 중요한 여섯 가지 실험에 관한 기술적인 측면에 대해 알아보자.

1. 빛의 흡수

물질마다 빛을 흡수하는 방법이 다르다. 각기 다른 파장('색colors')이 어떻게 빛을 흡수하는지 알면, 어떤 물질이 어떻게 전자기 에너지를 받아들이는지 알 수 있다. 즉, 어떤 분자가 흡수한 에너지를 어떻게 취급하는지 알 수 있다. 우리는 최소한, 배타 구역의 물과 그 영역 밖의 물이 다른 파장의 빛을 흡수하는지에 대해 알아보고자 했다.

이런 차이를 확인하기 위해 우리는 그림 3.13a와 같은 실험을 수행했다. 우리는 광학 용기 혹은 큐벳cuvette 내부의 한쪽 면에 나피온 박막을 부착했다. 그리고 용기를 물로 채웠다. 그림에서 보는 것처럼 우리는 큐벳을 좁은 틈 사이로 새어 나오는 빛에 노출시켰다. 이 빛은 물을 뚫고 나가서 분광광도계에 도달할 것이다. 큐벳을 일정하게 움직여가면서 배타 구역과 그 밖의 영역에서 빛의 흡수를 확인했다.

그림 3.13b는 결과를 나타낸다. 나피온과 물의 계면에서 멀리 떨어지면(400마이크로미터 이상) 흡광도가 거의 나타나지 않는다. 이 스펙트럼은 가시광선부와 그 근처의 영역에서 나피온이 없는 일반적인 물의 흡광도와 별 차이가 없다. 예상했던 것이다. 그러나 큐벳을 나피온과 물의 계면 쪽으로 옮기자 강한 피크가 나타나기 시작한다. 배타 구역이라고 생각되는 부분

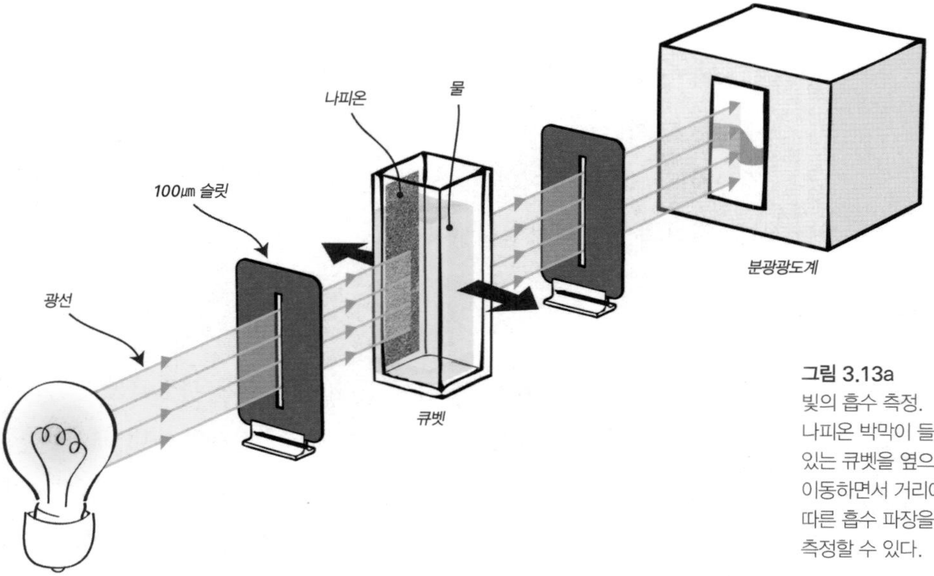

그림 3.13a
빛의 흡수 측정. 나피온 박막이 들어 있는 큐벳을 옆으로 이동하면서 거리에 따른 흡수 파장을 측정할 수 있다.

그림 3.13b
다양한 거리에서 측정한 흡수 피크 스펙트럼. 녹색에서 적색으로 갈수록 나피온 박막과 물 사이 거리는 좁아진다. 숫자는 실제 거리이다.

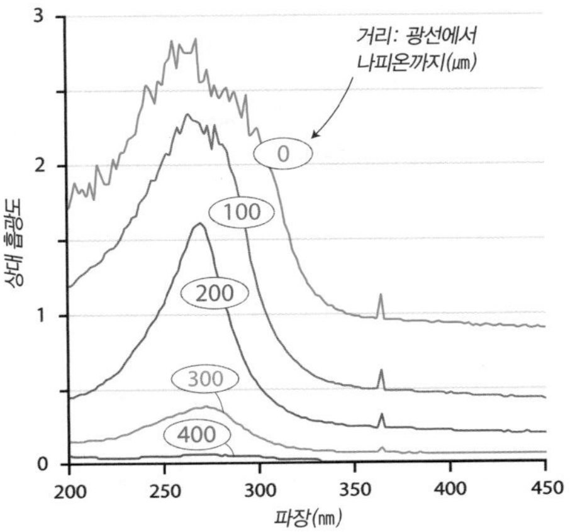

이다. 이 피크의 파장은 대략 270나노미터 근처이다. 나피온 표면에 근접할수록 이들 피크의 크기가 커진다. 배타 구역 밖에서는 이런 피크가 발견되지 않기 때문에 이 흡수 양상은 배타 구역과 그 밖의 영역이 확연히 다르다고 해야 할 것이다.

그림 3.14
삼각형 모양의 나피온이 물에 담겨 있다. 여기서는 적외선 흡수를 측정했다. 색상의 차이는 흡수 정도를 나타낸다. 파란색으로 갈수록 흡수되는 적외선 양이 적어진다.

2. 적외선 흡수

흡광도 측정은 전자기파의 적외선 영역에서도 수행되었다. 보다 긴 파장은 분자 구조에 관한 정보를 준다. 그림 3.14가 그 결과를 보여준다. 이 적외선 흡수 그림에서 나피온 삼각형 조각의 안과 주변부 스펙트럼을 볼 수 있다. 색상의 차이는 흡수 정도의 차이를 나타낸다. 나피온에서 멀어질수록 일관되게 나타나는 파란색은 흡수가 거의 일어나지 않음을 뜻한다. 나피온 근처로 갈수록 진해지는 녹색은, 배타 구역의 흡수가 일반적인 물의 흡수와 다르다는 것을 의미한다.

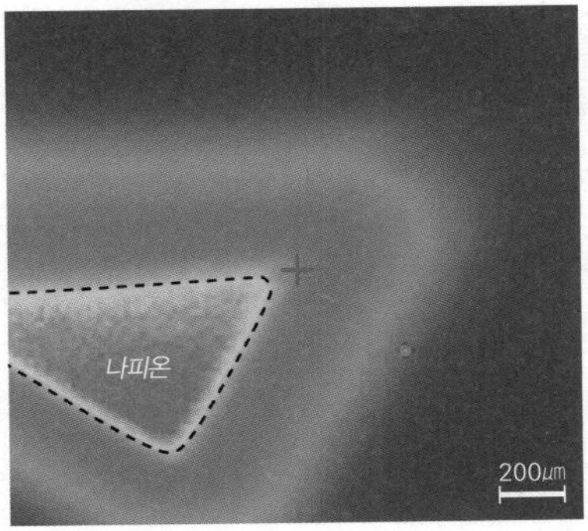

보다 정확한 정보는 궁극적으로 얇은 표면에서 나오겠지만 얇은 표면을 만들기란 쉽지가 않다. 기술적 진보가 선행되어야 할 것이다. 그럼에도 불구하고 그림에서 보이는 적외선 영역의 흡수 차이는 일반적인 물의 구조와 배타 구역 물의 구조가 서로 다르다는 것을 말해준다.

3. 적외선 방출

세 번째 방법은 적외선 카메라를 사용해서 시료의 적외선 방출('열heat')을 재는 것이다. 만약 배타 구역의 특성이 일반적인 물과 다르다면 여기서도 뭔가 차이를 볼 수 있을 것이다.

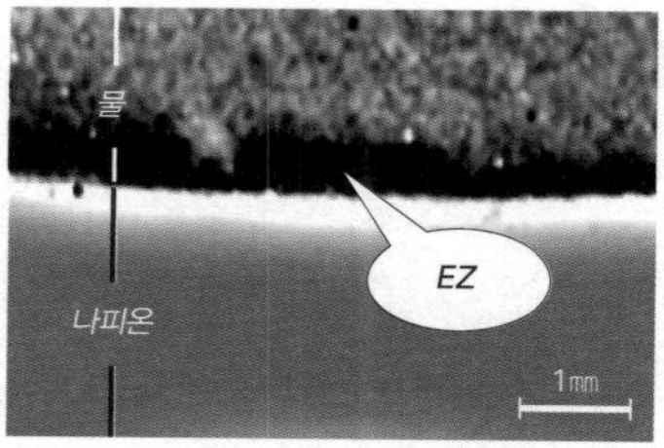

그림 3.15
나피온 박막 주변 물에서 촬영한 적외선 방출 이미지. 실온을 유지시켰다. 중간쯤의 검은색 수평 띠는 배타 구역이 있을 것으로 예상되는 장소이다.

적외선 방출을 측정하기 위해 나피온 조각을 물이 포함된 오목한 용기에 집어넣었다. 그리고 평형 상태에 도달하도록 한 시간 동안 방치했다. 다음에 우리는 적외선 방출을 기록했다. 노출 시간을 길게 해서 평균 이미지를 얻을 수 있었다. 그림 3.15는 그 대표적인 결과를 보여준다. 어두운 부분이 나피온 주변의 배타 구역이다. 이 구역이 어두운 이유는 적외선 방출량이 적기 때문이다. 배타 구역에서 멀리 떨어진 곳은 상대적으로 밝게 나타난다.

결과를 해석하기 위해서는 적외선 강도를 결정하는 요소가 무엇인가 이해해야 한다. 뜨거운 물질은 보다 많은 적외선을 방출한다. 공항 검색대에서 여러분이 감기에 걸렸는지 그래서 해변에서 휴가를 즐기는 대신 일주일 동안 격리되어야 하는지를 결정할 때 바로 이 원리를 이용한다. 그렇지만 온도만이 적외선의 강도를 결정하는 것은 아니다. 적외선 강도는 온도뿐만 아니라 '방출 능력emissivity', 즉 물질의 구조적 특성에도 의존한다. 잘 조직화된, 결정과 유사한 구조는 그렇지 않은 것보다 적외선을 적게 방출한다. 결정 구조 안에서 분자들의 움직임이 제한되기 때문이다. 이런 구조는 더 안정적이며 따라서 적은 양의 적외선 에너지를 만든다. 즉, 보다 안정적이고 온도도 낮다.

온도가 낮다는 것으로 그림 3.15에서 보이는, 배타 구역의 낮은 적외선 방출을 설명하지는 못한다. 사진에 나타난 이미지는 노출 시간을 늘려서 얻은 평균이기 때문에 배타 구역과 일반적인 물이 있는 영역의 온도 차이를 반영하지 못한다. 따라서 방출 능력, 즉 구조적 차이가 보다 설득력 있는 설명이 될 것이다. 즉, 배타 구역은 보다 조직화되었고 일반적인 물보다 결정에 가깝다.

4. 자기공명 영상

자기공명 영상magnetic resonance imaging, MRI은 암종tumor을 검사할 때 사용된다. 레이먼드 다마디안Raymond Damadian이 특허권을 가진 이 기술은 물이 다른 환경에서 다른 특성을 보인다는 원리에 기초한 것이다. 또 이를 통해 공간적 이미지를 얻는다. 우리는 조사 영역에 겔과 물을 집어넣었다. MRI는 주기적으로 자기장을 주면서 물의 원자핵을 자극 즉, 여기시킨다. 시간이 지나면서 양성자는 이완되고 다시 원래의 바닥 상태로 돌아간다. 주변에 있는 원자와 상호작용에 의해 제한된 움직임에 관한 정보가 이완 시간으로 기록된다. MRI 컴퓨터는 이 데이터를 이미지로 구축한다.

그림 3.16
자기공명 사진. 모세관 아래를 폴리비닐알코올 겔로, 그 위를 물로 채웠다. 어두운 띠는 배타 구역에 해당한다. 분자의 움직임이 제한적임을 암시한다.

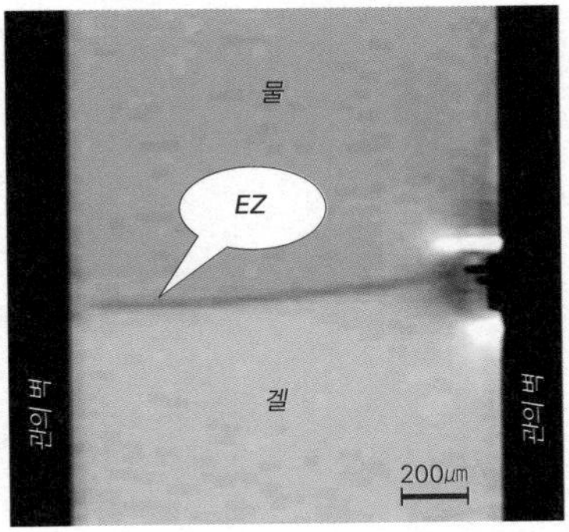

그림 3.16은 이완 시간의 지도를 보여준다. 어두운 부분은 짧은 이완 시간을 나타내며 이것은 구조적으로 제한이 많음을 의미한다. 이 그림에서 중간을 가로지르는 어두운 띠는 배타 구역의 폭과 위치를 보여준다. 배타 구역에 있는 분자는 그 영역 밖에 있는 분자

들보다 제한적인 상태에 놓여 있다.

이런 식의 결론이 유일한 것은 아니다. 이전의 연구에서도 물체의 표면에서 먼 거리까지 이런 제한성이 확장될 수 있다는 보고가 있었다.[11] 우리 실험실에서는[12] 이를 확장하여 표면에 있는 물의 '화학적 이동chemical shift'이 다르다는 점을 알게 되었다. 즉, 배타 구역의 물이 (일반적인 물과는) 다른 화합물일 거라고 암시하고 있다. 자기공명 기법은 배타 구역의 물과 일반적인 물이 아주 다르다는 점을 여실히 보여준다.

5. 점도

우리는 액체성의 정도를 반영하는 점도도 측정했다. 예컨대 꿀은 물보다 점성이 크다. 배타 구역이 일반적인 물과 점도가 다른지 측정하기 위해 낙구식(떨어지는 공) 점도계라 불리는 장치를 사용했다. 작은 용기의 바닥에 나피온 박막을 깔고 물로 채웠다. 여기에 중합체 물질로 구성된 구체를 떨어뜨린다. 이 구체는 일정한 속도로 아래로 가라앉다가 배타 구역에 접어들면서 그 속도가 줄어들었다(그림 3.17). 이런 속도의 감소는 점도가 높음을 의미한다. 다시 말하면 배타 구역의 물이 일반적인 물보다 점성이 더 크다.

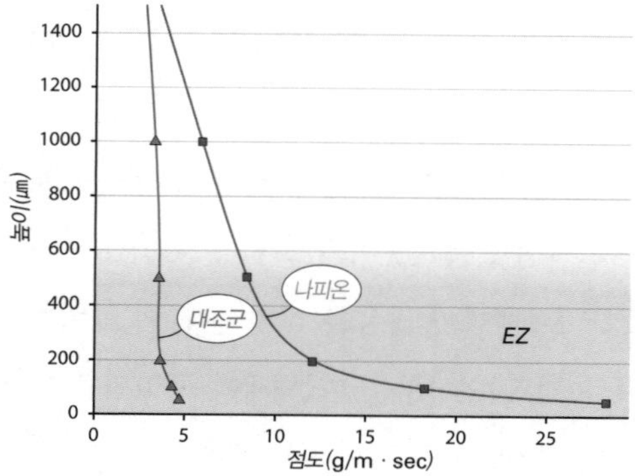

그림 3.17
배타 구역은 점성이 있다(음영). 우리는 나피온 표면의 다양한 높이에서 점성을 측정했다(붉은색 곡선). 대조군(초록색 곡선)에는 배타 구역이 거의 없다.

6. 광학 특성

러시아의 두 그룹에서 각기 독립적으로 배타 구역의 굴절률을(빛이 굽는) 조사했다.[13, 14] 그들은 일반적인 물보다 배타 구역 물의 굴절률이 약 10퍼센트 더 크다고 보고했다. 높은 굴절률은 밀도가 높음을 의미한다. 즉, 배타 구역의 물이 일반적인 물보다 밀도가 더 높다.

지금까지 살펴본 여섯 가지 실험(자세한 내용은 다른 문헌에서 찾아볼 수 있다[4])이 의미하는 바는 **배타 구역에 존재하는 물이 그 구역의 밖에 있는 물과 다른 특성을 갖는다**는 것이다. 이런 차이는 매우 뚜렷하다. 배타 구역의 물은 보다 점성이 있고 일반적인 물보다 더 안정하다. 분자의 움직임은 제한되어 있고 자외선 및 적외선 영역에서 빛의 흡수가 다르다. 굴절률도 더 크다. 이런 여러 가지 차이는 배타 구역의 물이 일반적인 물과 근본적으로 다르다는 점을 말해준다. 이 물은 액체인 물과 닮은 점이 거의 없다.

배타 구역의 질서

배타 구역의 본성을 설명하기 위해 우리가 선호하는 가설은 조직화된 물이다. 실험 결과는 물의 조직화를 충분히 뒷받침하는 것 같다. 그렇지만 이들 실험이 구조적 문제의 직접적인 증거가 되지는 못한다. 우리는 다른 뭔가가 필요했다.

우리가 물의 조직화를 생각한 것은 충분한 실험적인 근거가 있었기 때문이었다. 매완 호가 쓴『무지개와 벌레The Rainbow and the Worm』[15]는 매력적인 책이다. 여기에도 장거리 효과에 대한 증거가 실려 있다. 호(그림 3.18)는 아주 감도가 좋은 편광현미경을 사용한다. 이 현미경은 질서를 측정하는 표준적인 도구이다. 특히 광물의 질서를 연구하기에 적당하다. 원리는 단순하다. 만약 분자의 구조가 정렬되어 있으면 그 정렬된 방향의 광학적 특성은 그것과 직교된 구조와 다르게 나타난다. 그 결과 복굴절birefringence이라고 하는 현상이 나타난다. 호는 벌레의 신체 다양한 부위에서 분자의 구조적 정렬을 보여주면서 이런 배열이 대부분 물의 조직화에서 유래한다고 결론지었다. 그림 3.19는 호의 책에서 발췌한 것이다.

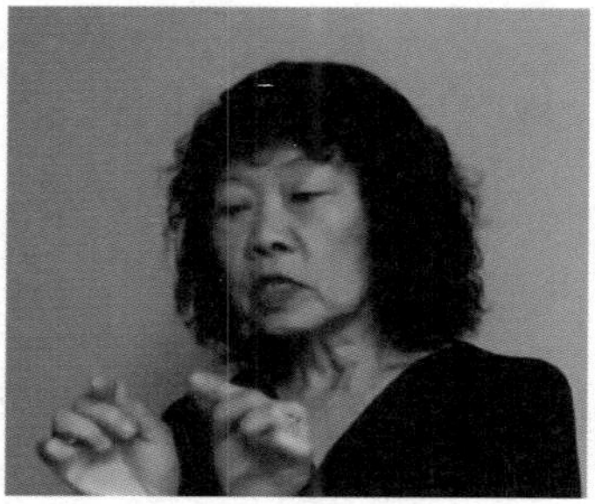

그림 3.18
매완 호.

호에게서 영감을 얻어 우리도 편광현미경을 설치하고 나피온 주변에서 물의 조직화를 관찰하고자 했다. 처음 몇 실험에서 우리는 이런 복굴절을 관찰할 수 없었다. 아마도 감도가 좋지 않아서였을 것이다. 그러나 다른 실험에서 몇 가지 긍정적인 결과가 나왔다. 바로 호의 발견을 재확인한 것이다. 그림 3.20을 보면, 물과 나피온의 계면에서 먼 곳에 있는 물은 파란색으로 나타난다. 여기에는 일정한 정렬 패턴이 없는 것이다. 그러나 계면 근처

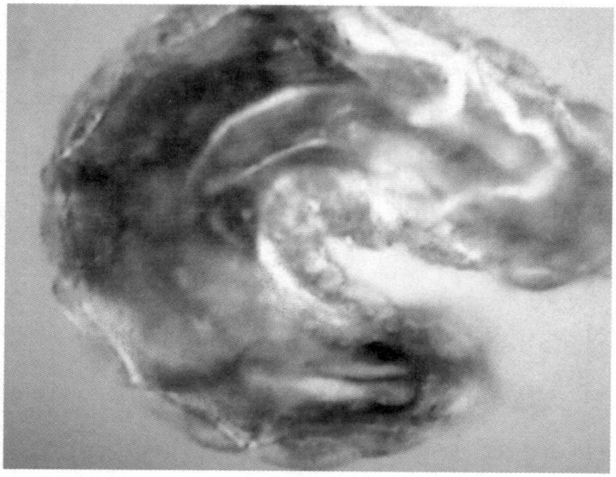

그림 3.19
알에서 막 깬 초파리 유충을 편광현미경에서 관찰한 이미지. 간섭 색깔에 의해 결정성 액체를 구분할 수 있다. 색상은 물을 포함한 거의 모든 생체 분자들이 정렬되어 있음을 의미한다. 분자 배치 및 복굴절에 따라 색상이 달라진다. 자세한 내용은 호 박사의 책[15] 219~221쪽을 참고하자.

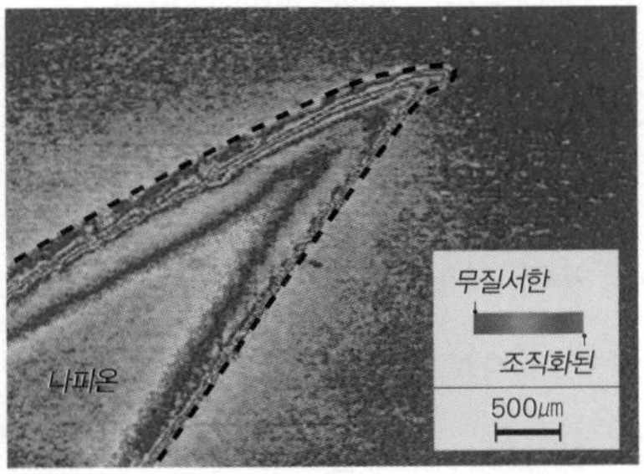

그림 3.20
물에 잠긴 화살촉 모양의 나피온 박막(점선)을 편광현미경으로 찍은 이미지. 파란색은 분자가 무작위로 배치된 양상을 나타내며, 붉은색은 분자의 조직화가 최고로 진행된 상태이다(오른쪽에 색상 막대가 있다).

에는 녹색이 진하다. 이 관찰로부터 이 영역에 존재하는 분자가 잘 정렬되어 있음을 알 수 있다. 이곳은 배타 영역과 일치하며 나피온 주변에 분포하고 있다. 달리 말하면 배타 구역에 있는 물은 일반적인 물보다 잘 조직화되어 있다.

그림 3.20에 나타난 조직화된 구역은 물 분자의 크기에 비해 상대적으로 넓게 나타난다. 물이 얼마나 작은지 상상해보자. 물의 크기는 대략 0.25~0.3나노미터(1밀리미터의 100만 분의 1보다 작은)이다. 그림에서 조직화된 구역은 약 100만 개의 물 분자가 줄을 지어 있는 셈이다. 구슬을 정렬해서 수십 개의 미식축구 구장을 채운 장면을 상상해보라.

이미 발표된 두 논문에서 이런 장거리 조직화의 이론적 가능성을 타진하고 있다. 하나는 재료과학 분야의 선구자인 고 러스텀 로이가 쓴 것이다. 로이와 그의 동료들은[16] 어떤 표면이 주형과 같은 효과를 갖는다는 점을 강조했다. 녹아 있는 물질을 (결정 구조의 형태로) 조직화시킬 수 있다는 말이다. 실리콘과 같은 반도체 물질이 상용화되면서 이런 과정은 근대적인 의미의 통합적인 회로를 가능하게 했다. 녹아 있는 알루미늄도 이런 방식으로 사용될 수 있다. 얼음이 얼 때도 이와 비슷한 과정을 관찰할 수 있다. 이런 관찰에 기초하여 로이와 동료들은 주형에 기반한 물 분자의 조직화를 제안하기도 했다. 그들이 보기에 이런 현상은 불가피한 것이었다.

물리화학적인 관점에서 많은 실험 결과를 바탕으로, 링[17]도 물 분자의 광범위한 조직화 이면에 물질의 표면에 핵이 있다는 로이와 유사한 결론을 도출했다. 이상적인 조건이라면 이런 조직화는 먼 거리까지 확장될 수 있다. 이런 질서화 경향은 무질서를 향해가는 자연적인 경향을 거스른다.

이들 두 논문은 우리가 실험으로 관찰한 분자의 질서를 이해하는 훌륭한 이론적 배경이다. 또 이들은 일반적으로 받아들여지고 있는 장거리 조직화의 불가능성에 대해서도 적당한 균형감을 유지하게 해준다. 그러나 아직 해결되지 않은 문제들도 있다. 실험적으로도 이론적으로도 이런 문제들은 아직까지 답변을 기다리고 있는 상황이다. 물은 정확히 어떻게 자기 자신들끼리 질서를 구축할 수 있을까? 물 분자가 단순히 쌓이는 것일까? 아니면 보다 정교한 재조직화 유형이 존재할까? 이런 질문에 대한 답변이 다음 장에서 계속될 것이다.

돌아보면

근대 화학 교과서에서 자양분을 얻은 사람들은 이 책에서 공감하는 바가 적을지도 모르겠다. 교과서에 실린 내용은 우리가 발견한 것과는 사뭇 다르다. 교과서는 이중층 이론을 지지하면서 하전된 표면에서 여러 층의 물 분자가 조직화될 수 없다는 가설을 암암리에 인정한다. 이런 몇 개의 층을 넘어가면 중요한 뭔가가 결코 생길 수 없다는 것이다.

반면에 과학자들은 물이 그저 밋밋한 특성을 가진 물질이 아니라고 인식하기 시작했다. 물에 기초한 많은 현상은 그에 합당한 설명이 필요하다. 그 상당 부분을 이 책에서 다루고 있다. 물의 다양한 양상을 보다 열린 마음으로 마주할 필요가 있다. 이 분야는 새롭고 예기치 않은 발견을 향하여 도약해야 한다. 그 예로 물의 장거리 조직화가 있다.

이어지는 여러 장을 통해 장거리 조직화에 관한 증거를 쌓아가면서 배타 구역 물의 구조가 얼음과 유사하다는 사실을 이야기할 것이다. 그렇지만 얼음은 아니다. 얼음과 유사한 조직화는 빙산의 일각과 같은 것으로 드러났다. 뭔가 심오한 것이 배타 구역 물의 조직화를 추동하고 있는 것이다. 이 추동력은 매일매일의 삶에서 사용되는 보편적인 에너지이며 누구라도 쉽게 이해할 수 있는 것이다.

1부에서 우리는 표면 근처의 물이 일반적인 물과 다르다는 사실을 알게 되었다. 이제 그 차이가 무엇인지 밝힐 것이다. 우리는 표면 근처에서 찾은 배타 구역의 구조와 특성을 통해 모든 것의 전모를 밝힐 것이다.

SECTION 2

물의 숨겨진 진실

1234

4장
물의 네 번째 상이란?

1957년 냉전 시대에 대학 신입생이었던 나는 세계 최초의 인공위성 발사가 몰고 온 파문을 기억한다. 스푸트니크는 엄청난 성과였다. 미처 준비되지 않은 미국이 한 방 먹은 셈이었다. 미국은 그 긴박한 냉전 시대에 불길함을 느꼈다. 소련의 위업에 고무된 미국 정부는 과학 연구와 기술 개발에 막대한 자금을 지원함으로써 이에 응수했다. 미국 정부에게 스푸트니크는 다시는 일어나도록 용납할 수 없는 종류의 당혹감이었다.

그러나 겨우 10년 후 다시 한 번 당황스러운 상황이 목전에 닥친 것처럼 보였다. 이번의 문제는 인공위성보다는 덜 고상한 쪽에서 불거졌다. 바로 그것은 물 과학이었다. 물의 새로운 상을 발견해냄으로써 러시아는 다시 공세의 고삐를 조여왔다. 좁은 모세관에 물을 붓자 물의 성질이 급격하게 변한다는 사실을 러시아 과학자들이 발견한 것이었다. 물은 더 이상 액체처럼 행동하지 않았다. 물론 고체처럼도 아니었다. 잠시이기는 했지만 그것은 전혀 새로운 상태의 물처럼 보였다.

일반 화학에서 우리는 물의 상phase(상태state)이 세 가지라고 배운다. 고체, 액체 그리고 기체이다. 러시아 팀의 발견은 물의 네 번째 상이 존재할 수 있음을 암시했다. 그게 아닐지라도 최소한 지금까지의 세 가지 상과는 분명 다른 무언가를 암시했다. 앞의 장에서 설명했던 실험적인 결과들을 기억할 것이다. 일반적으로 친수성 표면 근처의 물은 특이한 성질을 띤다. 배타 구역의 물은 일반적인 상태의 물보다 더 끈적거리고 더 안정하고 더 질서 정연하다. 러시아 연구진이 주장했던 것과 정확히 일치하는 것은 아니지만 그들과 우리의 연구 결과가 중복된다는 느낌이 들 정도로 배타 구역의 특성은 러시아 연구진이 발견한 것과 닮아 있었다.

이 장은 러시아가 실제로 발견했던 것과 그 연구 결과를 둘러싼 국제적인 음모를 되새기며 시작하려 한다. 뒤이은 몰락으로부터 추출해낼 수 있는 유용한 진리들을 요모조모 살펴볼 것이다. 이제 우리의 관심사는 배타 구역이다. 단순하고 조직적으로 축조된 물 분자들이 배타 구역일까? 아니면 결정과 비슷하게 조직되어 있을까? 그리고 그 구조가 정말로 물의 네 번째 상의 실체일까?

중합수 사태 다시 보기

앞의 장에서 언급했듯이, 이 이야기는 특정 조건에서 물이 갑작스럽게 안정된다는 사실을 발견한 무명의 러시아 과학자 니콜라이 페디아킨Nikolai Fedyakin으로부터 시작된다. 이 상태의 물은 잘 얼지 않을 뿐만 아니라 증발하지도 않는다. 또한 일반적인 물보다 밀도와 점도가 더 크다. 이런 예외적인 안정성에 놀란 페디아킨은 자신의 연구 결과를 소련의 가장 유명한 물리화학자 보리스 데리아긴(그림 4.1)에게 보냈다. 그를 데려오는 데 대위를

그림 4.1
러시아의 저명한 화학자 보리스 데리아긴.

보낼 만큼 데리아긴은 충분히 감동을 받았다.

데리아긴은 물과 계면을 형성하는 것이 모세관에 국한되지 않는다는 사실을 바로 알아차렸다. 마실 물을 담고 있는 유리잔에서 세포 내 단백질까지 물과 접촉하는 모든 물질이 계면을 형성한다. 이들 계면은 모세관 내의 물만큼이나 안정한 특성을 잠재적으로 가지고 있는 '계면의' 물을 형성한다. 데리아긴은 이 하나의 현상을 이해하면 다양한 자연 현상을 설명할 수 있다는 사실을 충분히 이해했다. 따라서 데리아긴은 이 현상을 세심하게 분석했다. 순도를 보증하기 위해 그는 꼼꼼하게 세척한 유리 모세관 내에 증류한 물을 사용해 실험했다. 놀랄 만한 안정도를 보인 것은 바로 이런 순수한 물 때문인 것 같았다. 그러나 데리아긴은 바로 그 순도의 문제가 결국 자신의 발목을 잡게 되리라고는 결코 생각하지 않았을 것이다.

데리아긴의 연구가 러시아 사회에서는 널리 알려져 있었지만 1960년대 중반에 이르러서야 비로소 서양인들의 이목을 끌게 되었다. 곧 후속 연구가 미국과 영국에서 시작되었다. 머지않아 모두가 이 특별한 물에 관심을 갖게 되었다.

심지어 언론도 주목했다. 자극적인 보도를 하려는 언론은 이 연구 결과를 부풀렸고 대중의 우려를 불러일으켰다. 극소량일지라도 바다에 던지면 이 물질이 결정의 핵으로 작용하여 지구상의 모든 물을 하나의 거대한 덩어리로 변화시켜 마시지 못할 쓸모없는 것으로 만들 것이라는 소문이 떠돌았다. 지구가 멸망할지도 모른다는 얘기였다.

냉전 시대의 영향이 분명 있었겠지만 이 중합체 같은 물 혹은 '중합수'가 실험상의 실수로 알려지면서 사람들은 안도의 한숨을 내쉬었다. 실험을 반복하면서 서양 과학자들은 아마도 석영 모세관 벽에서 침출된 것으로 보이는 실리카의 흔적이 물에 남아 있음을 발견했다. 따라서 물은 결국 순수하지 않은 상태였다. 큰 비커라면 거기에 담긴 물에 용기에서 유래한 성분의 양이 많지는 않겠지만 표면적 대 부피 비가 큰 관이라면 물 내부의 실리카 농도가 무시할 수 있는 수준을 쉽게 넘을 수 있었다. 실제로 실리카의 농도는 검출한계를 넘어섰다. 실리카 일부는 분명히 물에 녹아 있었다. 물이 오염되었다는 사실이 밝혀지면서 소련은 체면을 구길 수밖에 없었다.

나중에 또 다른 서양의 과학자는 순수한 물에 염류를 첨가하면 중합체와 유사한 물이 생성될 수 있다는 사실을 보고했다. 러시아 과학자들의 연구 결과가 여름날 흘린 땀 때문일지도 모른다는 암시를 풍기는 것이었다. 세계 여기저기에서 비웃는 소리가 커져갔다.

데리아긴은 자신이 사용한 물이 오염되었다는 사실을 순순히 시인하고 끝내 입을 다물어버렸다. 이렇게 쉬쉬하는 사이 인류는 더 이상 고체가 되지 못한 물을 안전하게 마실 수 있게 되었다. 임박한 파국은 사라져버렸다. 스푸트니크에 응수하여 미국이 중합수의 정체를 낱낱이 폭로한 것이었다. 러시아는 한낱 조롱거리로 전락했다.

이 유명한 얘기는 온갖 종류의 책에서 회자되었지만 진실을 얘기하는 경우는 드물었다. 여기서 그 숨겨진 진실을 얘기하려고 한다. 최근 러시아를 여행하면서 나는 데리아긴의 친구였던 생물리학 연구소 소장과 흥겹게 얘기를 나누었다. 그들은 서로 같은 동네에 살고 있었다. 데리아긴이 죽기 전까지 그들은 거의 매일 만나 대화를 나누었다고 한다. 그 생물리학자는 비록 논문을 철회하긴 했지만 미미한 오염 때문에 물이 이상한 행동을 보인 것은 아니라고 데리아긴이 생각하더란 얘기도 해주었다. 또 다른 저명한 러시아 과학자들도 내게 똑같은 얘기를 반복해서 들려주었다. 데리아긴은 공적으로는 잘못을 시인했지만 속으로 그는 자신이 틀리지 않았다는 사실을 변함없이 믿고 있었던 것이다.

왜 이 과학자는 자신이 잘못하지도 않은 과실을 순순히 시인했을까? 자긍심에 부풀어 있던 러시아 정부는 자신이 자랑해 마지않는 과학자가 서방의 뭇매를 맞는 것에 당황했음에 틀림없다. 한 과학자의 과실이 러시아의 과실로 여겨진 것이다. 전체주의 사회의 속박에 압력을 느낀 데리아긴이 스스로 논문을 철회해버린 것이었다. 그럼으로써 그 문제는 단순히 개인의 실책으로 치부되었다. 러시아가 아니라 데리아긴을 책망하라.

정치적인 압력은 다른 분야에서도 나타났다. 스푸트니크의 위업에 위기감을 느낀 서방 과학자들은 다분히 수세적이었다. 물에 땀이 들어갔다고 우김으로써 그들은 자못 의기양양했을지도 모르겠다.

『중합수Polywater』[1]라는 책에서 펠릭스 프랭크Felix Franks는 이 사건의 주변에 얽힌 얘기를 다시 다루었다. 프랭크는 데리아긴이 왜 논문을 철회했는지 속속들이 파헤치지는 않았지만 서로 대치 중인 미국과 소련 간에 정치적 힘이 작용했으리라는 것은 쉽게 짐작이 간다. 상황이 그렇다면 어떤 것이 진실이고 아닌지 파헤치는 것은 무의미하다(그림 4.2).

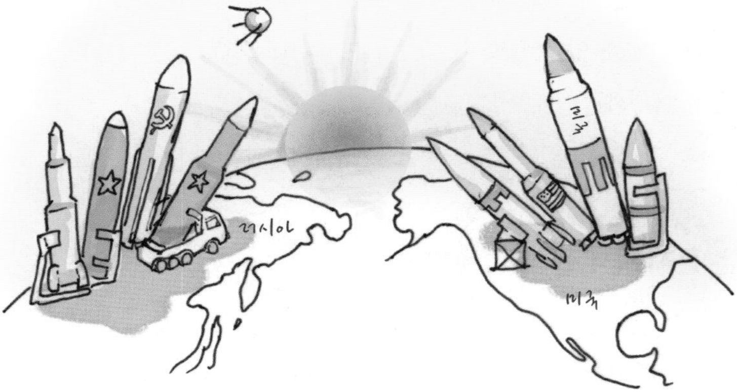

그림 4.2
냉전 시대에 러시아와 미국은 무기 경쟁을 벌였다.

나는 양쪽 진영 모두가 옳다고 여긴다. 물에 대해 다년간 연구를 하고 나서 나는 완전히 순수한 물을 얻는다는 것은 사실상 불가능하다는 점을 확실히 인식하게 되었다. 물은 아주 보편적인 용매이기 때문에 아무리 주의를 기울여도 어느 정도의 오염은 불가피하다. 물은 어떤 것이라도 녹일 수 있다. 따라서 데리아긴이 사용한 물에는 아마도 실리카가 녹아 있었을 것이다. 그리고 염분도 있었을 것이다. 논란의 표적이 되었던 것들이다.

반면 그것들은 새로운 이야기의 시작이기도 하다. 데리아긴의 실험에서 문제가 되었던 부분은 사실 물뿐이었다. 물을 이용해 발견한 사실에 관한 의문이 아니었다는 말이다. 데리아긴의 물이 순수하지 않고 하전되어 있다고 가정해보자. 그렇다면 이렇게 질문해볼 수 있다. 오염 물질이 있는 상황이라도 물이 그런 흥미로운 특성을 보이는 이유는 무엇일까?

데리아긴, 페디아킨뿐만 아니라 많은 서양 과학자들이 이 문제를 연구하고 논문을 발표했다. 그렇다면 왜 이런 특성에 대해서는 함구하는가? 부주의한 실험을 옹호할 생각은 추호도 없다. 소소한 오염은 불가피한 것이며 그것 때문에 연구가 통째로 잘못되었다고 여길 수 없는 것이다. 목욕물을 버리면 되었지 왜 씻기던 아기를 함께 버리는가?

이 점을 염두에 두고 배타 구역 물의 본성을 파헤쳐보자. 배타 구역의 물은 표면 근처에 있다. 중합수도 그렇다. 우연 이상의 뭔가가 이 유사성 속에 숨어 있을까?

표면 근처에서 물의 가능한 구조

우리가 처음으로 배타 구역의 물을 확인했을 때 사람들은 그것이 중합수와 비슷한 것 아니냐는 의심의 눈초리를 보냈다. 호의적이라기보다는 거기에 실험적인 오류가 숨어 있지 않느냐는 시각이 지배적이었다. 한 저명한 물리화학자는 다소 직설적으로 말하면서 중합수와 관계된 연구 때문에 내가 뭇매를 맞을까봐 걱정된다는 얘기도 했다.

우리는 물에 오염 물질을 넣고도 실험을 진행했다. 우리가 원하는 것은 오염 물질이 있다고 해도 중합수와 비슷한 배타 구역을 만들 수 있다는 것이었다. 우리는 반대의 사실도 발견했다. 물에 뭔가를 집어넣으면 배타 구역의 크기가 확장되기는커녕 오히려 줄어든다는 사실이었다. 가장 큰 배타 구역은 순수한 물을 사용했을 때 얻어질 수 있다는 말이다.

이 결과가 의미하는 것은 두 가지다. 첫째, 행동하는 방식이 반대이기 때문에 배타 구역의 물은 중합수와 다르다. 또한, 만일 배타 구역의 물이 중합수와 같은 것이라면 중합수에 대한 공격은 과학이라는 이름으로 자행되었다고 볼 수 없다는 것이다. 어떤 경우든 중합수를 의심하는 무기로 더 이상 우리를 공격할 수는 없다. 우리는 배타 구역의 물이라는 용어의 정당성을 의심하지 않았다.

'배타 구역'이라는 용어는 내 호주 친구인 존 와터슨John Watterson이 작명한 것이다. 또한 그는 'exclusion zone'의 약어인 'EZ'도 제안했다. 이제 우리는 배타 구역이 단순히 배제만 하지 않는다는 사실을 알고 있다. 따라서 그 이름도 이제는 다소 이상적이지 않다. 어쨌거나 배타 구역은 부르기도 쉬워서 계속해서 사용해나갈 작정이다.

우리가 직면한 문제는 이제 배타 구역의 분자 구조가 어떤 것이냐 하는 질문에 답하는 것이다. 우리는 그것이 일반적인 물과는 같지 않다고 생각한다. 배타 구역의 물이 보다 안정하고 점도도 높으며 조직화되어 있기 때문이다. 그렇다면 그 구조는 어떤 것일까?

쌍극자 물이 쌓인 구조

우리는 우선 후보감으로 물 분자가 단순하게 쌓여 있는 구조를 생각했다. 쌍극자dipole 모멘트를 가지기 때문에 물 분자를 쌓는 것이 가능해진다. 전기화학적으로 음성인 산소 원자가 한쪽 끝에 있고 전기화학적으로 양성인 수소 원자 두 개가 다른 끝에 존재한다(그림 4.3). 이런 전하의 극성 때문에 쌍극자를 갖는 물질은 쌓이는 경향이 있다. 따라서 배타 구역의 정렬된 구조를 물의 쌍극자 쌓임이라고 보는 것은 합리적인 것 같다.

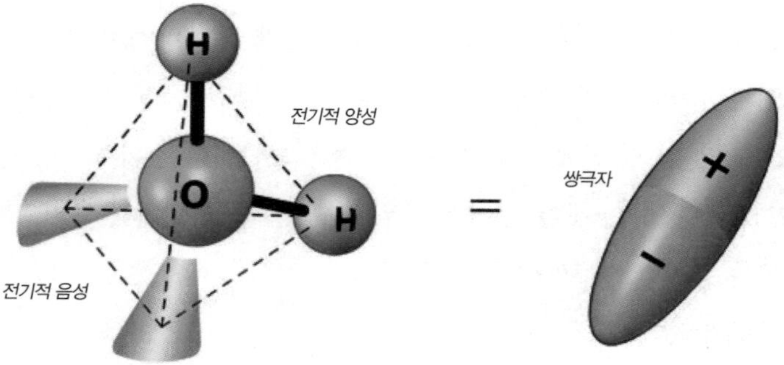

그림 4.3
교과서에 나온 물 분자의 구조(왼쪽). 깔때기 모양의 전기적 음성 부위와 파란색의 전기적 양성 부위가 사면체 구조를 이룬다. 분리된 전하는 흔히 쌍극자라고 불린다(오른쪽).

그림 4.4는 이 모델을 도식화한 것이다.

쌓인 쌍극자 형상은 우리의 문제를 해결하기에 충분해 보였다. 핵으로 작용하는 표면에서 시작해 물의 쌍극자가 하나씩 쌓여간다. 분해하려는 힘인 '열' (브라운) 운동이 미치지 않는 한 이 쌓임은 표면에서 상당히 멀리까지도 진행될 수 있다. 그 한계가 어디까지냐 하는 문제는 몇 가지 가정에 근

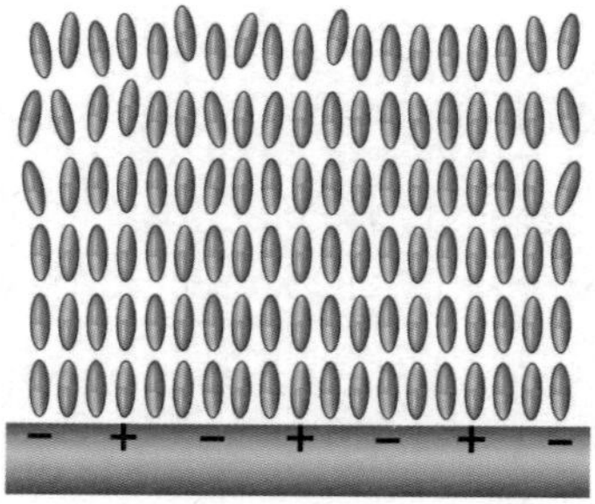

그림 4.4
쌍극자 물이 층층이 쌓여 있는 구조. 표면에서 멀어질수록 열운동에 의해 조직화 정도가 줄어든다고 설명한다.

거를 두고 있다. 대부분의 화학자들은 몇 분자층 이상이 되지 못할 것이라고 주장한다. 그렇지만 무한정 쌓을 수 있다는 과학자들도 없지는 않다.[2, 3]

축적된 쌍극자 모델을 옹호했던 사람은 길버트 링이었다. 세계적 과학자인 길버트 링은 쌍극자 형태의 조직화된 물을 기초로 세포의 기능을 설명할 수 있다는 이론을 확립한 바 있다.[4] 그의 세포 기능 이론은 나나 일부 다른 사람들에게 다소 부담스럽지만 비교적 최근에 출간한 책에서도 명시했듯[5] 물 분자가 단순히 쌓여 있다는 것을 의심할 만한 이유를 찾기는 어렵다. 사실 물 분자의 이런 배치가 유일한 설명이 될 것처럼 생각되기도 했다.

조금 지나서 이 부분을 다시 고려할 필요가 생겨났다. 축적된 쌍극자 모델은 어떤 경우에는 적용 가능하지만 그것이 일반적이 아니라는 새로운 증거들이 속속 나오기 시작했던 것이다. 이 장의 말미에서 자세히 살펴보겠지만 이런 증거의 핵심은 배타 구역이 전기적으로 하전을 띤다는 점이었다. 쌍극자는 전기적으로 중성이다. 그것만으로는 하전을 띤 배타 구역을 형성할 수 없다.

하여간 배타 구역이 대전되어 있다는 사실을 몰랐을 때조차 우리는 다른 가능성을 검토하기도 했다. 나름대로 그럴싸하다고 생각되는 구조들이었다.

결정 상태의 물

가능한 구조를 추론하는 꽤 훌륭한 방법 중 하나는 이미 알고 있는 구조를 살피는 것이다. 만일 구조화된 물이 뭔가를 배제한다면 이미 알려져 있는, 조직화된 물의 구조를 연구하는 접근 방식이 논리적일 것이다. 제시된 이들 구조 중 하나가 들어맞을 수도 있는 것이다.

가장 잘 연구된 물의 구조는 얼음 결정이다. 얼음의 결정 구조는 이미 잘 알려져 있었다. 그리고 얼음은 자라면서 분자와 입자들을 배제한다. 그래서 얼음 결정은 대개 잡티가 없다. 얼음의 구조가 배타 구역 구조에 관해 어떤 단서를 제공할 수 있을까?

(표준적인) 얼음의 평면은 육각형 모양의 단위로 배열되어 있다(그림 4.5). 산소와 수소로 구성된 벌집 판이 켜켜이 쌓인 구조다. 그리고 판과 판 사이에 존재하는 양성자(그림 4.5, 오른쪽)가 위아래 평면을 이어주고 있다. 이들 양성자가 산소와 결합하면서 얼음의 결정 구조가 만들어지는 것이다. 하나씩 건너 산소가 양성자와 결합하기 때문에 각 평면은 약간 비틀린 것처럼 보인다.

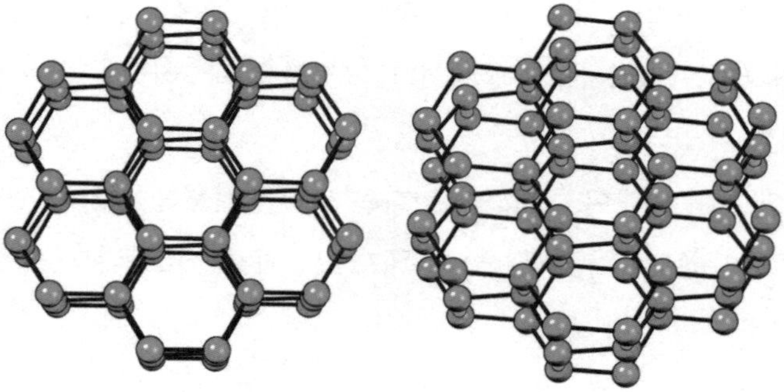

그림 4.5 다른 각도에서 바라본 얼음 결정의 구조. 붉은색은 산소 원자이다. 그림에는 나타나 있지 않지만 수소 원자는 중간중간에 산소 원자를 연결하고 있다. 층 사이에 있는 양성자(파란색)는 모든 산소를 연결한다. 따라서 층은 서로 엇갈려 있다. 따라서 원자의 배치는 평면보다는 다소 사면체에 가깝다.

그러나 배타 구역이 얼음처럼 그리 딱딱하지는 않다. 배타 구역은 마치 점성이 높은 액체처럼 행동한다. 얼음의 구조가 배타 구역의 구조와 딱 들어맞는 모델이 될 수 없다는 의미이다. 얼음 구조를 살짝 일그러뜨리면 배타 구역 구조의 후보가 될 수도 있을 것이다. 정확히 말하면 배타 구역의 구조는 유동성을 필요로 한다. 액체가 유동성을 띠는 것은 구조를 구성하는 층들이 서로 미끄러져 들어갈 수 있기 때문이다. 만약 판 사이에 양성자가 없어서 견고함이 떨어지는 얼음과 비슷한 판구조라면 배타 구역의 구조로 고려해볼 가치가 있을 것이다. 이런 연결 고리가 없다면 평면은 서로 미끄러져 갈 수 있고 반유동성을 부여할 수 있을 것이다. 이런 모델은 배타 구역의 구조로서 가능성이 있다.

전하의 문제

이제 전하의 문제가 수면으로 떠오른다. 얼음은 전체적으로 중성이다. 얼음 모델에서 양성자를 제거한, 얼음과 비슷한 (배타 구역) 모델로 이행하는 데는 다소 문제가 있다. 새로운 배타 구역 모델의 순 전하가 음성이 되어야 하기 때문이다.

배타 구역이 전기적으로 음성을 띤다는 사실을 알지 못했던 우리는 순 전하가 하전을 갖는 모델은 아예 고려하지 않았었다. 배타 구역은 0.5밀리

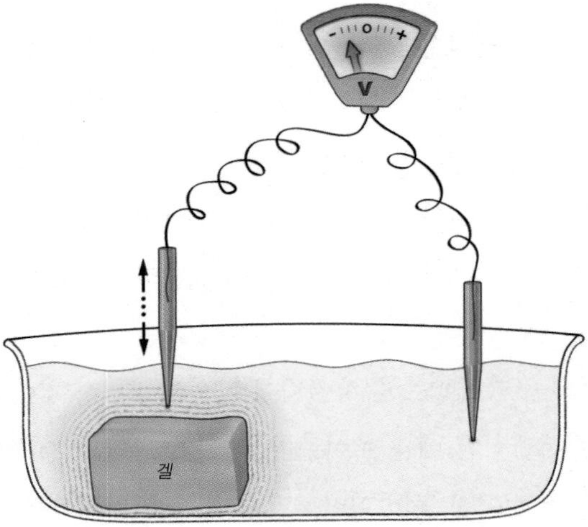

그림 4.6
배타 구역의 전기적 특성을 실험하는 장치. 오른쪽은 대조 전극이다.

미터까지 확장될 수 있었지만 하전을 띤 그런 거대한 공간이 만들어지리라고는 전혀 생각되지 않았다. 기존의 문헌들은 거의 압도적으로 물의 중성적인 측면을 다루고 있다. 또 우리에게 익숙한 쌍극자 모델도 순 전하가 중성이다. 대전되지 않은 물에 관한 것들이 우리가 알고 있는 과학적 사실의 다수를 차지한다. 따라서 애초 우리는 얼음 비슷한 모델 혹은 순 전하를 띤 어떤 모델도 진지하게 생각하지 않았다.

이런 모델을 배제하기 위해 우리는 직접적인 실험을 계획했다(그림 4.6). 살아 있는 세포에서 전기적 전위를 재본 경험이 있었기 때문에 겔을 가지고 그와 비슷한 실험을 하는 것은 어렵지 않았다. 우리는 미세 전극을 이용했다. 이름이 암시하듯 미세 전극은 끝부분이 아주 섬세해서 마이크로미터 크기의 공간에서도 성공적으로 적용된다. 멀리 떨어진 곳에 우리는 비교 목적으로 또 하나의 미세 전극을 위치시켰다. 또 다른 전극은 겔 표면에 점점 가까이 가도록 움직여보았다. 이렇게 우리는 배타 구역이 전하를 띤다는 사실을 알게 되었다.

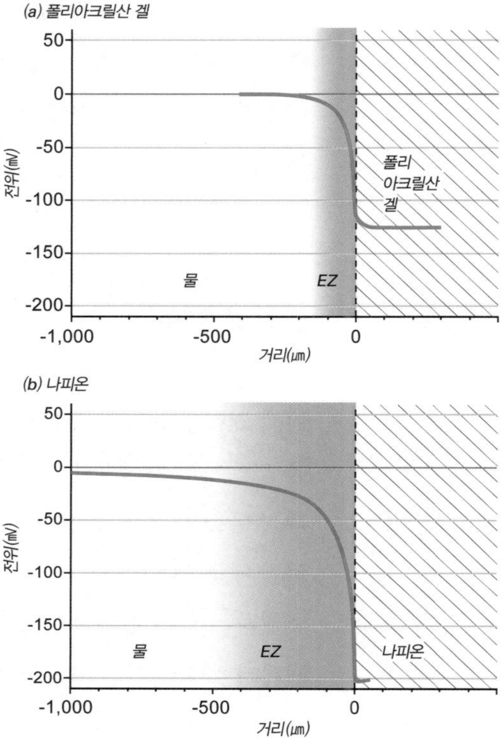

그림 4.7
폴리아크릴산 겔(a) 및 나피온 막(b) 주변에서 측정한 전기 전위. 음의 값은 배타 구역의 폭을 의미한다. 두 경우 배타 구역의 너비가 다르다.

놀랍게도 배타 구역이 음으로 하전되어 있음을 발견한 것이다.

그림 4.7a는 전형적인 예를 보여준다. 계기가 장착된 전극을 처음에는 배타 구역과 멀리 떨어진 곳인 일반적인 물에 두고 전위차를 측정했다. 값

은 0을 가리켰다. 예상했던 것이다. 그러나 전극을 겔로 가까이 옮겨가자 음의 전위를 기록하기 시작했다. 그 값은 겔의 표면에 접근할수록 커졌다. 겔의 표면 직전에서 우리는 120밀리볼트의 음 전위를 얻었고 겔 안으로 전극을 집어넣었을 때도 그 값은 유지되었다. 다음에는 겔을 제거하고 나피온 막을 집어넣었다. 막 근처에서 계기는 200밀리볼트의 음 전위를 가리켰다(그림 4.7b).

두 종류의 실험을 통해 우리는 겔에서 200마이크로미터, 나피온에서는 그보다 먼 500마이크로미터 떨어진 곳까지 음의 전위를 감지할 수 있었다. 앞에서와 마찬가지로 배타 구역이 음으로 대전되어 있음을 알 수 있었다.

이런 결과는 당초 우리가 기대했던 전기적 중성과는 거리가 멀었다. 얼음과 비슷한 모델을 폐기 처분하기 전에 배타 구역이 전기적 음성을 띤다는 사실을 알게 되었다. 그와 동시에 쌍극자 모델이 적합하지 않다는 점도 알게 되었다. 거기에는 전하가 낄 자리가 없다.

뭔가 진척이 있는 듯싶었지만 내 동료들은 의도하지 않은 실수를 눈감을 만큼 너그럽지 않았다. 전기공학을 전공한 사람으로서 나는 이 결과를 만족할 만하게 해석했어야만 했다. 그런데 내 학생 하나가 음전하를 가진 표면으로부터 전기적으로 음의 전위가 나올 수 있다고 말해주었다. 만약 물질의 표면이 하전되었다면 그 효과는 꽤 멀리까지 영향을 미칠 수 있으리라는 것이다. 따라서 배타 구역의 음 전위가 반드시 어떤 순 전하를 의미할 필요가 없다는 것이었다.

그러나 물속에서는 사정이 다르다는 것을 깨우치기까지 몇 분의 시간이 걸렸다. 표면 전하의 효과는 물속에서 멀리까지 확장되지 못할 것이다. 물속에 존재하는 반대의 전하가 몰려들어 표면 전하의 효과를 상쇄할 것이기 때문이었다. 표면에서 조금만 떨어져도 계기는 0을 가리킬 것이다. 이

점은 액체 안의 고정된 하전 입자는 늘 반대의 성질을 갖는 물질을 끌어들인다는 이중층 이론에 근거하지는 않았다. 그렇기 때문에 내 동료들은 움직이는 전하가 장거리 효과를 상쇄하는 물과 같은 액체가 아니라 진공에서 실험해보라고 제안하기도 했다.

그렇기는 했지만 먼저 우리는 배타 구역 내부에 음전하가 있는지 확인하기로 했다. 또 다른 실험에서 그에 상응하는 양전하를 찾을 수 있는지 알아보는 것이었다. 배타 구역은 중성인 물에서 형성된다. 전체적으로 중성인 시스템에서 시작해 음으로 하전된 시스템으로 끝난다는 것은 말이 되지 않는다. 만약 배타 구역이 음전하를 가지고 있다면 어딘가에 측정 가능한 양전하가 숨어 있어야만 한다.

이 양전하는 양성자의 형태로 나타나야 할 것이다. 물에서 양의 하전을 띠는 것은 양성자가 유일하기 때문이다. 만일 배타 구역이 전체적으로 음전하를 갖는다면 우리는 pH가 낮은 양성자로 채워진 공간을 발견할 수 있을 것이다.

5장에서 살펴보겠지만 우리는 물이 채워진 비커에 커다란 겔을 집어넣고 pH가 낮은 곳이 있는지 알아보았다(그림 4.8). 배타 구역은 겔 주변에서 빠르게 형성되었다. 배타 구역 외곽에 pH 탐침을 집어넣자 값이 급격하게 떨어지는 현상을 볼 수 있었다. 때로 그 값은 2 정도까지 떨어지기도 했지만 간혹 1에 접근하기도 했다. 배타 구역 바깥에 양성자가 고농도로 존재한다는 말이다.

그림 4.8
물에 잠긴 겔 주변의 pH. 비커 내 겔의 부피는 상당히 크다.

이러한 양성자의 존재는 양전하가 모여 있는 장소가 있으리라는 예견을 뒷받침하는 결과이다. 이들 양전하가 배타 구역의 음전하를 보완하는 것이다. 전체적으로 물은 배타 구역을 형성할 때 사용했던 물과 같이 중성이

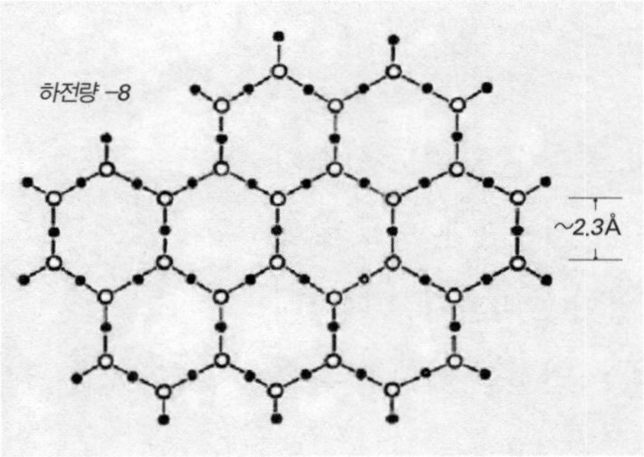

그림 4.9
리핀콧과 동료들이 제시한 중합수의 분자 구조.[6] 산소 분자는 하얀 점, 수소 원자는 검은 점으로 표현했다. 판이 중층으로 쌓여 부피를 키운다.

다. 그러나 배타 구역이 만들어지면서 물의 전하가 분리되어 음과 양의 구성 요소로 나뉜다. 우리는 이들 두 요소를 확인했다.

이런 결과가 반드시 좋기만 한 것은 아니었다. 2001년도에 내가 쓴 책『진화하는 물』에서 링의 쌍극자 축적 모델을 적극적으로 개진했기 때문에 기분이 썩 개운하지는 않았다. 이제 그 모델이 부적절했다고 얘기할 상황이 왔기 때문이다. 잘못을 바로잡아야 한다. 그렇기는 했지만 얼음과 비슷한 모델이 전망이 있다는 점에서는 희망적인 결과였다. 배타 구역의 음전하뿐만 아니라 이들의 반유동적 특성을 설명할 수도 있었기 때문이었다. 무엇보다도 이 모델은 이미 잘 알려진 것이었다. 마술사의 모자에서 끄집어낸 것이 아니란 말이다.

그런데 수십 년 전에 누군가가 이와 똑같은 모델을 제안했다는 사실 있었다면 어떨까? 1969년《사이언스》에 발표된 논문에 따르면 메릴랜드대학의 동료 화학자들과 함께 ER 리핀콧ER Lippincott은 중합수 구조와 실제적으로 동일한 모델을 제시했다. 그림 4.9는 논문에 실린 원본 그림이다. 이걸 보면 중합수 모델이 이뤄낸 성과는 기실 하나도 없는 것 같다. 중합수 모델이 폐기 처분되기 몇 달 전에 이 논문이 출판되었기 때문이다. 어쨌든 그 누구도 이 모델이 제시한 구조를 깊이 생각해보지 않았다. 중합수의 본성을 연구하려는 시도는 모두 동면 상태로 접어들었다.

이제 중합수 모델은 다시 새로운 활력을 찾아가고 있다. 우리는 그것에 대해 더 알고 싶다. 대중의 냉대를 받은 특정 과학 분야가 갑자기 설 자리를 잃어버린 상황에서 과학자들은 무엇을 배웠을까?

중합수 다시 보기

우리가 고려하고 있는 얼음 유사 구조와 흡사하게, 중합수 모델도 산소와 수소 원자로 구성된 벌집 평면이 켜켜이 쌓인 구조를 제시한다. 바로 앞에서 얘기한《사이언스》에 실린 구조는 엄청나게 다양한 물리화학적 데이터로부터 추론한 것이었다. 여기에는 라만 스펙트럼, 극단적인 어는점 혹은 끓는점, 높은 밀도 등의 데이터가 포함되어 있다. 그림 4.9에 제시한 구조는 실험 데이터와 가장 잘 부합하는 것이었다.

《사이언스》 논문을 읽다가 몇 가지 생각이 머리를 스치고 지나갔다. 첫째, 자연계는 육각형 구조를 좋아한다는 점이었다. 유기화학 분야에서 흔히 볼 수 있는 구조라는 것을 독자들은 알 것이다. 그라파이트 구조에서도 육각형을 확인할 수 있다. 이들도 서로 미끄러져 들어간 벌집(그래핀) 판구조를 가지며 따라서 마찰력도 적다. 우선 매우 흔하다는 점에서 육각형 판구조는 우리가 고려해야 할 첫 번째 대상이다.

둘째, 저자들은 자신들이 다루고 있는 물질이 물이 아니라는 점을 강조한다. 그 물질은 산소와 수소로 형성된 것이지만 육각형 격자로 구성된 배열이 물 분자의 구조와는 사뭇 다르다는 것이다. 그들은 이 물질을 두고 "(물이라고) 고려할 필요도 없고 심지어 물이라고 불러서도 안 된다. 중합체인 폴리에틸렌의 특성이 기체인 에틸렌의 특성과 직접적인 관련이 없듯이 말이다"라고 말했다. 저자들은 이 실체가 물과 화학적으로 매우 다른 특성을 갖는다고 여긴다.

세 번째 논지는 놀라서 벌떡 일어설 정도로 획기적인 것이었다. 바로 수소 원자와 산소 원자의 비율에 관한 내용이었다. 모르는 사람은 없겠지만 일반적인 물의 수소와 산소의 비율은 2:1이다. 그러나 논문에서 제시한 평

그림 4.10
육각형 단위에서 순 전하를 컴퓨터로 계산한 것이다. 이를 위해 마치 파이를 자르듯 육각형 안으로 들어온 원자를 잘라냈다. 산소 파이의 전하는 −2이고 수소 파이의 전하는 +1이다. 여기서 수소와 산소의 비율은 3:2이다. 따라서 육각형 구조의 순 전하는 −1이다.

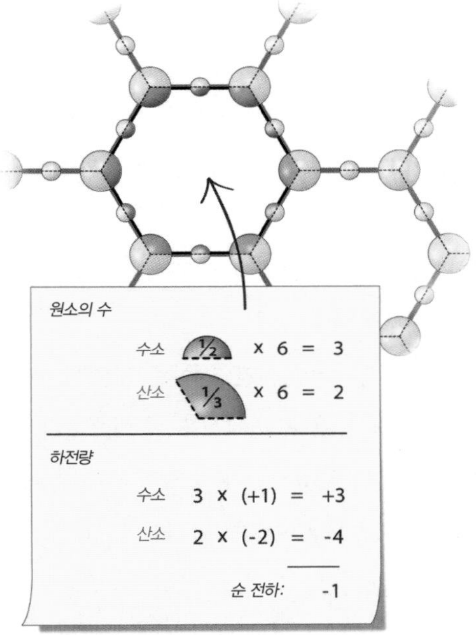

면 구조의 수소와 산소 비는 3:2이다. 이 말의 의미가 선명하게 와닿지는 않지만 그림 4.10을 보면 그 비율이 간명하게 표시된다는 점을 알 것이다.

이런 수리학이 문제가 되는 것은 우리에게 익숙한 2:1 비가 중성을 의미하기 때문이다. 전기적으로 양성인 수소 원자 두 개가 전기적으로 음성인 산소 원자 한 개와 균형을 이루고 있어서 물 분자는 중성이다. 반면 격자 구조에서는 이 균형이 틀어져 있다. 그 결과 이 육각형 단위는 전기적으로 음성 하전을 띠게 된다.

저자들은 특히 그들이 제시한 그림의 상단 왼쪽을 주시하라고 말한다(그림 4.9). 그러나 그들은 그 의미에 대해서는 주의를 덜 기울였다. 사실상 그들은 음으로 대전된 판 사이에 들어 있는 양전하가 전체적으로 전하를 중성으로 유지할 것이라고 가정했다. 어쨌든 이 모델의 요체는 판 자체가 음으로 대전되어 있다는 사실이다.

리핀콧이 제시한 모델은 여기서 제안하는 모델과 사실상 같다. 중합수 모델은 매우 엄정한 물리화학적 추론을 통해 등장한 것이다. 그렇지만 우리의 모델은 과학자들의 선행 연구와 논리적 추론을 통해 도출한 것이다. 어떤 과정을 거쳤든 결과는 비슷했다. 수소와 산소의 비율이 3:2인 벌집 판구조였다.

이 3:2 비율은 실험적인 의미를 띤다. 아주 저명한 물리학 저널에 실린 파급력 높은 논문에서도 이 비율을 발견할 수 있다. 물 분자에서 양성자와 중성자가 튀어나올 때 산란 유형을 보면 물은 H_2O가 아니라 $H_{1.5}O$였다.[7, 8] 물론 1.5:1은 3:2이다.

이 두 모델의 공통적 특징인 원자의 육각형 배열로부터 이런 (육각형) 구조를 실험을 통해 관찰할 수 있느냐는 의문이 생긴다. 답은 그렇다이다. 연구자들은 금속[9]이나 단백질 소단위,[10] 그래핀[11] 및 석영[12] 등 다양한 표면 주변에서 육각형 물을 발견할 수 있었다. 표면 근처의 육각형 구조는 과냉각된 물에서도 발견된다.[13] 운모에 흡수된 물의 구조는 주로 120도 각을 갖는데, 물이 육각형 구조를 갖는다는 것이다.[14] 다양한 표면 주변의 물이 육각형이라는 결과는 우리가 제시한 모델에 잘 들어맞는다.

육각형 구조를 보여주는 여러 가지 증거 중에서 하나 언급할 만한 것은 물방울이 단백질로 둘러싸여 있다는 결과이다.[15] 이 특별한 단백질은 계통학적 기원이 매우 오래된 ATP 합성효소 c-소단위이다. 건조한 상태에서 이 단백질은 물을 둘러싸는 막을 형성하고 물이 소실되는 것을 막는다.

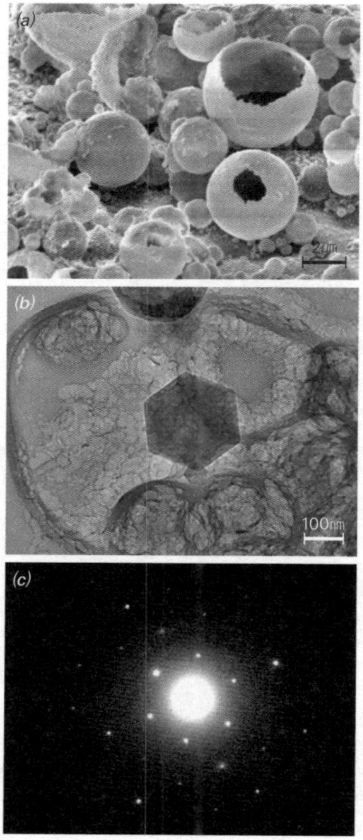

그림 4.11
단백질에 사로잡힌 물.[15] 둘러싼 단백질은 주사전자현미경 이미지로 보면 구형이고(a), 투과전자현미경 이미지로 보면 내부가 기하학적 모양이다(b). 회절 양상에서(c) 육각형 구조를 확인할 수 있다.

그림 4.11은 원통형 캡슐(a)과 기하학적 구조(b), 두 종류의 껍질 구조를 보여준다. 물을 둘러싼 기하학적 캡슐의 회절 양상(c)은 육각형의 구조를 나타내고 있다. 육각형 구조 단위의 간격은 0.37나노미터이며 그림 4.9에 제시된 값과 비슷하다. 따라서 육각형 구조는 표면 근처의 물에서 자주 관찰된다고 볼 수 있다.

이 모델에서 예측할 수 있는 또 다른 사실은 자외선 흡수이다. 이들 육각형 구조는 전형적으로 270나노미터(자외선)의 빛을 흡수한다. 전자가 구조 안을 '자유롭게' 움직일 때 볼 수 있는 흡수대이다. 이런 현상은 방향족 화합물 혹은 '왕관 에테르'라고 불리는 고리 구조에서 쉽게 찾아볼 수 있다. 산소가 포함된 이들 고리 구조는 우리가 생각하는 그것과 흡사하다. 우리가 실험으로 확인한 배타 구역의 흡수 파장도 270나노미터이며(그림 3.13) 이는 육각형 구조 모델을 뒷받침하는 결과이다.

자외선 흡수 파장을 포함해서 물의 육각형 구조는 실험을 통해 여러 차례 확인되었다. 따라서 독립적으로 서로 다른 접근 방식을 거쳐 도달한 육각형 모델은 사실상 같은 것으로 판명 나는 듯하다. 이 모델은 좀 더 깊이 연구할 필요가 있을 것이다. 좀 더 살펴보자.

벌집 모양 판이 켜켜이 쌓인 구조

앞의 모델을 써서 무엇을 설명할 수 있을지 탐구하기 위해 우리는 반드시 육각형 벌집 판구조가 쌓여 배타 구역을 형성할 수 있는지 알아야만 했다. 배타 구역은 평면이 아니고 삼차원인 것이다. 또 배타 구역의 형성이 어떻게 개시되는가 하는 방식도 이해해야 한다. 우선 육각형 판구조가 어떻게 쌓여가는지 살펴보자.

가장 간단한 방법은 모든 육각형 평면이 규칙적으로 배열되었다고 보는 것이다. 위에서 보았을 때 모든 육각형 단위는 마치 하나처럼 보일 것이다.

이런 균일함은 단순하고 매력적이지만 불가능한 배열이다. 왜 그런지 그림 4.5의 왼쪽의 평면이 균일하게 배열된 이미지를 보자. 이제 판 사이의 양성자를 빼냈다고(그림 4.5, 오른쪽) 가정해보자. 우리가 진지하게 고려하고 있는 모델이다. 양성자 '접착제'를 제거하면 위쪽 판의 음극 산소 원자와 아래쪽 판의 음극 산소 원자가 이웃하여 마주 보게 된다. 이제 두 판 사이에 반발력이 생길 것이다. 이 구조는 즉시 약간 비틀린 상태가 될 것이다.

이들 두 판이 배열되는 자연스러운 방법은 균일함을 깨는 것이다(그림 4.12). 위쪽 판의 음전하가 아래쪽 판의 양전하 위에 놓이면 정전기적 인력에 의해 두 판이 달라붙게 된다.

평면의 이런 이동은 이론적으로 두 가지 방향에서 일어날 수 있지만 실제로는 한 가지 경우만 관찰된다(그림 4.13). 첫 번째 방식은 육각형 판이 수직 방향으로 움직이는 것이다(a). 두 번째는 판이 동일 평면 위에서 움직이는 것이다(b). 첫 번째 방식의 이동은 반대 전하 사이의 인력이 보이지 않는다. 따라서 접착력은 다소 떨어질 것이다. 두 번째는 산소-산소 간 배치가 움직이면서 반대 극성을 띤 서로 다른 전하가 대거 인력에 참여하게 된다.

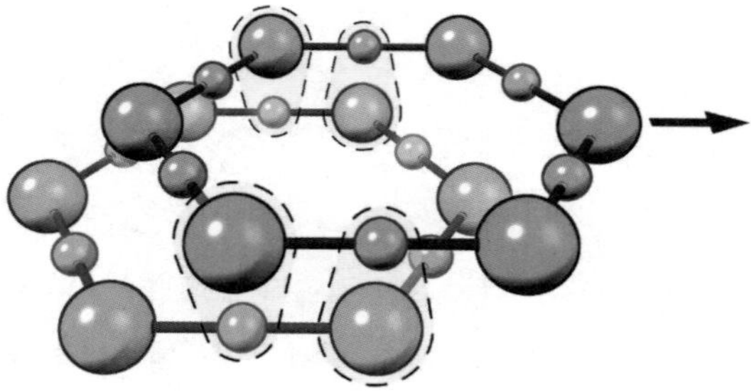

그림 4.12
한 층이 약간 움직여서 다른 극성의 전하와 마주 보면 인력이 형성된다.

그림 4.13
두 가지 가능한 중층 판구조 배열. 오른쪽에 표시된 방식으로 움직여야만 반대 극성 전하가 마주 보는 안정한 구조가 만들어질 수 있다.

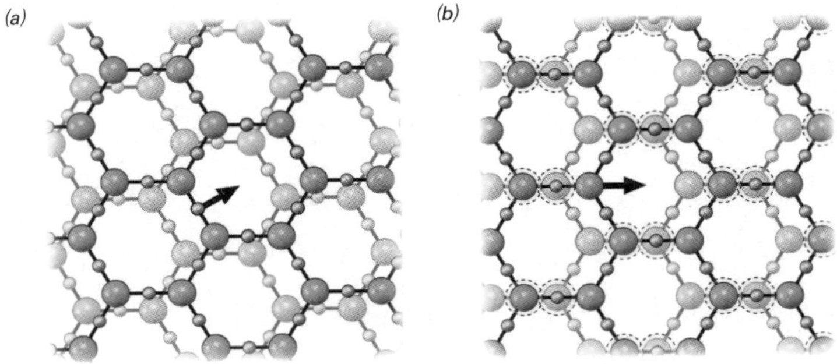

결국 판이 가진 전하의 3분의 1이 결합에 참여한다. 이때는 접착에 참여하는 전하가 풍부하기 때문에 결합력이 좋아진다. 이렇게 응집력이 커지면 밀도도 높아진다. 따라서 이 배치가 더 개연성이 높다.

또한 판의 이동에 의해 약간의 반발력도 생긴다. 가까이에 있는 동일한 전하가 서로 밀치기 때문이다. 그렇지만 반발력보다 인력이 더 우세하다. 또 반발력은 같은 전하를 가진 원자를 밀어낼 것이기 때문에 전반적으로 그 힘이 줄어들게 된다. 컴퓨터 모델링을 통해 검사해보아도 인력이 훨씬 우세하다.

따라서 두 번째 방식의 판 이동에 의해 안정된 구조가 만들어지고 자연스럽게 판은 달라붙게 된다. 이 모델을 사용해서 물 구조의 여러 가지 물리적인 행동을 예측할 수 있다. 반고체성이 있지만 전단력이 가해지면 미끄러질 수도 있다. 이 구조의 행동 방식은 겔인 계란 흰자의 행동 방식과 비슷하다.

단순하게 판을 쌓는 몇 가지 방식을 통해 흥미로운 구조적 변이체가 나타나기도 한다. 그림 4.13b에서 연속적인 판은 오른쪽 방향으로 움직인다. 그렇지만 쉽사리 왼쪽으로도 움직일 수 있다. 이런 두 가지 선택을 통해 우리는 왼쪽으로 혹은 오른쪽으로 치우친 구조물을 만들 수 있다. 아마 이런 두 형태의 구조가 2장에서 언급한 물의 거울상 구조를 설명할 수도 있을 것 같다.

사실 이런 이동 방향은 왼쪽 혹은 오른쪽 어느 한편에 제한되지 않는다. 여섯 개의 판이 하나의 단위처럼 이동하면서 매우 규칙적인 배열을 끝없이 이어나갈 수도 있다. 그렇게 나선형 구조를 형성할 수도 있다(그림 4.14). 맨 아래쪽 판에서 시작하여 그 위쪽 판이 60도 움직이고 다음은 거기에서 다시 60도 움직인다. 이런 식이라면 판 여섯 개가 쌓이면 원래의 위치가 다시 반복된다. 이론적으로 이런 경사도는 끊임없이 이어질 수 있다. 심지어 불규칙한 판의 배열도 가능할 것이다. 이런 나선형 구조는 생물학에서 중요한 의미를 지닌다. 나선형 구조를 지닌 단백질 혹은 핵산과 인접하는 면에서도 물의 배타 구역이 형성될 수 있기 때문이다.

정리하자. 친수성 표면에 물을 부으면 배타 구역이 생긴다. 물은 배타 구

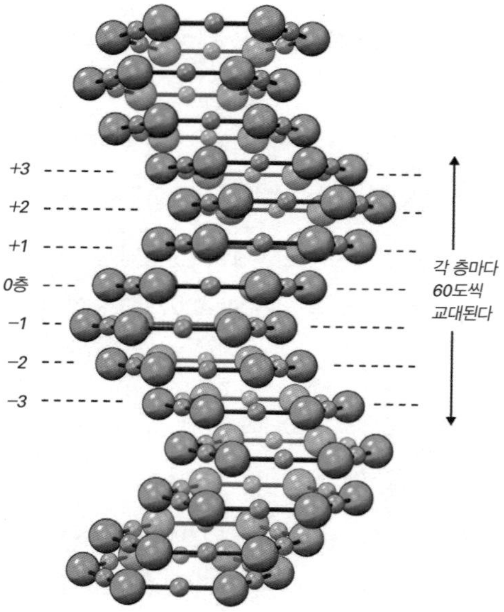

그림 4.14
60도 간격의 연속적인 판 이동에 의해 만들어진 나선 구조.

그림 4.15
일반적인 물로부터 벌집 판구조가 형성되는 모습. 친수성 표면은 배타 구역 중층 구조가 자라는 주형이 된다.

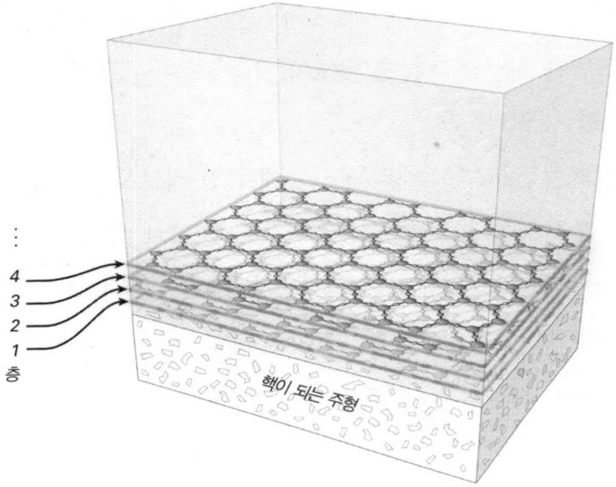

역의 원재료이다. 물 원재료를 써서 배타 구역의 벌집 판구조가 형성된다. 전단력이 충분히 가해지면 이들 판구조는 쉽게 서로 미끄러져 갈 수 있다. 그렇지만 이들 판은 서로 강하게 달라붙어 있어서 일정한 규칙성을 보이며 거시적으로 보았을 때 배타 구역을 형성하는 것이다(그림 4.15).

첫 번째 층

배타 구역의 건설은 애초 어떻게 시작되는 것일까? 친수성 표면은 보통 산소 원자를 포함하고 있으며 이것이 주형으로 작용할 가능성이 있다. 만약 표면의 원자가 충분히 물의 벌집 판구조 산소 원자와 상응한다면 표면 자체가 첫 번째 판으로 기능할 가능성이 생겨난다. 이 주형을 토대로 두 번째 판이 만들어지기는 어렵지 않을 것이다.

물론 모든 물질의 평면이 완벽한 주형이 될 수는 없다. 표면의 원자 배치가 다르고 산소가 아닌 음전하가 있을 수도 있다. 따라서 주형으로 작용하기에 어떤 표면은 적당하지 않을 수도 있다. 이때 이들 표면은 친수성이 덜하다고 판단할 수 있다.

주형이 되는 이들 표면이 배타 구역층에 관한 정보를 제공할 수 있을 것이냐는 미묘한 문제이다. 주형에 산소가 없다면 그에 상응하는 두 번째 층 배치가 영향을 받을 것이다. 이런 일이 반복된다면 배타 구역이 주형으로 사용되는 물질 표면의 정보를 갖고 있다고 볼 수 있다. 배타 구역이 충분히 안정하다면 우리는 그 정보를 확인할 수도 있을 것이다.

또 하나 생각해볼 수 있는 것은 배타 구역이 형성되기 위해서는 오직 한 층의 주형만이 필요하다는 사실이다. 분자층 하나면 족하다는 말이다. 따라서 단일 평면에서도 충분히 배타 구역이 형성될 수 있다(그림 3.9).

전하가 없는 표면을 가진 물질은 배타 구역이 형성되기에 좋은 주형이 되지 못할 것이다. 표면의 구조가 표준적인 벌집 판구조를 지탱하지 못하기 때문이다. 이러한 표면은 소수성을 갖는다고 분류된다. 물을 싫어한다는 뜻이다. 친수성 전하를 가진 물질의 표면만이 배타 구역의 주형 역할을 할 수 있다.

또 하전을 띤 적절한 주형이 있다고 해도 표면의 거칠기가 배타 구역이 성장하는 데 중요한 역할을 한다. 약간 거칠다면 문제가 되지 않는다. 분자 수준에서 약간 거친 표면이 존재한다면 배타 구역의 층이 융기하거나 움푹 패이거나 혹은 산마루 모양을 띠게 된다. 물론 평평한 판이 층을 이루었다면 파도 모양의 형상도 가능하다. 거친 정도가 크면 불연속적인 배타 구역층이 만들어지기도 한다. 따라서 연속적인 배타 구역층이 형성되는 대신 여러 개의 작은 층이 듬성듬성 만들어진다. 또 표면의 층이 공간적으로 끊어져 있다면 배타 구역이 잘 형성되지 않을 수 있다. 이러한 주형들은 평평한 표면에 비해 주형으로서 기능이 떨어진다고 볼 수 있을 것이다. 우리 실험실에서 수행한 선행 연구는 이런 사실을 뒷받침한다.

따라서 주형 자체가 배타 구역의 크기를 결정하는 유일한 요소는 아니다. 주형은 궁합이 잘 맞는 원소를 제공함으로써 배타 구역 형성을 개시하는 것이다. 친수성이 강한 주형은 좋은 원소를 제공할 수 있어서 배타 구역의 형성을 쉽게 시작한다. 그렇지만 표면의 거칠기 혹은 다른 주요한 요소들(뒤에서 다룬다)은 궁극적으로 배타 구역의 크기에 영향을 끼친다. 주형은 배타 구역의 크기를 결정하는 여러 요소 가운데 하나이다.

격자의 손상과 배타 구역의 크기

지금까지는 과히 나쁘지 않다. 그러나 문제가 한 가지 있다. 동일한 배타 구역 평면은 동일한 전기 전위를 가져야 할 것이다. 사실 배타 구역의 전기 전위는 표면에서 멀어질수록 떨어진다(그림 4.7). 배타 구역의 판이 동일하지 않은 것이다. 전기 전위가 떨어지는 결과를 설명하려면 배타 구역층의 전하의 세기는 표면에서 멀어질수록 줄어들어야 할 것이다. 이런 감소는 음전하를 제거하는 방식과 양전하를 더하는 방식으로 일어날 수 있고, 이 두 가지 방식이 모두 가능하다.

배타 구역 격자로부터 음전하를 제거하는 것은 곧 산소 원자를 없앤다는 말이다. 산소가 더 많이 줄어들수록 배타 구역층의 음전하가 줄어든다. 그림 4.16은 음전하가 줄어들긴 했지만 여전히 구조가 유지되는 것을 보여준다. 줄어든 산소 원자의 수가 과하지만 않다면 평면 격자가 깨지는 일은 없을 것이다. 하나 건너 하나씩 산소 원자가 줄어들어도 격자는 유지된다.

판 사이의 상호작용이 격자를 안정화시킬 수 있기 때문이다. 그러나 만약 산소가 줄어드는 '결함'의 정도가 표면 주형에서 멀어질수록 심해진다면 표면에서 멀리 떨어질수록 배타 구역의 음성도는 줄어들 것이다.

산소의 소실을 알 수 있는 한 가지 방법은 격자의 손상을 보는 것이다. 음으로 대전된 격자는 양전하를 띤 양성자를 배타 구역으로 돌아가게 할 것이다. 여기서 활성화되는 것이 사실 양성자는 아니다. 수명이 짧기 때문이다. 양성자는 금방 물 분자에 붙들려 히드로늄 이온이 된다. 일반적으로 이 히드로늄 이온은 배타 구역 격자 안으로 들어갈 수 없다. 격자가 꽉 짜여 히드로늄 이온의 유입을 방해하기 때문이다.

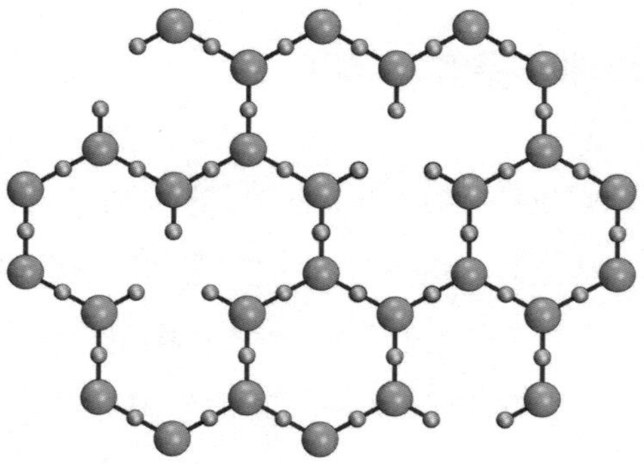

그림 4.16
평면 전하의 감소. 육각형 격자 내부에서 산소가 사라지지만 구조적 정합성은 여전히 유지될 수 있다.

하지만 그림 4.16에서처럼 격자가 열리면 침입할 기회가 생긴다. 거친 표면에서 격자의 불규칙성이 커지기 때문이다. 침투하는 히드로늄 이온이 격자 주변의 산소와 결합하면 물이 생길 것이다. 이것이 격자를 손상시킨다. 가장 심각한 손상은 히드로늄 이온이 침투하는 곳에서 일어나야 한다. 배타 구역의 먼 쪽에서 음전하가 줄어든 곳이 바로 그 현장이고 그것은 우리가 실험적으로 살펴본 바와 같다.

침투하는 양전하가 판과 판 사이에 달라붙을 수도 있다. 특히 히드로늄 이온에서 떨어져 나온 양성자라면 연속적인 판 내부의 인접한 산소 사이에 다리를 놓을 수도 있다(그림 4.13b). 이런 일은 또한 격자의 먼 쪽 평면 근처, 양성자가 풍부한 곳에서 빈번하게 일어날 것이다. 양전하를 더함으로써 이들 양성자는 산소가 사라지는 것과 동일한 효과를 발휘한다. 배타 구역이 시작된 주형 부위에서 가장 먼 평면에서부터 음전하가 줄어드는 것이다.

격자의 손상 정도는 배타 구역의 크기에 영향을 준다. 표면의 친수성이 클수록 격자가 손상되는 일은 적게 일어난다. 마찬가지로 친수성이 줄어들면 배타 구역 격자의 표면은 더 많은 침해를 받는다. 양전하가 쉽게 침투하고 격자를 손상시키며 배타 구역의 크기를 줄이기 때문이다. 바로 이 원리가 친수성이 적은 물질에서 배타 구역의 크기가 작은 현상을 설명한다.

격자의 손상에서 우리는 반도체를 연상한다. 결정 물질 안에서 격자가 손상되고 전자가 많아지는 구조 혹은 '구멍'이 많아지는 구조가 만들어지면 각각 n-형 그리고 p-형 반도체로 불린다. 배타 구역의 구조는 산소 원자가 전자처럼 많은 n-형에 가깝다. 따라서 우리는 배타 구역에 반도체와 비슷한 속성이 있으리라 기대한다. 나중에 그런 특성을 확인할 것이다. 여기서는 격자의 손상이 배타 구역의 크기를 조절한다는 얘기만으로도 충분하다.

배타 구역이 양전하를 띤다?

주의 깊은 독자라면 앞에서 언급한 물의 비정상적인 행동에 의구심을 표했을 것 같다. 배타 구역 격자에서 산소 원자가 뽑혀 나간다면 음성도는 줄어든다. 산소의 수가 줄어들수록 배타 구역의 음성도가 줄어든다는 말이다. 이런 일이 극단까지 일어난다면 무슨 일이 생길까? 산소가 줄어들면서 전기 음성도가 0이 되는 단계를 넘어 양의 전하를 띠는 경우는 없을까? 우리는 육각형 표준적 격자의 순 전하가 −1에서 +1까지 변한다는 것을 이론적으로 확인할 수 있었다.

이 말은 배타 구역이 양의 하전을 띨 수도 있다는 것 같아서 얼핏 보기에 이상해 보인다. 지금까지 우리는 음전하를 띤 배타 구역만을 고려 대상으로 삼았다. 그러나 우리가 제시한 모델이 적절한 것이라면 양으로 하전된 배타 구역도 존재해야만 할 것이다. 산소 원자의 수가 적다는 것을 예외로 한다 해도 그 구조적 양상은 여전히 유지될 것이기 때문이다.

드물기는 하지만 양으로 대전된 배타 구역이 존재하기는 한다. 우리는 그런 배타 구역을 특정한 중합체 혹은 금속 주변에서 발견할 수 있었다.[16] 이온 교환 수지에서 우리는 그러한 예를 찾아냈다. 물질을 분리하기 위해 흔히 사용되는 0.5밀리미터 크기의 소구는 양이온, 음이온 두 가지 성질을 갖는다. 이 두 소구 모두 배타 구역을 형성한다(그림 4.17). 그렇지만 양이온 소구의 주변에 형성된 배타 구역은 순 전하가 양이다.

그림 4.17
음 혹은 양의 하전을 띤 소구 주변의 배타 구역.

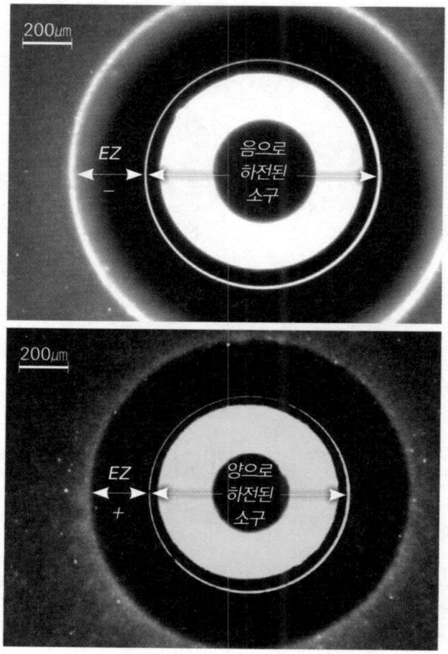

그림 4.18에서 그 결과를 확인할 수 있다. 이 그림에서 양이온과 음이온 소구가 형성하는 배타 구역의 전기적 특성이 거울상으로 나타난다. 한 가지는 표준적인 음성이고 다른 하나는 양성 전위를 나타낸다. 양으로 대전된 배타 구역 외부의 pH는 높고, 반면 음성인 배타 구역의 주변에서는 pH가

그림 4.18
양 혹은 음으로 대전된 소구 주변의 전기 전위.

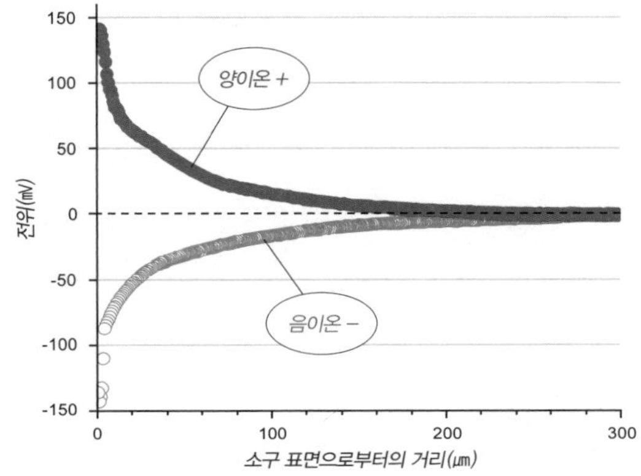

낮다.[16]

따라서 이런 전위의 분포는 실제로 가능한 것이다. 양으로 대전된 배타 구역은 다소 음으로 대전된 배타 구역과 반대인 것으로 드러났다.

양으로 대전된 배타 구역이 적은 수의 산소 원자를 가지고 있다면 우리는 이 격자가 쉽게 깨질 것이라고 예측할 수 있을 것이다. 격자가 불안정하기 때문이다. 우리도 그 격자가 쉽게 부서진다는 것을 확인했다. 물리적인 충격을 조금만 가해도 배타 구역의 격자 구조가 와해되었다. 따라서 내 동료들은 실험실에서 이런 계를 연구하기를 꺼린다. 그렇다고는 해도 양으로 대전된 배타 구역은 엄연히 존재한다.

우리가 제안하는 구조적 모델은 양으로 혹은 음으로 대전된 배타 구역을 모두 설명할 수 있다. 다른 모델이 별도로 필요하지 않다는 말이다. 자연계가 단순함을 선호한다는 우리의 기대에 부응하는 속성이다. 게다가 배타 구역이 매우 흔하게 나타남에도 불구하고 양으로 대전된 배타 구역을 관찰하기 힘든 이유가 그들의 구조적 취약함 때문이라는 것도 짐작할 수 있다. 때로 그들은 쉽게 와해된다.

물의 네 번째 상(왜 어떤 화학자들은 걸핏하면 화를 낼까?)

우리가 제안한 배타 구역 모델은 얼음의 구조와 비슷하다는 특징이 있다. 이런 유사성은 예견된 것이다. 얼음의 구조를 바탕으로 해서 배타 구역 모델을 확립했기 때문이다. 얼음은 우리가 알고 있는 물의 상 중 하나이다. 그렇다면 배타 구역도 마찬가지로 상을 가진다고 말할 수 있을 것이다. 1세기 전 저명한 물리화학자인 윌리엄 하디William Hardy 경이 물의 "네 번째 상fourth phase"이라고 제안한 것처럼 말이다.

배타 구역이 상phase('상태state'라고도 한다)으로 규정되려면 몇 가지 기준을 충족해야 할 것이다. 배타 구역은 독자적인 것이고 공간적인 지위를 차지할 수 있어야 한다. 또 충분한 양이 존재해야 할 것이다. 이런 기준은 물의 세 가지 상에 부합되는 것과 같다(이어지는 장에서 우리는 수증기에 대해 몇 가지 의문을 제기할 것이다). 이런 기준은 배타 구역에도 부합된다. 배타 구역은 공간적으로 자신의 경계를 가지며 자신만의 구조를 드러낸다. 물체의 표면에서 뻗어나갈 수 있고 멀리 미터 단위로 커질 수 있다(그림 3.8). 얼음이 물의 하나의 상이듯 배타 구역도 그러할 것이다.

그러나 배타 구역이 보편적이라는 말에 일부 화학자들은 분개한다. 물체의 표면으로부터 물 분자층이 어떻게 수백만 개가 넘게 조직화될 수 있느냐고 반박한다. 열운동에 의한 분산 효과 때문에 물 분자의 조직화가 몇 개 층을 넘지 못할 것이라고 배운 화학자들은 이런 구조가 아예 불가능한 것이라고 일축한다. 재고의 가치도 없다는 것이다.

그러나 우리는 물 분자의 쌍극자가 축적된 구조를 제안하는 것이 아니고 바로 물 판의 층이 축적되었다고 생각한다. 이들 두 가지는 다른 것이다. 화학자들은 물의 쌍극자가 축적된 것을 마치 열운동에 의해 흔들거리

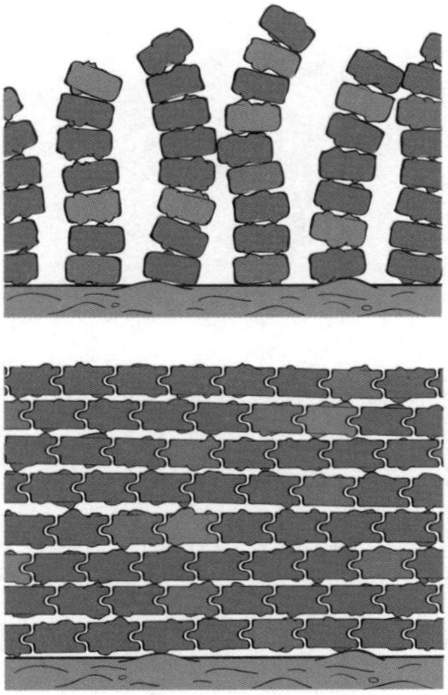

그림 4.19
쌍극자 중층 구조는 불안정하여 와해될 수도 있다(위). 그러나 구성 요소끼리 서로 연결되면서 중층의 판구조를 이루면 안정도가 훨씬 커진다(아래).

는 벽돌 구조를 쌓는 것이라고 생각할 것이다(그림 4.19, 위). 이런 와해 효과는 상가적이기 때문에 충분히 높이 쌓일 만큼 견고하지 않다. 여기서 우리는 쌍극자 대신 물의 판이 축조되는 것을 상정한다(그림 4.19, 아래). 이런 판은 확장성이 있고 그런 구조를 통해 열이라는 방해꾼을 무력화시킨다. 이런 판구조는 쌍극자 구조에 비해 열의 영향을 덜 받는다. 판 모델을 통해 화학자들을 설득시킬 수 있으리라고 기대하는 사람들도 있을 것이다.

다른 의미에서 접근하면 이런 판구조론 모델은 화학자들이 지금껏 해결하지 못하는 문제를 설명할 수도 있다. 어떻게 겔이 그렇게 많은 물을 포함할 수 있느냐는 질문이 그런 것이다. 겔은 물을 붙잡고 있다. 보통 겔에서는 물이 새 나가지 않는다. 물이 전체 무게의 99.9퍼센트에 육박해도 그렇다(그림 1.1). 이제 그 현상을 설명해보려 한다. 겔 기질은 많은 수의 친수성 띠를 가지고 있다. 이 띠의 표면은 일반적인 물을 배타 구역의 물로 변화시킨다. 주형으로 작동하는 띠의 표면에 배타 구역의 판이 축적되면서 그 판의 높이를 높여간다. 후식으로 먹는 젤라틴 푸딩도 이런 식으로 물을 머금는 것이다. 배타 구역의 물은 줄줄 새지 않는다.

마지막으로 조직화를 통해 배타 구역 구조가 어떻게 물질을 배제하는지 설명할 수 있다. 용질은 배타 구역 격자의 열린 틈으로 들어갈 수 있지만 그 틈은 무척이나 협소하다. 따라서 용질이 끼어들 여지가 줄어든다. 배타 구역의 평면이 엇갈리면서 중층 구조로 쌓여 있기 때문에 용질이 효과적으로 끼어들기에는 상당한 제약이 따른다(그림 4.15). 격자는 매우 튼실한 구조를 갖고 있다. 따라서 용질을 강하게 배제하는 것이다. 양성자처럼 아주 작은 물질만이 그 격자 내를 관통할 수 있을 뿐이다.

그렇지만 양성자가 언제나 주변에 존재하는 것은 아니다. 이들은 물 분자에 결합하여 히드로늄 이온 상태로 존재한다. 이들은 양성자보다 훨씬 크고 쉽게 배제된다. 나중에(17장) 우리는 일반적인 물에서 유래한 양성자가 배타 구역 격자를 뚫고 들어가 얼음이 되는 것을 살펴볼 것이다.

이렇게 자유로운 양성자를 논외로 하면 최소한의 열림도 없는 배타 구역 격자에서 사실상 거의 모든 용질이 배제될 수 있을 것 같다. 심지어 배타 구역과 그 주변의 전위차를 유지하는 역할을 하는 양전하인 히드로늄 이온도 배제된다. 이런 이유 때문에 배타 구역에서 먼 거리에서도 이런 전위차를 측정할 수 있다.

◊◊◊

전하의 분리가 계속되는 한 배타 구역과 그 주변의 특성은 달라지지 않는다. 이런 전하의 분리에 의해 '배터리'가 만들어진다. 배터리의 특성과 그 배터리가 충전되는 방식을 이해하면 우리는 물과 관계되는 거의 대부분의 현상을 만족스럽게 설명할 수 있을 것이다.

결론

배타 구역의 구조적 모델을 정립하면서 우리는 처음에 물의 쌍극자가 쌓이는 것을 염두에 두었었다. 쌍극자는 단순하지만 논리적이고 역사적인 배경도 갖고 있는 것이었다. 그러나 쌍극자는 고집스럽게 중성 상태를 유지하기 때문에 이것만으로는 배타 구역의 순 전하를 설명할 수 없다. 따라서 물의 쌍극자 모델은 폐기 처분되었다. 한편 우리가 새롭게 상정한 벌집판 모델의 전망은 밝아 보였다. 이들 판은 육각형 구조를 띠고 이웃하는 층과 결합할 수 있었다. 이런 방식으로 배타 구역의 순 전하를 설명할 수 있을 것이었다. 한편 이 모델은 이미 잘 알려진 얼음의 구조와도 비슷하다는 이점도 있다.

이렇게 중층으로 쌓인 판구조 모델의 국소적인 전하는 전기적으로 음성인 산소 원자의 농도에 의존한다. 따라서 이들 구조의 전기적 전위는 음성에서 0을 지나 양성을 띨 수도 있다. 하나의 기본적인 구조를 통해 모든 종류의 배타 구역을 설명할 수 있게 되는 것이다.

실제 배타 구역은 배타 구역 모형과는 다르다. 이론적으로 배타 구역은 전부 육각형 격자를 가진다. 주형이 되는 표면의 전하에 따라 산소 원자 혹은 수소 원자가 없을 수도 있는 것이다. 그러면 판구조는 상대적으로 불안정하다.

배타 구역은 확장성이 크고 물의 새로운 상으로 거듭나기에 부족함이 없다. 물의 '네 번째 상'으로서 배타 구역이 자리매김한 지는 얼마 되지 않았다. 이제 물이 관여하는 모든 현상의 실체가 뚜렷하게 밝혀질 것이다.

5장
물로 만든 배터리

번개의 섬광을 벗어난 하늘은 수십만 볼트의 가공되지 않은 에너지를 지구 표면에 뿌려댄다. 전 지구를 통틀어 이런 번개는 흔하기 그지없다. 천문학자에 따르면 지구 표면은 축적된 음전하를 발산하지 못한다. 따라서 전기적으로 음성이다. 땅에 서 있으면 우리의 코는 발가락보다 200볼트나 더 양성을 띤다.[1]

번개와 그것의 전기적 충격이 주된 것은 아니지만 이번 장의 주제는 전하이다. 구름처럼 배타 구역은 전기적 하전을 띤다. 이런 전하가 전위차 에너지를 운반한다. 번개 구름의 전하와 같은 것이다. 그리고 그 결과는 매우 인상적이다.

생물학을 생각해보자. 전하의 총체인 세포막, 단백질 및 DNA는 항상 물과 계면하고 있다. 따라서 배타 구역이 풍부하게 나타날 것이다. 이들 배타 구역도 하전된 것이다. 이들이 전기적 전위차 에너지를 운반할 수 있다는 의미이다. 자연계는 좀처럼 전위차 에너지를 버리지 않지만, 배타 구역 전하는 체액이 흐르는 모든 화학 반응을 포함하여 세포 과정을 추동하는 데 사용될 수 있을 것이다. 기회는 도처에 있다.

반면 분리되어 따로 존재하는 전하는 드물다. 대전체는 보통 반대의 전하를 가진 것들과 나란히 놓여 있다. 생물학적 세포막을 생각해보라. 따라서 배타 구역 내부에서도 반대의 전하가 짝지어 있는 상황이 연출될 것이라고 기대할 수 있다.

배타 구역이 서로 반대의 하전을 띠는 집단으로 이루어져 있는지 살펴보자(4장). 또 그런 짝지음의 결과가 어떻게 나타나는지도 눈여겨보자.

배타 구역 너머의 전하

배타 구역 계가 하나가 아니라 두 개의 극을 지니고 있는지 알아보기 전에 우리는 배타 구역이 일상적인 물에서 형성되었다는 사실을 기억해야 한다. 그 물은 중성이다. 중성인 물이 하전된 배타 구역이 되기 위해서는 어딘가에 반대의 하전을 띤 두 개의 극이 동등하게 존재해야 한다. 그렇지 않으면 전하의 보존 법칙에 위배된다. 법칙에 위배되면 더 이상 논리를 전개할 수 없다.

따라서 배타 구역 너머에 반대로 하전된 구역을 찾을 수 있으리라고 기대할 수 있다. 배타 구역이 음으로 하전되면 그에 상응하는 양의 전하가 그 어딘가에 펼쳐져야 한다. 이들 영역은 매우 많은 양성자를 확보해야만 한다. 양성자의 농도가 높다는 것은 pH가 낮다는 말이다. 앞에서 우리는 낮은 pH를 갖는 영역이 배타 구역의 외곽 물층에 존재할 수 있을 것이라고 추론했다.

이런 논지를 테스트하기 위해 비커에 겔을 집어넣고 겔의 배타 구역 바깥쪽에 pH 탐침을 위치시켰다(그림 4.8). 우리는 pH가 거의 1 정도 떨어진다는 사실에 흥분했다. 양성자의 농도가 10배 증가했다는 의미이기 때문이다. 한편 (4장에서 언급했듯이) 보다 극적인 결과를 얻기도 했다. 폴리아크릴산 겔의 배타 구역 바로 근처에서 pH가 3~4단위만큼 떨어지는 것을 종종 목격할 수 있었고 그보다 더 떨어지기도 했다. pH는 로그 단위로 계량하기 때문에 4단위 감소는 양성자의 농도가 1만 배 증가했다는 뜻이 된다. 우리는 열광했다.

실험 조작 방법을 변화시켜도 pH가 그 정도 떨어지는 것은 쉽게 관찰할 수 있었다. 예를 들어 겔을 놔두고 비커의 크기를 변화시켜 보았다. 비커가 겔보다 상당히 클 경우 pH는 조금밖에 떨어지지 않았다. 그러나 거의 겔 크기의 비커를 사용하자 어디에서고 양성자를 발견할 수 있었다. pH도 매우 극적으로 떨어졌다.

고전적인 화학으로는 우리가 관찰한 현상을 설명할 수 없다. 결과가 너무 극적이어서 다소 보수적인 우리 실험실 구성원들은 불안해하기까지 했다. 정통 화학에 익숙한 똑똑한 젊은이 하나는 아예 결과를 믿지도 않고 프로젝트를 바꾸어버렸다. 하긴 처음에는 나도 긴가민가했다.

우리는 배타 구역이 만들어지면서 양성자가 진짜 모여드는지 오랫동안 고민했다. 만약 양성자가 겔에서 새어 나온 것이라면 의미는 퇴색하고 말 것이었다. 확실하게 설명할 만한 뭔가 다른 대체물이 필요한 상황이었다. 만일 양성자가 겔에서 나온다면 그 값은 고정된 어떤 값 이상을 넘지 못할 것이다. 어떤 겔도 양성자를 무한정 내놓지 못할 것이기 때문이다. 우리는 연속적으로 겔을 물에 담갔다 빼고 하는 방법으로 겔에서 나올 수 있는 모든 양성자를 제거하려고 애를 썼지만 결과는 크게 달라지지 않았다. pH는 여전히 떨어졌다. 우리가 추론한 대로 배타 구역이 만들어지면서 양성자도 새롭게 자리를 차지하는 것 같았다.

더운 날 시원한 음료를 한잔 들이킨 것처럼 결론은 만족스러웠다. 배타 구역이 매우 높은 음의 하전을 띤다는 증거도 결과의 신뢰성을 높이는 것 같았다. 일부 물리학자들은 준準 안정적 농도로 음전하가 높아지는 것을 경험하기 쉽지 않을 것이다. 따라서 받아들이기도 어렵다. 뭔가 다른 증거를 찾아야 우리는 실험을 지속할 수 있을 듯했다.

양성자 쇄도

양성자가 쇄도하는 역동적인 상황을 구체화하기 위해 미세 pH 탐침을 사용했다. 탐침은 충분히 작아서 배타 구역 중심 부분으로부터 떨어진 거리에 따라 pH를 측정할 수 있었다(그림 5.1, 위). 우리는 나피온 막이 비커의 바닥에 위치하도록 조작했고 비커를 물로 채운 뒤 양성자의 이동을 파악했다.

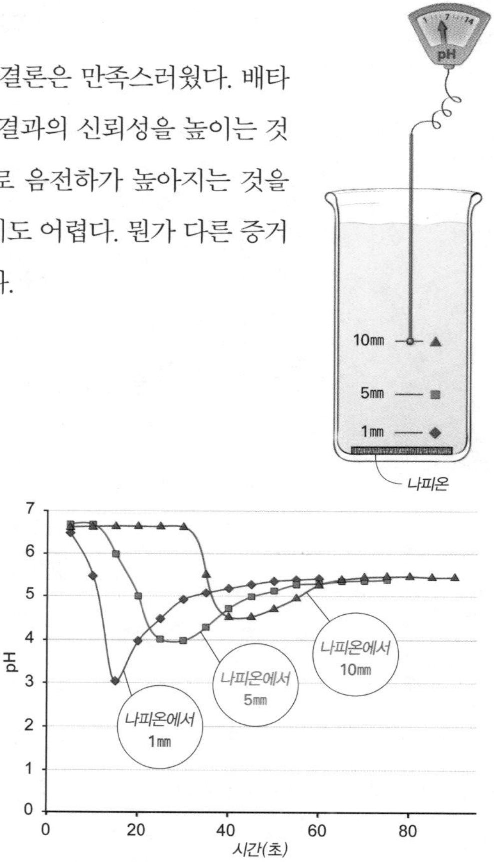

그림 5.1
나피온 막에 물을 첨가한 뒤 시간에 따른 pH의 변화. 그림에서 보듯 세 지점에서 pH를 측정했다. 모든 지점에서 양성자의 농도는 높아졌다가 일정한 수준에 이르는 양상을 보였다.

그림 5.1의 아래 그래프는 나피온 겔로부터의 거리에 따른 pH 값의 변화를 나타낸다. 겔로부터 1밀리미터 떨어져 있을 때는 불과 수 초 후 pH가 떨어지기 시작해서 15초 후 가장 낮은 값을 기록했다. 그런 후 양성자가 주변으로 퍼져나가면서 다소 회복되는 기미를 보였다. 5밀리미터 떨어진 경우 pH 변화는 더디게 일어났으며 10밀리미터가 떨어지자 pH 변화가 더 늦게 시작되었다. 거리와는 관계없이 최종적으로 pH는 일정한 값에 수렴했으며 이는 최초의 pH보다 낮은 값이었다.

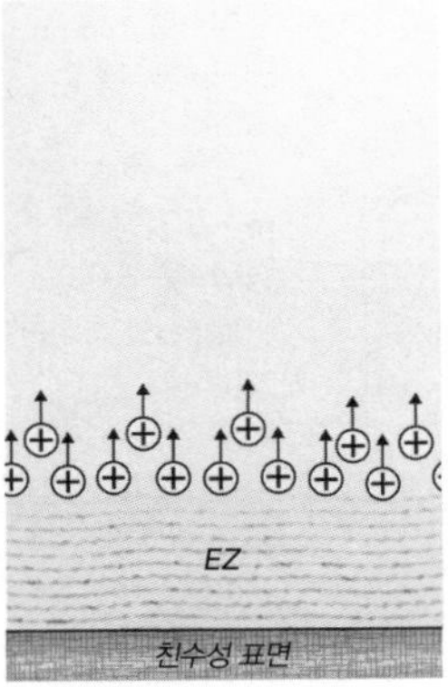

그림 5.2
자라고 있는 배타 구역의 선단에서 양성자가 만들어진다.

그림 5.1은 나피온 겔에서의 거리에 따른 pH의 변화를 측정한 결과이다. pH의 연속적인 변화가 지체되는 것은 겔로부터 양성자 무리가 시작되어 확산됨을 암시한다. 이런 파고는 배타 구역의 바깥쪽 선단에서 이루어지는 것 같다. 바로 그곳이 배타 구역이 생성된 곳이기 때문이다(그림 5.2). 우리는 시간이 지나며 이들 양성자의 움직임이 평형 상태에 이를 것이라고 기대했다. 양성자는 서로를 밀치며 다소간 균등하게 분포될 것이기 때문이었다. 배타 구역의 음전하가 미칠 수 있는 곳까지는 양성자가 퍼져나갈 것이다. 평형에 도달하는 시간은 정해져 있지 않다. 그것은 계의 물리적 본성에 의해 좌우될 것이고 양성자가 얼마나 퍼져나갈 수 있느냐에 의존할 수밖에 없다.

양성자의 분포: pH-민감성 염색액

양성자의 문제는 매우 중요하기 때문에 우리는 또 다른 양성자 탐지 도구를 사용했다. pH에 민감한 염색액을 사용한 것이다. 리트머스 종이와 마찬가지로 이들의 색상은 pH에 따라 변한다.

그림 5.3은 배타 구역 영역 밖의 pH 변화를 전형적으로 보여준다. 배타 구역 근처에서 붉고 오렌지빛이 나온다. 검량선을 그리면 pH가 3 혹은 그 이하임을 알 수 있다. 양성자가 매우 많은 것이다. 배타 구역에서 멀어지면 pH 값이 올라가지만 그렇게 극적이지는 않다. 따라서 pH 염색액은 pH 탐침이 보여주는 바를 재현해준다. 배타 구역 바로 근처의 물에는 많은 양의 양성자가 존재한다. 또 다른 확실한 증거이다.

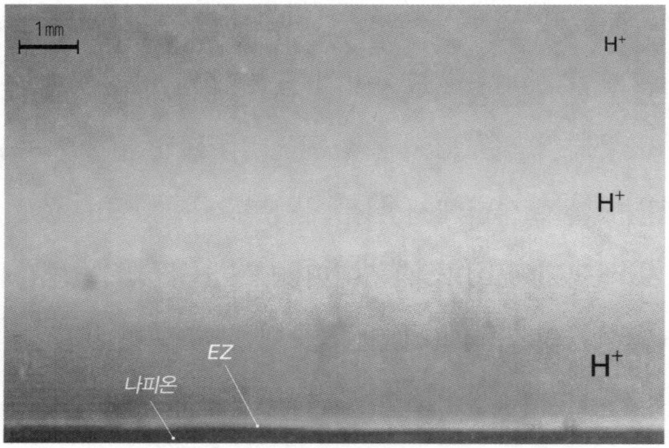

그림 5.3
배타 구역 너머 양성자의 분포 양상. 용액에 pH–민감성 염색액을 집어넣고 바로 pH를 측정한 그림이다. 배타 구역은 염색액을 배제한다. 배타 구역에 가까운 쪽의 pH는 3 혹은 그보다 낮다(붉은색). 수많은 양성자가 존재한다는 뜻이다. 배타 구역 접경의 양성자 농도는 pH 염색액의 검출한계를 넘어선다.

염색액 결과에서 한걸음 더 나아가 우리는 컴퓨터를 이용해 양성자의 숫자를 알아보기로 했지만 어림값 이상의 정확한 수치를 알 수 없었다. 우리는 배타 구역에 접한 부근에 있는 양성자의 정확한 수치를 알 수 없다는 데 다소 맥이 빠졌다. 배타 구역의 음전하가 많은 양성자를 끌어들일 것은 분명하지만 염색액 측정에서 보듯 그렇게 많은 양성자를 감당할 수 없을 것 같았다.

거기에 머무르지 않고 우리는 그림 5.3에 보이는 것과 같은 원통형 장비를 이용해서 우리가 할 수 있는 것을 해보기로 했다. 우리는 배타 구역 너머에 약 10^{15}~10^{16}개의 양성자가 분포한다고 예측했다. 비교를 위해 배타 구역의 전자 수를 예측했다. 컴퓨터를 이용해서 격자의 구조를 추정했으며 전하의 분포도 측정했다. 그 숫자는 10^{18}~10^{19}개였으며 예상한 양성자의 수보다 훨씬 많았다. 두 가지의 불확실성이 이런 차이를 설명할 것이었다. 배타 구역에 접한 곳에 있는 양성자의 수, 산소가 덜 채워진 곳 때문에 생긴 배타 구역 음성도의 감소가 그것일 터이었다. 따라서 우리는 음전하와 양전하가 정확히 균일하다는 답을 얻지는 못했다.

나중에 우리는 방출된 양성자를 추적하는 또 다른 방법을 찾아냈다. 배

그림 5.4
(a) 관 모양 배타 구역이 중앙부로 양성자를 방출한다. (b) 관 내부로 새롭게 유입된 물이 방출된 양성자를 밀어낸다.

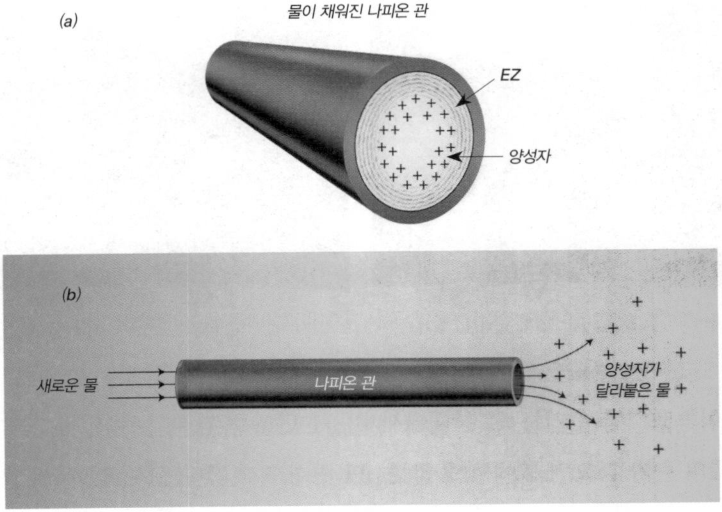

타 구역에 가까운 물이 거의 연속적으로 재생되는 장치였다(그림 5.4). 여기서도 우리는 나피온 관을 사용했다. 관 안쪽에는 고리 비슷한 배타 구역이 만들어졌고 양성자를 중심 방향으로 끊임없이 방출해냈다(a). 관을 따라 신선한 물을 제공함으로써 우리는 중심부의 양성자도 끊임없이 재생시킬 수 있었다(b). 관 모양의 배타 구역은 관의 겔에 달라붙으려는 경향이 있기 때문에 관 안에서의 흐름은 주로 중심부를 따라 일어난다. 우리는 관 밖으로 나오는 물의 pH가 들어가는 것보다 낮음을 확인했으며 그 차이는 1이 넘었고 30분 이상 물을 흘려준 경우에도 결코 줄어들지 않았다.[2] 아직 정량적인 문제는 해결하지 못했지만 우리는 관을 따라 흐르는 양성자가 결코 줄어듦 없이 상당 시간 계속된다는 점을 알 수 있게 되었다.

우리는 미소구체의 현탁액에서도 양성자가 방출된다는 점을 확인했다. 친수성 공간에서 이들 구체는 자체로 배타 구역을 만들어내야만 한다. 아마도 껍질 모양일 것이다. 이런 껍질과 같은 구간은 현미경으로도 관찰하

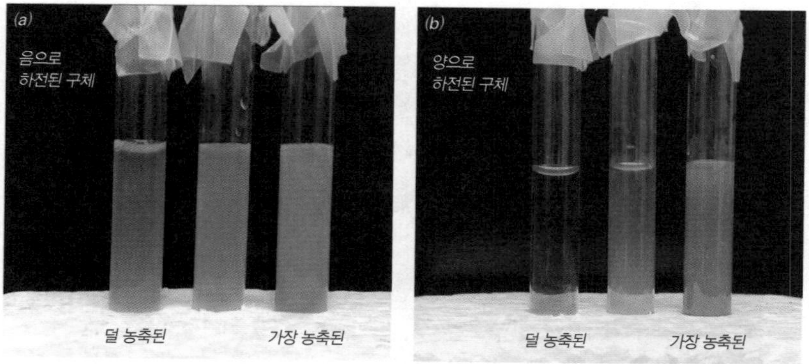

그림 5.5
미소구체를 첨가하면 pH를 바꿀 수 있다. (a) 1마이크로미터 크기의 탄산기를 가진 미소구체. 미소구체의 농도가 증가할수록 염색액이 붉게 변한다. 즉, pH가 낮다. (b) 양으로 대전된 아미노기를 가진 미소구체. pH는 녹색으로 변한다. 즉, pH가 높다.

기 힘들겠지만 우리는 그 상태에서도 pH 변화를 감지할 수 있었다. 미소구체의 수가 많으면 그에 상응하는 pH 변화도 커진다. 그림 5.5에서 그 결과를 볼 수 있다.

앞의 결과들은 pH 미터를 통해 얻은 것이다. 물에서 양으로 하전된 것들은 배타 구역의 음으로 하전된 구간 주변에 모여든다. 물은 효과적으로 음과 양의 하전을 분리시키며 배터리와 비슷한 뭔가를 만들어낸다. 분리된 전하의 화학 공장인 셈이다.

배터리와 비슷한 전하의 분리는 특이한 구조를 띤 배타 구역에서도 관찰된다. 그림 5.6이 그런 예이다. 이 그림은 5.3에서의 실험과 같은 배치에서 보다 나중에 얻은 것이다. (나피온 겔이 '불쑥' 튀어나온 것은 수화 때문이다. 그러나 그것이 결과에 영향을 미치지 않았다.) 이 이미지를 얻었을 때 배타 구역은 기둥처럼 쭉 뻗어 나와 있었다(그림 3.8). 붉게 둘러싸인 기둥을 보라. 붉은색은 양성자의 농도를 표시하며 배타 구역 기둥 옆에 배치되어 있다. 따라서 우리는 배타 구역 근처에서 양성자의 농도가 증가하는 것이 일반적이라는 사실을 알게 되었다(그림 5.3). 또 배타 구역은 뻗어 나

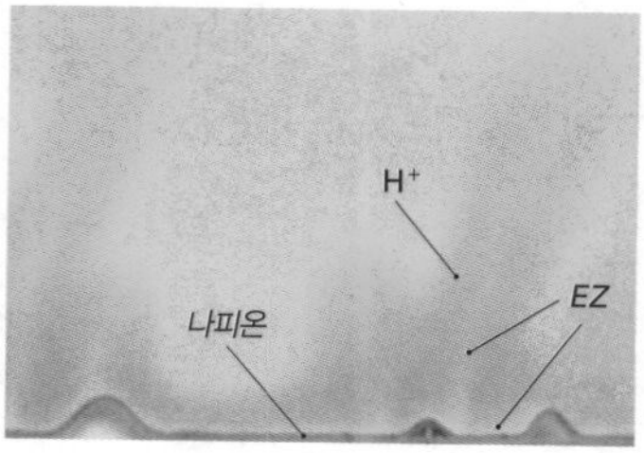

그림 5.6
그림 5.3과 비슷하지만 그림 5.3보다 이후에 저배율로 관찰한 결과이다. pH가 낮은 곳(붉은색)이 수직으로 돌출된 부분과 뒤섞여 있다.

올 수도 있다.

다시 말하면 배타 구역이 존재하면 전하가 분리된다. 배터리와 비슷하게 전하가 분리되는 것이 배타 구역의 특성이다.

배타 구역 배터리에 저장된 에너지 회수하기

배타 구역의 분리된 전하가 정말 배터리처럼 행동할 수 있다면 그 전기적 에너지를 회수할 수도 있을 것이다. 전극 하나를 배타 구역에 위치시키고 다른 하나를 배타 구역 너머에 집어넣은 다음 이 두 전극을 저항계에 연결하여 전류를 측정해보자. 우리는 전류의 흐름으로 나타난 저장된 전하를 확인할 수 있었다(그림 5.7).

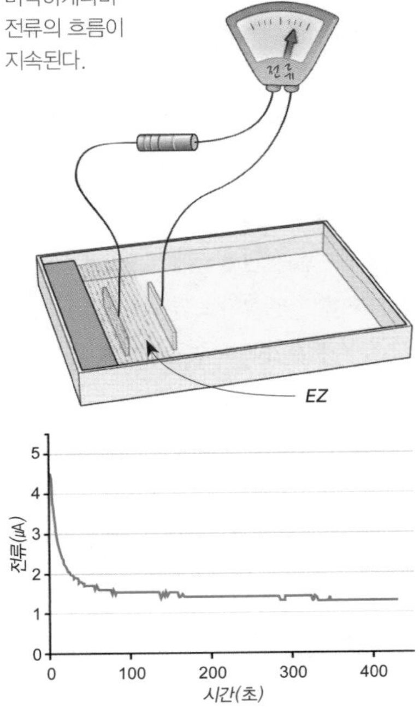

그림 5.7
일반적인 물과 배타 구역 사이에 걸쳐 분리되어 있는 전하에 의한 전류의 흐름. 전극을 집어넣자마자 전류의 흐름을 감지할 수 있다. 시간이 지나도 미약하게나마 전류의 흐름이 지속된다.

따라서 분리된 전하는 단지 배타 구역이 생기면서 발생한 우발적인 사건이 아니었다. 분리된 전하는 회수될 수 있는 것이다. 이런 각본은 단순하지만 배터리에서 흔히 관찰하는 것이다. 배타 구역이 음의 하전을 띠고 일반적인 물은 양의 하전을 띤다고 볼 수 있다.

생각해보자. 친수성 물질을 물에 집어넣으면 곧바로 배타 구역이 만들어지고 전하의 분리가 이루어진다. (전하의 분리는 단순한 공짜 점심이 아니다. 조금 뒤에 전하의 분리에 소요되는 에너지에 대해 알아볼 것이다.) 분리된 전하는 다시 결합하려는 경향이 강하다. 그럼에도 그들이 분리된 채로 남아 있는 이유는 이들 전하가 거

세포 배터리: 신경, 통증 및 마취

음. 스토브는 엄청나게 뜨겁다. 사람들은 거의 반사적으로 손을 움츠리며 불행한 결과를 미연에 방지하려 든다.

신경이 이런 반사 작용을 매개한다. 신경이 매개하는 뇌의 신호는 손을 잽싸게 움츠리게 한다. 이런 신호는 전기에 기초를 두고 있다. 신경세포는 음으로 대전되어 있다. 세포의 외부는 양으로 하전되어 있다. 해로운 자극은 국지적으로 전하의 변화를 유도하며 신경을 따라 뇌로 전달된다. 따라서 전하의 분리가 이들 신경 신호 전달에 필수적이다. 각각의 신경은 방전된 배터리 같은 것이다.

이런 전하의 분리는 어떻게 일어나는 것일까? 지금까지 알려진 바에 따르면 신경세포가 이온 채널을 가지고 있어서 이런 기능을 수행한다. 세포 내부를 음으로 놔두는 대신 밖은 양으로 유지한다는 것이다. 이전 책에서 나는 이 견해를 새롭게 해석한 바 있다.[3]

새로운 견해에 따르면 이런 전하의 분리는 물에서 비롯된다. 앞에서 살펴본 것처럼 하전된 혹은 친수성 표면 근처의 물은 배타 구역 물로 조직화될 수 있다. 세포의 내부가 하전된 표면으로 가득 차 있기 때문에 세포에 있는 대부분의 물은 배타 구역 물이다. 배타 구역 물이 우세하면 세포가 음으로 하전되어 있다는 말은 결국 배타 구역이 그렇다는 말과 같다.

세포가 음성으로 하전되어 있다는 것 외에도 배타

구역 가설은 왜 겔이 음성으로 하전되어 있는지 설명할 수 있어야 한다. 겔은 보통 세포들처럼 음의 전위를 갖는다. 그렇지만 그들은 이온을 밖으로 내보낼 수 있는 펌프가 없다. 따라서 이런 점에서 보면 세포막이 필수 불가결해 보인다. 그러나 만약 배타 구역 물이 (막에 기초한 기전에 의해서가 아니라) 세포의 전기 활동에 동력을 제공할 수 있다면 신경세포를 포함하는 세포가 반쯤 잘린 상황에서도 살 수 있다는 것은 과히 역설적인 상황이 아닐 수도 있다.[3]

또 신호를 전달할 수 있는 배타 구역 배터리를 제거해버리면 신호 전달이 가로막히게 될 것이다. 그러면 뇌는 결코 신호를 받아들이지 못할 것이다. 국소 마취제가 바로 그런 일을 할 수 있다. 통증 감각이 결코 뇌로 도달하지 못하는 것이다. 마취제의 이런 능력이 유용한 실험적인 도구가 된다. 만약 배타 구역이 신호 전달에 뭔가 관여를 한다면 국소 마취제가 배타 구역을 무력화시킬 수 있어야 할 것이다. 이런 가설을 증명하기 위해 우리는 표준화된 배타 구역을 제작하고 마취제도 준비했다. 임상적으로 사용되는 농도의 리도카인(lidocaine)과 부피바카인(bupivacaine)은 가역적이지만 농도 의존적으로 배타 구역의 크기를 줄일 수 있다(그래프를 보자). 예상대로 국소 마취제는 실제 배타 구역의 기능을 억제한다. 이런 결과는 이전의 책을 읽었던 독자들이라면 낯설지 않을 것이다. 20세기의 전설적인 화학자인 라이너스 폴링(Linus Pauling)도 이와 비슷하게 마취제의 작용이 물과 관련이 있을 것이라는 얘기를 한 적이 있다.[4]

마취제의 기전이 어찌되었든 이런 관찰은 뭔가 근본적인 것을 건드리고 있다. 바로 세포의 전기적 특성이 배타 구역에 기초하고 있다는 점이다. 또 다른 실험을 통해 세포가 음의 하전을 띠는 것이 배타 구역의 음전하 때문이라는 사실을 증명할 수 있다면 매우 흥미로울 것이다.

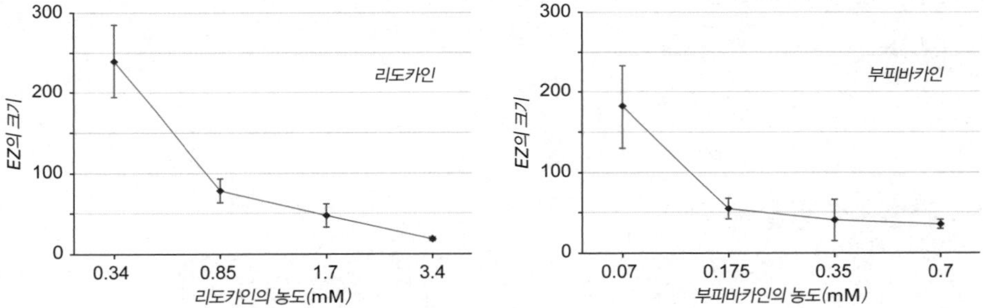

꾸로 돌아가 반대의 전하를 띤 물질과 결합하지 못하게 배타 구역의 밀집된 격자가 막고 있기 때문이다. 이런 격리에 의해 전위차 에너지가 유지된다. 이런 차이는 100~200밀리볼트에 이르지만 각각의 구역은 전하로 빽빽하다. 회수할 수 있는 에너지는 상당하다고 볼 수 있다.

물에 기초한 배터리는 친수성 표면이 물과 마주하고 있는 곳이면 어디에서나 찾아볼 수 있다. 또 그런 곳은 어디든지 있다. 세포 내부를 예로 들면 친수성 표면을 가진 물질들이 꽉 차 있고 이들은 주변의 물을 배타 구역으로 조직화한다(144~145쪽 박스를 보자). 따라서 세포는 수없이 많은 나노 배터리를 가지고 있는 셈이다. 물 배터리는 수용액과 현탁액에도 존재한다(그림 5.5). 심지어 물통 안에서도 배타 구역에 기초한 전하의 분리 현상을 부분적으로 관찰할 수 있다. 이런 모든 각본에 의거해서 배터리가 만들어질 수 있다. 바로 물이 네 번째 상을 가지기에 가능한 일이다.

고전적인 사고의 틀에 박힌 사람이라면 이런 배터리 개념을 떠올리기 쉽지 않을 것이다. 그렇지만 우리는 앞으로 이런 단순한 개념이 폭넓은 설득력을 지닌다는 사실을 보게 될 것이다. 삼투압이나 얼음의 형성과 같이 물과 관련된 수많은 현상을 다룰 때 이 개념이 동원된다는 사실을 하나씩 확인해보자.

전하 운반자가 일을 한다

배터리에 보관된 에너지가 어떻게 전달되는지 이해하기 위해서는 하전을 띠는 것들이 무엇인지 살펴볼 필요가 있다. 이런 것들은 구역 의존적이다. 배타 구역에서는 전자가 하전을 띠고 있다. 전자는 배타 구역 격자 내부에 퍼져 있는 전기적으로 음성인 산소 원자에 포함되어 있다. 산소 원자의 수가 많을수록 전자의 수도 많다.

이런 전자는 격자의 점과 점을 쉽게 움직일 수 있다. 전하의 어떤 움직임도 전류로 귀결된다. 또 우리는 그 전류의 흐름을 확인했다. 그림 5.7은 배타 구역 평면에서 수직 방향으로 전류가 흐르는 것을 보여준다. 전하는 배타 구역에 평행하게도 흐른다. 일반적으로 배타 구역이 형성되는 중심 부위 평면에서 측정된 전기 전도도는 일반적인 물과 비교하면 10만 배에 이른다.[5] 따라서 격자의 전자 전하는 모든 방향으로 쉽게 움직인다고 볼 수 있다. 물리학자들이 n-형 반도체 격자에 전하가 흐른다고 얘기하는 것과 같은 현상이다.

배타 구역 밖에는 양전하를 띤 운반자가 있다. 이들 운반자는 다름 아닌 양성자이다. 그러나 실제 물에서 운반자는 히드로늄 이온이다. 이것은 물 분자가 양으로 하전된 형태이다. 자유로운 양성자가 전기 음성도가 높은 물질을 찾기 때문에 히드로늄 이온이 생긴다. 물 분자에서 전기 음성도가 높은 부분은 물론 산소 원자이다. 전기적으로 음성인 부위는 어디에나 있다. 따라서 양성자는 가장 가까운 곳에 있는 물 분자에 잽싸게 올라타서 히드로늄 이온(H_3O^+)을 형성한다. 배터리에서 양의 하전을 띠는 것은 바로 히드로늄 이온이고 이들은 물 분자들과 뒤섞여 있다.

양으로 하전된 물은 전기적 전위차 에너지를 갖는다. 동일한 하전을 띠는 분자들은 서로를 밀쳐대기 때문에 히드로늄 이온은 서로 멀리 떨어지려고 한다. 게다가 음의 하전을 띠는 부위는 히드로늄 이온을 끌어당기면서 액체의 흐름을 만들어내기도 한다. 나중에 우리는 이런 인력과 척력이 자연적인 물의 흐름에도 기본적인 요소가 된다는 것을 살펴볼 것이다.

다시 말하면 배타 구역의 전자와 일반적인 물의 히드로늄 이온은 모두 일을 할 수 있는 상당한 양의 전위차 에너지를 가지고 있다. 전자는 배타 구역 격자를 따라 전자가 부족한 쪽으로 계속해서 움직일 수 있다. 히드로늄 이온은 이런 흐름을 재촉할 수 있고 양의 하전이 필요한 반응을 촉진할 수도 있다. 따라서 이들 두 종의 전하는 일을 하도록 에너지를 전달할 수 있다.

효과적인 에너지 추출

방금 본 것처럼(그림 5.7) 물 배터리의 반대로 하전된 영역에 전극을 갖다 댐으로써 전기 에너지를 추출할 수 있다. 문제는 그 에너지를 얼마나 효과적으로 추출할 수 있느냐이다.

이 질문은 나의 러시아 친구이며 물의 전기분해에 대해 설명해주었던 안드레이 클리모프Andrey Klimov와 얘기하면서 생각난 것이다. 안드레이는 전기분해를 통해 물에 에너지를 장기간 저장할 수 있지 않을까 하고 말했다(우리가 나중에 배타구역 계에서 발견한 것과 유사하게). 우리는 전기분해로 얻은 에너지가 쉽게 추출될 수 있는 것인지 궁금해졌다.

간단한 전기분해 실험을 하기로 했다. 물이 가득 찬 용기의 두 곳에 백금 전극을 집어넣은 것이다. 이들 두 전극 사이에 몇 볼트의 전류(직류)를 흘려주었다. 처음에는 아무 일도 일어나지 않는 것처럼 보였다. 그러나 전압을 최대로 올리자 전극 주변에 거품이 이는 것이 관찰되었다. 전압이 낮은 경우에는 거품이 생기지 않았다. 그럼에도 불구하고 이들 두 전극 사이에서는 전류가 흐르고 있었다. 따라서 전하가 물에서 나와 물로 흘러간 것이다.

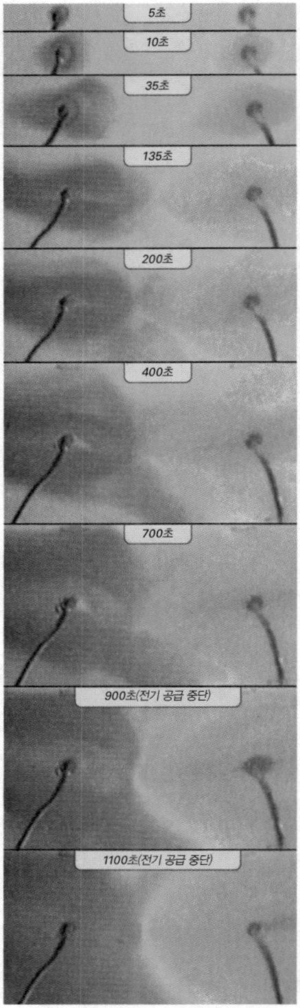

그림 5.8
수조에 전극을 집어넣고 시간별로 pH 염색액의 분포를 관찰했다. 붉은색은 pH가 낮은 곳이고 보라색은 pH가 높은 곳이다.

이런 하전의 전달 과정에서 어떤 일이 벌어졌는지 알아보기 위해 우리는 pH에 반응하는 염색액을 처리하였다. 정말 뭔가 일이 벌어졌다(그림 5.8). 음극 주변에서의 색상 변화는 pH가 높은 것으로, 양극 주변은 pH가 낮은 것으로 드러났다. 그 차이는 pH 단위로 6에 육박했다. 양성자 농도의 차이가 100만 배에 달하는 것이다. 각각의 색상대는 서로 만날 때까지 천천히 퍼져나갔다. 용기 안의 물은 색종이처럼 보였다. 한쪽은 양으로 하전되어 pH가 낮았고 다른 쪽은 음으로 하전되어 pH가 높았다.

전원을 차단해도 이들 색상대는 거의 10여분 지속되었다.[6] 각기 반대의 극성인 두 전하가 다시 합쳐진다면 우리는 그 전하가 금방 소실될 것이라고 예상했지만 그 분리는 상당 시간 유지되었다. 어쨌든 우리는 두 전극으로부터 전류를 추출할 수 있었다. 그리고 이들 전하는 농축된 채로 두 개의 영역을 한동안 차지하고 있었다.

그림 5.9
수조에 전극을 집어넣고 시간별로 pH 염색액의 분포를 관찰했다. 붉은색은 pH가 낮고 보라색은 pH가 높다.

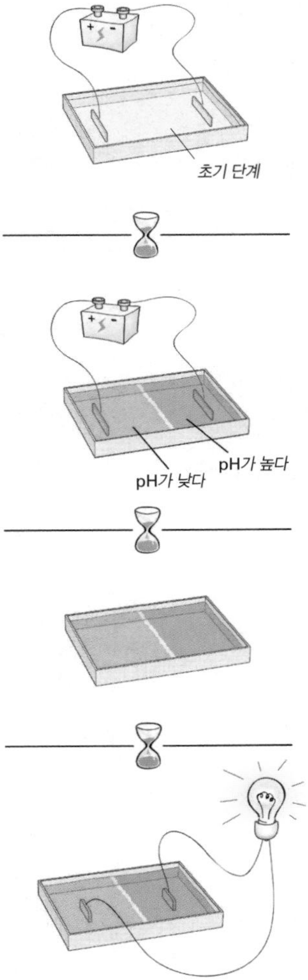

얼마나 많은 전하를 추출할 수 있는지 알아보기 위해 우리는 보다 정량적인 실험을 계획했다(그림 5.9). 직사각형 용기의 가장자리에 전극을 위치시키고 몇 볼트의 전압을 걸어주었다. 직사각형을 반으로 나누어 염색액 색깔을 다르게 나타냈다. 그러고 나서 전원을 꺼버렸다. 우리는 이 상태에서 전류를 끌어낼 수 있다는 사실을 알아냈다. 아까 전극을 걸어주었던 자리 혹은 두 칸막이의 양쪽 어디에 새 전극을 걸어주어도 처음 가해주었던 전하의 70퍼센트를 회수할 수 있었다.[7]

이렇게 분리된 색상은 수십 분 지속되었다. 분리된 두 전하가 쉽게 재결합하지 않는다는 말이다. 아마도 이들 전하는 배타 구역 비슷한 격자에 끼어 있을 것이고(그림 5.8) 용기 안을 돌면서 혹은 이동하면서 아마도 영구자석처럼 다룰 수 있을 것이었다. 이들 영역대는 구조물처럼 행동했다. 구조물 격자에 갇힌 이들 전하는 쉽게 재결합하지 못한다.

사실 우리는 구조화된 격자의 존재를 확인했다. 배타 구역 격자의 특징적인 흡수 피크가 270나노미터라는 것을 기억하는가?(그림 3.13b) 이들 영역대는 270나노미터에서 흡수 피크를 나타내었다. 음의 하전을 띤 영역대는 강하고 양의 하전을 띤 곳은 약했다. 따라서 보관된 전하가 격자에 갇혀 있기 때문에 이들이 오래 지속될 수 있는 것이다.

결국 우리는 배타 구역 배터리가 전하를 공급할 수 있다는 사실을 확인하였다. 이들은 상당 시간 동안 전하를 보관할 수 있고 이들 중 많은 부분을 전달할 수 있다. 다음 장에서 우리는 이런 전하가 화학 반응에서 유체 흐름에 이르기까지 다양한 과정에서 에너지를 전달할 수 있음을 살펴볼 것이다. **배타 구역 배터리는 자연계의 다양한 영역에 걸쳐 에너지를 전달한다.**

결론

친수성 표면 근처에 있는 수용액층은 배타 구역을 포함하고 있다. 이들 배타 구역은 전하를 분리한다. 바로 이렇게 분리된 전하가 배터리를 구성한다(그림 5.10).

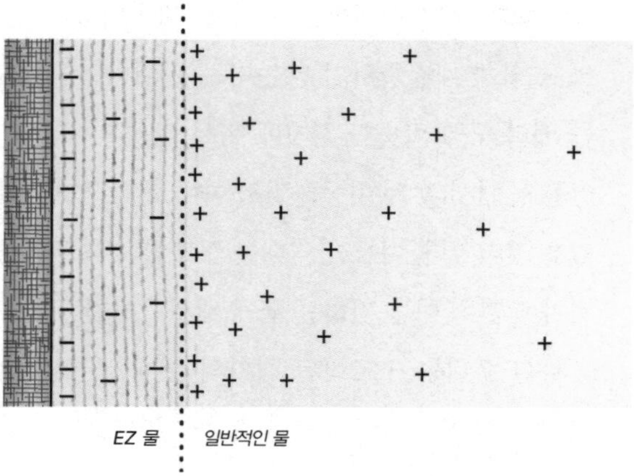

그림 5.10
배타 구역 물 배터리의 조감도. 친수성 표면이 왼편에 위치한다. 분리된 전하가 배터리를 움직인다.

배터리의 한 극은 배타 구역이다. 산소 원자가 풍부하기 때문에 통상적으로 음성을 띤다. 반면 다른 극은 배타 구역 바로 너머 일반적인 물에서 형성된다. 여기에는 양으로 하전된 히드로늄 이온이 있고 정전기 법칙에 의해 자유롭게 퍼져나갈 수 있다. 음으로 하전된 쪽을 향해 많은 히드로늄 이온이 배타 구역의 가장자리에 자리를 잡는다.

전하의 분리 기전은 명백해 보인다. 그러나 그것이 유지되는 기전은 확실하지 않다. 휴대폰의 배터리처럼 물 배터리도 반대의 전하를 향해 천천히 움직여 합쳐질 것이다. 배타 구역 배터리도 충전이 필요하다. 그러나 자연에는 벽에 부착된 전기 소켓이 없기 때문에 다른 종류의 에너지가 반드시 그런 일을 해야 할 것이다.

이런 에너지 자원을 찾아내는 데 수년의 세월이 걸렸다. 그러나 우리는 그것을 찾아냈고 그것은 우리를 바른 길로 이끌었다. 다음으로 넘어가자.

6장 물 배터리 충전하기

우리가 금맥을 발견할 수 있었던 계기는 아마도 약간은 무심하고 태평한 짐의 성격 때문일 것이다. 짐은 거의 공짜 에너지원일 수도 있는 것을 찾아냈다.

우리 실험실 박사 후 과정 연구원인 짐 정과 나는 배타 구역을 충전 상태로 유지하는 에너지가 어떤 것일지 찾아내느라 골몰했다. 도무지 답이 떠오르지 않았다. 배타 구역을 만들고 충전한 다음에도 방전하려 드는 양이온에 맞서 음의 하전을 유지할 수 있어야 한다. 따라서 최초 전하를 분리시킬 때뿐만 아니라 불가피하게 소멸할 수 있는 운명에 맞서 그 분리 상태를 유지할 때도 에너지는 필요하다.

배타 구역을 형성하는 데 필요한 숨은 '표면 에너지'는 물질의 계면에 있을 것이다. 그렇지만 표면 에너지는 적합하지 않은 것 같다. 표면에서 나온 에너지는 표면 근처에 배타 구역을 만들 수 있겠지만 배타 구역의 층은 쉽게 수십만 개에서 100만 개에 이르기도 한다. 표면의 어떤 속성이 이런 먼 거리까지 힘을 미치게 하는 것일까? 다른 뭔가가 더 있어야 할 것이다.

배타 구역을 유지하려면 어떤 에너지가 전하의 분리를 지속시켜야 한다. 자발적인 소멸 과정을 거스를 어떤 에너지를 계속 공급하지 않는다면 배타 구역을 유지할 수 있는 방법은 없다. 그렇지만 최소한 현재의 우리가 가진 답은 여전히 확실하지 않다.

이런 에너지원이 어디에서 비롯될까 하는 단서는 짐이 인간의 본성에 굴복하는 과정에서 우연히 행운처럼 다가왔다. 실험실은 노동자들의 작업장과 같은 곳이다. 저녁때가 다가오면 배고픔이 밀려오고 간혹 배 소리가 꼬르륵 울리기도 한다. 그러면 실험실 정리를 마치지 못한 채 식당으로 가게 된다. 어느 날 밤 짐에게 이런 일이 다가왔다. 그는 용기를 현미경 제물대에 놓은 채 현미경 광원을 끄고 서둘러 집으로 가버렸다.

다음 날 아침 그가 실험실로 돌아와 다시 현미경을 켜고 들여다봤을 때 배타 구역의 크기는 원래의 반으로 줄어들어 있었다. 그러나 1~2분이 채 지나지 않았는데도 배타 구역의 크기가 원래대로 돌아와 버린 것이다. 현미경 광원이 배타 구역을 소생시킨 것이다. 빛과 같은 뭔가가 필요한 것이다(그림 6.1).

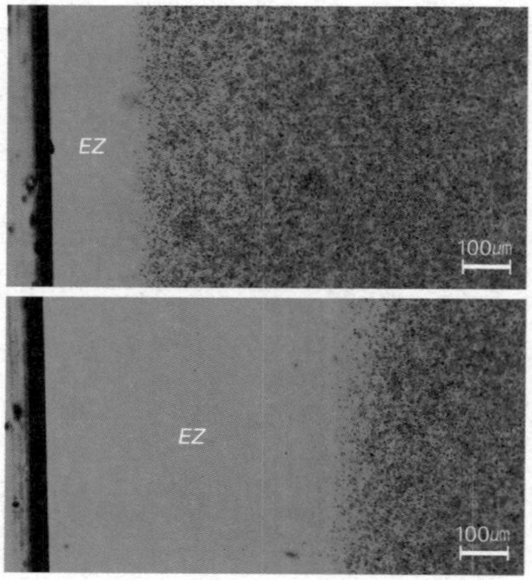

그림 6.1
나피온 접경에 생긴 배타 구역. 위는 대조군이고 아래는 수 분 동안 빛에 노출시킨 상태이다.

되짚어 생각해보면 빛의 역할은 명백해 보인다. 대학원 수업 중 내가 그와 비슷한 질문을 제기했을 때 한 학생이 손을 들고 반문하듯 불쑥 "빛?"이라고 말했다. 그의 대답은 정확했다. 그에게는 쉽게 떠오르는 해답이었지만(우리는 곧바로 실험실에서 빛 실험을 수행했다) 우리가 그 답을 얻는 데는 몇 년이 걸렸다.

그 수업 이후 우리는 확신을 가지고 배타 구역을 유지하는 것이 빛이라는 결론을 내렸다. '빛'을 좀 더 명확히 하자. 빛은 전자기파 스펙트럼의 가시광선 영역뿐 아니라 자외선 혹은 적외선 영역도 포함한다. 에너지를 공급하는 것은 전자기 에너지 복사이다. 물은 이것을 흡수하고 배타 구역을 만드는 데뿐만 아니라 분리된 하전을 유지할 때도 이 에너지를 사용한다.

빛을 연료로

빛의 이런 신비한 효과를 설명하기 위해 우리는 몇 가지 간접적인 요소들을 걸러내야 했다. 빛에 의해 주변의 온도가 올라간 것이 그런 것이다. 빛이 들어오면 용기가 데워져서 배타 구역이 확장될 수도 있었을 것이다. 그러나 금방 우리는 그것이 답이 아니라는 것을 알게 되었다. 용기 안이 미처 따뜻해지기 전, 광원을 켜자마자 배타 구역이 확장되기 시작했기 때문이었다. 후속 실험을 통해 우리는 이 결과를 재확인했다. 이미 배타 구역이 확장된 지 5분이 지나도록 빛을 쬐어주어도 온도는 거의 오르지 않았기 때문이다.[1] 빛의 효과는 열과는 무관한 것이었다. 광자가 어떤 식으로든 배타 구역의 성장에 에너지를 제공하는 것이다.

태양광이 배타 구역을 만들고 전하를 분리할 수 있을 것 같았다. 감격적인 순간이었다. **환경 자체가 그런 일을 할 수 있다니!** 상상해보라. 태양에서 나온 에너지가 광합성뿐만 아니라 물 배터리도 돌릴 수 있는 것이다. 와!

흥분을 가라앉히고 우리는 언뜻 명백해 보이는 질문을 던졌다. 어떤 파장의 빛이 배타 구역이 성장하는 데 에너지를 공급할 수 있을까? 일반적인 광학현미경(그리고 햇빛)의 광원은 자외선, 가시광선 및 적외선에 걸쳐 매우 폭넓은 파장대를 갖는다. 우리는 어떤 특정 파장대의 전자기파가 더 효과적인지 궁금했다.

이 질문에 답하기 위해 실험 용기에 각기 다른 파장대의 빛을 쬐어주었다. 광원으로 발광 다이오드light emitting diode, LED를 사용했다. 발광 다이오드는 각각 자외선, 가시광선 및 적외선의 특이 파장을 갖는다. 이런 발광 다이오드를 한 번씩 써서 물 안에 나피온이 들어 있는 실험 용기에 빛을 쬐어주었다. 물 안에는 미소구체도 들어 있었다. 이런 실험 장치하에서 어떤 파장의 빛이 배타 구역을 확장시킬 수 있는지 조사했다.

결과는 파장대가 중요한 역할을 한다는 점을 보여주었다.[1] 그림 6.2는 여러 파장대의 빛을 5분 쬐어주었을 때 배타 구역의 크기에 어떤 변화가 일어났는지를 보여준다. 유입되는 빛은 상당히 약해서 노출이 끝날 때까지도 용기의 온도가 섭씨 1도 이상 오르는 법이 없었다. 수직 축은 배타 구역의 팽창 정도이다. 값이 2라면 배타 구역의 크기가 2배 늘어난 것이다.

그림에서 보듯 모든 파장대가 배타 구역을 확장시킨다. 그러나 어떤 파

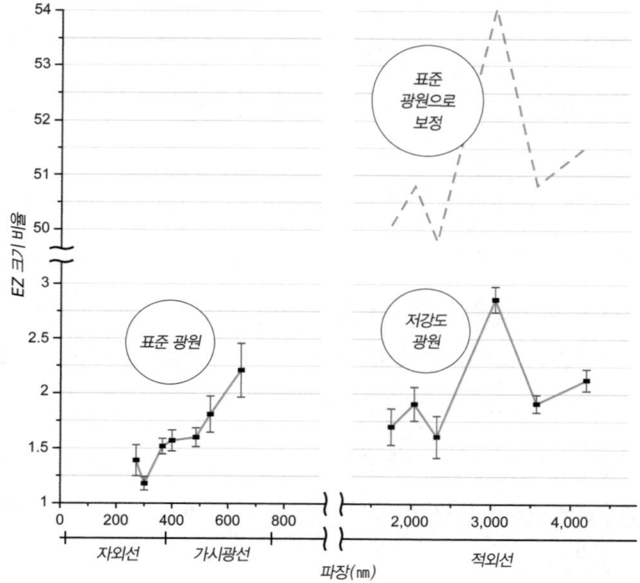

그림 6.2
유입되는 빛의 파장이 배타 구역 성장에 미치는 효과. 빛을 쬐고 나서 5분 후 배타 구역의 크기를 측정하고 비율을 계산했다. 기술적인 이유 때문에 그림 오른쪽 데이터는 강도가 낮은 광원을 사용했다. 왼쪽에서 얻은 데이터와 같은 강도의 빛을 쬐었을 때 예상되는 비율은 점선으로 표시했다(오른쪽 위).

장은 다른 것보다 효과적임을 알 수 있다. 자외선(270나노미터를 포함한다)은 효과적이지 않았지만 가시광선 영역은 배타 구역을 확장시켰다. 무엇보다 3,000나노미터 영역의 적외선이 가장 효과적이라는 점에 깜짝 놀랐다. 나중에 우리는 물이 3,000나노미터의 파장을 가장 강하게 흡수한다는 사실을 알게 되었다. 가장 강한 흡수 피크가 배타 구역의 크기를 가장 효과적으로 팽창시킬 수 있다는 의미이다. 그래프는 만족스러운 상관성을 보여주었다.

또한 우리는 강한 빛을 오래 쪼일수록 배타 구역이 더 확장된다는 점도 알게 되었다. 그림은 5분 동안 빛을 쬐인 결과이지만 동일한 강도의 빛을 더 오래 쬐어주면 배타 구역의 크기를 5~10배까지 확장할 수 있음도 확인했다. 전원을 꺼버리면 10분이 지나지 않아 배타 구역은 원래의 크기로 돌아왔다.

이제 그림 6.2 위쪽에 점선으로 표시한 결과를 살펴보자. 적외선 실험에 썼던 광원은 매우 약한 것이었다. 가시광선이나 자외선 조사照射에 비해 600배나 강도가 낮았다. 따라서 오른쪽 아래 그래프(실선, 적외선 영역)의 결과는 가시광선이나 자외선을 쬐는 데 사용했던 광원과 동일한 강도를 갖는다면 매우 저평가된 것이라고 볼 수 있다. 그러나 얼마나 저평가되었는지는 알 수 없었다. 점선으로 표시된 결과는 이런 차이를 줄이기 위해 시도해본 것이다. 다시 말하면 적외선 광원이 가시광선처럼 셌다고 가정하고 보정한 결과인 것이다.

적외선 파장대의 빛이 배타 구역 형성에 매우 주도적인 역할을 하는 것은 확실해 보였다. 자외선은 거의 효과가 없는 것으로 드러났다. (나중에 자외선 영역의 빛을 흡수한 배타 구역에 대해 설명하겠다.) 가시광선 영역은 그 중간 정도의 역할을 하는 것으로 판단되었다. 배타 구역을 형성하는 데 적외선 파장의 빛이 가장 효과적이었다.

아마도 짐이 우발적으로 밤새 실험한 재미있는 결과는 적외선 때문일 것이었다. 집으로 가면서 짐은 전원을 껐고 따라서 용기에 들어오는 적외선도 줄어들었을 것이다. 그 결과 배타 구역의 크기가 줄어들었다. 다음 날 아침 짐이 다시 현미경을 켰고 적외선을 다시 쬐인 배타 구역이 원래의 크기로 되돌아왔다고 볼 수 있다.

짐의 우발적인 결과를 바탕으로 우리는 보다 체계적으로 적외선 감소 효과에 대해 알아보았다(그림 6.3). 배타 구역이 최대의 크기로 형성된 용기 안에 (듀어dewar라고 불리는) 격리용 판막을 집어넣었다. 적외선의 유입을 차단하여 보온병이 음료수를 차게 유지하는 것과 마찬가지로 적외선을 효과적으로 차단하는 이중판막을 집어넣은 것이다. 약 15분 후 배타 구역은 원래 크기의 반으로 줄어들었다. 판막을 제거하면 배타 구역은 몇 분 안에 원래의 크기로 돌아왔다. 따라서 적외선은 배타 구역을 키우기도 하지만 그 빛의 유입이 차단되면 배타 구역은 크기가 줄어든다.

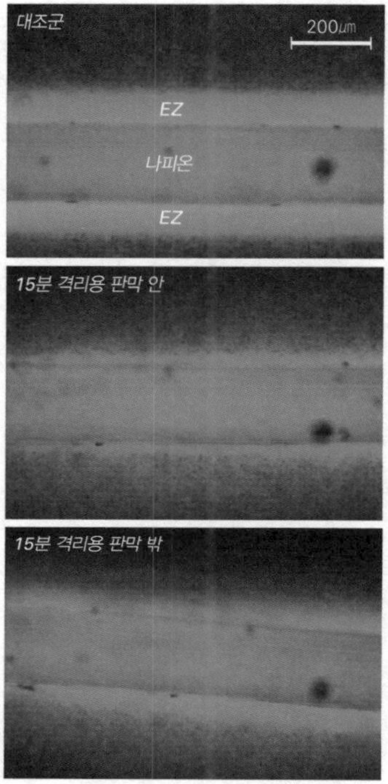

그림 6.3
유입되는 적외선의 강도가 줄어들면 배타 구역의 크기도 덩달아 줄어든다. 여기에 다시 적외선을 쬐어주면 배타 구역의 크기가 회복된다.

이것이 무엇을 의미하는지 생각해보자(그림 6.4). 적외선이 배타 구역의 형성에 매우 효과적이기 때문에 주변에 적외선이 존재한다면 배타 구역이 만들어지기에 충분한 조건이 갖추어지는 것이다. 또 이 연료는 공짜이다.

구부러지면서 튀어 나가 사라지

그림 6.4
어둠 속에서도 적외선 에너지 이용이 가능하다.

그림 6.5
어둠 속에서 촬영한 적외선 이미지. 밝은색은 적외선의 강도가 높다는 뜻이다.

는 가시광선과 달리 적외선은 막아내기도 까다롭다. 적외선 카메라는 굴러가는 탱크 혹은 완전한 어둠 속에서 움직이는 군중들도 문제없이 잡아낸다(그림 6.5).

우리가 기거하는 방에서도 적외선이 검출된다. 집의 외벽은 태양에서 오는 복사선을 흡수하고 이를 다른 파장의 빛으로 바꾸어 전구가 켜져 있건 아니건 많은 양의 적외선을 내벽을 통해 방출한다. 자연이 주는 선물이다. 마음껏 누려라.

유입되는 에너지가 물 분자를 분해한다

빛에서 오는 에너지는 어떻게 배타 구역을 만들 수 있을까?

빛은 다재다능하다. 상image을 만들어낼 수 있을 뿐 아니라 광자 에너지는 다른 형태의 에너지로 쉽게 전환될 수 있기 때문에 빛은 엄청난 일을 할 수 있다.

- 유입되는 빛은 파장을 바꾸어 형광을 낼 수 있다.
- 진동 에너지는 빛의 힘을 받아 브라운 운동을 촉진할 수 있다(9장).
- 빛은 반도체에서 전자를 빼내 광전 효과를 일으킨다.
- 빛은 반응의 촉매 역할을 한다.
- 빛은 광합성 과정에서 전하를 분리한다.

빛은 다재다능하게 여러 형태의 에너지로 변할 수 있기 때문에 빛이 배타 구역 형성을 촉진한다는 사실이 크게 놀랄 만한 것은 아니었다. 질서를 구축하고 거기에 참여하는 전하를 분리하는 것은 빛이 참여하는 여러 가지 전환 반응의 자연스러운 일부일 뿐이다. 빛이 질서를 구축하는 예는 다른 계에서 실험적으로 이미 잘 연구되어 있다.[2] 따라서 빛이 배타 구역을 구축한다고 해서 이상하다거나 받아들이기 힘들지는 않다. 대신 그 저변에 깔린 기전을 밝히는 것이 급선무다.

단순히 빛뿐만 아니라 다른 에너지원에서도 배타 구역이 만들어진다는 점을 생각하면 이런 기전에 대한 논리적인 단서가 나올 것이다. 예를 들어 우리는 가령 초음파와 같은 다른 에너지원이 배타 구역의 성장을 변화시킨다는 결과를 얻은 적이 있다. 우리는 배아의 이미지를 얻을 때 사용하는 7.5메가헤르츠 정도의 초음파를 적용시켰다. 그에 반응해서 배타 구역은 전형적으로 폭이 좁아졌다. 분자들끼리 서로 마찰하면서 아마도 기계적인 전단력이 유도되기 때문일 것이다. 초음파 기계를 꺼버리면 다시 배타 구역은 원래의 크기를 회복할 뿐 아니라 더 자라기까지 한다. 처음 크기의 5~6배까지 자라났다가 점점 원래의 크기로 복귀한다. 이런 음파 에너지는 물에 영향을 끼치고 배타 구역이 자라도록 박차를 가한다. 유입되는 빛이 그러는 것과 마찬가지다.

다양한 요소에 의해 배타 구역이 만들어질 수 있기 때문에 빛이 **직접적으로** 물 분자를 분해할 수 있을 것처럼 보이지는 않는다. 이런 분리를 가능하게 하는 파장대는 매우 좁은 범위에 걸쳐 있을 것이고 그 에너지는 공명에 의해 물 분자를 떨어지게 할 수 있을 것이다. 우리는 광학 스펙트럼 영역의 다양한 파장을 이용하여 그 효과를 측정해보았다. 적외선 광자는 자외선 광자에 비해 에너지가 적기 때문에, 물리학자들은 그것이 물 분자를 분리시킬 것이라고 생각하지 않는다. 그렇지만 적외선 광자는 매우 효과적으로 배타 구역을 형성할 수 있다.

유입되는 에너지가 직접적으로 물 분자를 깨는 데는 커다란 영향을 미치는 것 같지 않다. 단지 초기에 그것을 가능하게 할 뿐이다. 전하의 분리는 그 이후에 나타난다.

그림 6.6
유입되는 에너지는 아마도 물 분자를 서로 멀어지게 할 것이다.

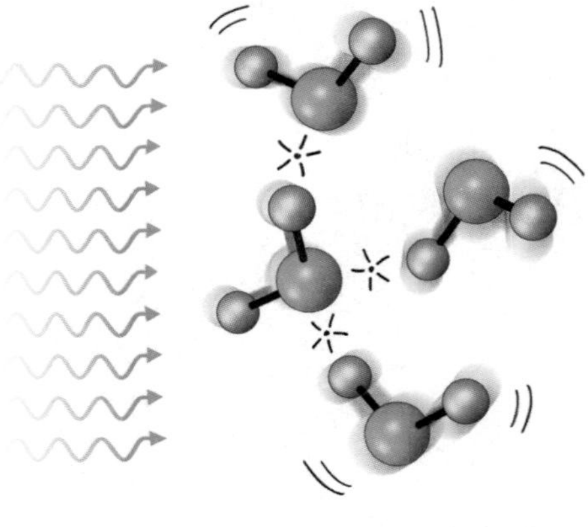

이런 미미한 효과의 본성이 무엇인지는 알려지지 않았지만 이들 에너지가 물 분자를 낱개로 분리시키는 것이라고 합리적으로 추론할 수 있다(그림 6.6). 말하자면 흡수된 에너지가 분자 내부의 연결을 느슨하게 한다. 일반적인 물 분자의 구조가 알려져 있지 않기 때문에 더 이상의 추론은 비생산적이 될 수 있다. 우리가 알고 있는 것은 분자들끼리 어떤 식으로든 서로 결합하고 있다는 것이다. 그렇지 않다면 물은 액체가 아니라 기체여야 했을 것이다. 그들이 어떻게 붙어 있는가에 대해 일부 과학자들은 일시적인 분자 간 결합을 얘기하고 있지만 양자역학 효과 때문에 이들이 조직화된 집단으로 연결되어 있다고 보는 과학자들도 없지 않다(2장). 이런 조직화된 집단이 재조직화되어 배타 구역이

형성된다고 제안하기도 한다.[3]

따라서 유입되는 에너지가 물 분자 혹은 집단의 연결을 약화시키고 상대적으로 자유로워진 물 분자가 새로운 '사회적' 요소로 등장하게 될 수 있는 것이다. 이것이 배타 구역을 형성하는 과정 중 첫 번째 단계의 구성 요소가 된다.

배타 구역의 조립

두 번째 단계에는 일종의 조립이 포함되어야 할 것이다. 이제 서로 떨어진 물 분자는 배타 구역 격자가 자라는 데 참여해야 한다. 벌집 여러 층이 이미 있다고 가정해보자. 그렇다면 자유로워진 물 분자가 이들 격자의 바깥쪽에 어떻게 새로운 층을 만들 수 있는지 생각해보자.

물 분자 안에는 서로 약간 떨어진 음과 양의 전하가 존재한다. 이렇게 분리된 전하는 격자 외부의 표면에 있는 반대의 전하를 향해 이끌리게 된다

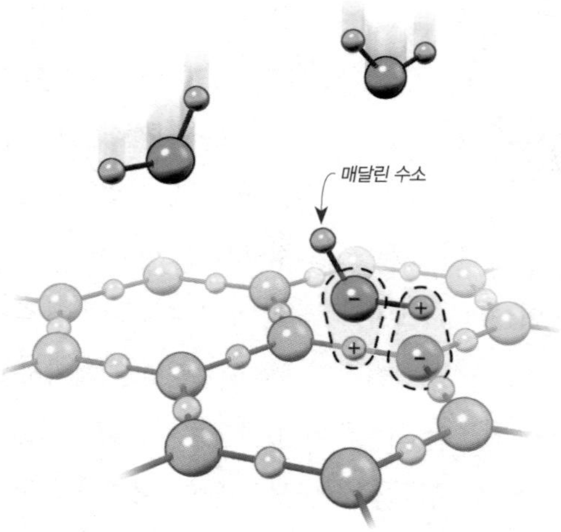

그림 6.7
배타 구역의 형성. 자유로워진 물 분자가 노출된 배타 구역층에 접근한다. 배타 구역의 전하가 물 분자의 반대 극성을 갖는 전하 부위를 끌어당기기 때문이다. 이 결합에 의해 수소 원자가 매달린 꼴이 된다.

(그림 6.7). 그러면 이 분자들은 새로운 격자를 만들 수 있을 것이다. 이렇게 물 분자들이 계속해서 움직이려 들고 계속해서 벌집 모양의 격자가 자라날 수 있게 된다.

이런 과정은 단순하고 직접적으로 보이지만 방해꾼이 끼어든다. 수소 원자가 달랑달랑 매달려 있는 것이다. 그림 6.7을 보면 물 분자 하나가 격자에 끼어들었다. 그중 하나의 수소 원자가 느슨하게 매달려 있는 것이 보인다. 이 수소 원자가 남아 있으면 새로운 격자층은 만들어지기 쉽지 않을 것이다. 격자가 계속 자라나기 위해서 이들 수소 원자는 분리되어야만 한다. 이들은 양성자 형태로 깨져 나가야 한다.

이런 분열은 자연스럽게 일어난다. 어떻게 이런 일이 일어날 수 있는지 물 분자의 전자구름을 살펴보자(그림 6.8). 산소의 전자구름은 양성 전하를 향해 뻗쳐 있다(a). 물 분자가 고립되어 있으면 전자는 수소 원자의 핵을 향해 있다. 이렇게 형성된 OH 결합이 물 분자의 기본 상태이다. 이 상태에서 배타 구역 격자 쪽으로 물 분자가 움직여간다(b). 물 분자가 격자에 접근하면 산소의 전자들은 부분적으로나마 격자 쪽으로 움직인다. 이들은 일종의 접착제처럼 기능하며 격자와 결합을 부추긴다.

이때 매달려 있는 수소의 전자 이동은 삐걱거린다. 이전에 물 분자를 가능하게 했던 수소와 산소의 결합이 사라져버리는 것이다. 이 접착제는 격

그림 6.8
물이 격자에 결합하면 전자구름이 이동한다. 이런 이동에 의해 매달려 있던 양성자가 자유를 얻는다.

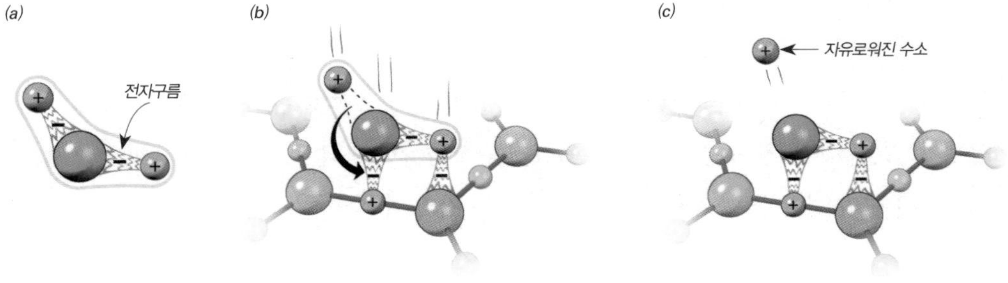

자 속으로 스며들었다. 말하자면 매달린 수소는 접착제를 잃어버린 셈이다. 외로운 양성자가 된 것이다(c).

이런 과정은 에너지 변화로 나타낼 수도 있다. 새롭게 접근한 물 분자가 격자에 결합하면 에너지가 방출된다. 일정한 거리를 두고 반대의 하전을 띤 두 입자는 상당한 양의 전위차 에너지를 갖지만 그 상황이 깨지면 에너지가 주변으로 방출된다. 이 각본은 분리된 두 극의 자석을 다시 합치는 것과 흡사하다. 이때 상당한 양의 전위차 에너지가 방출되는 것이다. 방출된 에너지는 뭔가를 할 수 있다. 바로 그것이 매달린 수소 이온을 끊어내는 것이다.

구조적으로나 에너지 역학적으로도 같은 결과가 얻어진다. 분리된 양성자는 양의 하전을 띤다. 바로 이들이 음의 하전을 띤 배타 구역 격자로부터 분리되는 것이다. 물 분자가 효과적으로 깨지면서 배타 구역 격자가 자라난다.

이런 기전에 의해 자유로워진 양성자가 배타 구역이 자라나는 영역의 밖에 위치한다(그림 5.3). 이런 전하들은 서로 밀쳐대면서 일반적인 물 안으로 확산해 들어간다. 이런 확산을 통해 양성자들은 특별한 역할을 수행한다. 양으로 하전된 이 이온들이 배타 구역의 변경에 머물러 있으면 그 계면이 막혀서 물 분자들은 더 이상 배타 구역 쪽으로 접근하지 못하게 된다. 그러면 배타 구역도 더 이상 자라나지 못할 것이다.

이것으로 막이 내리는 것은 아니다. 앞에서 언급한 것처럼 자유로워진 양성자는 수명이 그리 길지 않다. 양의 하전을 띤 채로 계속 존재하려면 이 양성자들은 주변에 전기 음성도가 있는 물질을 찾아야만 한다. 십대 남자애들이 주변의 여자애들을 끊임없이 찾아다니는 것과 마찬가지다. 양으로 대전된 양성자들에게 전기 음성도가 높은 물의 산소 원자는 매력적인 대상이다. 양성자는 산소에 달라붙어 히드로늄 이온(H_3O^+)이 된다. 물이 양의 하전을 띠고 있는 것과 다르지 않다. 앞으로 살펴보겠지만 히드로늄 이온의 전위차 에너지는 상당히 커서 다양한 물의 움직임을 설명하기에 족하다.

양성자의 역동성에 대해 얘기할 때 우리는 히드로늄 이온의 역동성을 말하는 셈이다. 히드로늄 이온은 수명이 길고 쉽게 확산해 들어갈 수 있는 물질이다.

그러나 여기서 요점은 물에서 양성자가 떨어져 나가는 것이 부수적인 현상이라는 사실이다. 크기가 자라고 있는 배타 구역 격자에 물 분자가 결합할 때 발생한다. 또 유입된 복사 에너지는 물 분자로부터 양성자를 직접 떼어내지는 못한다. 복사 에너지는 일반적인 물의 구조를 조금 느슨하게 하여 개별적인 물 분자를 자유롭게 할 뿐이다. 배타 구역 격자에 물 분자가 결합하면 매달린 수소 원자가 떨어져 히드로늄 이온을 만들어낸다. 이런 과정을 통해 배타 구역 격자의 크기가 커진다. 이런 방식으로 물 배터리도 계속 충전된다.

여기서 생각해볼 만한 주제는 음으로 하전된 격자가 어떻게 계속해서 음의 하전을 더할 수 있느냐는 것이다. 음성에 음성을 계속 더하는 것은 직관에 어긋난다. 그렇지만 그 각본이 그대로 일어나는 것은 아니다. 음과 양으로 하전된 격자의 장소에 역시 양과 음으로 하전된 물 분자가 끼어들면서 물 분자가 격자에 더해지는 것이다. 반대로 하전된 입자들은 서로 강하게 끌어들이고 매우 가깝게 위치한다. 따라서 분자는 서로 달라붙는다. 그런 후에 에너지 면에서 무리 없이 양성자가 분리되는 것이다. 그 결과 격자는 음성이 된다. 이런 단계적인 과정을 통해 고농도의 음성 전하가 축적될 수 있다.

그러나 이런 과정이 끝없이 계속되지 않고 궁극적으로 멈추게 된다. 간혹 배타 구역으로부터 깃발 비슷한 돌출 부위가 생겨나 자라기도 하지만 전체적인 배타 구역은 비교적 안정된 선에서 멈춘다. 배타 구역의 성장이 멈추는 것은 무슨 까닭일까? 유입되는 빛이 줄어들면 배타 구역은 왜, 어떻게 위축되면서 크기가 줄어들게 될까?

배타 구역의 소멸

모든 것에서 다 그렇지만 여기서도 자연계에서 작동하고 있는 힘을 찾아낼 수 있다. 조직화된 구조라도 가만히 놔두면 궁극적으로 무질서하게 변한다. 엔트로피가 증가되는 것은 열역학의 가장 기본 법칙이다. 우리가 생활하는 방도 마찬가지로 온갖 방법으로 너저분해질 수 있다. 정리 정돈이 잘 되어 있을 수도 있겠지만 그러기 위해서는 에너지를 투입해야 한다(그림 6.9). 계속해서 에너지를 집어넣지 않으면 방은 금방 난장판이 된다. 음. 내 방처럼.

그림 6.9
질서를 구축하려면 에너지 유입이 필수적이다. 그러나 무질서하게 되는 데에는 에너지가 그리 많이 필요하지 않다.

배타 구역도 마찬가지다. 계속되는 에너지 유입 없이 질서가 유지되는 법은 없다. 분리된 전하들이 천천히 재결합한다. 질서가 무질서로 바뀌는 것이다. 배타 구역의 바깥쪽은 침식당하는 해변처럼 점차 닳는다. 짐의 용기에서 밤사이에 일어난 일이다. 전원을 꺼버리면서 에너지의 유입이 중단되었기 때문에 배

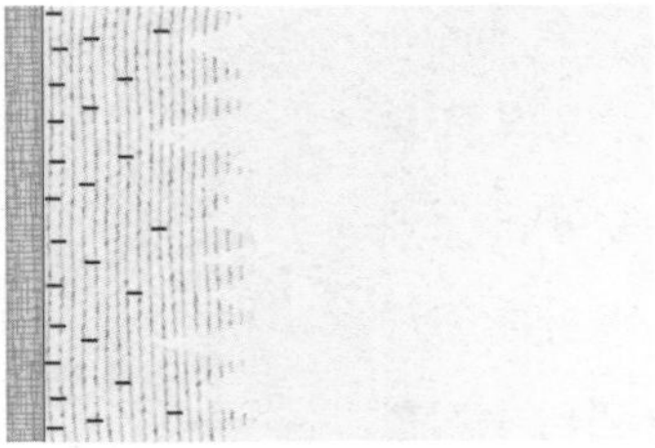

그림 6.10
배타 구역 바깥쪽은 들쭉날쭉하다. 히드로늄 이온이 음전하에 이끌려 안쪽을 침범한다.

타 구역의 크기가 줄어들었고, 다음 날 아침 다시 에너지를 공급하자 배타 구역이 커진 것이다.

배타 구역의 크기를 관장하는 것이 어떤 것인지 이해하려면, 우선 에너지 의존적인 성장과 자연적인 쇠락 사이의 균형을 고려해야 한다. 이 두 과정이 균형을 맞추고 있을 때 배타 구역은 일정한 크기를 유지한다. 배타 구역의 성장에 대해서는 지금 알아보았다. 성장을 저해하는 요소가 표면의 거칠기나 친수성의 정도라는 점은 앞에서 언급한 바 있다. 반면 배타 구역의 소멸에 대해서는 거의 언급하지 않았다. 배타 구역은 정확히 어떻게 사라지는 것일까?

이 질문에 답하려면, 소멸이 일어날 것으로 생각되는 곳인 배타 구역의 외곽 경계를 살펴보아야 한다. 이 부분의 전기 전위는 0에 가깝다. 분리된 양성자가 격자에 끼어들어 있거나 아니면 격자가 상대적으로 열려 있는 것을 의미할 것이다(4장)(그림 6.10).

격자가 느슨하다는 말은 분자가 들어오고 나가기 쉽다는 뜻이다. 아마 히드로늄 이온이 왔다 갔다 할 것이다. 양으로 대전된 히드로늄 이온은 배타 구역의 음성을 따라 불가피하게 끌려 격자의 안쪽으로 들어오게 될 것이다. 따라서 히드로늄 이온은 들쭉날쭉한 배타 구역에서 계곡처럼 들어

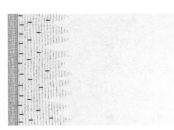

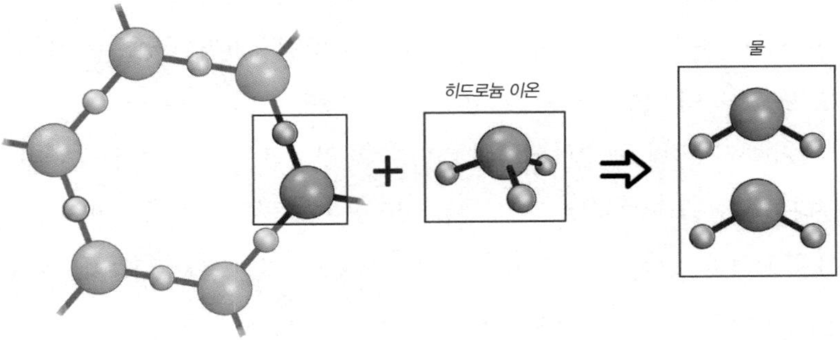

그림 6.11
배타 구역의 침식. 배타 구역 단위에 히드로늄 이온이 결합하면 격자가 손상되고 두 개의 물 분자로 변환된다.

와 있는 곳을 침입할 수 있다.

양성자의 이런 침입은 중대한 결과를 낳는다. 배타 구역 구조 안으로 들어온 히드로늄 양이온은 재빠르게 배타 구역의 음성 분자에 잡힌다. 앞에서 암시한 바 있지만 이들 히드로늄 이온(H_3O^+)은 격자의 수산 이온(OH^-)과 결합하여 두 개의 물 분자가 된다(그림 6.11). 이들이 배타 구역의 육각형 격자 구조를 망가뜨린다.

이렇게 출발 지점으로 다시 돌아왔다. 배타 구역 격자의 요소가 다시 물이 되면 계는 뒷걸음질친다. 만들어지고 깨지는 과정이 균형을 이루면 계는 정상 상태에 접어든다. 유입된 에너지에 의해 만들어진 배타 구역이 자연적으로 소멸되는 과정과 균형을 이루는 것이다.

외부의 조건이 변하면 이런 균형이 깨지기도 한다. 물이 산성인 조건에서는 일반적인 물에 들어 있는 많은 양의 히드로늄 이온이 계속해서 배타 구역 격자 안으로 들어오고 점차 크기가 줄어든다. 우리가 실험으로 입증한 것이다. 충분히 산성인 pH는 배타 구역의 크기를 최소화한다. 염류들도 배타 구역을 쉽게 소멸시킨다. 소금(NaCl)을 생각해보자. 염소 이온(Cl^-)은 쉽게 히드로늄 이온(H_3O^+)과 결합하여 염산(HCl)과 물(H_2O)로 전환된다. 나트륨 이온(Na^+)은 음성인 배타 구역의 격자를 공격해서 수산화나트륨(NaOH)을 만든다. 격자에서 수산기(OH^-)를 빼내는 것이다. 격자가 깨지면서 물이 빠져나가는 것이다. 격자가 조금이라도 열리면 양으로 하전된 온갖 물질들이 내부로 들어와 배타 구역을 소멸시키려 든다.

정리하자. 배타 구역은 형성될 때와 거의 반대의 과정을 거쳐 소멸된다. 배타 구역은 격자층 위로 물 분자를 끌어들여 커지고 양성자를 방출한다. 이들 양성자는 즉시 히드로늄 이온으로 변한다. 열린 틈으로 양이온이 들어오면 배타 구역 격자는 위축되고 물을 내놓는다. 이런 균형점은 이들 계에 얼마나 많은 에너지가 유입되었는가에 따라 달라진다. 보다 많은 복사 에너지가 유입되면 배타 구역은 커진다. 물론 그 반대는 반대다.

자유 라디칼

어떤 과정도 완벽하지는 않다. 배타 구역의 형성과 소멸의 역동성도 마찬가지다. 이들 역동성의 중심에 수산기(OH^-)가 있다. 배타 구역 격자에 수산기를 한 개씩 결박시키면서 배타 구역은 성장한다. 이 수산기가 물로 전환되면서 배타 구역은 소멸의 길을 간다. 이들 과정은 다소 가역적이다. 그러나 계속해서 히드로늄 이온이 공급되고 이들이 수산기를 계속 물로 변환시킨다면 완벽하게 가역적인 과정이 될 수도 있다. 계는 원위치로 돌아가게 된다.

그러나 국소적으로 히드로늄 이온이 부족해서 수산기를 물로 전환시키지 못한다고 생각해보자. 예를 들어 음의 하전을 띤 부위가 배타 구역 깊숙이 숨겨져 있어 히드로늄 이온의 접근이 어려운 경우가 있을 수 있다. 그렇다면 수산기를 중화시킬 짝이 없는 셈이 된다. 따라서 이 순환은 완결되지 못한다. 마찬가지로 이런 순환이 깨지는 경우는 배타 구역 자체에 의해서도 생겨난다. 전자가 부족한 어떤 과정이 배타 구역의 음의 하전체에서 전자를 빼내간다면 격자는 평상시의 전기 음성도를 유지할 수 없게 될 것이다. 또 이런 순환이 진행되지 못하기도 한다. 기본적인 설정 자체를 파괴하는 경우이다.

이럴 때 가역적인 순환과정은 제대로 이루어지지 않는다. 물을 만들어내는 대신 이런 파행적 과정은 다양한 산소 종 분자를 만들어내고 물 안에 이들의 수가 늘어난다. 이런 산소 종 존재의 본성은 배타 구역의 다양한 편차에 의존적이다.

이런 산소 종은 자유 라디칼free radical 로(혹은 활성 산소reactive oxygen species: ROS) 알려졌다. 이들 산소 종의 반응성이 매우 크기 때문이다. 가장 대표적인 것이 초과산화물 라디칼이다. 산소 원자 두 개에 전자가 하나 더 있는 꼴이다. 수산화 라디칼은 하전을 띠지 않는다. 과산화수소수(H_2O_2)도 있다. 이들은 모두 산소를 함유하고 있고 이론적으로 이 모든 산소 종은 배타 구역이 깨지면서 만들어질 수 있다.

활성이 매우 높기 때문에 산소 종들은 문제를 일으키기도 한다. 많은 성분들과 즉시 반응할 수 있다는 의미를 띠기 때문이다. 산소 종이 결합하면 원래 성분을 근본적으로 변화시킬 수도 있다. 생명체에서 이런 반응은 독성을 일으킨다. 예를 들어 초과산화물 라디칼은 미생물을 죽일 수도 있다.

이런 결과를 미연에 방지하기 위해 자연계가 자유 라디칼을 없애려 한다는 것은 충분히 수긍할 만한 일이다. 따라서 모든 세포는 청소 효소, 즉 초과산화물 불균등화 효소superoxide dismutase, SOD 를 가진다. 이 효소는 만들어지는 족족 초과산화물 라디칼을 중화시킨다. 생물계에 이 효소가 광범위하게 존재하는 것은 생물학의 수수께끼이다. 반면 배타 구역의 역동성 때문에 자유 라디칼이 생기는 것이 자연적인 현상이라면 이들 효소의 존재는 능히 이해할 만한다. 배타 구역은 어디에나 있기 때문이다. 따라서 SOD도 어디든지 있어야 한다.

그림 6.12
심해의 생명체들. 심해 바닷장어 모습이 보인다. 캘리포니아 만에서 촬영한 이미지를 미국 기상청과 위키피디아의 허락을 받아 게재한다.

해저의 생명체들

이런 에너지학이 자연계의 미스터리를 해결할 실마리를 제공할 수 있다는 낌새를 눈치챈 나는 좀이 쑤셔서 몇 마디 더 하고 넘어가려 한다. 어떻게 해저에서 많은 생명체들이 살아갈 수 있게 되었을까? 해저에는 녹아 있는 산소가 거의 없다. 빛도 거의 닿지 않는다. 생명체들은 호흡할 수 없고 광합성도 하지 못한다. 생명 현상이 불가능할 것처럼 보이지만 역설적이게도 해저에는 생명체들이 우글우글하다(그림 6.12). 해저에서 샘플을 취할 때마다 과학자들은 언제나 새로운 종을 발견한다. 꼭 필요한 순간이라면 광합성도 할 수 있는 세균들이 별 어려움 없이 빛 없는 환경을 살아나간다.[4]

앞에서 살펴본 에너지학의 관점에서 이 수수께끼를 풀어볼 수 있을 듯하다. 심해저에는 가시광선이 절대적으로 부족하지만 적외선은 그렇지 않다. 가용한 적외선 에너지는 지구 자체에서 나온다. 해저 지각판이 만나는 열수 분출공이 특히 그렇다. 이 적외선은 배타 구역을 만들며 전하를 분리한다. 전하의 분리 과정은 광합성의 초기 단계에서 일어나는 현상과 유사하다. 물 분자가 깨지는 것이다. 세균이나 해저의 생명체들은 이런 기전을 통해 에너지를 받아들인다.

게다가 해저라고 해서 산소가 전혀 없는 것은 아니다. 적외선에 의해 만들어진 배타 구역은 상당한 양의 산소를 포함하고 있다. 배타 구역에서 산소가 공급될 수도 있는 것이다. 내 친구인 블라디미르 보에이코프는 이를 '물이 타는' 과정이라고 묘사했다. 용해된 산소는 없을지 모르지만 배타 구역이 존재하는 한 생명의 과정이 촉발되기에 충분한 산소는 언제든 이용 가능하다.

따라서 심해저 환경은 많은 것이 부족한 듯 보이지만 다양한 생명체들이 살아갈 수 있다. 에너지와 산소가 충분히 공급되는 것이다. 이처럼 에너지학의 관점에서 심해저의 환경이 설명된다. 이런 에너지학이 해저의 생명체에만 해당되는 것은 아니다. 사실 자연계 여기저기에서 엿볼 수 있다. 다음 장에서 이런 에너지학에 관해 좀 더 알아보자.

결론

배타 구역은 빛 에너지, 특히 적외선으로부터 형성될 수 있다. 적외선 에너지는 빛이 없는 상태에서도 얻을 수 있다. 음파 에너지도 비슷한 일을 한다. 이런 에너지는 일반적인 물의 결합을 느슨하게 하고 비로소 자유로워진 물 분자가 배타 구역을 형성하는 데 사용된다. 전하의 끌림에 의해 물 분자가 배타 구역 격자로 접근해가면서 배타 구역이 자라난다. 동시에 전하가 분리된다. 이런 방법으로 계면의 배터리가 충전되는 것이다.

이전 장에서 배타 구역의 조립 과정을 살펴보았지만 어떻게 배타 구역의 음전하가 고농도로 축적되는지는 알 수 없었다. 음전하가 서로 밀쳐댈 것이기에 배타 구역은 금방 분해될 것처럼 보인다. 그렇지만 전자구름이 새롭게 자라나는 격자층을 강하게 결합시켜주기 때문에 마침내 이들 격자의 통합이 가능해진다. 전자구름은 두 개의 퍼즐 조각을 결합시키는 열쇠이다(그림 6.13). 전체적으로 배타 구역은 음성이지만 그러나 각 조각들은 서로 강하게 결합되어 있다.

적절한 에너지가 공급되지 않으면 배타 구역은 소멸될 수 있다. 분리된 전하는 불가피하게 격자 안으로 들어가게 된다. 이런 일이 발생하면 배타 구역 격자의 요소들이 물 분자로 분해되어 돌아가고 배타 구역은 사라진

그림 6.13
격자에 새로운 요소가 추가된다. 반발력이 있기는 하지만 이들은 '퍼즐 조각'을 끼워 맞추듯 결합한다.

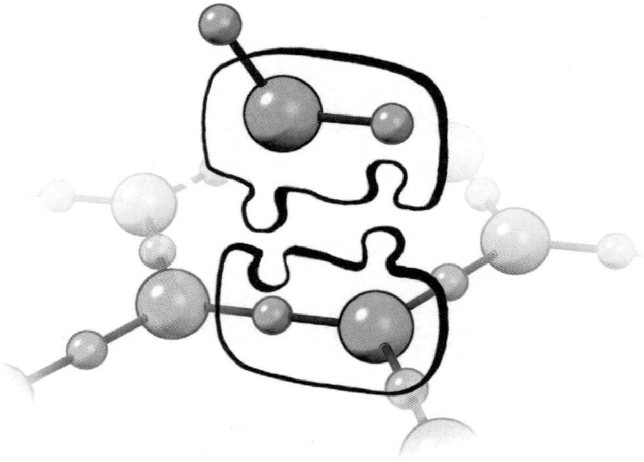

다. 이런 소멸을 상쇄할 에너지의 유입이 더 이상 없다면 성장 과정이 거꾸로 돌고 물 배터리는 방전된다.

순환의 몇몇 조건이 맞지 않으면 물 대신에 산소 라디칼이 생길 수 있다. 문제가 많은 것들이다. 이들의 파괴적인 힘에 맞서 생명체는 특별한 수단을 찾아냈다. 만들어진 라디칼을 즉시 소거하기 위해 많은 효소들이 구비되어 있는 것이다. 스스로 지키는 것은 자연계의 뚜렷한 속성 중 하나이다.

배타 구역을 생성하는 에너지가 무엇인지 확인하고 독자들은 다소 놀랐을지도 모르겠다. 그렇지만 배타 구역의 쓰임새는 무엇일까? 뭔가 소용되는 데가 있을까? 다음 장에서 이 질문에 답해보자. 컵에 낮게 깔린 물에 저장된 에너지로 도대체 무슨 일을 할 수 있느냐가 질문의 요체이다.

7장
물, 자연의 엔진

그림 7.1
블라디미르 보에이코프. 사무실에서 다음 실험을 구상하고 있다.

내 친구인 블라디미르 보에이코프는 열정적인 실험가이다. 최근 모스크바 외곽에 위치한 그의 주말 별장을 방문했을 때 블라디미르는 의기양양하게 창턱을 가리켰다. 빛이 물이 가득 찬 비커를 비추고 있었다. 아마 실험 중인 모양이었다. 다음에 그는 아래쪽 정원을 가리켰다. 거기에서도 다른 실험이 진행 중이었다. 그의 절친한 동료인 부인과 딸이 진행 중인 실험이었다.

정원을 가꾸는 일은 보에이코프에게는 낯선 일이었다. 이 별장을 최근에 갖게 되었기 때문이었다. 그렇지만 러시아인들은 식물을 가꾸는 유전자를 타고난 듯하다. 보에이코프도 마찬가지였다. 그의 이웃은 대대로 정원을 가꾸고 채소를 키우던 사람들이었다. 그런데 블라디미르가 키운 채소들은 이웃의 채소보다 3분의 1 정도는 더 컸다. 그렇다곤 해도 블라디미르에게 특별한 재능이 있거나 노동을 많이 투자했기 때문에 그런 일이 생긴 것처럼 보이지는 않았다. 뭔가 다른 설명이 필요했다.

블라디미르는 그것이 물 때문일 것이라고 말했다. 그는 모스크바대학 주변 반경 200킬로미터의 지역을 돌아다니며 소위 '기가 충만된energized' 물을 찾아다니는 것을 업으로 하는 사람이다. 젊은 사람들에게 이 말은 생소하고 모호하게 들리겠지만 현재 이런 고에너지 물은 모스크바 지역 약물 요법의 전설이 되어가고 있다. 블라디미르가 자신의 식물을 키울 때도 그런 물을 쓴다는 점은 놀랄 만한 일이 아니다.◆

물이 정말 에너지를 가질 수 있을까? 초기 선구자인 빅토어 샤우버거Viktor Schauberger나 루돌프 슈타이너Rudolph Steiner와 같은 사람들은 물이 에너지를 저장하고 그것을 전달할 수 있다는 상당한 증거를 제시했다. 일부 현대의 과학자들은 이런 가능성을 긍정적으로 되묻고 있다. 반면 대부분의 사람들은 다르게 생각한다. 식탁 위의 닫힌 병에 담긴 물은 환경과 평형을 이루고 있고 환경이 물을 덥힐 수 있으며 물에 에너지를 전달할 수 있다고. 그러나 이것은 단순히 느릿한 열적 과정이고 물이 에너지를 저장하거나 획득할 수 있는 뚜렷한 기전은 없다고 말한다. 단순히 전달하기만 할 뿐이라는 말이다. 물은 물일 뿐이다. 문의 손잡이처럼 무감각해서 단순히 열에너지를 저장하는 것 외에 물이 어떤 종류의 에너지를 저장한다거나 할 것처럼 보이지 않는다고 생각한다.

그 말은 사실일까?

◆ 물이 태양 혹은 환경에서 오는 에너지를 저장할 수 있다는 점은 이해할 수 있지만 그것을 환경으로부터 격리시켜 '병'에 담을 수 있다는 뜻은 아닐 것이다. 왜냐하면 환경이 제공하는 에너지 형태가 사뭇 달라졌을 것이기에 그렇다. 물은 중요함에 틀림없지만 아직까지 과학적인 '중요성'을 획득하지 못하고 있다.

에너지 전환자로서의 물

물이 빛을 흡수하면 이 흡수된 에너지는 조직화된 질서를 구축하고 전하를 분리할 수 있다. 이렇게 저장된 전위차 에너지는 다른 형태로 거둬들일 수 있다. 전하의 분리는 전류를 만들어낸다(5장). 이런 구조는 세포가 일을 하게 할 수도 있다.[1] 이런 변환은 물이 에너지를 저장하고 전위차 에너지를 전달할 수 있다는 증거이다.

반면 이런 에너지 저장과 전달 과정이 보편적이라고 확신할 수 있을까? 이전 장에서 물의 에너지 저장과 방출에 관한 증거를 살펴보긴 했지만 그것은 한 실험실에서 얻은 한 계열의 결과물일 뿐이다. 거기서 어떤 일반성을 끌어내기에는 턱없이 부족하다. 따라서 이제 물이 외부에서 에너지를 흡수하고 그것을 일이라는 형태로 전환시킬 수 있다는 다른 증거를 탐색해볼 것이다. 전설적인 이탈리아 과학자의 연구에서부터 시작해보자.

그림 7.2
이탈리아 과학자 조르조 피카르디 (1895~1972).

피카르디의 마라톤

시애틀에서 프랑크푸르트로 가는 여행 도중 나는 한 가지에 몰두해 있었다. 내 손에는 저명한 화학자 조르조 피카르디 Giorgio Piccardi가 쓴 책이 들려 있었다(그림 7.2). 동료들이 추천해주긴 했지만 내 삶에서 그의 책『의료 풍토학의 화학적 기초The Chemical Basis of Medical Climatology』[2]가 끼친 영향은 크다고 할 수 있다. 나는 이 책에서 물과 에너지라는 주제를 떠올렸었다. 이 책을 읽기 시작하자 시끄럽게 탁탁거리는 비행기 엔진 소음도 나를 방해하지 못했다.

피카르디는 그의 실험 결과의 통계적 변이에 주목했다. 어떤 날은 2초면 끝나던 반응이 다음 날에는 2.5초가 소요되고 다른 날에는 1.8초가 걸리기도 했다. 이런 변이가 왜 생기는가 알아보기 위해 피카르디와 그의 동료들은 12년에 걸친 일련의 장대한 실험을 계획했다(제2차 세계대전으로 잠시 쉬기는 했다). 매일매일 같은 실험을 반복했기 때문에 그들이 실험한 총횟수는 거의 25만 건에 이르렀다. 그들의 핵심 질문은 이것이었다. 각 실험 간 반응 속도에 차이가 나는 이유는 무엇일까? 실험자들은 모두 이런 사실을 잘 알고 있다. 그렇지만 그 이유를 이해하는 사람은 거의 없다.

답을 얻기 위해 피카르디는 다양한 반응을 동시에 수행했다. 화학 물질의 침전, 중합체의 형성, 초냉각수의 결빙 같은 상전이 등이 그런 것이었다. 이들 반응의 최종 산물은 뚜렷한 것이어서 시간을 정밀하게 측정할 수 있었었다. 종교 의식처럼 피카르디와 연구진들은 매일매일 조심스럽게 시약을 섞고 반응 시간을 기록했다. 온도나 압력은 일정하게 유지했다.

모든 실험은 파리에서 수행되었다. 한 쌍의 실험 중 하나는 금속 패러데이 상자 혹은 수평 차폐막 아래에서, 다른 하나는 다른 조건은 동일하지만 차폐하지 않은 곳에서 진행하였다. 전자기파를 막도록 차폐한 조건이 이들 실험의 가장 주요한 특징이었다. 이러한 두 조건에서 연구진들은 다양한 반응물을 조합한 뒤 반응 시간을 측정했다.

예상했던 대로 반응 시간은 매일매일 달랐다. 그러나 피카르디는 그 평균 시간이 시료를 차폐한 것 혹은 노출된 것과 관계가 깊다는 사실을 깨달았다. 차이는 일정했다. 피카르디는 국지적이고 알려진 변수 말고도 환경에서 오는 어떤 변수가 반응 속도에 영향을 준다고 결론을 내렸다. 그리고 다양한 실험 과정에서 이런 차이가 일정하게 나타나기 때문에 과학자들은 환경의 영향이 일반적이라는 결론에 도달했다.

더 나아가 피카르디는 여기에 반드시 물이 포함되어야 한다고 결론을 내렸다. 모든 반응에서 빠지지 않는 것이 물이기 때문이었다. 그가 보기에 물은 반드시 환경에서 오는 어떤 종류의 에너지를 흡수해야만 했다. 그것이 반응 속도에 영향을 미친다는 것이었다.

환경 에너지의 정체는 확실하지 않았지만 마침내 연구자들은 잡힐 듯 잡히지 않는 단서를 찾아냈다. 연구자들은 반응 속도가 주기적으로 반복된다는 사실을 발견했다. 매년 12월과 1월 사이 반응 속도의 변이 정도가 급강하했다. 그러나 3월로 접어들면서 다시 커졌고 6월에서 7월에 최고조에 달했다. 매년 이런 주기가 반복되었다. 또 다른 반복 현상도 발견했다. 예를 들면 태양의 활동 주기에 따라 반응 속도가 달라진다는 것이었다. 태양 흑점 혹은 태양 표면의 폭발이 그런 것들이다. 확실히 태양에서 유래한 에너지가 중요한 역할을 할 것임을 암시하는 결과들이다.

엄격하게 조절된 체계적인 분석을 마친 뒤 피카르디는 물이 흡수한 복사 에너지가 반응 속도에 영향을 끼치는 것이 가능하고 유일한 설명이라고 결론을 내렸다. 유입되는 에너지가 다르면 반응 시간도 달라진다. 여기에서 시간이 주기성을 보인다는 것은 매우 중요한 논점이다. 이런 에너지가 태양 혹은 우주 공간에서 날아온다는 의미를 띠기 때문이다.

피카르디의 연구가 공표된 이후 그를 따르는 사람들이 늘어났다. 국제과학 협회인 '피카르디 그룹'도 그런 것 중 하나이다. 이들 그룹의 구성원들은 결국 흩어졌지만 러시아의 한 과학자는 피카르디의 실험을 확장하여 40여 년에 걸친 연구 결과를 출판하기도 했다.

진폭의 수수께끼

사이먼 쉬놀Simon Shnoll과 그의 동료들은 피카르디의 접근 방식을 약간 변형했다. 피카르디처럼 그들도 생화학적 반응 속도를 계산했다. 그렇지만 그들은 겉으로는 아무런 관계가 없어 보이는 현상들의 속도에 대해서도 연구했다. 방사성 동위원소 소멸 속도 및 중력장 행동이 그런 것이었다.

이런 속도 데이터로부터 그들은 시간 히스토그램을 그렸다. 가능한 시간대의 확률을 나타내는 그래프이다. 쉬놀은 히스토그램의 구불거리는 곡선 중 '미세한 구조'에 초점을 맞추었다. 일반적으로 이런 구불거리는 곡선은 그래프 간의 유사성이 거의 없다. 그러나 24시간, 27일 혹은 365일 간격으로 데이터를 얻으면 상황은 달라져서 유사성이 뚜렷하게 나타난다. 눈으로 쳐다봐서 드러나는 것이 아니라 우연을 배제한 분석 방법을 통해 드러난 유사성이다. 이런 주기성을 통해 쉬놀은 그들이 조사한 연구 결과가 반드시 지구물리학 혹은 우주물리학적인 요소의 영향을 받아야 한다고 결론지었다. 피카르디의 결론과 흡사한 것이었다.

쉬놀과 피카르디의 결과는 우리가 일상적으로 고려하는 요소를 넘어서 존재하는 에너지원의 역할을 강조한 것이었다. 이런 '색다른' 에너지가 효과가 있다면 그들은 먼저 어딘가에 흡수되어야 할 것이다. 이들 두 연구자는 그것이 물을 포함하는 것이고 물이 가능한 흡수 대상이라고 생각했다. 쉬놀은 더 나아가 이런 에너지가 액상이 아닌 다른 물리적 계에도 흡수될 것이라고 보았다.

또 다른 진폭

물이 복사 에너지를 흡수한다는 또 다른 단서는 앞에서 언급했던 블라디미르 보에이코프에게서 나왔다. 보에이코프는 수용액에서 방출되는 빛을 연구했다. 이들이 방출하는 빛의 강도는 하루 주기로 오르락내리락했다(그림 7.3a). 온도가 조절되고 빛이 차단된 곳에서 행해진 실험이었다. 따라서 외부 온도의 변화에 의한 변동은 아니었다. 또한 방출된 빛의 진폭은 햇빛이 차단된 상태였기 때문에 가시광선에 의한 것도 아니었다. 복사 에너지는 일주기 리듬에 맞추어 변화한다. 이것은 태양광 에너지의 영향을 받음

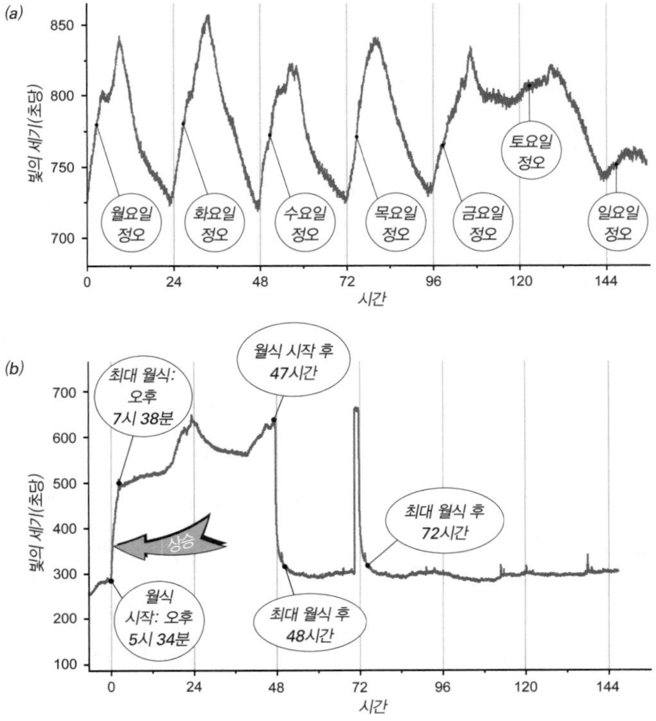

그림 7.3
(a)는 중탄산 이온을 함유한 물에서 나오는 빛을 용해된 루미놀을 이용해 증폭시킨 것이다. 빛의 강도가 주기적으로 변하는 것을 볼 수 있다. (b)는 (a)와 비슷하지만 월식 기간에 찍은 것이다.

을 의미한다.

또 다른 기록을 보면 더 많은 것을 알 수 있다. 그림 7.3b를 보면 곡선이 시작할 때 위로 솟구친 부분을 볼 수 있다. 실험적 우연인지 밝히는 중 보에이코프는 그 부분이 달이 사라지는(월식) 순간과 정확히 일치한다는 사실을 알게 되었다. 우주에서 오는 어떤 에너지가 빛의 출력에 영향을 끼친다는 의미이다.

월식과 그래프 모양이 어긋난 것은 우연이지만 그 곡선이 의미하는 바는 의미심장한 것이었다. 월식 후 24시간이 지나면서 그래프는 약간 내려가는 듯하다가 48시간째 다시 원래로 돌아갔다. 그러다 72시간째에 갑자기 다시 위로 솟구쳤다가 아래로 푹 꺼져버렸다. 이런 식의 전이는 설명하기 매우 힘들지만 월식 후에도 24시간을 주기로 뭔가 변하는 것은 우연처럼 보이지 않았다. 따라서 여기에서의 결론도 쉬놀과 피카르디가 내린 것과 같았다. 우주 기원의 뭔가에서 유래한 복사 에너지가 유입되어 물에 영향을 끼쳤다는 사실이다.

종합해보면 물은 환경에서 오는 에너지를 흡수한다. 앞에서 제시한 모든 연구를 통틀어봤을 때, 다르게 설명할 수 없을 것이다. 따라서 이전 장에서 보았던, 유입된 빛은 가만히 있지 않는다. 다른 실험 증거에 따르면 복사 에너지는 물에 영향을 미친다. 유입되는 복사 에너지는 물의 여러 특성을 변화시킨다. 반응 속도를 증가시키고 빛을 내기도 한다.

탁자 위 밀봉된 플라스크 안의 물은 환경에 노출되어 있으므로 닫힌 계가 아니다. 물은 비커 옆에 있는 나무처럼 행동한다. 식물은 열린 계이고 이파리 표면으로 유입되는 복사 에너지를 사용한다. 비커 안의 물도 마찬가지다. 식물 세포 대부분이 물로 이루어져 있기 때문에 이런 사실은 전혀 놀랍지 않다.

에너지 변환: 자연의 엔진

물이 복사 에너지를 흡수한다면 이런 에너지는 어떻게 쓰이는 것일까? 물은 쉼 없이 에너지를 계속 흡수할 수 있는 것일까? 아니면 이 에너지를 어떤 형태로 가공하는 것일까?

풍선을 부는 것에 빗대어 생각해보자. 풍선을 불어 내부 압력을 높이면 풍선에 전위차 에너지가 생긴다. 풍선을 놓으면 불규칙하게 날아간다. 전위차 에너지를 방출하는 것이다. 우리가 집어넣은 에너지가 다른(날아가는 운동 에너지) 형태로 전환된 것이다. 반면 풍선을 놓지 않고 계속 바람을 집어넣으면 마침내 풍선이 터져버릴 것이다. 모든 에너지가 사방으로 흩어져버리는 것이다.

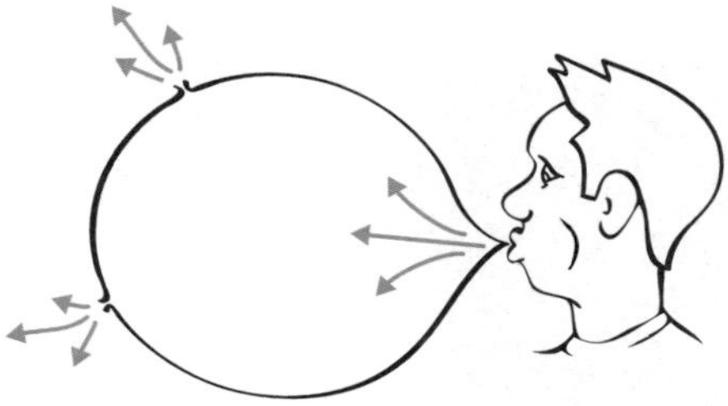

그림 7.4
에너지 방출. 지속적으로 에너지를 방출함으로써 계는 결코 폭발에 이르지 않는다.

물이 환경으로부터 계속해서 복사 에너지를 흡수해도 풍선처럼 터져버리지는 않는다. 따라서 어떤 종류의 방출 기제가 계 내에서 작동해야만 한다. 풍선을 예로 들면 어딘가 구멍이 있어서 바람이 계속 새는 것이라고 말할 수 있다(그림 7.4). 압력이 계속 떨어지는 것이다.

어떻게 어떤 형태로 물은 에너지를 방출하는 걸까?

앞에서 이미 몇 가지 예를 보았지만 이런 예가 사실상 좀 더 큰 범주에 귀속된다는 것을 보이도록 하겠다. 물에서는 여러 가지 형태의 에너지가 방출된다. 광학적, 물리화학적, 전기적 그리고 역학적 에너지이다. 다시 말하면 물은 복사 에너지를 다른 다양한 형태의 에너지로 전환시키는 기계이다.

1. 광학 에너지 방출

보에이코프의 빛 방출 결과는 앞에서 언급했다. 최근 그는 이 실험을 확장하여 빛의 방출이 오랜 시간에 걸쳐 일어난다는 점을 확인했다. 보에이코프는 용기를 물로 가득 채우고 여기에 중탄산, 과산화물 및 빛을 증폭시킬 소량의 루미놀을 집어넣었다. 그다음에 용기를 밀폐하고 시간에 따른 빛의 방출을 보기 위해 광전자증배관을 사용했다.

결과는 예상 밖이었다. 빛이 나오는 것을 최초로 기록한 뒤 보에이코프는 이 용기를 어두운 곳에 놔두었다 가끔씩 다시 검사하고는 했다. 거의 일 년이 지난 다음에도 이 밀폐된 용기에서는 계속해서 빛이 나왔다. 강도도 거의 줄어들지 않았다. 그 뒤로도 오랫동안 빛이 방출되었다. 마치 빛이 밖으로 나가길 거부한 것처럼 보였다(그림 7.5).

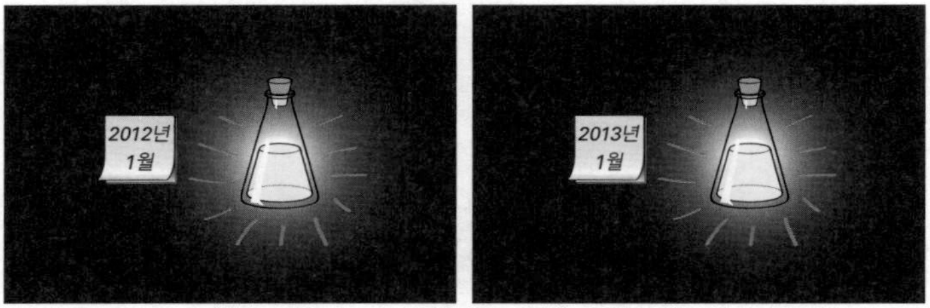

그림 7.5
실제로 수용액도 빛을 방출할 수 있다.

빛의 방출이 아마도 어떤 화학적 반응의 결과라고 예상할 수 있다. 그러나 그 반응이 일 년 넘게 지속된다고? 뭔가 마술을 부리지 않았다면 유입되는 에너지를 물이 계속해서 받아들이고 그것을 실제적으로 끝이 없이 광자 에너지 형태로 내보낸다고밖에 해석할 수 없다. 여기에는 의문의 여지가 없다. 수용액이 전구 역할을 한 것이다. 물에 저장된 에너지 말고는 명백한 근원이 없음에도 불구하고 수용액은 광자 에너지를 끊임없이 내보낼 수 있었다.

물로부터 광학 에너지가 나오는 것에 대한 보다 가시적인 증거로는 물에서 불이 나오는 것을 들 수 있다. 그림 7.6을 보자. 그림의 유리관에는 소금물이 들어 있다. 이 관에 마이크로파 혹은 라디오파 에너지를 쬐어주었을 뿐이다. 그랬더니 열과 빛이 나왔다.[3] 동영상으로도 볼 수 있다.[4] 물에 유입된 에너지가 빛으로 전환될 수 있다는 생생한 증거이다.

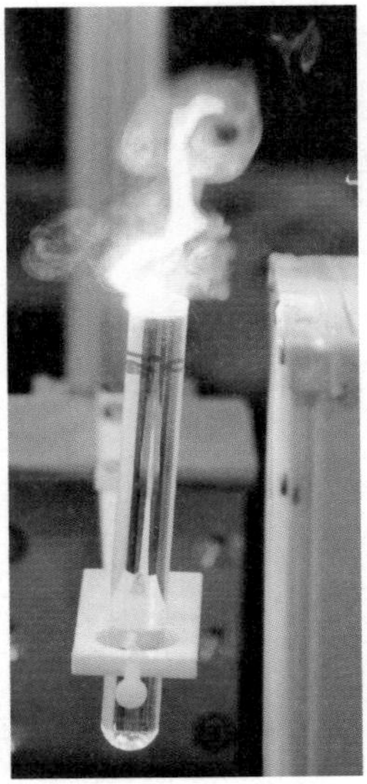

그림 7.6
전자기 에너지가 소금물에 불을 붙였다.[3]

2. 물리화학적 운동

빛 외 두 번째 산출물인 물리화학적 에너지를 살펴보자. 물이 가득 채워진 비커에 미소구체가 가득 들어 있는 상황을 상상해보자. 처음에 현탁액은 균일해 보이지만 몇 시간 후면 뭔가 미스터리한 일이 생긴다. 미소구체가 비커의 가장자리로 끌려 모이는 것을 관찰할 수 있게 된다. 가운데는 미소구체가 없는 실린더 모양의 공간이 자리 잡는다(그림 1.3). 이렇게 한쪽에 모여들지만 다른 부분에는 존재하지 않는 미소구체를 '상 분리'되었다고 말한다.

그냥 놔두면 계는 질서가 아니라 무질서도가 증가하는 쪽으로 변화하는 경향이 있다. 결국 엔트로피는 시간의 화살이다. 그러나 어떤 계는 무질서 상태에서 질서가 있는 상태로 변하기도 한다. 현탁액에 여기저기 무작위로 섞여 있던 미소구체가 비커의 가장자리로 정연하게 몰려드는 것이다. 군중 속에 섞여서 대화하던 사람들을 공간의 한 켠으로 몰아세우는 것과 비슷한 현상이다. 이런 일이 자발적으로 일어날 것 같지는 않다. 이런 재배치 과정에도 에너지 유입이 필요하다.

똑같은 일이 미소구체의 응집 과정에도 필요하다. 복사 에너지가 여기에 관여하는 것 같다. 9장에서 이것을 입증할 것이다. 그러나 여기에서는 원인보다는 결과가 사뭇 뚜렷하다. 보다 응축된 형태로 재배치되는 것이 미리 결정된 것처럼 보인다. 미소구체가 재조직화되기 위해서는 점성이 있는 매질을 움직여가야만 한다. 일을 해야 한다는 것이다. 분리는 일을 포함한다.

다양한 종류의 현탁액에서 분리가 관찰되고 모든 경우에 일이 수행됨을 알 수 있다. 이런 일은 뒤에서 살펴볼 역학적 일에 잘 부합되겠지만 보통 상의 분리는 물리화학적 현상으로 분류된다. 따라서 우리는 그것을 여기에 포함시켰다. 어떤 경우든 관측된 입자의 움직임은 광학 에너지 방출을 넘어서는 다른 종류의 에너지 방출의 증거가 된다.

3. 전기적인 운동

물에서 전기적 에너지를 추출할 수도 있다(그림 7.7). 5장에서 이미 살펴본

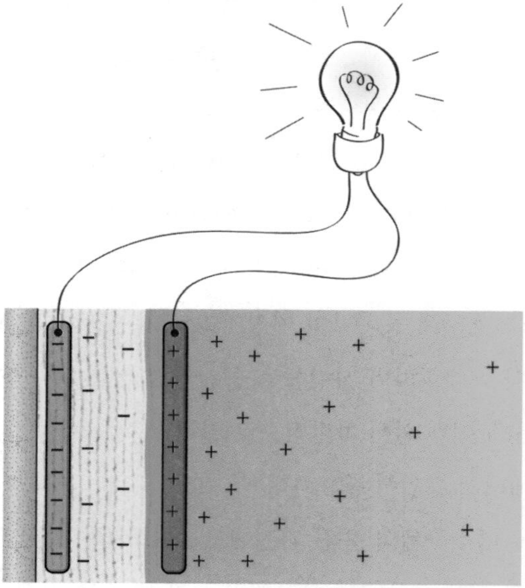

그림 7.7
배타 구역과 일반적인 물 두 곳에 전극을 집어넣으면 전기 에너지가 생성된다.

것처럼 반대로 하전된 물 배터리 구역에 전극을 집어넣으면 전류가 흐른다. 이런 에너지 생산 방식이 현존하는 것들과 경쟁이 될지는 모르겠다. 그렇지만 물 배터리는 유입되는 복사 에너지를 기반으로 전기 에너지를 만들어낼 수 있다.

사실 전기적으로 반대의 전하를 가진 구역을 만들었을 때에도 전기 에너지를 얻을 수 있었다(그림 5.9). 전극을 반대로 하전된 부위에 위치시켜 상당한 양의 에너지를 추출할 수 있었다. 전하를 분리하려고 유입했던 전기 에너지 전체에 거의 필적할 만한 정도였다.

그림 7.8
물시계.
전기화학자들이 추측하는 것과 다른 원리가 적용된다(12장).

따라서 물은 전기 에너지를 운반할 수 있다. 물을 이용해서 휴대폰을 사용할 수 있다고 상상해보라. 이런 전망이 전혀 현실성 없는 것은 아니다. 물에 기초한 배터리가 이미 시계를 작동하는 데 충분한 양의 전기 에너지를 생산하기 때문이다(그림 7.8).

4. 역학적인 운동

역학적인 일과 관련해서 물의 움직임 또는 흐름을 살펴보자. 흐름이 생기기 위해서는 에너지를 집어넣어야 한다. 물을 위로 끌어 올리려면 에너지가 필요하고 땀을 흘려야 할지도 모른다. 수평한 관에 있는 물을 흘러가게 하려면 분자 마찰력과 점도를 극복하기 위해 에너지를 소비해야 한다.

이제 물을 흐르도록 만들어줄 외적인 에너지원이 없다고 가정해보자. 그렇다면 에너지는 물 자체에서 비롯되어야만 한다. 이것이 여기서 예시로 들려는 것이다. 물에 저장된 미묘한 에너지 말고는 명백한 에너지원이 없이 물이 흐른다는 것을 보이겠다. 예는 세 가지이다.

(a) 관 가장 극적인 예는 친수성 관을 물이 흐르는 것이다(그림 7.9). 이를 관찰하기 위해 1밀리미터 나피온 관을 물이 포함된 조그만 용기에 집어넣었다. 이때 물이 관의 안에 충분히 침투할 수 있도록 하는 것이 중요하다. 그리고 용기의 바닥에 관이 수평으로 있게 해주면 된다. 물이 흐르는 것을 보기 위해 미소구체 몇 개 혹은 염색액을 집어넣어보라.

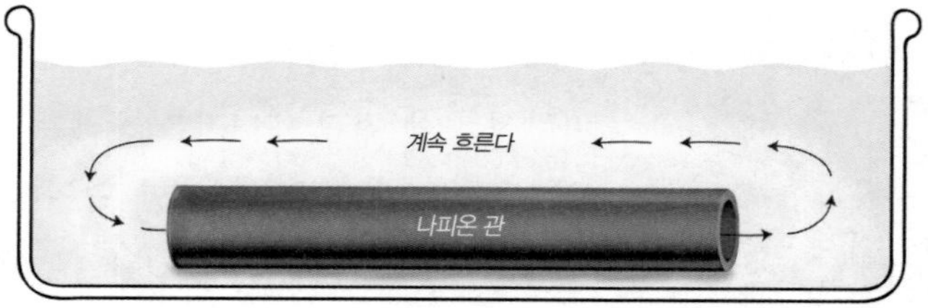

그림 7.9
물은 친수성 관 내부를 거의 무한정 흐른다.

여러분은 아무 일도 일어나지 않을 거라고 예상할 것이다. 그렇지만 몇 분 후 무슨 일이 생긴다. 무질서한 출발에 이어 혈관을 따라 혈액이 흐르듯 관을 따라 물이 계속 흐르는 것이 확인된다. 할 때마다 다르기 때문에 물이 흐르는 방향은 예측하기 힘들지만 일단 시작되면 줄어듦 없이 물은 거의 한 시간을 흐른다.[5] 만약 용기 안에 양성자가 축적되지 못하게 하면 거의 하루 종일 물을 흐르게 할 수 있다.[6] 이때 관의 위치를 바꾸어주어도 물이 흐르는 방향은 바뀌지 않는다.

나피온 관뿐만 아니라 원통형 관에 다양한 겔을 도포한 경우에도 물의 흐름을 관찰할 수 있었다. 결과는 비슷했다. 따라서 특별한 물질이 아니더라도 물의 흐름 현상을 관찰할 수 있고 이는 중합체 물질의 친수성 때문에 비롯된다고 볼 수 있다. 소수성 물질로 만든 관은 흐름 현상을 만들지 못한

그림 7.10
관 내부에서 물이 흐르는 기전.
관 내부에 히드로늄 이온이 축적되는 것이 필수적이며 히드로늄 이온은 관 밖으로 흘러나간다.

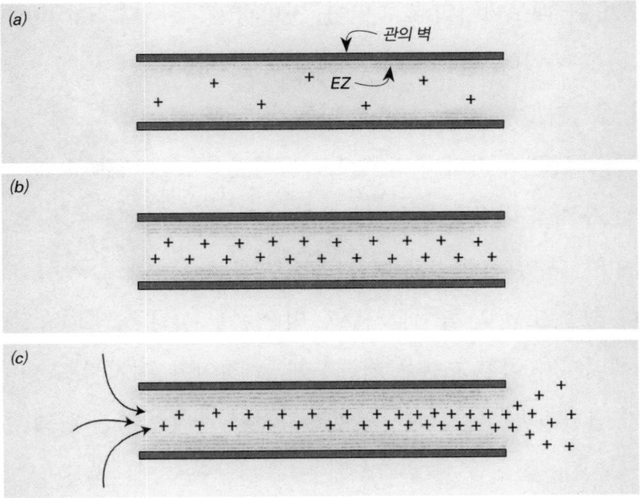

다. 결국 친수성 표면과 물 사이의 뭔가 국지적 상호작용이 이런 흐름을 만들어낸다고 볼 수 있다.

어떻게 이런 역학적인 일이 일어날 수 있는지 자세한 기전을 잘 모르지만 몇 가지는 확실하다(그림 7.10). 배타 구역이 관 안에 형성된다(a). 관의 안쪽에 히드로늄 이온이 축적되기 때문에 배타 구역을 볼 수 있다(b). 그것을 측정할 수도 있다. 히드로늄 이온이 충분히 만들어지면 이들 양의 하전을 띤 물 분자들은 한쪽에서 다른 쪽으로 움직여 관 밖으로 밀려나간다. 이렇게 물이 흐르기 시작한다(c). 사라진 물들은 다시 물을 관 안으로 끌어들이고 새롭게 유입된 물은 다시 양성자와 결합한다. 물은 계속해서 흐른다.

한번 물이 흐르기 시작하면 빛이 흐름을 지속시킨다.[6] 빛의 강도가 셀수록 흐름은 가속된다. 자외선은 물의 흐름을 4~5배 빠르게 할 수 있다. 따라서 관 내부에서 물이 흐르는 동력은 빛에서 오는 것이 틀림없다. 빛은 아마도 양성자를 방출하게 할 것이고 그것이 흐름을 만들어낸다.

(b) 구멍 관 내부에서의 흐름만이 '자발적인' 물의 흐름은 아니다. 다른 예를 들어보자. 나피온 관이 들어가도록 벽에 구멍을 만들자. 그러면 물은 곧바로 관을 따라 구멍 속으로 들어간다(그림 7.11). 추적자 미소구체를 이용해서 물의 흐름을 확인할 수 있다. 놀랍게 빠른 속도로 물은 흘러간다. 그 속도는 곧 줄어들지만 물의 흐름은 상당 시간 지속된다. 어떤 종류의 에너지가 이런 흐름을 가능하게 할 것이며, 여기서도 자유로워진 양성자가 관찰된다.[7] 여기서는 음으로 하전된 관의 안쪽을 향해 흘러가는 것이다.

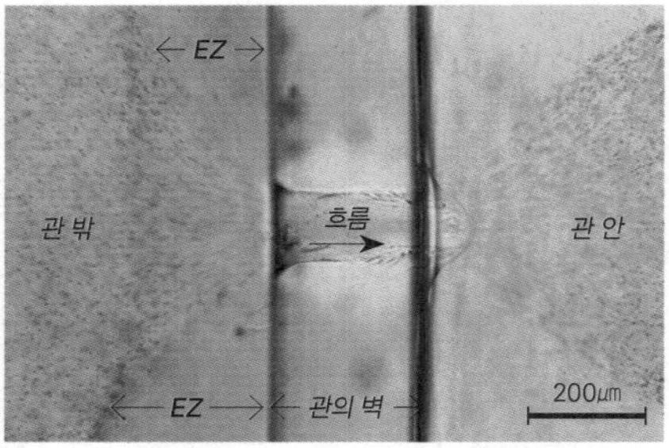

그림 7.11
나피온 관에 뚫은 구멍으로 물이 흘러 들어가는 모습. 미소구체 현탁액이 흘러 들어가 관을 관통해나가는 모습이 보인다.

(c) 소구beads 유체가 겔의 소구 주변을 자발적으로 흐르는 현상이 세 번째 예이다. 작은 실험 용기 바닥에 0.5밀리미터 크기의 겔 소구를 올려놓자. 그리고 소구 꼭지를 간신히 덮을 만큼 물을 붓자. 여기에 미소구체를 넣어 물의 흐름을 관찰하자. 여기서 흐름의 본성은 놀랍기만 하다. 물 표면에 가까이 있는 층으로부터 사방에서 소구를 향해 물이 흘러 들어오기 시작한다(그림 7.12). 물이 소구(혹은 소구의 배타 구역) 가까이 오면서 이들은 용기 바닥인 아래로 향한다. 그렇게 흐른 다음 소구와 멀어진다. 물은 소구의 밖에서 순환된다. 여기서도 음으로 하전된 배타 구역의 이끌림에 따라 히드로늄 이온이 추진력을 받는다.

그림 7.12
위에서 본 겔 소구의 모습. 물과 미소구체가 포함된 용액에서 물은 겔 소구 주변을 끊임없이 흐른다.

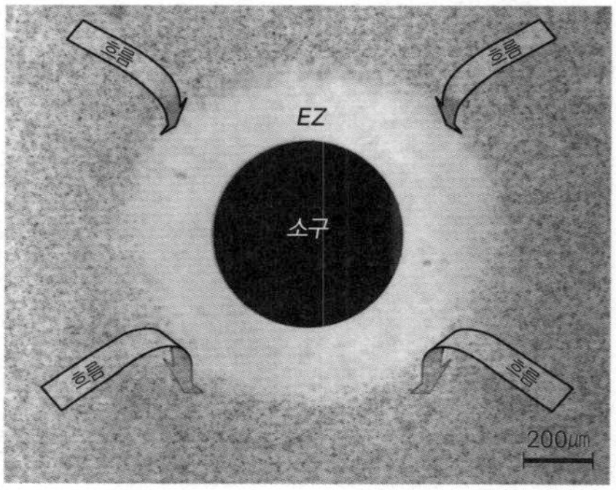

우리는 다른 종류의 소구 혹은 다른 종류의 용기에서 이런 흐름을 확인했다. 이런 흐름은 몇 시간이고 계속될 수 있다. 오히려 추적자로 사용된 미소구체가 용기 바닥에 가라앉아서 더 이상 흐름을 관찰할 수 없을 때까지 흐름이 지속된다. 여기서도 어떤 종류의 에너지가 이런 흐름을 추동할 것이다(아마도 위-아래 방향으로 농도 기울기가 존재할 것이다). 아마 물이 흡수한 복사 에너지가 그런 일을 할 것이다.

표준 에너지 기준에서 보자면 이런 세 종류의 흐름은 미스터리하며 마치 영구 동력 장치 같다. 이론적으로 보면 이런 흐름은 열의 기울기 같은 부수적인 효과로 설명될 수 있을 것이다. 그러나 각각의 실험은 주의 깊게 수행되었고 가능한 인공적인 효과는 배제하였다. 이런 흐름은 배타 구역의 관점에서 좀 더 쉽게 설명할 수도 있을 것이다. 이들 물질의 표면 근처에 전부 배타 구역이 형성되어 양성자를 방출하였기 때문이다. 심지어 양성자(또는 히드로늄 이온)의 기울기가 조금만 있어도 흐름은 시작될 수 있었다. 전하는 기울기를 해소하려는 방향으로 움직이기 때문이다. **전하의 기울기는 모든 흐름을 추동한다.**

이제 우리는 접점에 도달했다. 흐름을 매개하는 물질이 없어도 흐름은 가능한 것일까? 관이 없다고 생각해보자. 아니면 흐름을 조직화하고 지휘하는 구멍 또는 소체가 없으면 어떨까? 복사 에너지는 계로 계속해서 들어온다. 그렇지만 흐름을 조직화하는 뭔가가 없다면 에너지는 어떻게 분산될 수 있을까?

방향성이 없을지는 모르지만 그럼에도 불구하고 움직임은 있을 것이라고 추측할지도 모르겠다. 무작위적 자리바꿈은 물 안에서 쉼 없이 일어난다. 브라운 운동으로 알려진 이런 움직임은 물리와 화학에서 매우 중요한 현상이다. 유입되는 복사 에너지에 의해 브라운 운동이 촉발된다는 얘기는 9장에서 상세히 다루겠다.

지금은 흡수한 전자기 에너지가 역학적인 운동으로 전환된다는 사실을 아는 것으로 충분하다. 이것은 모든 움직임을 가능하게 할 것이고 운동이라는 결과물로 나타난다.

광합성과 유사한 에너지 보존

물은 화학에서 광학, 전기 및 역학에 이르는 모든 종류의 일을 할 수 있다. 이런 일을 가능케 한 전위차 에너지는 전하의 분리에서 나온다. 그리고 전하가 분리될 수 있는 까닭은 계가 복사 에너지를 흡수했기 때문이다. 이렇게 저장된 에너지를 매개로 갖은 종류의 일 혹은 에너지가 산출된다.

이런 연속적인 과정은 광합성과 놀랄 만큼 흡사하다. 태양에서 온, 흡수된 복사 에너지는 광합성 과정을 거쳐 지금까지 우리가 살펴본 것과는 다른 형태로 전환된다. 화학 에너지(대사), 운동 에너지(구부러짐), 흐름(식물의 도관)의 형태로, 또는 일부 생명체의 경우 빛의 형태로 전환된다. 유입되는 복사 에너지가 여기서도 다양한 일을 하는 것이다. 그러한 예는 식물과 미생물 세계에서 언제든 관찰할 수 있다.

광합성의 첫 번째 과정은 물을 깨는 것이다. 빛을 흡수하는 발색단chromophore이 물을 양성과 음성으로 분리해주는데, 이 발색단은 물 주변에 위치한다. 이런 각본은 우리가 지금껏 얘기해온 것과 비슷하다. 바로 친수성 표면 근처에 물이 존재하고 있다는 사실이다. 두 경우 모두 빛이 물 분자의 분열을 매개한다. 따라서 광합성에서 빛에 의해 물이 깨지는 과정은 (빛에 의해 물이 깨지면서) 배타 구역이 형성되는 과정과 유사해 보인다. 다시 말하면 광합성의 발색단은 구체적인 것이지만 일반적으로 그 역할은 친수성 표면을 제공한다는 사실이다. 빛이 들어와 발색단과 물에 닿으면 물이 쪼개진다. 지금까지 얘기했듯이 친수성 표면과 물에 빛이 들어와 물이 쪼개지는 것과 마찬가지겠지만 효율은 광합성 쪽이 나은 것 같다.

발색단이 특별한 것이 아니라 그저 친수성 표면이라면, 광합성 반응 센터는 반드시 배타 구역의 물리적 특성이라 할 수 있는 270나노미터에서의 흡수 피크를 보여야 할 것이다. 교과서를 보면 발색단은 청자색과 적색 흡수 피크를 나타낸다고 한다. 그러나 광합성을 전문적으로 연구하는 과학자들에 의하면 280나노미터에서 매우 인상적인 흡수 피크가 나타난다. 이 파장의 흡수 피크는 보통 단백질이 오염된 것으로 치부되는 것이 상례이지만 이렇게 반문하는 사람들도 있다. 280나노미터의 흡수 피크가 배타 구역의 특징적인 270나노미터 피크와 동등한 것 아닐까? 만일 그렇다면 광합성 반응 센터 안에 배타 구역이 존재할 수도 있다는 말이다. 배타 구역이 발색단 주변에서 형성된다면 친수성 표면에서 일어나는 것과 같은 일이 일어나지 말라는 법이 어디 있겠는가?

정리하면 광합성의 첫 번째 단계는 특별한 물질이 우리가 계속해서 얘기하고 있는 보편적인 역할을 다하는 것이다. 빛의 매개에 의해 물이 깨지는 것이고 그 결과 전하가 분리된다. **배타 구역에 바탕을 두고 전하가 분리되는 것이 아마도 광합성 과정의 보편적인 첫 번째 단계일 것이다.**

에너지 균형

배타 구역이 전위차 에너지를 저장하고 다양한 형태로 사용될 수 있다는 몇 가지 예를 제시했다. 그렇지만 저장된 에너지가 전부 일로 전환되는 것은 아니다. 열의 형태로 일부가 환경으로 다시 복사되어 나가기 때문이다.

동물은 광합성을 할 수 있는가?

식물은 광합성을 한다. 세균도 그렇다. 다양한 종류의 단세포 생명체들도 광합성을 할 수 있다. 생물 계통수에서 낮은 위치에 있는 다양한 종의 생명체들은 광합성을 매우 효과적으로 수행한다. 따라서 복잡한 생명체들에도 그런 과정을 수행할 수 있는 본성이 남아 있는지 저절로 궁금해진다. 광합성의 최종 산물이 유기물을 생성하는 것이기 때문에 나는 인간이 광합성을 할 수 있다고 생각하지는 않는다. 쉽게 식물을 확보할 수 있기 때문이다. 그러나 우리의 신체는 광합성의 첫 번째 단계를 수행할 수 있을지도 모른다. 물의 전하를 분리하기 위해 유입되는 에너지를 사용하는 단계이다. 이렇게 분리된 전하가 다양한 생리학적 과정에 유용하게 사용될 수도 있을 것이다.

혈관을 따라 혈액이 흐르도록 하는 것은 설득력 있게 설명할 수도 있을 것 같다. 앞에서 우리는 친수성 관 안에서 빛이 흐름을 추동할 수 있다는 사실을 확인했다. 그와 비슷한 방식으로 빛은 우리 표면 근처 모세혈관의 흐름을 촉진할 수 있을 것이다. 모세혈관도 단순히 말하면 친수성 관에 불과할 뿐이다. 상당히 많은 양의 빛이 피부를 투과해 들어가 우리 신체가 그런 작업을 하게 할 것이다. 내리쬐는 햇빛을 손바닥에 받아서 이런 사실을 확인할 수도 있을 것이다. 빛이 없다고 해도 우리는 다른 곳에서 유래하는 빛을 확보할 수 있다. 따라서 빛이 우리 몸을 통과해 들어가면 모세혈관의 흐름을 촉진할 수 있다는 말은 설득력이 있다.

에너지를 얻을 수 있는 곳이라면 혈액은 흐를 것이다. 젊고 건강한 성인들은 모세혈관 직경(3~5마이크로미터)보다 더 큰 적혈구(6~7마이크로미터)를 가지고 있다. 모세혈관을 통과하면서 적혈구는 스스로를 조절한다.[8] 쭈글쭈글한 축구공을 화장실 변기에 밀어 넣는다고 상상해보면 그 상황이 짐작될 것이다. 마찰이 적다고 해도 상당한 양의 압력이 필요할 것이다. 그러나 모세혈관 벽에서 압력이 떨어지는 경우는 잘 발견되지 않는다. 오히려 압력이 떨어지는 곳은 커다란 동맥들이다. 따라서 모세혈관은 우리가 생각하듯 그렇게 높은 저항을 받지 않는다. 일부 에너지를 써서 심장은 혈액이 흐르도록 한다. 그리고 그 에너지는 우리 신체가 흡수한 복사 에너지로부터 쉽게 얻을 수 있다.
따라서 자연계는 우리를 크게 실망시키지 않았다. 식물계와 세균에 살아 있는 기제가 동물에서도 작동할 것이다. 바로 빛이 흐름을 촉진하거나 다른 일을 하는 것 말이다. 그렇다면 (광합성의) 첫 번째 단계는 모든 생명체에 보편적이라고 볼 수 있다. 즉, 근처에 물이 존재하는 친수성 물질 안으로 빛이 유입된다. 인간이 빛을 향해 신체를 구부리지는 못하겠지만 창가의 식물이 그러는 것과 같이 효과적으로 빛을 에너지로 전환할 수 있을 것이다.

적외선 카메라 혹은 단순한 온도계로도 열을 감지할 수 있다. 따라서 산출물에는 일뿐만 아니라 방출된 에너지도 포함된다.

이 개념을 간편하게 정리하여 다음과 같은 등식을 사용해보자.

유입된 복사 에너지=방출 에너지 혹은 일+외부로 방출되는 열 (1)

등식 1은 안정 상태를 의미한다. 다시 말해 과도기적인 전이 상태에는 적용하기 힘들다는 말이다. 만일 유입된 복사 에너지가 갑자기 증가해서 배타 구역이 크게 확장될 경우에는 다른 공식이 필요할 수도 있다. 일시적으로 저장된 에너지를 설명할 뭔가가 있어야 한다는 말이다. 그러나 안정 상태에서는 이 등식으로도 충분하다.

이 등식은 균형 잡힌 안정한 상태를 표현하고 있다. 들어왔던 에너지 일부가 환경으로 돌아가기 때문에 에너지 전환 정도는 100퍼센트보다 낮은 효율을 가지게 된다. 환경으로 돌아가지 않은 에너지가 유용한 작업을 할 수 있게 되는 셈이다. 그러나 남은 이 에너지는 매우 다양한 과정에 동력을 제공할 수 있다.

결론 및 전망

지금까지 해온 얘기가 무엇인지 앞으로 밝혀야 할 물의 특성은 무엇인지 살펴보면서 이 장을 정리하려 한다.

우선 우리는 기대하지 않았던 물의 특성을 확인했다. 친수성 표면 근처에서 물 분자가 액상 결정 형태로 조직화된다. 주형이 된 표면에서 이들 구조는 예상했던 것보다 훨씬 멀리까지 확장될 수 있었다. 얼음의 결정처럼 이런 액상 결정도 많은 물질을 배제한다. 이들 물질은 콜로이드성 거대 입자에서부터 아주 작은 용질에 이르기까지 매우 다양하다. 이렇게 배제하는 특성을 반영하여 우리는 이 구역을 '배타 구역' 혹은 '배제 구역', 줄여서 'EZ'라고 부른다.

배타 구역은 보통 전기적으로 음성을 띤다. 그러나 배타 구역 너머 일반적인 물은 상보적으로 양의 하전을 띤다. 이들 두 영역은 서로 다른 특성을 선보인다. 음성으로 하전된 배타 구역은 벌꿀 집의 모양이며 반 결정성 구조이다. 양으로 하전된 구역은 형상이 없고 히드로늄 이온이 자유롭게 분산되어 있거나 정전기적 인력에 따라 여기저기 흘러 다닌다.

배타 구역을 형성하고 전하를 분리하기 위해 필요한 에너지는 주로 복사 에너지이다. 적외선이 특별히 효과적이다. 적외선은 아무 데나 있으며 공짜로 공급된다. 음파 에너지도 그런 능력을 갖고 있는 것 같지만 자세한 사항은 더 연구를 해야 한다. 이런 모든 에너지의 역할은 우선 물 분자들을 멀리 떨어지게 하는 것이다. 여기서 자유롭게 풀린 물 분자들이 이미 형성된 배타 구역층에 담벼락에 벽돌을 쌓듯 쌓이게 된다. 물 분자는 이제 저절로 달라붙게 된다. 그 과정에서 그들은 양의 하전을 잃어버린다. 자유로워진 양성자는 일반적인 물로 확산해 들어간다. 이런 방식으로 전하가 분리되며 물 배터리가 충전된다.

이 과정에서 에너지 흐름은 비특이적이다. 왜냐하면 흡수된 에너지가 사람들이 생각하듯 단순히 열로 분산되지 않기 때문이다(그림 7.13). 일부 에너지는 전위차 에너지로 전환된다. 이들은 다양한 형태의 에너지로 전환되어 화학·광학·전기·운동 에너지 혹은 일로 변환된다. 다시 말하면 에너지가 변환되는 것에는 두 가지 방식이 있다.

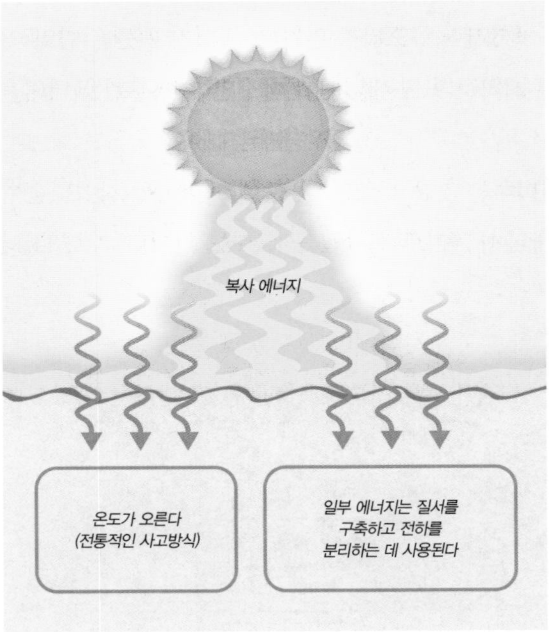

복사 에너지
온도가 오른다
(전통적인 사고방식)
일부 에너지는 질서를
구축하고 전하를
분리하는 데 사용된다

그림 7.13
수계의 에너지 흐름. 전통적으로는 에너지를 주입하면 물이 끓는다고 생각했다. 그러나 우리는 이 에너지가 전환 가능한 전위차 에너지 저장소가 된다고 본다. 후자의 방법을 통해 광합성의 첫 번째 단계가 진행될 것이다.

따라서 물은 변환기transducer 역할을 한다. 물은 한 종류의 에너지를 흡수하고 이를 다른 종류로 변환시킨다. 유입된 빛이 형광으로 전환되거나 저장되었다가 나중에 이웃하는 식물보다 더 크게 자랄 때 사용될 수 있는 것과 마찬가지 논리이다.

이제 우리는 두 번째 등식에 도달했다.

$$E=H_2O \quad (2)$$

등식 2는 물과 에너지가 상호 전환된다는 점을 강조한다. 순수주의자라면 등식 양쪽의 단위가 다르다는 점을 물고 늘어질 것이다. 거기에 대해서는 할 말이 없다. 그럼에도 불구하고 여러분에게 내가 하고자 하는 얘기의 골자는 충분히 전달되었으리라 믿는다. 에너지와 물은 긴밀하게 연관되어 있다. 물이 존재하는 곳에 에너지가 저장된다. 저장된 에너지는 일을 할 수 있다.

이것이 의미하는 것은 무엇일까? 물에 에너지를 집어넣을 수 있고 그것이 다른 형태의 에너지로 전환될 수 있다는 말이다(그림 7.14). 물은 에너지

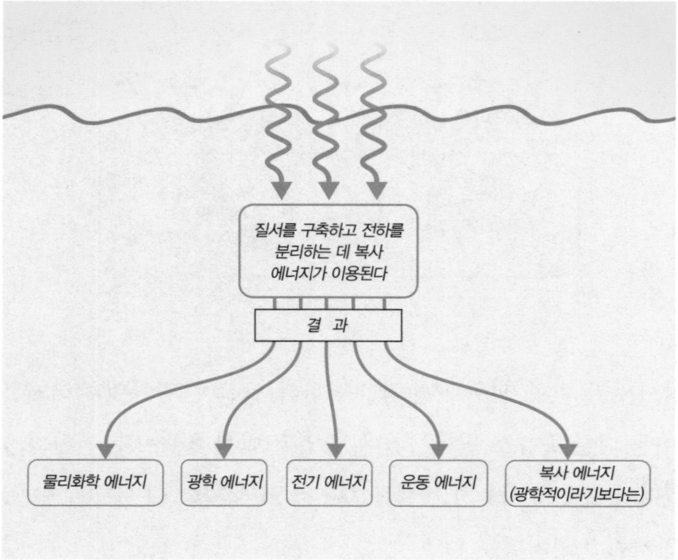

그림 7.14
물은 에너지를 전달한다.

전환기converter이다. 액체 기계liquid machine라고 쓸 수도 있겠다.

이 기계가 물의 모든 특성을 대변하도록 할 수 있는 일을 떠올려보자. 예를 들어 물의 열용량은 어떨까? 열용량이라는 말은 특정 온도까지 올리는 데 필요한 열의 양을 의미한다. 물의 열용량은 화학자들이 통상적으로 기대하는 것보다 훨씬 크다. 물은 냄비보다 훨씬 더디게 덥혀진다.

물이 높은 열용량을 가지는 이유는 논쟁거리 중 하나이다. 그렇지만 그림 7.13을 다시 보자. 복사 에너지는 물의 온도를 올릴 것이다. 그러나 이 중 일부는 구조를 형성하는 데 사용된다. 말하자면 유입되는 에너지의 일부만이 온도를 올리는 데 사용된다. 그 결과 예상했던 것보다 훨씬 많은 열을 흡수해야 물의 온도가 올라갈 수 있다.

열용량은 물과 관련된 에너지 문제의 단편에 불과하다. 따뜻한 물의 기화, 찬물이 어는 것 등등 살펴볼 것은 무척이나 많다. 우리는 이런 현상을 잘 이해하고 있다고 생각하지만 실제로는 그렇지 않다. 다양한 변칙들이 존재하고 실제로 무슨 일이 일어나고 있는지 확실하게 얘기할 수 있는 사람들은 상당히 드물다. 물과 관련된 수많은 미스터리는 아직도 해결되지 않았다.

이런 미스터리를 해결하기 위한 출발점으로 물에 에너지를 더하거나 뺐을 때 무슨 일이 일어나는지 살펴보자. 다음 장에서는 물의 속내를 들여다보자.

지금까지 물에 대해 알게 된 지식을 바탕으로 자연계의
광범위한 현상을 설명할 수 있는지 알아보자. 기존에 확립된
개념에 더하여 배타 구역이라는 모델을 확립하고자 한다.
이를 통해 세계를 이해하는 패러다임이 전환되는 장면을 목격할
수 있기를 고대한다.

SECTION 3

물을 움직이는 것이 세계를 움직인다

8장

보편적인 인력

과학에서 우리가 근본적인 문제를 떠올릴 때 전하charge에 관한 내용을 빼놓을 수 없다. 반대 하전을 띤 물체들은 서로 끌어당긴다. 그러나 동일한 하전을 가진 것들은 서로 밀쳐낸다. 간단하다. 그럼 이제 내 질문에 답을 해보기 바란다. 왼쪽 주머니에서 하전된 입자를 꺼내고 다시 오른쪽 주머니에서 동일하게 하전된 입자를 꺼내 물이 들어 있는 비커에 넣고 이 두 물질이 서로의 하전을 '느낄' 수 있게 충분히 가깝게 두었다고 치자. 이들 두 입자 사이의 거리는 얼마나 될까?

강연 도중 이런 질문을 하면 손을 드는 사람은 보통 한 명도 없다. 사람들은 뭔가 속임수가 있거나 대중 앞에서 틀린 답을 말하면 밑천이 드러날까 봐 두려워하는 것 같다. 용감한 사람이 마침내 손을 들어 차분히 얘기했다. "글쎄 … 어 … 동일한 하전을 가졌다면 서로 밀쳐낼 것이니까 당연히 멀어지겠지요."

사실은 두 입자는 서로를 향해 **접근해간다**.

저자가 우리에게 몽혼제를 주는 중이야 하고 서둘러 결론을 내리기 전에 나는 이 역설이 환각이 아니라는 사실을 말해야 하겠다. 이런 현상이 알려진 것은 한 세기가 넘었다. 자신이 이름과 같은 물리화학 저널이 있기도 한 저명한 화학자 어빙 랭뮤어 Irving Langmuir는 이 사실을 잘 알고 있었다.[1] 나중에 유명한 물리학자 리처드 파인먼은 매우 그럴싸한 설명을 내놓으면서 그것이 기본적인 물리법칙을 위배하지 않는다고 말했다.[2]

같은 하전을 띤 입자는 왜 서로를 향해 접근하는 것일까? 이 현상이 자연과학에서 의미하는 바는 도대체 어떤 것일까?

리처드 파인먼 (1918~1988).

인력의 역설적 기원

파인먼은 이런 종류의 인력에 대해 단순한 설명을 내놓았다. 그는 자신의 독보적인 스타일을 고수하면서 "같은 극성이 같은 극성을 좋아한다like likes like"♦라고 말했다. 이는 중간에 '같지 않은 것'이 끼어들기 때문이다. 다시 말하면 같은 하전을 띤 입자가 서로를 끌어들이는 이유는 하전 입자 중간에 반대의 극성을 갖는 뭔가가 존재하기 때문이다. 가운데 있는 양전하가 음으로 하전된 두 입자를 가깝게 끌어당길 수 있다(그림 8.1).

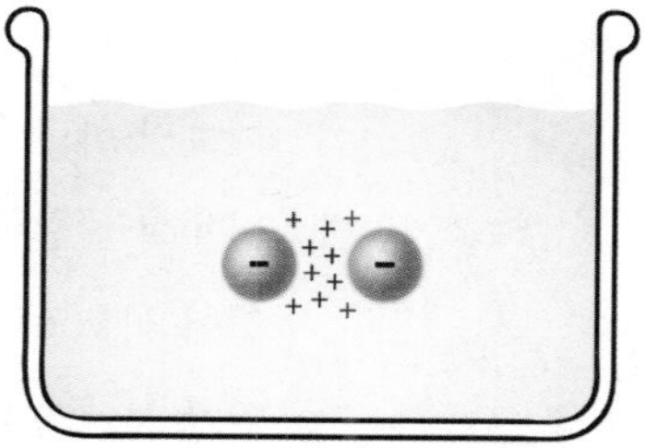

그림 8.1
음으로 대전된 입자 사이에 양전하가 충분히 존재하면 이들은 서로를 끌어당긴다.

우리는 이번 장에서 '끼리끼리 끌림'의 예를 몇 가지 제시하려고 한다. 같은 극성을 가진 입자들끼리 당기는 현상은 매우 잘 알려져 있다. 그럼 이

♦ 이 책에 자주 나올 이 문구는 앞으로 '끼리끼리 끌림', '끼리끼리 당기는'이라고 하겠다.

제 이런 질문을 던지고자 한다. 반대의 극성을 띤 중간 매개 입자는 어디에서 유래하는가? 왜 그들은 같은 하전을 띤 입자 사이에 위치하는가? 이런 인력은 최종적으로 어떤 결과를 낳는가? 이번 장에서 우리는 이 질문에 답하는 것을 넘어서 자연계에 존재하는 매우 다양한 역설을 설명하는 단순하지만 명쾌한 토대를 마련해보고자 한다.

그림 8.2
우유는 대표적인 콜로이드 현탁액이다.

강연할 때 청중 중 파인먼이 있다가 내 질문을 들었더라면 아마 자신 있게 대답했겠지만, 아마도 추측에 그쳤을 것이다. 그때만 해도 다른 극성을 갖는 중간 물질에 대해 알려진 것이 거의 없었기 때문이다. 파인먼의 심오한 명제를 뒷받침하는 데이터를 찾아낸 사람은 교토대학의 노리오 이세 Norio Ise였다.

이세는 콜로이드를 연구했다. 콜로이드는 비교적 균등한 입자와 용액의 혼합물이다. 요구르트, 혈액 혹은 우유를 떠올려보라(그림 8.2). 이들 입자는 모래알보다는 작지만 분자들보다는 크다. 전형적으로 마이크로미터 단위를 갖는다. 이들 입자가 빛을 산란하면서 용액을 불투명하게 만들기 때문에 우리는 입자의 존재를 짐작한다. 개별 입자를 보려면 현미경이 필요하다. 그러나 콜로이드 용액 안에 그런 입자들이 들어 있기 때문에 우유나 혈액이 진한 것이다.

그림 8.3
라텍스 입자의 균등 분포. 현탁액에는 직경이 0.4마이크로미터인 라텍스 입자가 2퍼센트 농도로 포함되어 있다.[3]

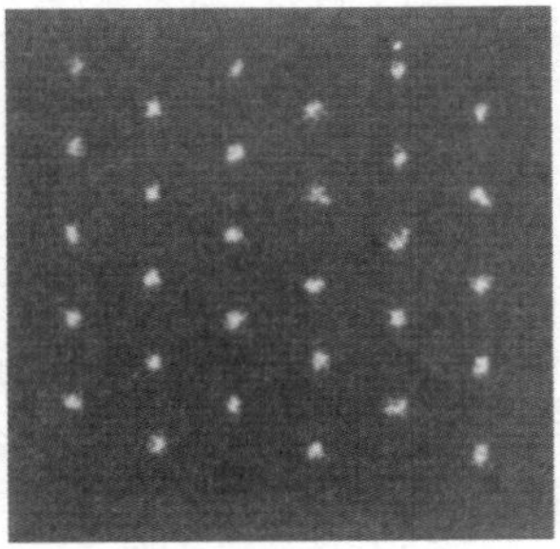

이세는 물과 미소구체로 이루어진 콜로이드를 모델로 연구했다. 이는 생각할 수 있는 가장 단순한 콜로이드계이다. 이들을 잘 섞고 충분히 오랜 시간을 기다리면 이들 입자가 스스로 재배치되면서 '콜로이드 결정'이라 불리는 매우 규칙적인 형상을 이루게 된다는 사실을 그는 발견했다(그림 8.3). 이 이미지는 결정의 가장 두드러진 특성 두 가지를 보여준다. (a) 입자가 공간에 규칙적으로 분포하고 있다. (b) 입자가 서로 일정한 간격으로 떨어져 있다. 입자 간 거리는 매우 좁아 보이지만 사실 그 사이는 수천 개의 용매 분자가 자리할 만한 공간이다.

동료들과 함께 이세는 이 결정이 전기적 인력에 의해 형성되었다는 사실을 발견했다.[4] 섞자마자 미소구체는 용액 전체에 걸쳐 확산된다. 그러나 시간이 지나면서 그들은 점차 서로를 끌어당기면서 응집체 주변에 미소구체가 없는 공간을 만들어낸다(그림 8.4).

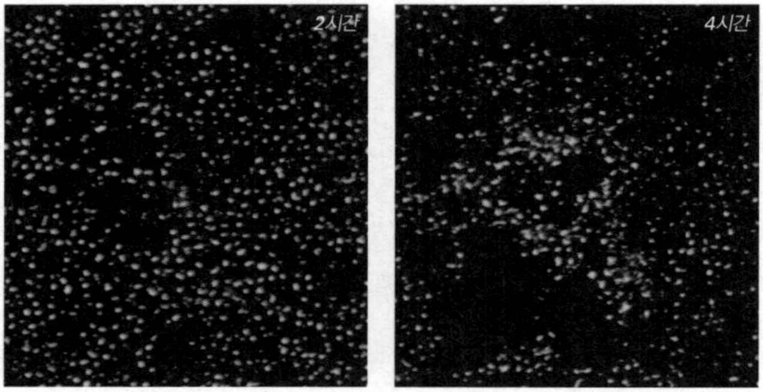

그림 8.4
시간이 지나면서 미소구체는 서로 끌어당긴다. 따라서 미소구체가 없는 빈 공간이 커진다. 이미지는 10마이크로미터이다.[4]

이것이 끝은 아니다. 응집된 공간 안에서 미소구체는 더욱 가까워지면서 그림 8.3에 보이는 것과 같이 일정한 간격으로 정렬된다.

이세와 동료들은 이런 인력을 가능케 하는 여러 가지 변수들의 효과를 찾아내려고 노력했다.[5, 6, 7] 모든 경우 파인먼의 예측이 옳은 것으로 드러났다. 동일한 하전을 띤 입자 사이에 반대의 하전을 가진 물질이 존재하지 않는다면 이런 현상을 도저히 설명할 수 없었기 때문이다. 그들은 파인먼의 명제가 옳다고 결론을 내렸다. 이런 역설적인 인력은 실제로는 매우 익숙하고 정통한 뭔가에 의해 형성된다. 다른 하전을 띤 입자들이 서로 끌어당긴다는 바로 그 보편성이 그것이다. 기본적인 물리법칙에 위반되는 것은 하나도 없다.

이 연구를 통해 이세는 일본에서 과학자가 수상할 수 있는 가장 영예로운 상을 받았다. 황제와 함께 저녁을 먹는 자리다. 음식과 대화. 금상첨화이다(그림 8.5).

그림 8.5
노리오 이세가 일본 과학자 최고상을 받고 있다. 왼편에 왕과 왕비가 있다. 일본 과학회의 허락을 받아 게재했다.

장거리 인력을 확인하다

매우 직접적인 증거에도 불구하고 파인먼-이세가 밝혀낸 기제는 일부 물리화학자들의 심기를 불편하게 했다. 그들은 그러한 인력이 불가능한 것이라고 말했다. 그들의 생각은 소위 장거리 상호작용이 가능하지 않다는 DLVO 이론에 기반을 두었다. DLVO는 그 이론을 주창한 데리아긴 Derjaguin, 란다우Landau(러시아인), 버웨이Verwey, 오버빅Overbeek(네덜란드인)의 이름 첫 글자를 따온 것이다.

이 DLVO 이론은 하전된 표면과 액상에 존재하는 반대의 극성을 가진 두 하전 입자 사이에 존재하는 힘을 다룬다. DLVO 이론은 하전된 표면이 반대 전하를 가진 액체 안의 입자를 끌어당긴다는 전제를 깔고 출발한다. 이렇게 붙잡힌 반대 전하 입자들이 표면의 하전을 무력화하기 때문에 죽은 시체를 감싸는 수의 같다는 것이다(그림 8.6a 왼쪽). 따라서 표면에서 조금만 떨어져 있어도 액체 안에 있는 이온들은 표면의 전하를 '느끼지' 못할 것이다.

바로 이런 이유로 DLVO 이론은 입자들의 인력을 설명하지 못한다. 이 이론에 따르면 액체 안의 이온들이 표면의 영향을 거의 받지 않게 된다. 표면의 전하가 반대 이온들에 의해 가로막혀 버렸기 때문이다. 어느 정도의

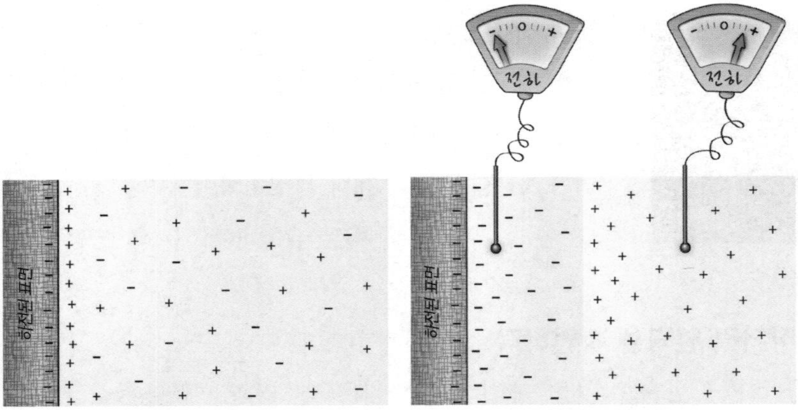

그림 8.6
대조적인 전하 분포.
(a) DLVO 이론에서의 전하 분포. 여기서는 반대 전하가 하전된 표면에 몰려든다.
(b) 실험으로 측정한 전하 분포.

거리까지 표면의 인력이 작용하는지를 결정하는 요인들은 많겠지만 어떤 경우라도 몇 나노미터 정도에 불과할 것이다. 그렇지만 이세는 그 거리의 100배가 넘는 곳까지도 인력이 작용한다는 것을 보여주었다. 나는 인력이 실제 **밀리미터** 단위까지도 작용할 수 있다는 사실을 보일 것이다. DLVO 이론은 이런 관찰 결과를 설명하지 못한다.

DLVO 이론은 근본적인 취약점을 가지고 있다. 그들이 가정한 전하의 분포가 실제 관찰과 다르다는 점이 바로 그것이다. 그림 8.6b는 실험에서 측정된 전하의 분포를 나타낸다(4장). 그림에서 보면 표면에서 멀리 떨어진 곳까지 전하의 분포가 확장될 수 있음을 알 수 있다. 그것은 배타 구역 전하이다. DLVO 이론은 아무것도 예측하지 못한다(그림 8.6a). 가설 자체가 틀렸기 때문이다. 반대되는 이온에 가리운 표면의 전하는 가리움 막 너머에 어떤 영향을 끼치지 못한다. 따라서 이 가설은 관찰된 실제 결과와 충돌을 일으킨다.

그럼에도 불구하고 물리화학자들은 여전히 DLVO 이론을 고수한다. 따라서 많은 과학자들이 실제 관찰된 결과에 의심의 눈길을 보내고, 일부는 노골적인 적대감을 보인다.[8] 이세는 이런 저항에 하나하나 반박한다.[9, 10] 내가 아는 한 그의 방어벽은 튼튼하다.

이제 파인먼-이세의 인력 현상을 확인하고 확장해나간 결과를 살피려 한다. 우리는 겔 소구를 입자로 사용했다. 0.5밀리미터 크기의 입자는 분자 수준에서 볼 때 엄청나게 큰 것이다. 미소구체의 100만 배에 해당하는 부피를 가지며 이세도 사용했던 물질이다. 이렇게 크기가 크기 때문에 실제 무슨 일이 일어날지 관찰하기 쉽다.

우리는 같은 전하를 갖는 소구 두 개를 서로 일정한 거리를 두고 위치시켜 증류수가 들어 있는 작은 용기 바닥에 놓았다. 그리고 무슨 일이 일어나는지 지켜보았다. 간혹 이들 소구는 자발적으로 서로를 향해 움직여갔다. 예상대로 끌림을 암시하는 현상이다. 그러나 대부분은 원래 놓았던 자리에 그대로 있었다. 소구가 용기 바닥에 달라붙으려 하기 때문에 끌림은 쉽게 일어나지 않았다. 따라서 우리는 소구가 움직이도록 용기의 바닥을 손가락으로 톡톡 건드려보았다. 뭔가가 움직이기 시작했다(그림 8.7). 두드림과 동시에 소구는 용기 바닥을 떠나 자유롭게 움직였다. 그러나 다시 소구는 가라앉았다. 여러 번 바닥을 두드리면서 우리는 소구 간의 거리를 측정할 수 있었다.

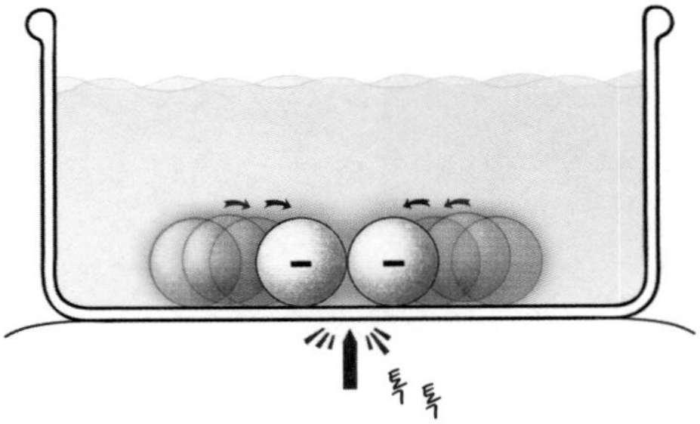

그림 8.7
바닥에 붙지 않은 소체를 다루는 실험 기법.

결과는 명확했다.[11] 소구는 서로를 끌어당겼다(그림 8.8). 처음에 약 1밀리미터 떨어져 있던 것들이 점차 가까워지기 시작했다. 이런 끌림은 전기적으로 음성인 소구든 양성인 소구든 관계없이 일관성 있게 나타났다. 양성인 소구는 용기의 바닥에 덜 달라붙었으며 간혹 별다른 자극이 없더라도 서로 끌어당기곤 했다.

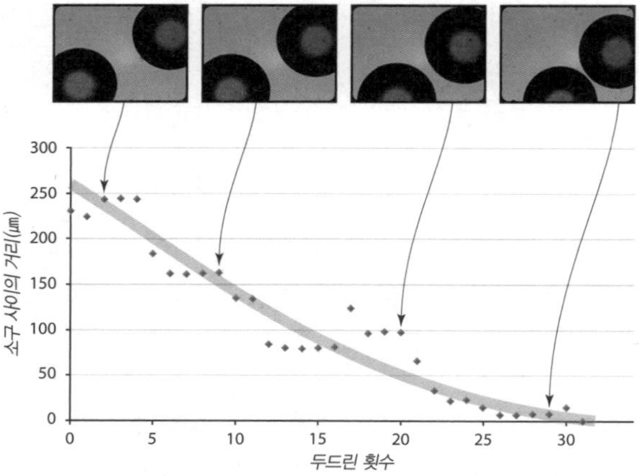

그림 8.8
시간별로 관찰한 소구의 분리. 두 소구는 점점 가까워진다. 위 그림과 아래 데이터가 일치한다.

우리는 수용액 안에 커다란 소구 두 개가 들어 있는 가장 단순한 계에서도 이런 끌림 현상을 관찰할 수 있었다. 같은 극성을 가진 입자끼리 서로 끌어당긴다는 고무적인 결과였다.

이제는 이런 끌림을 매개하는 다른 극성의 전하가 무엇인가를 찾는 일이 남았다. 그들의 존재를 확인할 수 있을까? 그 전하는 어디에서 오는 것일까?

반대의 극성을 가진 전하를 확인하다

반대의 극성을 가진 전하가 유래할 것이라고 생각되는 한 가지 유력한 후보는 배타 구역이다. 친수성 표면 근처에서 복사 에너지를 받아들여 배타 구역이 형성된다. 이들 표면은 평평할 수도 있고 둥그럴 수도 있다(4장). 배타 구역 형성 과정에서 이들 영역 밖으로 반대의 극성을 가진 전하가 만들어진다(그림 8.9a). 따라서 현탁액 안에 음으로 하전된 입자는 양으로 하전된

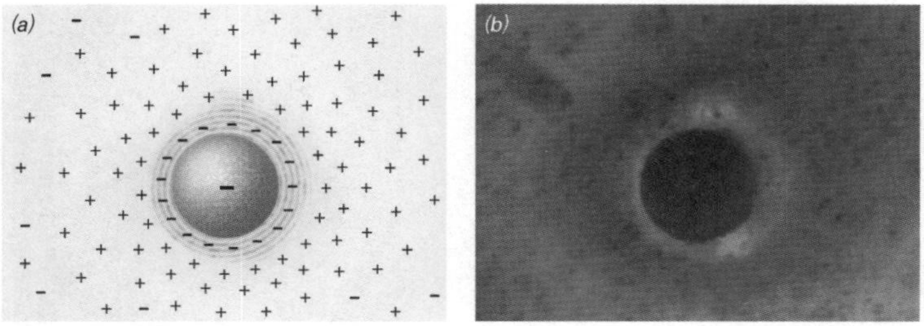

그림 8.9
물속의 구형 입자.
(a) 입자 주변의 전하 분포.
(b) 음으로 대전된 소구가(어두운 색) pH 염색액이 들어 있는 물속에 존재한다. 입자 주변의 밝은 곳이 배타 구역이다. 이들은 염색액을 배제한다. 붉은색은 pH가 낮음을 의미한다. 양성자의 농도가 높다는 뜻이다.

이온들로 둘러싸인다.

실험을 통해 양으로 하전된 물질들이 존재함을 확인했다. 그림 8.9b를 보면 pH-민감성 염색액이 들어 있는 물에 잠긴 겔 구체가 있다. 색소가 없는 배타 구역 너머 눈에 띄는 붉은 색상은 pH가 낮음을 의미한다. 히드로늄 이온의 양이 많다는 것이다. 따라서 두 개의 그림이 일치한다.

그렇다면 음으로 하전된 입자가 한 개가 아니라 두 개 있다고 가정해보자. 또 이들이 너무 멀리 떨어져 있지 않다고 해보자(그림 8.10). 풍부한 양전하가 배타 구역으로 치장한 입자를 둘러싸고 있다. 두 개의 입자가 만들어 낸 중간 영역에는 양전하가 존재한다.

무슨 일이 벌어질까? 두 입자는 서로를 향해 다가간다. 양전하가 풍부한

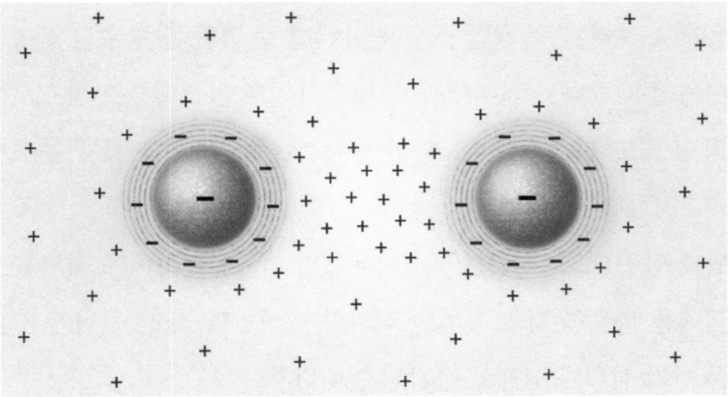

그림 8.10
두 구체가 나란히 위치할 때 예상되는 전하의 분포. 음성인 배타 구역의 인력 때문에 이들 구체 사이의 양전하가 멀리 분산되지 않는다.

방향으로 말이다.

이런 기전이 통상적인 물리법칙을 전혀 위반하지 않는다. 동일한 전하는 서로 끌어당기지 않는다. 대학교 일학년 때 배웠듯 다른 하전을 띤 입자가 서로 끌어당긴다. 입자 사이에 반대의 전하를 띤 물질들이 존재하고 그것 때문에 입자 간 인력이 생기는 것이다. 상당히 큰 입자들 사이에서도 이런 일이 일어난다(그림 8.8).

이런 인력을 직접적으로 관찰할 수 있을까?

비교적 크기가 큰 소구를 가지고 이런 현상이 일어나는지 알아보자.[11] 우리는 두 가지 방법을 시도했다. 첫 번째 방법으로 pH-민감성 염색액을 사용했다(그림 8.11). 염색액의 색으로 음으로 하전된 두 개의 소구를 확인할 수 있다. 상당수의 양성자가 입자 사이에 존재한다는 의미이다(a). 마찬가지로 염색액으로 양으로 하전된 두 개의 소구도 관찰했다. 그 사이는 수산 이온(pH가 높다)의 농도가 매우 높다(b).

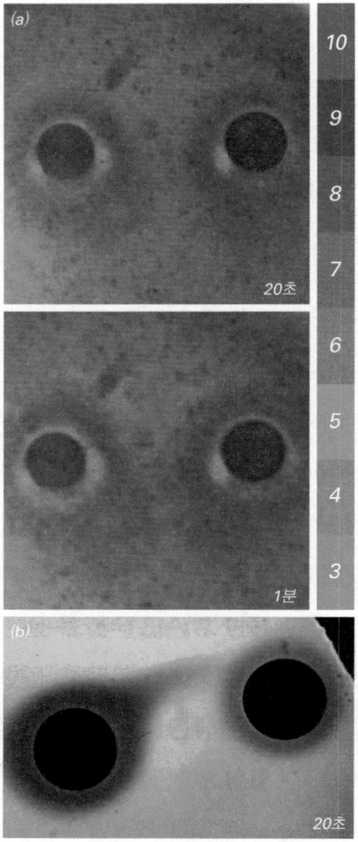

그림 8.11
동일 하전을 띤 구체 사이에 존재하는 반대 전하. (a) 음으로 대전된 소구 사이에서 염색액은 pH가 낮은 영역을 나타낸다(양성자 혹은 히드로늄 이온이 많다). (b) 양으로 대전된 두 소구 사이에 pH가 높은 영역(음전하)이 존재한다. 때로 음전하는 다리 비슷한 돌출 구조를 보인다.

두 번째 방법으로 미세 전극을 사용했다. 두 소구 사이에 전극을 집어넣자 염색액을 사용한 것과 동일한 결과가 드러났다. 배타 구역에서 보는 것과 같은 전기 전위가 실제로 관찰된 것이다.[11]

따라서 인력을 매개하는 반대의 전하가 존재하는 것이다. 파인먼의 가설이 입증되는 순간이었다.

힘의 균형: 종착점

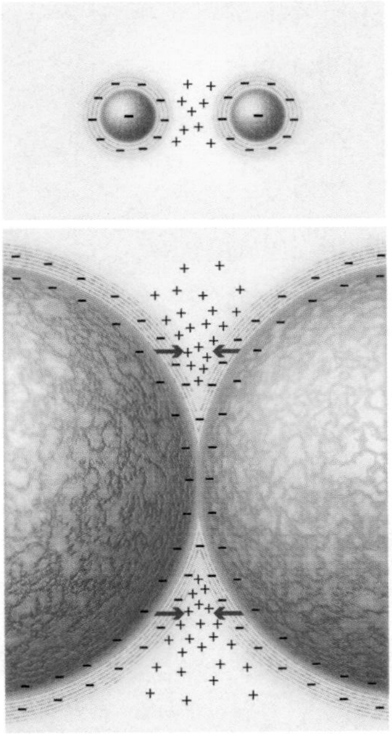

그림 8.12
작은 입자(위) 및 큰 입자(아래) 사이의 균형점. 인력과 반발력이 균형을 이루면 더 이상 입자들은 움직이지 않는다.

인력을 설명할 수 있게 되자 다음과 같은 질문이 떠올랐다. 서로 끌어당기는 힘은 언제까지 유지될까? 관찰 결과에 의하면 두 입자는 거의 부딪힐 때까지 서로를 끌어당긴다(그림 8.3). 왜 그래야 할까? 왜 입자는 서로 충돌하지 않는 것일까?

비밀은 반발력에 있다. 동일하게 하전되면 밀쳐내는 것이다. 입자가 멀리 떨어져 있으면 같은 전하를 가진 입자 사이의 반발력은 약하다. 그러나 두 입자가 가까이 위치하게 되면 음-음의 반발력이 커진다. 이들 반발력이 인력과 균형을 이루는 순간 더 이상의 움직임은 일어나지 않는다.

이런 균형은 두 가지 결과를 초래한다. 실험하는 동안 두 가지를 모두 관찰할 수 있었다. 물속에 존재하는 마이크로미터 크기의 두 입자가 약간의 거리를 두고 종착점에 다다르는 것을 일반적으로 관찰할 수 있다(그림 8.12, 위). 여기에서 반발력과 인력의 균형은 그림 8.3에서 보는 것과 같은 콜로이드 결정을 낳는다.

보다 큰 입자들, 예컨대 0.5밀리미터 정도의 소구를 사용하면 반발력보다 인력이 커서 입자가 닿을 때까지 움직일 수도 있다. 여기서는 규모가 문제이다. 입자가 닿았어도 위아래 측면은 어느 정도 거리를 두고 떨어져 있다(그림 8.12, 아래). 거기에는 반대로 대전된 전하들이 다수 존재하고 이들은 여전히 인력을 유지한다. 어쨌든 음으로 하전된 표면이 멀리 떨어져 있기 때문에 반발력은 상대적으로 약하다. 인력이 강하고 반발력이 약하면 충분히 끌어당겨 마치 충돌하는 것처럼 보인다. 말 그대로 서로 붙는 것이다. 입자의 수가 많으면 부딪히면서 서로 엉기게 된다. 결정과 같은 질서가 유지되는 것이다. 그야말로 입자들이 다닥다닥 붙어 있다.

어떤 경우든 반발력과 인력이 서로 같다면 결정이 형성된다. 입자가 크더라도 충분한 전하가 이들 계의 균형을 유지해주기 때문이다. 반대의 전하가 균형을 주재하므로 여기에 빛을 쬐어 계에 영향을 줄 수 있으리라 예측할 수 있다. 이는 실험을 통해 증명되었다.[12] 빛의 강도를 증가시키면 입자들끼리 더 가깝게 자리 잡는다.

용액과 현탁액

콜로이드 입자를 다루면서 나는 일관성 있게 '현탁액'이라는 말을 사용했다. 정확히 현탁액은 무엇일까? 현탁액의 실체는 녹아 있는 물체들과 어떻게 다른가?

물리화학자들은 이들 두 현상을 명쾌하게 구분한다. 화학자들은 분자가 주변의 물과 상호작용하기 때문에 이들이 물에 녹았다고 표현한다. 다시 말하면 분자는 '물 껍질'로 둘러싸인 것이다(수화되었다고 말한다). 그러나 입자는 다르다. 통념에 따르면 입자는 물과 섞여 있는 것이다. 따라서 종내에는 바닥에 가라앉는다.

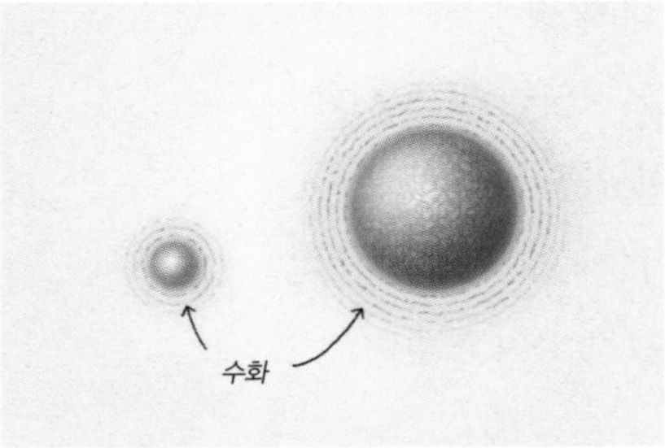

그림 8.13
입자가 수화되는 것이나 분자가 수화되는 것은 동일한 현상이다. 물에 녹는 것과 현탁된 것은 원리상 다르지 않다.

그러나 어떤 식으로든 **입자도** 물과 상호작용을 한다. 물과 상호작용하면서 입자들이 배타 구역을 형성하는 것이다. 이것도 '수화되었다'라고 해야 옳다. 이런 의미에서 현탁된 입자는 물에 녹은 용질과 거의 흡사하다(그림 8.13). 따라서 이들을 지배하는 법칙은 양자 모두에게 적용된다고 할 수 있다. 이 말이 의미하는 바를 명확히 하기 위해 입자와 분자의 경계쯤 되는 크기를 가진 물질을 생각해보자. 이 물질은 현탁 상태일까 아니면 녹는 것일까? 여기에 적용되는 법칙은 무엇일까?

이 두 가지 현상이 하나의 원리를 따른다면 하나의 신발이 모든 현상의 발 크기에 맞아야 할 것이다. 현재 통용되고 있는 해석은 바뀌어야 한다. 현재 교과서를 채우고 있는 모호한 설명이 보다 단순한 것으로 대체되길 희망해본다.

의미

이 장에서 내가 말하고 싶은 것은 모든 것이 다른 모든 것을 끌어당길 수 있다는 사실이다. 다른 극성을 가진 것들이 서로 끌어당기는 것처럼 같은 극성을 가진 것들 사이에도 인력이 있다. 후자의 경우 명시적으로 '끼리끼리 끌림'이라고 하면 쉽게 기억할 수 있을 것이다. 그러나 그 명제가 전통적인 물리법칙을 위반하는 것이 아니라는 사실을 강조하고 싶다. 물리학은 우리가 배운 대로 적용된다. 요점은 인력이 매우 보편적이라는 점이다. 최소한 물에서는 모든 것이 다른 모든 것을 끌어당긴다.

그러나 두 종류의 인력을 지배하는 기전은 특히 에너지 면에서 구분된다. 우리는 서로 다른 극성을 가진 물질 사이의 인력을 자명한 것으로 받아들인다. 지금까지 이와 반대되는 증거가 나온 적은 한 번도 없다. 양극이 음극을 끌어당긴다. 이들 사이에 필요한 에너지는 없다. 사실 반대의 하전을 띤 입자는 서로에게 다가간다. 떨어져 있었을 때 각자가 가지고 있던 전위차 에너지가 실제로 **방출된다**.

하지만 동일하게 하전된 물질 사이의 인력에는 약간 미묘한 차이가 있다. 여기에서의 끌어당김은 결국 흡수된 에너지로부터 생기는 것이다. 흡

사탕 결정◆

소금 혹은 설탕 결정은 '끼리끼리 끌림' 기제의 극단적인 예이다. 설탕 결정을 만들기 위해서는 우선 설탕(수크로오스)을 녹이고 결정의 씨앗을 넣은 다음 가온한다. 그 뒤 천천히 식히면서 물을 증발시키면 결정이 형성된다. 이렇게 '딱딱한' 결정은 얼음 사탕(rock candy)이라고 알려져 있다. 수없이 많은 반대 전하가 이들을 고체 상태로 유지한다.

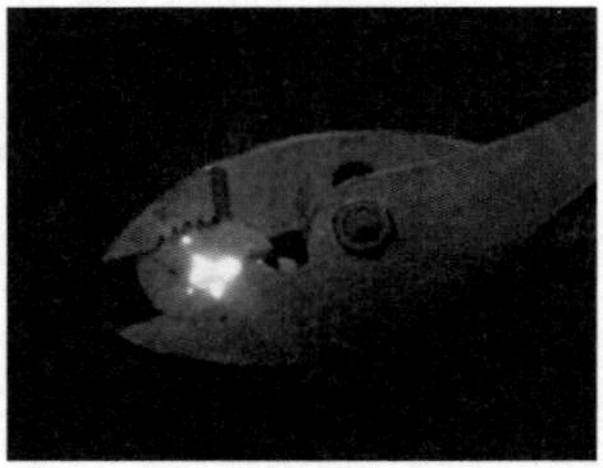

이런 전하의 존재는 어둠 속에서 결정을 부술 때 확인할 수 있다(그림을 보라). 결정이 부서질 때 분리된 전하가 튀어 오르면서 마치 번개를 치는 것처럼 방출된다.

이런 불꽃은 낱개로 포장한 보리자나무(wintergreen) 향 구명용 캔디에서 쉽게 확인할 수 있다. 펜치 사이에 캔디를 집어넣은 다음 어둠에 눈이 익숙해질 때까지 기다리자. 그다음 그 캔디를 꽉 눌러 깨면 섬광을 볼 수 있다(포장을 열면 부서진 캔디를 먹을 수 있다). 과학과 개인이 만나는 순간이다. 친구에게 캔디를 주고 이로 씹어 먹어보라고 부탁해보자. 친구의 입이 충분히 건조한 상태라면 거기에서도 파란 섬광을 볼 수 있다.

◆『신기관』에서 프랜시스 베이컨이 귀납법을 설명하면서 들었던 사례이다.

수된 복사 에너지가 배타 구역을 형성하고 끌어당김을 가능하게 하는 전하의 분리가 일어난다. 흡수된 빛의 강도가 크면 인력도 커진다.[12] 따라서 '끼리끼리 끌림'은 에너지가 필요하다. 태양이 에너지를 계속 공급하는 한 같은 하전을 띤 물질끼리 서로 끌어당길 수 있는 것이다.

같은 하전을 띤 물질끼리의 인력은 물속에 있는 콜로이드 입자에 국한되지 않는다. 에탄올이나 초산과 같은 다양한 극성 용매에서도 배타 구역이 형성될 수 있다.[13] 전하의 분리가 일어나고 여기서도 같은 하전을 띤 입자 사이에 인력이 작동된다. 이론적으로 이런 원리는 용액뿐만 아니라 전자기 에너지가 하전의 분리를 가능하게 하는 상황에도 적용된다. 이런 일은 원자에서 우주 규모에 이르기까지 일어날 수 있다.

몇 가지 예

- 원자 수준 수소 기체를 생각해보자. 근접한 수소 원자들은 전자구름을 공유하면서 기체를 형성한다. 따라서 양으로 하전된 두 개의 핵 사이에 음전하가 끼어 있다.
- 물리적 수준 동일하게 대전된 금속 구를 부드럽게 진동하는 테이블 격자 위에 올려놓으면 2차원의 질서가 구축된다. 두 개의 금속 구 사이에 있는 격자 물질에 반대의 전하가 자리를 잡게 되는 것이다.[14] 상황은 2차원의 콜로이드 결정과 비슷하게 전개된다.
- 생물학적 수준 새롭게 만들어진 고분자 물질을 생각해보자. 자가 결합을 하면서 이들은 섬유사나 소체 같은 커다란 구조물을 만들어낸다. 이들이 어떻게 조립되는지는 잘 알려져 있지 않다. 혹시 '끼리끼리 끌림' 원리가 이들 분자를 서로 잡아당기는 것은 아닐까?
- 유기체 수준 떼 지어 다니는 물고기들의 행동은 보통 진화적인 의미를

가진 것으로 파악된다. 물고기의 표면은 미끈하고 겔과 같은 물질로 덮혀 있다. 겔과 같은 물질은 배타 구역을 형성할 수 있고 그 영역 밖에 양성자가 둘러싸고 있다. 물고기들도 '끼리끼리 끌림' 현상과 비슷하게 무리를 지을 수 있지 않을까?

- 우주 공간 수준 하전된 플라스마는 우주 현상에서 자주 관측된다.[15] '먼지 같은' 플라스마는 토성의 고리 위성, 혜성의 꼬리 그리고 우주를 채우고 있는 성운에서 흔히 볼 수 있다. 먼지와 같은 플라스마는 결정 구조처럼 자기들끼리 조직화된 형태를 취하고 있다. 플라스마 결정은 콜로이드 결정과 매우 비슷하기 때문에 종종 '콜로이드 플라스마'라고도 불린다.

'끼리끼리 끌림' 원리가 물속에서 콜로이드 입자의 기이한 행동을 설명하기 위한 것이라면 똑같은 원리가 원자나 우주 규모에서 적용되지 못하리라는 법은 없다. 우리가 매일 관찰하지만 잘 이해하고 있지 못하는 현상들, 즉 결코 '끼리끼리 끌림' 원리가 작동될 것 같지 않는 사실들을 설명할 수도 있을 것이다.

몇 가지 예

- 구름 푸른 하늘에 떠 있는 솜털처럼 부드러운 구름을 떠올려보자(그림 1.2). 구름은 물방울로 만들어진다. 일반적으로 동일하게 하전된 물방울은 고르게 퍼져 있다. 그러나 곧 그들은 응결하고 우리가 볼 수 있는 개별 구름을 형성한다. 응결은 '끼리끼리 끌림' 원리를 따른다. 반대의 전하가 이들 물방울을 잡아당기면서 뚜렷한 구름을 만들어내는 것이다.

  만일 이런 물방울이 콜로이드 결정처럼 균일하게 배열되어 있다면 미스터리가 일부 풀릴지도 모른다. 석양 햇빛이 구름의 한쪽 면을 비춘다고 상상해보자. 구름을 구성하는 물방울들은 이들 빛을 사방으로 산란시킬 것이다. 만약 구름 물방울의 간격이 균일하다면 빛은 파장에 따라 일정한 각도로 산란되어야 한다. 그 결과 찬란한 무지갯빛이 드러난다.

- 모래성 침입하는 유령 소함대로부터 우리를 지켜주려는 듯이 서 있는 견고한 모래성도(1장) 아마 '끼리끼리 끌림' 원리에 의해 축조되었을 것이다. 이런 성은 모래만으로 세워질 수 없다. 물이 들어가야 한다. 물은 모래 입자 주변에 배타 구역을 형성할 수 있다(그림 8.14). 따라서 히드로늄 이온이 모래 입자를 둘러싼 배타 구역 껍질 사이에 들어가 있는 것이다. 이들 이온이 성을 견고하게 해주는 아교 역할을 한다.

'끼리끼리 끌림' 원리는 아주 보편적인 것 같다. 한 켠에서 이 원리는 동일한 전하는 반드시 밀쳐내야 한다는 완고함을 비웃는 것처럼 보인다. 어쨌든 이 원리가 인력을 포함하는 입자-입자 간 상호작용의 모델로 자리매

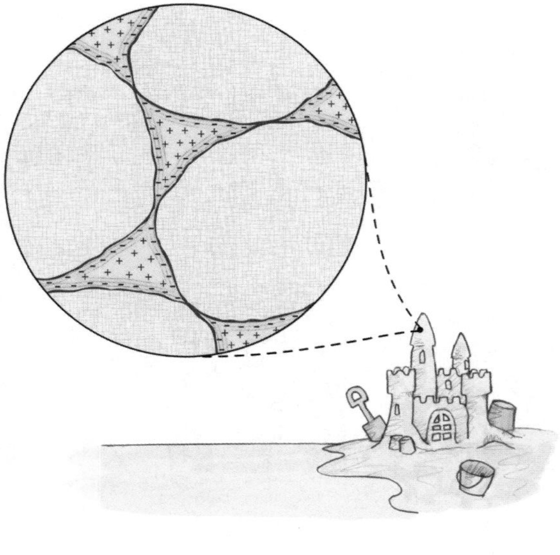

그림 8.14
'끼리끼리 끌림'이 모래 입자를 서로 강하게 끌어당긴다.

김할 것이다. 만일 '끼리끼리 끌림' 원리가 매우 유효하다는 사실이 확인되면 물리학 교과서는 몽땅 다시 써야 할 것이다.

따라서 '끼리끼리 끌림' 원리가 앞으로 전개될 부분에서 튀어나온다고 해도 놀라지는 마시라. 설명할 수 없는 현상을 설명하게 될지도 모르니까. '끼리끼리 끌림' 원리가 자연계 작동의 주춧돌이 될 수도 있을 것이다.

결론

대전된 입자가 수용액상에 떠 있다. 물이 배타 구역에 에너지를 전달하면서 전하가 형성된 것이다. 배타 구역은 극성을 띤다. 그렇지만 이들 배타 구역 너머에는 반대되는 전하들이 모여 있다. 이들 반대 전하는 두 입자 사이에 가장 많이 분포되어 있다. 입자들이 서로 가까이 끌어당길 수 있는 이유이다. 이런 인력은 자연적으로 발생한다.

그림 8.15
상황이 허락한다면 적들끼리도 함께할 수 있다.

'끼리끼리 끌림' 원리로 알려진 이런 기제는 입자 사이에 반대로 대전된 전하가 존재하기 때문에 가능해진다. 결국 서로 다른 극이 끌어당기는 것이다. 따라서 물리법칙에 어긋나는 것은 하나도 없다. 기본적으로 음극은 양극을, 양극은 음극을 좋아한다.

이런 인력의 철학에 대해 생각해보자. 일본 문화에는(11세기 『겐지의 이야기』까지 소급된다) 적대적인 사무라이 둘을 화해시키기 위해서는 둘 사이에 매력적인 여인을 붙이라는 말이 있다. 매력적인 여인이 사내들을 결집시킨다(그림 8.15). '끼리끼리 끌림'의 작동 원리도 이와 비슷하다. 사이에 낀 반대의 극성이 인력을 창출해내는 것이다. 따라서 인력은 대체 보편적이다. 다른 것끼리도 끌어당기고 같은 것끼리도 끌어당긴다. 여러분이 아량을 베풀어준다면 나는 끌어당김으로 이루어진 세계가 배척으로 이루어진 세계보다 훨씬 살 만하다는 말을 꼭 덧붙이고 싶다.

'끼리끼리 끌림' 원리는 다음 장에서도 반복될 것이다. 9장에서는 떠 있는 입자가 흐느적거리듯 춤을 추는 브라운 운동을 살펴볼 것이다.

내가 브라운 운동 현상에 이끌리게 된 것은 꽤 역설적이다. 물속에 떠 있는 입자는 보통 춤을 춘다. 그렇지만 이들 입자가 콜로이드 결정을 형성하게 되면 무도회가 사실상 막을 내린다. 입자들은 이웃들과 일정한 거리를 두고 침잠한다. 움직이다가 움직임을 멈추는 이런 변화도 그렇지만 입자가 춤을 추는 것도 마찬가지로 우리의 호기심을 자극한다. 마치 입자가 살아 있어서 에너지를 갖고 있는 것 같다.

한동안 이 주제가 나를 혼란스럽게 만들었다. 왜 입자들은 물속에서 살아 있는 것처럼 보일까? 그러다가 일정한 배치를 이루면 움직임은 사라진다. 줄곧 브라운 운동을 떠올리던 나는 브라운 운동을 매우 단순한 개념을 빌려 설명할 수 있다는 사실을 깨달았다. 다음 장에서 상세히 살펴보자.

브라운의 춤

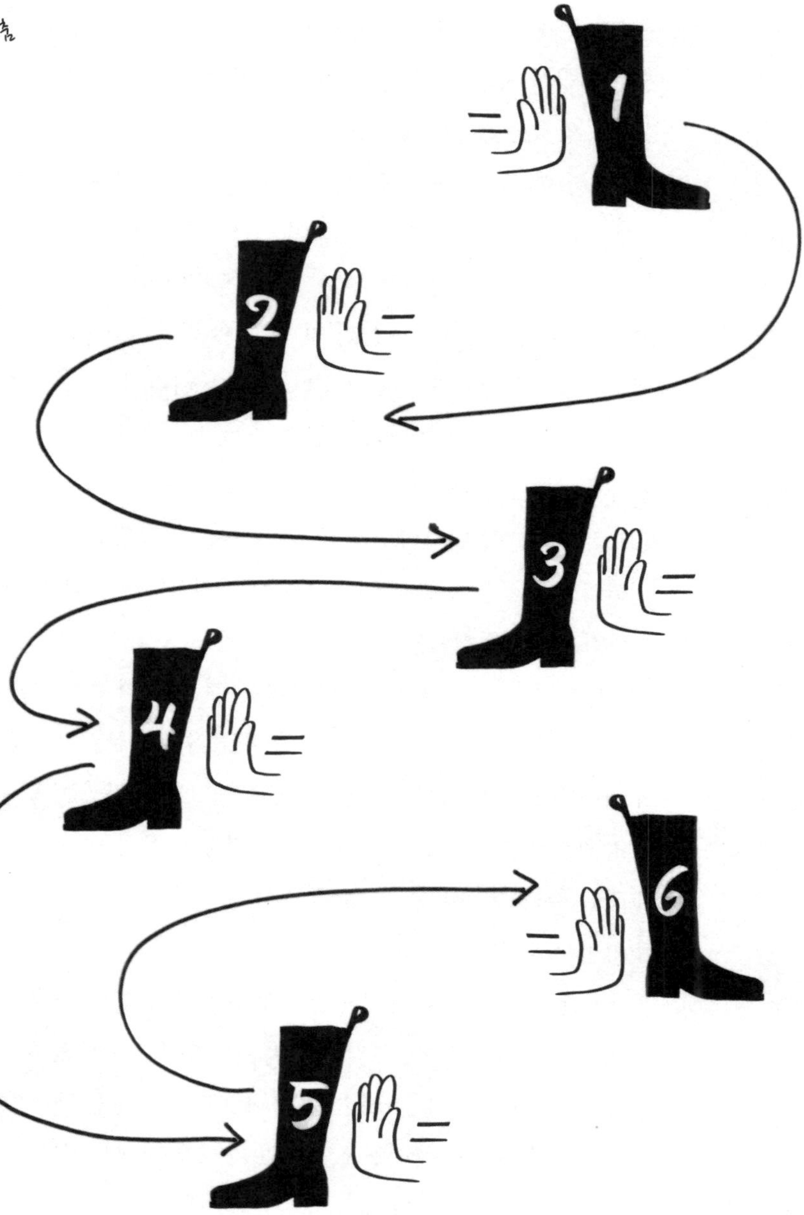

9장

브라운 운동

그림 9.1
로버트 브라운
(1773~1858).

19세기 초 스코틀랜드의 식물학자 로버트 브라운Robert Brown(그림 9.1)은 이상한 현상을 발견했다. 브라운은 물이 들어 있는 용기에 곡식의 꽃가루를 떨어뜨린 후 일종의 어지러운 움직임을 목격했다. 가만히 있는 대신 꽃가루는 거의 영구적으로 춤을 추는 것처럼 보였다. 얼마 지나지 않아 그는 이런 현상이 화분뿐만 아니라 포자, 먼지 심지어는 깨진 작은 유리 조각에서도 발견된다는 사실을 확인했다.

비록 이런 현상은 브라운이 관찰한 것보다 50년 전에 알려지기는 했지만 입자의 불규칙한 움직임을 우리는 브라운 운동이라고 부른다. 브라운은 생명과 관련된 물질뿐만 아니라 비생물체에서도 이렇게 스스로 움직이는 듯한 운동이 발견된다는 사실을 밝혔다. 다시 말하면 브라운 운동은 자연계에서 매우 보편적인 현상이다.

브라운 '운동'을 가능하게 하는 힘은 어디에서 유래하는 것일까? '무한 동력'이 불가능하다는 엄연한 현실 앞에서 활성이 없는 앞뒤로 끊임없이 움직일 수 있는 것은 무슨 까닭일까? 브라운 운동을 설명하는 것은 한두 가지가 아니지만 환경에서 흡수한 복사 에너지를 언급한 내용은 찾아보기 힘들다. 이번 장에서 우리는 흡수된 복사 에너지가 아마도 이런 운동을 설명하는 새로운(그리고 아마도 단순한) 단서를 제공하리라 믿는다.

아인슈타인이 생각한 브라운 운동

물리학자들은 브라운의 발견에 당혹감을 감추지 못했다. 움직이기 위해서는 에너지가 필요하다. 그렇지만 이 에너지가 어디서 유래하느냐 하는 점은 확실하지 않다. 과학자들은 물이 들어 있는 비커를 테이블에 한동안 놔두면 평형 상태에 도달할 것이라고 가정했기 때문에, 에너지가 주변 환경으로부터 오는 것처럼 보이지 않았다. 물이 에너지를 얻을 만한 곳은 보이지 않았다. 물리학자들은 머리를 쥐어짜 보았지만 뾰족한 답변이 나오지는 않았다.

이때 아인슈타인이 등장했다. 과학사의 한 획을 그은 1905년 아인슈타인은 특수상대성이론, 광전 효과 및 브라운 운동에 관한 그의 생각을 피력했다. 그는 만족할 만한 한 해를 보냈다. 아인슈타인은 에너지의 끊임없는 유입이 필요하지 않다고 말했다. 대신 온도로 짐작할 수 있겠지만 이미 존재하고 있는 내부 에너지가 중요할 것이라고 생각했다.

아인슈타인은 브라운 운동이 두 가지 현상으로부터 유래할 것이라고 보았다. 바로 삼투와 마찰력이었다. 삼투는 물이 용질이나 입자를 향해가는 현상이다. 물의 농도는 언제는 일정하게 유지된다. 아인슈타인은 물 분자의 이런 내재적 특성이 브라운 운동을 가능케 한다고 말했다.

이런 일이 어떻게 가능한지 알아보기 위해 물에 떠 있는 어떤 입자를 생각해보자. 개별 입자는 물이 배제된 공간의 특정한 위치를 차지한다. 삼투 효과 때문에 물 분자는 언제든 빈 공간을 향해 움직이려 든다. 어쩌다가 이런 물 분자가 입자에 부딪히면 어떤 종류의 움직임을 빚어낸다.

입자가 움직이기 위해서는 마찰력을 극복해야 한다고 아인슈타인은 생각했다. 물의 점성이 부여하는 저항성을 해결하기 위해 그는 표준 마찰 방정식인 스토크스의 마찰 법칙을 고안해냈다. 삼투에 의해 추동된 힘과 마찰에 의한 저항력이 같을 때 브라운 운동이 일어난다는 사실을 정립했다.

이것이 간단히 기술한 아인슈타인의 지적인 세련미이다. 그는 움직임의 기원뿐만 아니라 그 본성에 대해서도 언급한 것이다. 그는 물 분자의 움직임을 기체 분자의 움직임과 같은 것으로 여겼다. 그 당시 통용되던 열역학 법칙에 따르면 기체 분자는 무작위로 움직인다. 그들의 열역학적 움직임은 온도를 통해 추론할 수 있다. 그에 따르면 온도는 움직임을 측정한 것이었다.

그림 9.2
아인슈타인이 제안한 브라운 운동의 기원. 운동 에너지를 가진 물 분자가 끊임없이 입자에 부딪힌다. 바로 그 에너지가 브라운 운동의 원동력이다.

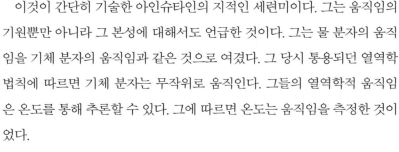

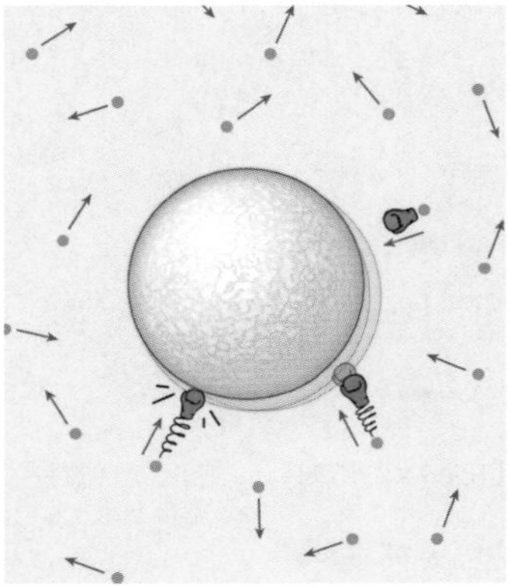

따라서 아인슈타인은 기체 이론을 물에 적용한 것이다. 액체 분자를 기체 분자처럼 생각하면 물 분자는 불규칙하게 움직이게 된다. 그러다 간혹 떠 있는 입자와 부딪히고 그 입자를 앞뒤로 밀어낼 수 있게 된다(그림 9.2).

물론 한 번 충돌한다고 해서 입자가 크게 움직이지는 않을 것이다. 마이크로미터 크기의 입자에 비해 물 분자는 약 100억 배◆ 작다. 따라서 물 펀치는 미약하다. 내 친구인 에밀리오 델 주디체는 모기가 트레일러트럭의 유

◆ 부피 비율이다.

리에 부딪힌 것과 같으리라고 말한다. 모기가 부딪혔다 고 트럭이 궤도를 이탈하지는 않을 것이다. 트럭을 움직이려면 몇 마리의 모기가 달려들어야 할까?

기체의 열역학 이론을 이용해 아인슈타인은 브라운 운동 역학을 기술하는 방정식을 고안했다(243쪽 박스를 보자). 이 방정식을 이용해서 시간에 따른 입자의 움직임을 예측할 수 있다(실제로는 입자 운동의 제곱 평균값이다).

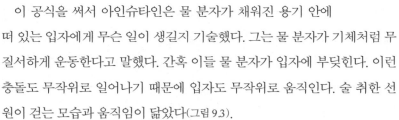

그림 9.3
브라운 운동은 술 취한 선원이 걷는 것과 비슷하다.

이 공식을 써서 아인슈타인은 물 분자가 채워진 용기 안에 떠 있는 입자에게 무슨 일이 생길지 기술했다. 그는 물 분자가 기체처럼 무질서하게 운동한다고 말했다. 간혹 이들 물 분자가 입자에 부딪힌다. 이런 충돌도 무작위로 일어나기 때문에 입자도 무작위로 움직인다. 술 취한 선원이 걷는 모습과 움직임이 닮았다(그림 9.3).

아인슈타인의 이론은 '열역학' 운동이라는 개념으로 연결된다. 그의 방정식에 따라(243쪽 박스를 보자) 브라운 운동 방식을 따르는 입자의 움직임은 온도에 따라 달라진다. 온도가 올라가면 동시에 입자의 움직임도 커진다. 이런 온도 의존성에 기초하여 아인슈타인은 이런 운동을 '열운동' 혹은 '열역학 운동'이라고 말했다. 그에 따라 물리학자들은 온도를 이런 입자의 움직임으로 생각하게 되었다. 원자와 분자의 불규칙한 움직임 강도는 온도로 표현되는 것이다.

지금은 과학자들이 광범위하게 아인슈타인의 분석을 받아들이지만 처음부터 그랬던 것인 아니었다. 그의 전기를 쓴 브러시Brush[1]는 초창기 아인슈타인의 이론이 강한 반발에 부딪혔다고 회고한다. 물리학자들은 그의 이론적 비약에 의구심을 자아냈다. 예를 들어 스토크스의 법칙은 진자와 같은 거시적인 계에서 관찰되는 마찰력을 기술하기 위해 고안된 개념이었다. 그러나 아인슈타인은 이 법칙이 브라운 운동 같은 미시 세계에서도 적용될 것이라고 판단했다. 게다가 일부 물리학자들은 충돌이 통합적으로 이루어지지 않는다면 물 분자가(모기가 트럭에 부딪히는 경우를 떠올려보자) 입자를 움직일 만큼 큰 힘을 발휘하지 못할 것이라고 생각했다. 다른 물리학자들도 상호 배타적인 가정에 대해 우려를 표명했다. 삼투 이론은 물 분자가 입자를 때리는 것을 전제로 하지만 스토크스의 법칙은 마찰을 일으키기 위해 물 분자가 입자 주변에 머물러 있는 것을 가정하고 있는 것이다. 당시에는 이런 모든 문제가 다 걸림돌이 되었다.

브러시는 아인슈타인의 보편적인 접근 방식을 다룬 문제점도 얘기했다. 그의 접근 방식은 통계 역학에서 따온 것이어서 일부 물리학자들은 전혀 이해하지 못했기 때문이었다.

이론적인 어려움도 있었지만 실험적으로도 아인슈타인의 예측에 반하는 결과들이 나타나기 시작했다. 당시의 학자들인 스베드베리Svedberg나 헨리Henri는 입자의 움직임이 아인슈타인 방정식으로 계산한 값보다 4~7배 더 높다고 보고했다. 그들은 이런 불일치에 입을 다물 만큼 숫기 없는 과학자들이 아니었다.

그럼에도 불구하고 아인슈타인의 명성이 자자해지자 그의 이론에 대한 저항감도 많이 누그러졌다. 몇십 년 지나지 않아 아인슈타인 방정식은 보편적으로 받아들여졌다. 지금은 열역학 운동이 기본적인 자연 법칙으로 간주된다. 모든 원자, 분자, 입자는 영구적인 열역학 운동을 할 수 있다. 이런 운동과는 무관한 물체는 현재 고체 물리학 분야에서 다룬다. 그러나 열역학 운동이 실제로 뉴턴의 운동 법칙이나 원자 이론과 비슷하다는 점은 과장된 것이 아니다.

몇 가지 문제

아인슈타인의 동시대 과학자들이 발견한 사실은 오랫동안 잊혀졌다. 또 사람들은 브라운 운동에 관한 것은 사실상 다 밝혀졌다고 생각한다. 그렇지만 그것은 사실이 아니다. 이 이론은 최소한 세 가지 실험적 사실과 부합하지 않는다. (a) 소금을 물에 넣을 때, (b) 입자의 농도가 상대적으로 높을 때, (c) 빛이 켜져 있을 때가 그런 경우이다. 잠깐 이 문제를 살펴보자.

첫 번째 경우 브라운 운동을 하는 입자의 움직임을 순수한 물 혹은 소금이 함유된 물에서 측정해보았다.[2] 소금을 집어넣는 양에 비례하여 입자의 움직임은 더 빨라진다. 더 불규칙적으로 움직인다는 말이다. 소금이 존재하는 상황에서 물 분자가 어떻게 그렇게 빠르고 역동적으로 입자를 움직일 수 있는지 아인슈타인의 분석은 어떤 도움도 되지 않는다.

두 번째 경우인 입자의 농도에 따른 현상도 마찬가지다. 입자의 농도가 높을수록 이웃하는 입자들은 협동적으로 움직이는데, 하나의 입자가 움직이면 다른 입자도 동일한 방향으로 움직인다.[3] 이런 동질적 행동은 콜로이드 결정에서도 엿볼 수 있다.[4] 또 고농도의 입자가 소금물에 있는 경우도 마찬가지다.[5] 이런 동조성을 설명하기에 무작위 운동을 기술하는 고전적 이론은 적당하지 않다. 여기에는 동조적 움직임이 없다.

이런 어려움을 피해가는 방법은 고농도의 입자 운동을 설명하기에 고전적인 이론이 적당치 않다고 생각하는 것이다. 만일 입자의 농도가 너무 높아서 물 표면을 다 채우고도 남을 지경이라면 입자를 때릴 물이 아예 존재하지 않는 꼴이 된다. 따라서 아인슈타인의 방정식은 이런 경우 무용지물이다. 그렇지만 농도가 높지 않아 입자 사이의 간격이 마이크로미터 정도라면 그 사이에 수천 개의 물 분자가 자리할 수 있을 것이다. 이런 경우라면 입자를 때리기에 충분한 물 분자가 존재한다고 볼 수 있다. 이론과 실제 관찰 사이의 갈등이 문제인 것이다.

동조하는 입자의 방향성 있는 움직임 말고도 무작위적이지 않은 움직임은 또 있다. 입자의 농도가 높을 때 그들이 '튀는' 것 같은 현상도 목격되었다.[6, 7] 불규칙하게 움직이던 입자가 한동안 멈춰 있다가 새로운 장소로 튀는 움직임을 보인 것이다. 입자가 한쪽 우리에서 다른 쪽으로 점프하는 듯 보였다. 이런 현상도 움직인 거리의 제곱 평균과 시간의 비율로 표현되는 고전적 이론으로는 도저히 설명할 수 없다.

세 번째 경우인 빛의 효과는 혼란을 더 부추긴다. 이미 1세기 전에 구이Gouy는 브라운 운동에 빛이 어떤 역할도 하지 않을 것이라고 말했지만 보다 근대적인 기계를 사용하면 빛의 영향은 매우 크고 또 재현성도 뚜렷하다. 중간 정도의 빛을 더해주면 입자들의 움직임이 줄어든다(그림 9.4). 이런 감소는 빛의 강도와 파장에 따라 달라지는데 50퍼센트 정도 움직임을 줄이는 것은 식은 죽 먹기이다.[8]

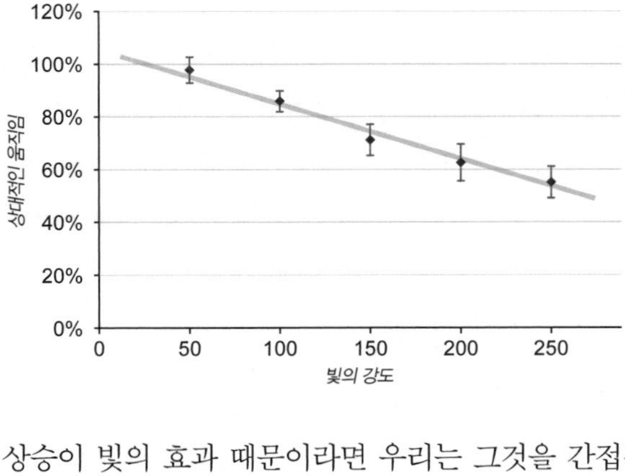

그림 9.4
세기가 다른 빛이 들어올 때 미소구체의 움직임. 세기가 강할수록 움직임이 줄어든다.

온도의 상승이 빛의 효과 때문이라면 우리는 그것을 간접적인 것으로 치부할 수 있을 것이다. 그러나 앞에서 언급한 실험에서 온도 증가는 섭씨

1도에 불과했다. 실제 온도는 이론적인 설명으로 적당하지 않다. 아인슈타인의 방정식은 온도가 올라가면 입자의 움직임이 커질 것이라고 예상한다. 그렇지만 빛은 입자의 움직임을 줄였다. 따라서 이런 아인슈타인의 설명은 설 자리를 잃게 된다.

빛이 매개하는 효과는 고적적인 이론 틀로는 도저히 설명할 수 없다. 그렇지만 어떤 식이든 설명이 필요하다. 이 문제를 좀 더 다뤄보겠다.

논란이 되고 있는 앞의 세 가지 문제와는 별도로 브라운 운동의 동력이 무엇인가 하는 네 번째 문제가 거론된다. 아인슈타인은 삼투가 브라운 운동의 촉진제라고 보았다. 왜냐하면 그가 살던 당시 삼투는 다른 극이 서로 잡아당긴다는 인력만큼이나 보편적인 자연계 법칙이었기 때문이다. 그러나 삼투 기제는 점점 더 정체를 알 수 없는 것으로 변해버렸다. 11장에서 살펴보겠지만 삼투 현상을 추동하는 것은 전하의 분리이다. 고전 이론이 얘기하듯 보편적인 자연계의 특성이 아니다.

종합하면 아인슈타인의 이론은 광범위하게 받아들여지고 있고 어떤 현상에는 잘 부합하지만 과거에도 그렇고 지금도 마찬가지로 설명하지 못하는 부분이 매우 많다. 이론이 불완전하다는 의미이다. 앞으로 내가 보기에 이 이론은 불완전한 것을 넘어서서 부적절하다는 사실을 밝힐 것이다. 브라운 운동의 추동력이 복사 에너지의 유입이고 그것이 브라운 운동의 원인이라는 사실을 설명하는 데 아인슈타인의 이론은 실패했다.

비평형계: 브라운 운동의 또 다른 문제

아인슈타인 방정식은 평형계를 다룬다는 가정에 입각해서 만들어진 것이다. 외부의 온도가 일정하게 유지되는 한 이 계는 에너지를 얻지도 잃지도 않는다. 주전자에 담긴 따뜻한 물은 틀림없이 주변 환경으로 에너지를 방출한다. 컵에 담긴 찬물은 에너지를 얻을 수도 있다. 그렇지만 실내에서 뚜껑이 닫힌 용기에 들어 있는 물은 얼마 동안은 에너지를 얻거나 잃지 않을 수도 있다. 고전 이론에서는 환경이 이렇다고 가정했다.

그렇지만 7장에서 보았듯 실온의 물은 계속해서 환경으로부터 전자기 에너지를 흡수한다. 이렇게 유입된 복사 에너지가 질서를 구축하고 전하를 분리한다. 이렇게 전위차 에너지가 만들어지고 계속해서 뭔가 일을 할 수 있게 된다. 이런 방식으로 에너지의 형태가 전환되고 물은 작동하는 엔진과 같은 역할을 하는 것이다. 이는 명백히 평형을 벗어난 계이다.

평형 상태를 벗어난 행동은 물에 기초한 모든 생명체의 작동 기전을 특징짓는다. 광합성(그림 9.5)을 생각해보라. 광합성 과정은 광자가 물을 깨면서 시작된다. 물의 분해 산물이 대사 과정, 성장, 그리고 흐름을 추동한다. 흡수된 빛 에너지를 이용해 일을 하는 것이다. 이 계도 비평형계이다.

따라서 고전적 이론이 가정하는 평형계는 물이 비평형계라는 사실과 정면으로 부딪힌다. 물과 식물(이들도 주로 물로 구성된다)은 평형을 벗어나 가동

그림 9.5
복사 에너지가 식물에서 일을 하고, 물에서도 일을 한다. 개념적으로 두 가지는 동일하다. 유입된 에너지를 이용해 이들은 평형 상태를 깨뜨린다.

된다. 유입된 에너지가 끊임없이 일을 하도록 하는 것이다. 연료가 차를 움직이는 것과 하등 다를 바 없다. 만약 물이 평형을 벗어나 있다면 평형계에 입각하여 브라운 운동을 이해하려는 어떤 시도도 의심해보아야 한다.

이런 문제는 자못 심각하다고 볼 수 있다. 입자는 끊임없이 움직이고 일을 하지만 고전적 이론에 따르면 외부의 에너지가 끼어들 자리는 없어진다. 결국 내부 에너지로 눈을 돌리게 되는 것이다. 외부의 도움 없이 어떻게 움직이는 일이 가능한지를 다루는 고전적 이론에 대해 꼼꼼히 살펴보도록 하자.

브라운 운동을 추동하는 다른 요소?

이론적인 체계와 실험 증거가 충돌한다면 다시 원점으로 돌아가 깊이 생각해보아야 한다. 아인슈타인이 브라운 운동의 원천으로 내부 에너지를 언급한 지는 100년이 넘었다. 명성이 자자하기는 하지만 그의 제안은 지금도 유효한 것일까?

여기서 나는 브라운 운동의 다른 원천에 대해 얘기하고자 한다. 우리가 주목하는 것은 바로 외부에서 유입되는 전자기 에너지이다. 만약 흡수된 전자기 에너지가 물에 기초한 전이 과정을 추동한다면(7장) 그 에너지가 브라운 운동을 촉진할 수도 있지 않을까?

이런 가설의 타당성을 암시하는 실험 결과는 친수성 관을 타고 물이 흐르는 현상에서 엿볼 수 있다. 이런 흐름을 방향성이 있는 브라운 운동의 총합이라고 생각해보자. 이런 관점으로부터 이 관은 단순히 운동을 조직화해서 총체적인 흐름을 만들 수 있을 것이다. 전자기 에너지가 관을 통한 흐

그림 9.6
유입된 에너지가 운동을 창출하는데, 운동은 무작위적일 수도 있고 정돈된 형태일 수도 있다. 관리자가 없느냐(왼쪽) 혹은 있느냐(오른쪽)에 따른 결과이다.

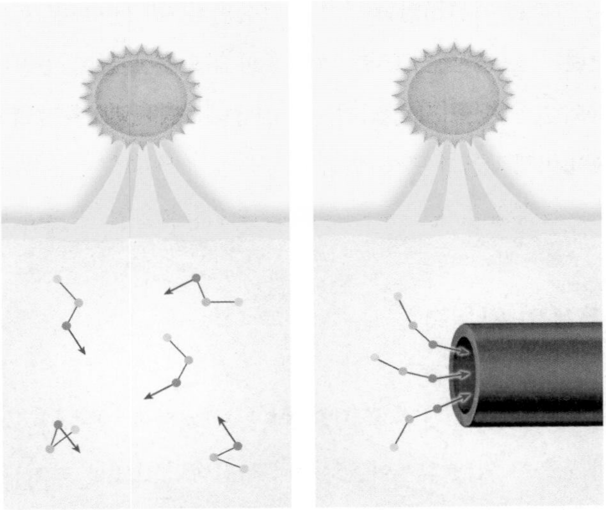

름을 추동하기 때문에, 이 에너지는 국소적으로 개별 운동을 추동하고 그것들이 한데 모여 흐름이 될 수 있는 것이다(그림 9.6).

브라운 운동을 추동하는 외적인 원천은 에너지-흐름이라는 관점에서 일리가 있어 보인다. 물은 끊임없이 전자기 에너지를 흡수한다. 그것은 어떤 식으로든 소모되어야 한다. 따라서 우리는 브라운 운동을 열린 밸브 혹은 유입된 에너지를 소비하는 방식으로 이해할 수 있을 것이다. 달리 말하면 브라운 운동은 물이 끊임없이 전자기 에너지를 흡수하는 현상의 또 다른 양상이라고 볼 수 있다.

전자기파가 브라운 운동을 촉진한다는 생각이 급진적으로 보이기도 하지만 그런 전례가 없는 것은 아니다. 19세기의 물리학자들은 전자기 에너지가 열을 일으켜 운동을 촉진할 수 있을 것이라고 생각했다. 나중에 양자역학의 아버지로 추앙된 막스 플랑크Max Planck도 비슷한 생각을 했다. 그는 전자기적 상호작용이 분자의 불규칙한 운동을 촉진할 것이라고 보았다. 그러나 별다른 가시적인 성과가 나타나지 않자 그는 다른 쪽으로 생각을 틀어버렸다. 그렇기는 하지만 전자기파에 의해 운동이 촉진된다는 그의 생각은 약 20년 동안 그의 뇌리를 지배했다. 이런 생각은 그리 급진적이지도 않고 비이성적인 것도 아니다.

브라운 운동의 원동력

앞에서 살펴본 몇 가지 것들이 브라운 운동의 저변에 있는 에너지학을 이해하는 데 도움이 되겠지만 이들로부터 직접적인 요인을 찾기는 힘들 것 같다. 어떤 힘이 입자를 앞뒤로 움직이게 하는 것일까? 우리가 전향적으로 전자기 에너지가 운동의 원천이라는 생각을 받아들인다 해도 도대체 어떻게 이런 에너지가 운동으로 해석될 수 있는 것일까?

오컴의 면도날이 얘기하는 것은 우리가 배타 구역을 고려해야 한다는 점이다. 만약 전자기 에너지가 배타 구역을 형성할 수 있다면 그것의 어떤

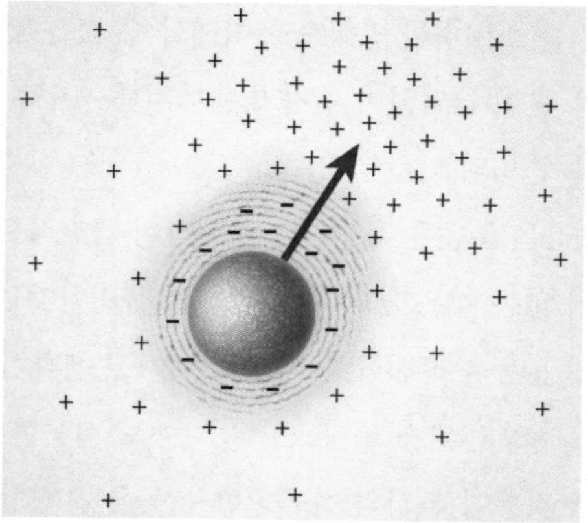

그림 9.7
보다 강한 에너지가 유입되는 쪽으로 전하의 분포가 균형을 잃기도 한다. 이런 비대칭성 때문에 순 정전기력이 생기고 빛을 향해 입자와 배타 구역이 함께 움직일 수 있다.

특성이 브라운 운동 방정식에 끼어 들어가야 할 것이다. 배타 구역은 분자의 조직화와 하전의 분리라는 두 가지 원리에 입각해서 만들어진다. 이 두 가지 모두를 고려할 필요가 있다. 특히 전하는 상당한 힘을 제공할 수 있기 때문에 불규칙한 브라운 운동을 추동할 수 있을 것이다.

전하가 어떻게 입자를 움직이게 할 수 있는지 알아보기 위해 물에 한 개의 미소구체가 떠 있다고 상상해보자. 이 미소구체는 껍질과 비슷한 배타 구역을 형성한다. 만약 에너지가 모든 방향에서 균등하게 들어온다면 배타 구역도 균일할 것이다. 그러나 실제 환경에서 빛이 균일하게 유입되는 경우는 없다. 빛이 불규칙하게 들어오기 때문에 우리는 배타 구역도 불균일한 껍질을 형성할 것이라고 생각할 수 있고 따라서 전하의 분포도 일정하지 않다(그림 9.7).

이 그림에서 떠 있는 미소구체는 어떤 방향으로 움직일까? 물론 움직이는 것은 미소구체만이 아닐 것이다. 미소구체와 그에 달라붙어 있는 배타 구역이 함께 움직인다. 이론적으로 이 두 통합체는 어디로든 움직일 수 있다. 그러나 음으로 대전되어 있기 때문에 이 통합체는 양성자의 양이 많은 쪽을 향해 움직일 것이다. 그림에서는 오른쪽 위를 향해 움직인다.

그림 9.8
겔 소구 주변에 형성된 배타 구역의 비대칭성. 그림의 윗부분에서 빛이 유입되었다.

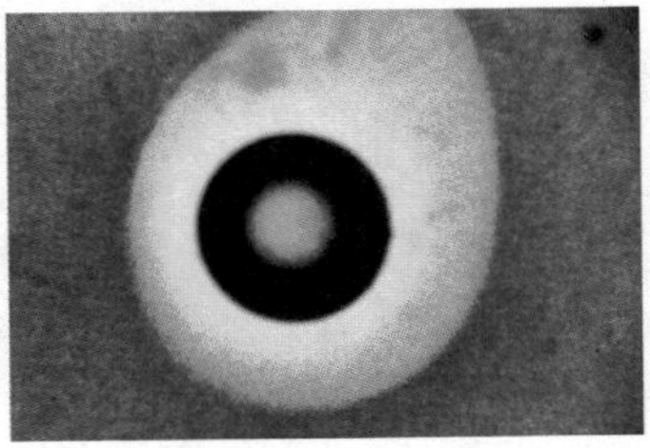

그림 9.7에서 비대칭 상태의 배타 구역을 상정할 수 있는지 알아보았다. 결과는 긍정적이었다. 그림 9.8은 용기에 들어 있는 겔 소구의(직경이 약 0.5밀리미터) 이미지이다. 균등한 배타 구역이 소구를 둘러싸고 있는 모습이 나타났다. 그러나 여기에 특정한 쪽에서 강한 빛을 쬐어 주면 배타 구역은 빛을 향해 더 자라난다. 따라서 그림 9.7에 모식화한 비대칭성이 실험적으로 현실화되었다는 것을 알 수 있다.

다음에 우리는 음성으로 대전된 배타 구역이 그림 9.7에서처럼 양전하

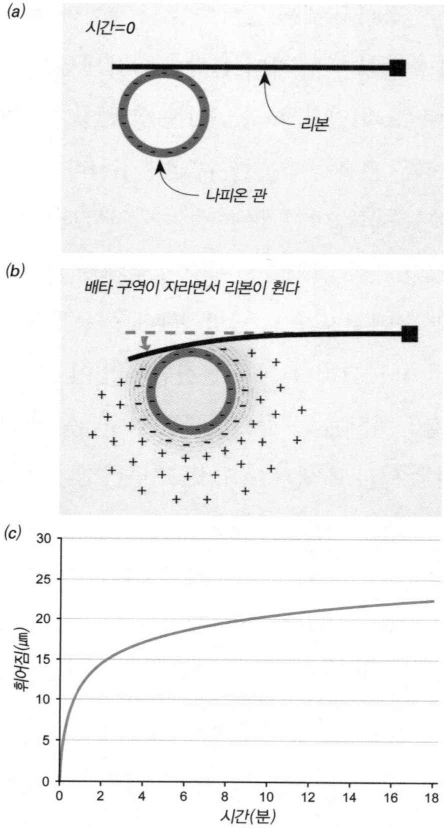

그림 9.9
배타 구역이 양성자를 향해 구부러지기도 한다. (a) 리본의 한쪽에 나피온 관을 붙여놓았다. (b) 리본이 양성자를 향해 휘어진다. (c) 휘어짐을 시간 단위로 측정했다.

쪽으로 움직일 수 있는지 알아보았다. 이를 위해 실험 장치를 약간 손봤다. 실험 용기에 긴 리본을 수평으로 배치하고 한쪽 끝을 고정시켰다(그림 9.9a). 그리고 자유로운 다른 쪽 끝에는 나피온 관을 붙여놓았다.

이 리본과 나피온 관에 물을 첨가하자 나피온 주변으로 배타 구역이 형성되었고 평소와 마찬가지로 주변으로 양성자를 내놓았다(그림 9.9b). 리본은 양성자의 확산을 막기에 충분할 정도로 컸기 때문에 양성자는 리본의 한쪽에만 존재할 수 있었다. 양성자가 확산되면서 리본은 눈에 띌 정도로 휘어졌다(그림 9.9c).[9] 예상했던 결과였다. 음으로 대전된 배타 구역이 양전하인 양성자를 향해 움직인 것이다. 배타 구역 자신이 방출한 양성자에 반응한 것이었다. 이 결과는 그림 9.7에 모식화한 원리를 확인시켜주었다.

따라서 그림 9.7 혹은 그림 9.8에서와 같이 입자들도 양전하를 향해 움직일 것이라고 예상할 수 있다. 여기서는 오른쪽 위 방향이다. 이런 움직임을 가능하게 한 것은 국소적인 전하의 비대칭성이다. 균일하지 않게 외부에서 유입되는 에너지 때문에 입자들은 항상 이런 비대칭성에 노출되어 있다고 볼 수 있을 것이다. 양전하를 향한 이동이 아마도 불규칙한 브라운 운동의 토대가 될 수 있을 것이다.

입자가 빛을 향해 움직일 수 있을까?

반대 전하를 향한 인력의 원칙이 원초적으로 작동되는 것이라면 그 결과도 예측할 수 있어야 한다. 유입된 빛에 의한 즉각적이고 직접적인 결과가 한 가지 있다. 바로 이 빛에 의해 입자 주변에 배타 구역이 형성되고 전하가 분리된다는 사실이다. 빛이 한 방향에서만 들어온다면 전하의 배치가 불균등하게 될 것이고 따라서 떠 있는 입자들은 빛이 들어오는 쪽을 향해 움직일 것이다.

이제부터 입자의 이런 행동을 확인한 네 가지 실험을 살펴보자.

- 이전 장에서 확인했듯이 빛을 향한 인력은 미약하다 할지라도 뚜렷하게 나타난다. 콜로이드 입자는 여분의 빛에 반응해서 서로 달라붙는다. 분리된 전하가 입자의 끌림을 유도한 것이었다. 따라서 보다 많은 빛을 받

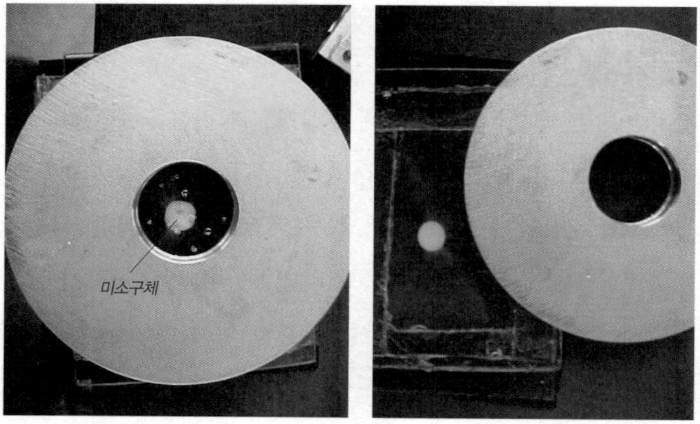

그림 9.10
빛에 의해 유도된 미소구체 간 인력. 알루미늄 판의 구멍으로 빛이 들어온다. 얼마가 지나면 미소구체들은 구멍 중간으로 몰려든다.

는 부위에서 인력은 더 크게 나타나서 입자가 서로 달라붙는다. 이런 응집을 통해 부가적인 입자들이 더 모여든다. 이런 현상은 미소구체가 빛을 향해 끌린다는 말과 사실상 같다고 볼 수 있을 것이다.

- 빛에 의한 인력의 두 번째 증거는 유입되는 빛이 제한되는 경우에 관한 실험이다. 우리는 미소구체 현탁액에 구멍을 통해 빛을 통과시켰다. 미소구체는 빛을 들어오는 쪽으로 움직였고 최종적으로 한정된 장소에 밀집해 몰려들었다(그림 9.10).

세균도 그와 비슷한 일을 할 수 있다(그림 9.11). 그들도 근적외선 빛을 향해 마치 미소구체가 빛을 따르듯 움직인다. 사람들은 세균의 세포 내부에 적외선을 감지하는 장치가 있어서 그럴 것이라고 생각하고 있다.[10] 그럴 가능성도 없지 않겠지만 그런 움직임은 미소구체가 빛을 향해 움직이는 것과 본질적으로 다를 바 없다. 그렇기 때문에 어떤 물리적 힘이 작동한 것은 아닐까 질문할 수도 있다.

- 세 번째 보기는 1장에서 소개한 것이다. 비커의 중간쯤에 미소구체가 없는 수직으로 정렬된 실린더 모양이 생각나는

그림 9.11
입자와 마찬가지로 세균도 강한 빛을 향해 움직인다.

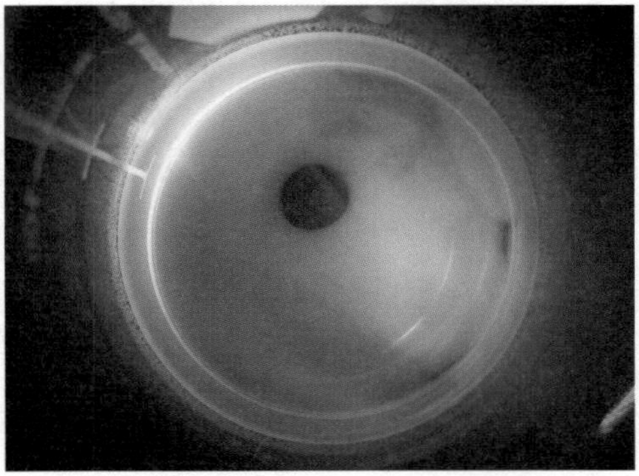

그림 9.12
비커 안 미소구체가 없는 구역(위에서 내려다본 모습). 위에서 아래로 가면서 미소구체가 없는 구역이 현탁액의 중앙부에 모습을 드러낸다.

가? 처음에 미소구체는 비커에 담긴 물에 균등하게 분포하고 있었지만 나중에는 그것들이 비커 주변부로 몰리면서 가운데가 뻥 뚫린 것처럼 수직으로 빈 공간이 생겨났다(그림 9.12). 미소구체를 끌어들일 수 있었던 동력으로 우리가 발견한 것은 모든 방향에서 비커로 유입된 빛이었다. 이렇게 외부에서 들어온 빛이 미소구체를 비커의 주변부로 끌고 간 것이었고 그 결과 가운데 빈 공간이 생겨났다.

한번 실린더 모양의 빈 공간이 나타난 다음에 빛의 효과를 다르게 실험해볼 수 있다. 반짝이는 빛을 한쪽에서만 쬐어주면 미소구체가 그 쪽으로 쏠린다. 마치 실린더가 빛이 없는 쪽으로 이동한 것처럼 보인다. 그러다 마침내 빈 공간이 사라지고 만다. 이 모든 일이 1~2분 사이에 일어난다.[11]

우리는 빛에 의한 이런 변화를 다른 현상으로도 확인할 수 있다. 예를 들어 긴 실린더 모양의 관의 한쪽 끝에 겔 판을 붙이고 여기에 물과 미소구체를 채워 넣는다. 우리는 이제 배타 구역이 형성되는 것을 관찰할 수 있다. 배타 구역은 모양을 바꾼다. 처음에 그것은 판 모양이지만(주형으로 작용하는 겔의 형상을 반영하는 것이다) 점차 좁아지면서 원뿔 모양으로 최종적으로는 실린더를 따라 자라면서 막대기 모양으로 길게 배치된다. 여기에 빛을 쬐어주면 배타 구역은 빛에서 먼 쪽으로 움직였다(그림 9.13). 이런 움직임은 앞에서 언급한 것과 같이 빛에 의해 미소구체가 끌리는 현상의 부산물처럼 생각되었다.

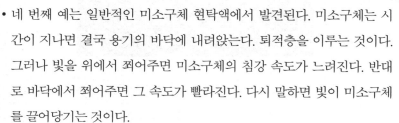

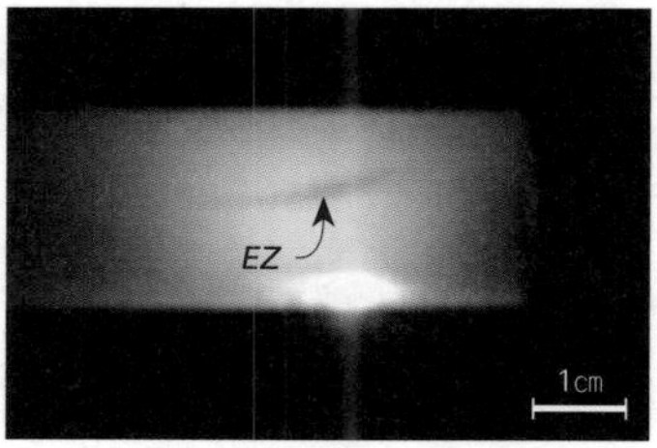

그림 9.13
미소구체가 없는 구역도 빛을 향해 구부러진다. 이미지 왼편에 있는 주형을 기점으로 배타 구역이 형성된다. 빛은 아래에서 위로 비추었다. 미소구체가 빛을 향해 움직이기 때문에 배타 구역이 반대로 움직인다.

- 네 번째 예는 일반적인 미소구체 현탁액에서 발견된다. 미소구체는 시간이 지나면 결국 용기의 바닥에 내려앉는다. 퇴적층을 이루는 것이다. 그러나 빛을 위에서 쬐어주면 미소구체의 침강 속도가 느려진다. 반대로 바닥에서 쬐어주면 그 속도가 빨라진다. 다시 말하면 빛이 미소구체를 끌어당기는 것이다.

이상의 몇 가지 예에서 보듯 떠 있는 입자는 빛을 향해 움직인다. 아니

광학 집게

앞에서 예시한 네 가지 실험 결과는 입자가 빛에 끌린다는 것이었다. 이런 원리는 실험할 때 자주 사용되는 도구인 광학 집게(optical tweezers)를 이론적으로 설명한다. 생물리학자들은 입자를 한 점에서 다른 점으로 옮길 때 광학 집게를 사용한다. 하나의 입자나 세포에 강한 빛을 쬐어주고 그 빛을 움직이면 상황이 끝난다. 빛을 쬔 물체가 따라오는 것이다. 입자는 빛에 '포획된' 셈이고 언제든 가장 빛이 강한 쪽으로 따라온다.

이런 '별들의 전쟁' 현상은 흔히 발광 '압력'이라고 불리지만 그림 9.7에서 제시한 기전을 통해 아마도 광학 집게의 원리를 설명할 수 있을 것이다. 이에 따르면 약한 빛을 사용하건 아니면 광학 집게처럼 강한 빛을 사용하건 기본적인 원리는 동일하다. 빛이 강할수록 입자를 포획하는 효과가 크다는 사실이다. 빛의 강도와 관계없이 작동 원리는 동일하다.

땐 굴뚝에서는 연기가 나지 않는 법이다.♦ 우리가 브라운 운동을 촉진할 것이라고 가정했던 빛이 매개하는 힘의 실체를 확인했다.

집단적 역동성

이제 남은 문제는 빛에 의해 대치된 현상이 어떻게 불규칙한 브라운 운동으로 나타나는가 하는 것이다. 지금까지는 하나의 입자에 초점을 맞추었다. 유입된 빛이 입자의 주위에 비대칭적인 전하의 분포를 유도한다. 이 입자는 양전하가 많은 쪽으로 끌려가고 따라서 빛이 강한 쪽으로 움직이는 효과가 나타난다.

만일 다수의 입자가 물에 떠 있다면 이 각본은 좀 더 복잡해진다(그림 9.14). 한 개의 미소구체의 배타 구역이 양성자를 만들어내면 이것은 이웃

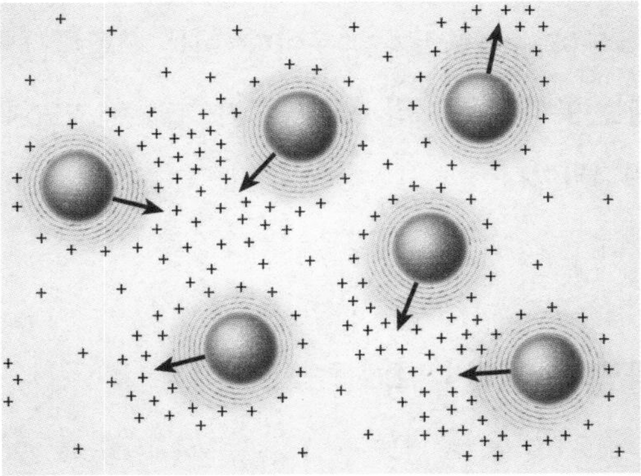

그림 9.14
현탁액에서 미소구체 주변의 전하 분포. 화살표는 음으로 대전된 입자의 움직임을 예상한 것이다. 양전하가 더 많은 쪽으로 입자가 움직일 것이다. 움직이는 입자는 계속해서 방향을 바꿔나간다.

♦ 원문은 'not whistle in the dark'이다. 근거 없이 추론하는 것 혹은 멋대로 상상하는 것을 의미하는데 영어 속담에 대응하여 한글 속담으로 옮겼다. 순전히 노파심에서 하는 말인데 밤에 휘파람을 불면 귀신이 나타난다.

하는 미소구체를 잡아당길 것이다. 미소구체들은 자신들의 배타 구역을 가지며, 히드로늄 이온을 향해 달라붙는다. 그러면 국소적으로 전하의 분포가 달라진다. 그것들은 빛이 들어오는 경로를 막거나 열게 될 것이다. 이런 일이 계속되면 이런 집단적 움직임이 무질서하게 일어날 것이라고 예측할 수 있다.

좀 더 살펴보면 하나의 배타 구역에서 방출된 양성자가 다른 미소구체의 배타 구역 크기에 영향을 끼칠 수도 있을 것이다. 우리가 발견한 것 중 하나는 배타 구역의 크기가 주변의 양성자 농도에 좌우된다는 사실이었다. 따라서 수많은 입자가 빚어내는 움직임을 예측하기란 사실상 거의 불가능하다.

그러나 만약 입자의 수를 한정한다면 국소적인 역동성은 어느 정도 유추해볼 수 있다. 한 입자의 움직임이 다른 입자의 움직임에 영향을 줄 수 있기 때문에 그 빈자리는 다소 느슨하게 연결될 것이다. 이런 현상은 입자의 수가 많을수록 두드러진다. 한 입자의 전하가 다른 입자의 위치에 강력한 영향력을 행사하는 조건이기 때문이다. 이는 실험에서도 확인되었다. 앞에서 얘기했듯이 짝지음은 입자의 농도가 높을 때 빈번하게 관찰된다. 우리도 예측한 결과이다.

빛에 의한 끌림 원리의 미학

마침내 우리가 제시한 브라운 운동의 원리가 고전적인 것보다 합리적인 것인지 질문해야 할 순간에 다다랐다.

중요한 몇 가지 예외가 있지만 고전적인 방식은 그런대로 적용이 가능하다. 그렇지 않다면 그렇게 오랜 세월을 버티지 못했을 것이다. 박스에서 보듯 이 방정식은 세 가지 변수를 포함하고 있다. 용액의 점도, 온도 그리고 입자의 크기이다. 이 방정식을 적용해서 다음과 같은 조작을 가하면 브라운 운동 거리는 줄어들어야만 한다. 용액의 점도를 높이는 경우, 입자가 큰 경우 그리고 용액의 온도가 내려가는 경우 세 가지이다. 이 모든 경우는 실험을 통해 입증되었다. 그러므로 고전 모델은 이 기본 변수를 설명하기에 모자람이 없다.

반면 우리의 새로운 방정식도 마찬가지로 작동한다. 살펴보자.

아인슈타인의 브라운 운동 이론

아인슈타인 방정식이 기술하는 용액 속 한 입자의 확산 상수 D는 다음과 같다.

$$D = \frac{k_b T}{6\pi\eta a}$$

여기서 k_b는 볼츠만 상수, T는 절대 온도, η는 용액의 점도이고 a는 입자의 반지름이다.
이 방정식으로부터 시간에 따른 입자의 움직임 x를 계산할 수 있다.

$$\overline{x^2} = 2Dt$$

$\overline{x^2}$은 평균 이동거리의 제곱 평균이고 t는 시간이다. 주어진 시간 동안 입자가 얼마나 이동했는지 계산할 수 있다.

- 점도 땅벌을 꿀통 속에 집어넣으면 점도 때문에 벌의 움직임이 제한된다. 이런 제한된 움직임은 움직임의 원천이 무엇인가와 관계없이 적용할 수 있다. 이런 점에서 고전적인 방정식이나 새로운 방정식에는 차이가 없다.
- 입자의 크기 큰 입자를 움직이게 하는 데 보다 많은 물 분자가 동원될 것이기 때문에 작은 입자보다는 큰 입자를 움직이기 힘들다. 이 점은 이론적인 방정식에서 쉽게 찾아볼 수 있고 여기서도 적용 가능할 것이다.
- 온도 섭씨 0~30도 사이에서 물의 온도를 낮추면 배타 구역의 크기가 커

진다는 사실은 실험에서 증명되었다. 배타 구역의 크기가 커지면 입자의 실질적인 부피는 커지는 셈이다. 무게도 증가할 것이다. 주어진 시간에 보다 덜 움직인다는 의미이다. 따라서 온도 의존성도 우리가 생각한 것과 일치한다.

배타 구역 원리는 세 가지 기본적인 기대를 충족시킬 뿐만 아니라 기이한 현상도 설명할 수 있다. 콜로이드 결정 배열과 만나면 미소구체의 움직임은 실질적으로 사라진다. 이런 배열의 밖에서 미소구체들은 불규칙하게 움직인다. 그러나 조직화된 배열을 만나면 미소구체들은 우뚝 멈춰 선다(그림 9.15). 이런 현상은 이웃하는 미소구체가 부여하는 물리적 제약 때문이 아니다. 수 마이크로미터 떨어진 미소구체 사이에는 엄청난 수의 물 분자가 존재하는 까닭이다. 미소구체들끼리 부딪혀서 움직이지 못하는 것이 아니다.

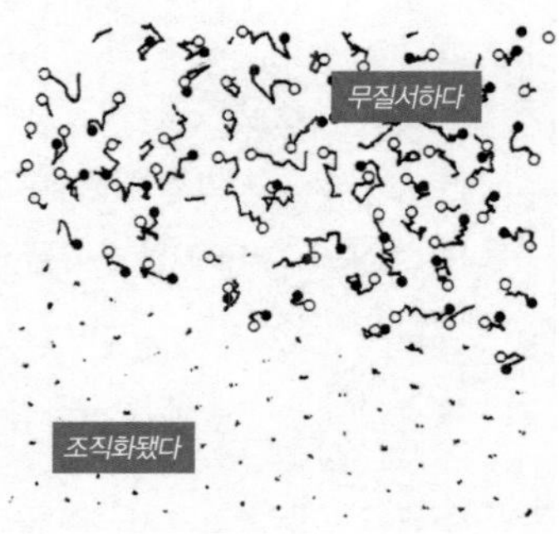

그림 9.15
시간의 경과에 따라 입자의 움직임을 추적했다. 조직화된 곳(왼쪽 아래)과 그렇지 않은 곳(오른쪽 위)에서 그 양상이 다르다. 도쇼(Dosho)와 동료들의 논문을 참고하라.[12]

실질적으로 미소구체들이 멈춰버린 이유는 동일 전하끼리의 인력에 따른 제약 때문이다. 콜로이드 결정은 강한 인력과 척력 사이의 확고한 균형을 바탕으로 형성된다. 균형이 잘 유지되기 때문에 매우 안정한 구조를 유지하는 것이다. 미소구체가 이들 결정 배열 안에 들어가면 외부에서 기원하는 전하의 요동에 거의 영향을 받지 않고 불규칙한 브라운 운동이 수그러든다. 따라서 우리의 가설은 그림 9.15에 제시한 역설적인 상황을 그럴싸하게 설명할 수 있는 것이다.

물이 아닌 다른 용액에서의 브라운 운동도 우리가 제시한 원리를 빌려 설명할 수 있다. 용매가 극성이면 배타 구역이 나타날 수 있는데, 이 배타 구역이 전하를 분리하는 것이다.[13] 이런 용액에서는 물에서와 마찬가지로

왜 먼지는 브라운 운동을 할까?

먼지에는 피부나 두피의 때 부스러기가 많다. 음성으로 대전된 것들이다. 따라서 그들은 서로 밀친다. 먼지가 공기 중을 움직일 때 이런 반발력이 형성된다. 헤어드라이어로 머리를 말릴 때 머리칼이 풍성해지듯 먼지도 마찬가지 방법으로 전하를 얻는다. 마찰전기 효과 때문이다. 공기의 움직임이 상대적으로 빨라지면 음전하가 많아질 것이고 반발력도 덩달아 커진다.

반면 공기는 양전하를 가지고 있다. 공기의 양전하는 먼지의 음전하를 무력화시킬 수 있다. 공기의 전하가 입자를 둘러싸야 하기 때문에 이 과정은 시간이 좀 걸린다. 따라서 천천히 움직이는 입자들이 쉽게 중화될 수 있다. 반면 입자의 움직임이 빠르면 그렇지 않다. 따라서 입자의 속도가 중요한 변수가 된다. 입자의 순 전하는 매우 역동적이기 때문에 먼지가 산만한 브라운 운동을 하는 것처럼 보인다.

움직이는 먼지 입자가 불규칙하게 움직이며 떠 있는 것을 보고 놀랄지도 모르겠다. 공기보다 무겁기 때문에 이 입자들은 점점 땅으로 떨어져야 하겠지만 그럼에도 그들은 여전히 떠 있다. 지각이 음으로 대전되어 있기 때문이다. 지각의 전하는 많이 연구되었지만 그 사실을 아는 사람은 드물다. 지각의 음전하가 먼지 음전하를 밀쳐내는 것이다. 따라서 이 입자들은 공기 중에 떠 있다. 가라앉기보다는 끊임없이 움직이면서 공기 중을 비행한다. 또 상호 반발력 때문에 이들이 서로 마주치는 일은 없다.

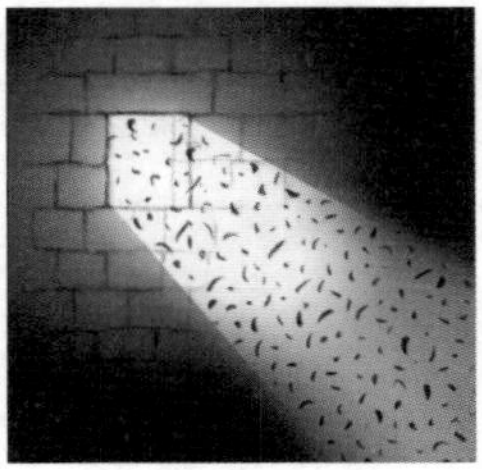

브라운 운동을 목격할 수 있다.

배타 구역에 입각한 원리로 불규칙한 브라운 운동이 끊임없이 지속되는 현상도 설명할 수 있다. 비커에 물과 미소구체를 하루를 놔두건 일 년을 놔두건(바닥에 가라앉지만 않는다면) 움직임은 변함없이 지속된다. 그저 입자들은 불규칙하게 움직일 뿐이다. 에너지가 계속 유입되기 때문이다. 액체가 전자기 에너지를 계속해서 흡수하는 한 유입된 이 에너지가 브라운 운동을 지속시킬 것이다.

의미

루크레티우스Lucretius의 과학적인 시「사물의 본성On the Nature of Things」(기원전 60년경)에서 먼지의 움직임에 관한 부분은 놀랍게도 브라운 운동을 잘 묘사하고 있다.

"햇빛이 건물 안을 비추어 어두운 그림자를 걷어낼 때 무슨 일이 생기는지 관찰해보라. 수없이 작은 입자들이 어지러이 움직이는 모습을 볼 수 있을 것이다…. 그들의 무도회는 우리들의 시각에 가려져 있던 물질들이 움직이는 것이다…. 그것은 원자이며, 원자들은 스스로 움직인다. 작은 입자에서 원자의 운동량을 제거하는 것은 거의 불가능하다. 이런 보이지 않는 충격 때문에 먼지 입자들이 움직일 수 있는 것이다. 축적된 원자들의 움직임이 점차 가시화되는 것이며 따라서 태양 빛 아래 움직이는 물체들은 움직이지 않는 어떤 실체의 타격을 끊임없이 받고 있다."

루크레티우스는 현대적 용어인 브라운 운동을 알고 있다는 듯이 기술했다. 모든 원자, 모든 분자, 입자 혹은 좀 더 큰 물체 모두 불규칙하게 움직이고 있다. 작은 것들이 큰 것을 치고 그것을 움직이게 한다. 2000년도 전에 이런 움직임을 훌륭하게 묘사한 것이다. 그러나 아인슈타인이 등장하기 전에는 그 누구도 이런 움직임의 본성을 알지 못했다. 아인슈타인은 계에 포함되어 있는 열이 그런 움직임을 추동할 것이라고 보았다. 그러한 열이 운동을 만들어낸다. 또 그것은 열을 생산하고 다시 움직이게 한다. 따라서 이런 과정은 외부의 도움이 없어도 영구히 지속될 수 있다.

아인슈타인이 활보하던 시대의 과학자들은 단순한 수용액이 외부 계로부터 에너지를 흡수하고 그것을 사용할 수 있다는 사실을 알아차리지 못했다. 비록 식물에서는 늘 일어나는 일이지만 그런 현상이 비커 속의 물처럼 비생명체에서도 발생할 수 있다는 생각은 그 누구도 하지 못했다. 그러나 앞에서 살펴본 것처럼 그런 일은 실제로 일어난다. 계속해서 유입된 에너지는 일을 할 수 있다. 그런 '활용' 방식 중 하나가 브라운 운동이다.

브라운 운동을 새롭게 설명하는 우리의 방식은 유효하다. 많은 물리적 현상은 다시 되짚어 생각해야 한다. 중요한 것은 '열역학 운동'이다. 열역학 운동은 브라운 운동을 설명하는 용어이다. 지금까지 이런 열역학 운동은 원자나 분자에 내재된 에너지에 의해 추동된다고 여겨졌다. 그러나 만약 외부의 에너지가 이런 운동의 원천이라면 다른 결과를 초래할 수 있는 매우 새로운 패러다임이 출현할 수 있을 것이다.

이런 두 방정식 사이의 중요한 차이점은 바로 이웃하는 입자에 대한 파급력에서도 찾아볼 수 있다(그림 9.16). 아인슈타인의 방정식에서는 입자의 운동이 그 입자에 부딪히는 물 분자에 의존한다. 이러한 분자의 영향을 받지 않는 입자는 시야에서 사라진다. 그러나 배타 구역 방정식에서는 그 반대도 사실이다. 어떤 거리에 있는 입자도 전하를 만들어내고 이렇게 요동하는 전하가 이웃하는 입자의 움직임에 영향을 끼친다. 그 효과는 제법 먼 거리까지도 파급된다. 이런 점에서 두 제안은 변별점이 있고 근본적으로 다르다. 전자의 기원은 역학적이지만 후자의 기원은 전기적이다.

이런 차이점 때문에 아인슈타인 방정식에서 비정상적으로 보였던 것들이 배타 구역 패러다임에서는 수월하게 해결된다. 앞에서 말한 것처럼 인

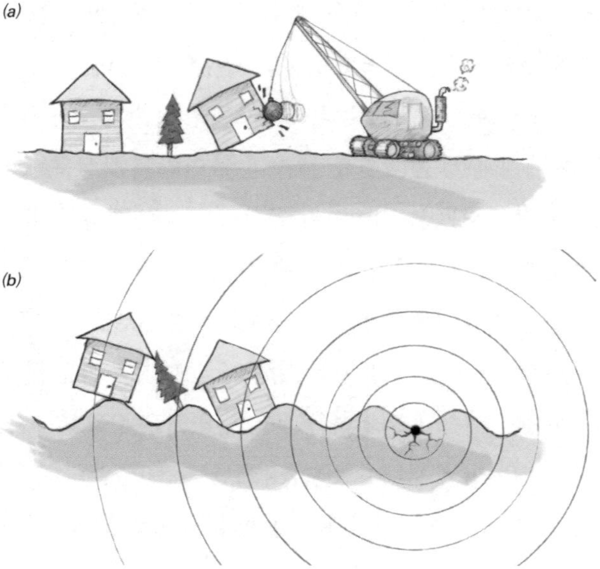

그림 9.16
(a) 아인슈타인 방정식은 국지적 효과에 초점을 맞춘다. (b) 배타 구역 방정식은 장거리 효과를 다루고 있다.

접하는 입자끼리의 짝지음과 콜로이드 결정 안에서 움직임이 없는 현상이 그런 예이다. 고전적인 패러다임으로는 이 두 가지 현상을 설명할 수 없다. 그러나 배타 구역 패러다임은 두 현상을 동시에 아우른다. 소금에 의해 불규칙한 움직임이 달라지는 현상도 고전적 패러다임으로는 설명하지 못한다. 그러나 새로운 패러다임은 그것을 단순한 크기의 문제로 접근하는데, 소금이 배타 구역의 크기를 줄이기 때문이다.[14] 이는 입자의 크기가 효과적으로 줄어든다는 말로서, 그 입자는 보다 활발하게 움직이게 된다. 고전적 패러다임으로 설명하기 힘들었던 몇 가지 현상은 배타 구역 패러다임 안에서 설득력 있는 대안을 찾을 수 있게 되었다.

브라운 운동을 배타 구역의 형성으로서 전부 설명할 수 있는지는 아직 미지수이다. 그렇지만 나는 한 가지 새로운 특성을 가지고 있기 때문에 충분히 그럴 수 있으리라 믿는다. 그것은 외부에서 유입된 에너지이다. 이런 특성 때문에 배타 구역의 성장과 엔트로피의 관계에 대해 다시 생각해보아야 한다. 브라운 운동의 역동성에 숨겨진 많은 비밀을 파헤칠 수도 있을 것이다.

그러나 앞으로 더 나가기 전에 몇 가지 문제를 짚고 넘어가야겠다. 이 장을 다 읽고 나니 독자 여러분은 열운동 개념을 명쾌하게 이해할 수 있게 되었는가? 아마 그럴지도 모르겠다. 내부의 열이 브라운 운동의 원천이라는 사실을 처음 배웠을 때 나는 혼란스러움을 느꼈다고 고백해야 할 것 같다. 비록 내가 열과 운동이 실제로 동의어라는 사실을 알았을지라도 도대체 나는 열이 어떻게 운동을 촉진할 수 있는지 이해하지 못했다. 그 상관관계는 매우 친숙하다. 그렇지만 그 저변에 깔린 기제는 모호했다.

열과 온도는 우리가 편하게 사용하는 용어이다. 그러나 나는 그 의미가 일반적으로 알려진 것보다는 훨씬 직접적이지 않다는 것을 알게 되었다. 직관적일망정 만족할 만하게 이런 개념을 이해하기 위해서 우리는 다른 것을 고려해야 한다. 다음 장에서 그 다른 것에 도전하려고 한다.

결론

전통적인 시각에 따르면 브라운(열역학) 운동은 온도라는 용어로 표현되는 분자 내부의 운동 에너지에서 기원한다. 이 에너지는 입자를 앞뒤로 끊임없이 움직이게 만들고 불규칙한(브라운) 운동을 이끌어낸다. 브라운 운동에 관한 이 이론은 보편적인 것이라고 알려졌지만 놀랄 만큼 많은 예외가 존재하는 것도 사실이다.

여기에서 우리가 제시한 새로운 가설에 의하면 외부에서 유입된 에너지가 브라운 운동을 촉진한다. 흡수된 에너지는 입자 주위에 배타 구역을 형성하고 전하를 분리한다. 이렇게 분리된 전하가 입자의 움직임을 가능하게 하는 힘의 기원이다.

우리는 새로운 가설이 실험의 증거와 일관되게 잘 부합하는 것을 확인했다. 또 이 모델은 직관적으로 명쾌하다. 집어넣은 에너지가 방출되는 것이다. 이렇게 단순한 모델을 써서 우리는 브라운 운동을 둘러싼 많은 역설을 해소할 수 있었다. 왜 입자가 끝도 없이 불규칙한 운동을 계속할 수 있는지 마침내 이해하게 된 것이다.

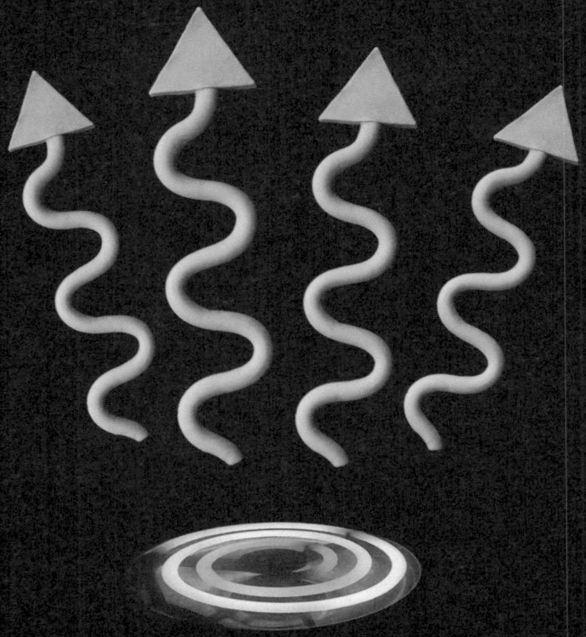

10장
열과 온도

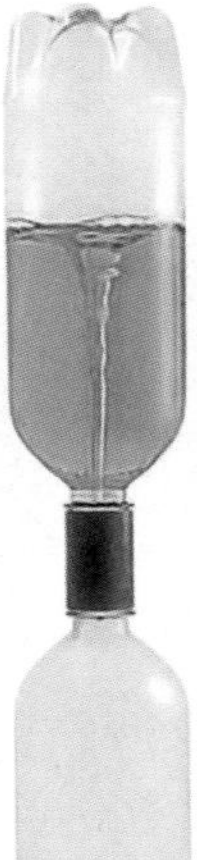

그림 10.1
소용돌이치는 물.

시애틀 근처 매혹적인 섬 레스토랑에서 점심을 먹는 동안 한 동료가 던진 얘기가 귓전을 때렸다. 온도에 관한 얘기였다. 그는 그릇에 담긴 물을 격렬하게 휘저어 소용돌이칠 정도가 되면 그 물은 시원해진다고 말했다. "에이, 말도 안 돼!" 나는 외쳤다. 저으면 마찰이 발생한다. 마찰에 의해서는 열이 발생하지 차가워지는 일은 결코 생겨나지 않는다. 그가 틀렸어야 옳다.

그러나 결국 그의 말이 옳았다는 것이 밝혀졌다. 나는 직접 실험을 해보기로 하고 한 학생에게 그 실험을 재현해보라고 말했다. 그는 소용돌이칠 때까지 반복해서 물을 휘저었고 그때마다 물의 온도가 내려갔다고 말했다. 뉴질랜드에 있는 친구도 똑같은 얘기를 했다. 젓는 방식에 따라 물을 차갑게 만들 수 있지만 결코 섭씨 4도 이하로 내리지는 못한다고 말했다.

소용돌이는 욕실과 화장실 배수구뿐만 아니라 강이나 시내에서 흔히 볼 수 있는 자연 현상이다.♦ 그림 10.1은 그 예이다.

♦ 블랙홀, 태풍의 핵, 화장실 배수구 모두 일정한 조건에서 소용돌이친다. 물이 채워진 욕실 배수구

왜 소용돌이치는 물은 차가워지는 것일까?

열과 온도를 철저하게 파헤치면 여러분은 이런 현상의 핵심을 깨달을 수 있으리라 생각할 것이다. 확실히 열심히 하는 것은 도움이 된다. 그렇지만 이전 장에서 살펴보았듯 합당한 질문을 깊이 파고든다고 해서 언제나 바람직한 결과가 얻어지지는 않는다. 브라운 운동은 열에 의해 작동한다고 알려져 있다. 수많은 물리학자들이 애를 썼지만 만족할 만한 설명은 아직도 찾아볼 수 없다. 뭔가 중요한 요소가 빠져 있는 것이다. 물론 그중 어떤 것은 매우 기초적인 사항이다.

핵심 요소에는 '열'과 '온도'('엔트로피'와 함께)가 포함된다. 이들 요소는 사실상 모든 에너지학의 중심에 있는 것처럼 보인다. 이제 살펴보겠지만 이 용어들의 개념은 무척이나 모호하다. 일상적인 대화에서 이런 용어를 사용할 때는 문제가 없다. 그러나 애매한 개념 위에 구축된 이론은 위험하기 짝이 없다. 그런 식으로 추론하면 정작 뜨거워야 할 것을 차갑다고 여길 수도 있다.

이러한 위험 때문에 모호한 용어 대신 명확하게 정의된 개념을 사용하고자 한다. 그런 용어 중 하나인 복사 에너지는 열이나 온도와 연관되어 있지만 자신만의 고유한 정의를 가진다는 이점이 있다. 물론 복사 에너지라는 말이 생소한 사람도 있을 것이다. 본격적으로 얘기를 시작하기 전에 복사 에너지에 대해 간단히 '소개'하겠다. 작은 고통을 감수하면 뭔가 얻는 것이 있을 것이다.

를 열고 수돗물을 틀어놓으면 소용돌이가 한동안 유지된다. 만일 들어오고 나가는 물의 양이 같다면 물은 안정된 '소산' 구조를 유지할 것이다. 이는 종종 먹고 물질을 대사하여 에너지를 획득하는 생명체의 '음의 엔트로피' 구조를 설명할 때 은유적으로 사용된다. 소용돌이와 관련해서 물의 온도가 내려간다는 가설은 수학적 뒷받침을 받아 설명해야 할 듯한 느낌이 강하게 든다.

복사 에너지의 기원

그림 10.2
복사 에너지의 다양한 원천. 복사 에너지의 파장대는 천차만별이다.

복사 에너지는 전자기 에너지이다. 광범위한 전자기파가 여기에 포함된다. 각 영역의 스펙트럼은 서로 다른 특성을 나타낸다(그림 10.2). 가시광선은 눈에 보인다. 마이크로파를 써서 음식을 요리할 수 있고 라디오파는 우리의 의사소통을 돕는다. X-선은 상image을 만들 수 있다. 한편 적외선은 우리를 따뜻하게 할 수도 있다. 이러한 특징은 서로 너무 달라 보이기 때문에 이들 모든 파동이 한 가지 전자기파의 스펙트럼에 속한다는 것을 쉽게 잊는다.

복사 에너지의 작용 방식을 이해하려면 전자기파가 어떻게 생겨났는지 알아둘 필요가 있다. 전자기파는 언제나 전하의 운동에 의해 발생한다. 그림 10.3에서 이 개념을 도식화했다. 공간의 어딘가에 위치한 고정된 전하를 상상해보아라(왼쪽). 충분히 가까이 있다면 우리(혹은 검출기)는 전하를 감지할 수 있다. 만약 전하가 움직이면 그것과 우리와의 관계가 달라진다(가운

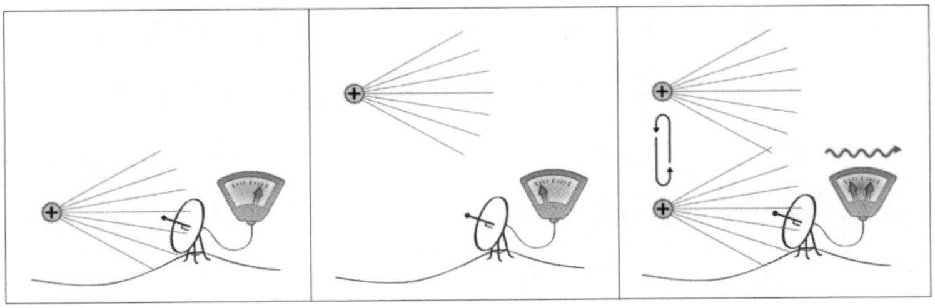

그림 10.3
단순화한 전자기파의 생성. 전하의 앞뒤 움직임에 의해 전기장이 진동한다. 검출기로 이를 잡아낼 수 있다.

데). 중간 매체를 통해 얼마나 빠르게 정보가 증폭되느냐에 따라 그 변화를 감지하는 데 걸리는 시간이 달라진다. 마찬가지로 앞뒤로 움직이는 전하는 앞뒤로 움직이는 파동을 만들어낸다(오른쪽). 이들도 쉽게 감지할 수 있을 것이다.

어떤 종류의 전하가 진동하더라도 파동이 만들어진다. 진동하는 전하는 전자일 수도 있고 양성자, 핵 심지어 하전된 커다란 물체일 수도 있다. 이 모든 것이 전자기 파동을 만들어낸다. 또한 이런 움직임은 원자만큼 매우 작은 것에서부터 복사 에너지를 방출하는 커다란 안테나처럼 광범위하게 걸쳐 있다. 그러나 항상 전하의 앞뒤 진동을 수반한다는 점에서 전자기파 발생 과정은 동일하다고 볼 수 있다.

물질과 전자기파의 상호작용

이제 전자기파가 물질을 통과할 때 어떤 일이 일어나는지 살펴보자. 모든 물질은 전하를 가지고 있다. 전자기파는 그 전하에 힘을 가한다. 따라서 유입된 전자기파는 물질의 전하가 무엇이든 만나는 족족 그것을 밀거나 당길 것이다. 전하가 이동한다는 말이다. 만약 들어오는 전자기파가 주기적이라면 물질 내부의 전하도 같은 주기로 진동한다. 따라서 전하의 진동은 다른 전하의 진동을 유발한다. 이런 과정은 연쇄적으로 일어난다.

통과하는 매질에 따라 전자기파의 지속성 여부가 갈린다. 매질이 동일하다면 약해질 수 있겠지만 전자기파의 기본적인 특성은 변화하지 않는다. 반대로 매질이 균질하지 않다면 통과하는 동안 전자기파의 특성이 변할 수도 있다. 예컨대 한 매질에서 다른 매질로 변할 때 전자기파가 빠르게 증폭될 수 있다. 전자기파의 속도가 빠르다면 같은 시간 안에 더 먼 거리를 통과할 수 있을 것이다. 다시 말하면 파장이 길다는 뜻이다. 전자기파의 파장은 물질을 통과하면서 변화할 수 있다.

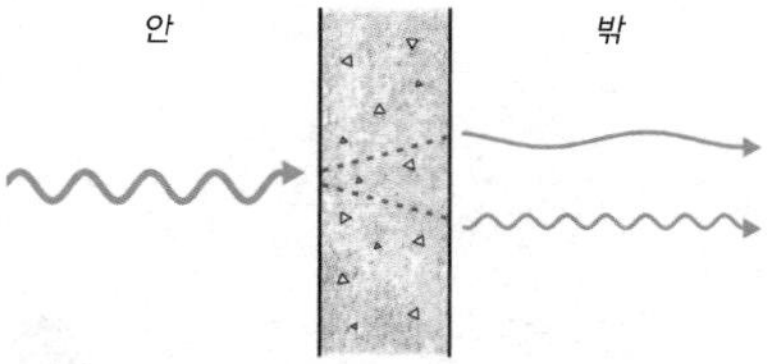

그림 10.4
복잡한 매질을 지나는 전자기파 복사 에너지. 복사 에너지의 특성은 변화할 수 있다. 입사 에너지와 방출 에너지 총량은 달라질 수도 있다. 매질이 에너지를 저장한다면 뭔가 일할 때 이를 사용할 수 있다.

최종적으로 전자기파는 매질을 빠져나온다. 앞에서 설명한 대로 매질을 통과한 전자기파는 입사 파장과 달라질 수 있다. 들어갈 때 10마이크로미터 파장을 가진 전자기파가 매질을 빠져나올 때 5 혹은 20마이크로미터의 파장을 가질 수 있다는 말이다. 이러한 변화는 매질의 특성에 의해 좌우된다. 복잡한 매질을 통과하는 전자기파의 파장은 길어질 수도 짧아질 수도 있다(스토크스 혹은 반스토크스 전이라고도 불린다)(그림 10.4).

형광은 전자기파의 파장이 이동하는 대표적인 예이다. 특정한 파장의 입사광이 일시적으로 물질 내부의 전자를 고에너지 상태로 이동시킨다. 이 전자가 에너지를 내놓으며 더 긴 파장의 빛을 내놓는다. 청색의 입사광이 형광 물질을 통과하면서 붉은빛을 방출하는 것이다. 이때 이런 성질을 가진 물질을 적색 형광 물질이라고 부른다.

적외선 영역에서도 스펙트럼의 이동이 일어난다. 이 현상은 우리가 살고 있는 집에서 흔히 관찰된다. 햇볕이 내리쬐면 집의 외벽이 에너지를 흡수한다. 외벽은 그 에너지의 일부를 내벽에, 내벽은 다시 방 안으로 에너지를 방출한다. 그렇게 우리는 따스함을 느낀다. 내벽에서 방출되는 전자기파의 파장과 진폭은 내리쬐는 햇볕의 그것과는 전혀 다르다.

이런 예는 전자기파의 역동성을 보여주는 것이다. 계 안으로 들어오는 입사광은 물질 내부의 전하를 움직이고 이 움직임을 통해 전자기파가 발생한다. 다시 그것은 전하의 움직임을 추동한다. 여러 차례 파장과 진폭의 변화를 겪고 난 뒤에 또는 어떤 일을 한 뒤 마침내 전자기파가 계를 벗어난다(7장, 9장). 즉, 어떤 물질이 방출하는 복사 에너지는 입사 에너지가 무엇인가에 따라 또는 매질의 특성에 따라 달라진다.

물에서 나오는 복사 에너지

그렇다면 물이라는 매질에서는 어떤 일이 일어날까?

주어진 매질이 방출하는 전자기파의 특성은 간단히 '방사율emissivity'이라는 용어로 표현한다. 방사율이 높은 물체는 그렇지 않은 물체에 비해 보다 많은 에너지를 방출한다. 에너지가 충만하다는 말이다. 만일 전자기파의 방출이 적외선 영역에서 일어난다고 해보자. 이때 방사율이 높은 물체는 방사율이 낮은 물체보다 적외선 카메라에 더 밝게 찍힐 것이다.

그림 10.5
방의 내벽. 가시광선에서 관찰한 모습(위)과 적외선 카메라로 찍은 모습(아래)이다.[1] 적외선 이미지를 통해 벽 내부 구조가 어떠한지 알 수 있다.

그림 10.5를 보자. 사무실 벽을 찍은 사진이다. 가시광선 영역의 이미지에서는(위) 외부로 드러나는 기본적인 정보를 얻을 수 있다. 동일한 장소를 적외선 카메라로 찍으면(아래) 숨어 있던 세세한 정보가 드러난다. 이미지가 담고 있는 정보의 차이는 방사율의 차이에서 기인한다.

그림 10.6은 적외선 카메라에 잡힌 구름의 이미지이다. 이것을 보면 구름도 상당한 양의 복사 에너지를 가지고 있음을 알 수 있다. 사람들은 적외선의 세기가 직접적으로 온도와 관련된다고 생각한다(사진 오른쪽의 눈금을 보자). 이런 생각에 깊이 빠진 사람이라면 구름 쪽이 그 주변의 추운 하늘보다 더 따뜻하다고 말할 것이다. 또 겨울의 구름이 아래쪽 굴뚝보다 더 따뜻

그림 10.6
9~12마이크로미터 파장대에서 얻은 적외선 이미지. 땅의 온도는 대략 섭씨 0도이다. 아래쪽에 굴뚝과 나무 꼭대기가 보인다. 카메라 제조회사에서 제공한 온도 기준을 감안하면, 먼 곳에 있는 구름은 섭씨 −20도의 대기에 둘러싸여 있지만 그 온도가 섭씨 15도에 이른다. 이 기준에 따르면 무려 섭씨 35도의 온도 차이가 난다.

하다고 할 것이다. 그러나 사실 이런 해석은 터무니없는 것이다. 온도를 해석하는 분석틀 치고는 뭔가 부족하다는 말이다.

그렇지만 복사 에너지라는 개념을 빌려 생각하면 구름이 그 주변보다 더 높은 방사율을 가졌다고 볼 수 있다. 구름 속에서 움직이는 전하가 보다 풍부한 양의 적외선을 만들어낸다. 구름은 더 '뜨거워' 보이지만 실제로 그것은 구름 안의 전하가 더 활발히 움직인다는 것을 의미할 뿐이다.

아무런 생각 없이 익숙한 개념을 쫓다가 우를 범하는 경우를 가끔 목격한다. 추운 하늘에 떠 있는 구름은 냉장고 안의 오븐이 아니다. 열이나 온도와 같이 익숙한 개념에 너무 경도되어 있다 보면 가끔씩 이렇게 잘못된 해석을 하게 된다. 상투적인 문구 위에 붉은 깃발을 날리는 격이다.

이제 세 번째 적외선 이미지를 살펴보자(편의를 위해 다시 실었다). 그림 3.15는 나피온 표면 근처의 물을 적외선 카메라로 찍은 것이다. 배타 구역과 일반적인 물이 나란히 길게 유지되고 있었기 때문에 이들 각각의 영역의 물리적 차이는 평형을 이루고 있다고 할

그림 3.15
나피온 박막 주변 물에서 촬영한 적외선 방출 이미지. 실온을 유지시켰다. 중간쯤의 검은색 수평 띠는 배타 구역이 있을 것으로 예상되는 장소이다.

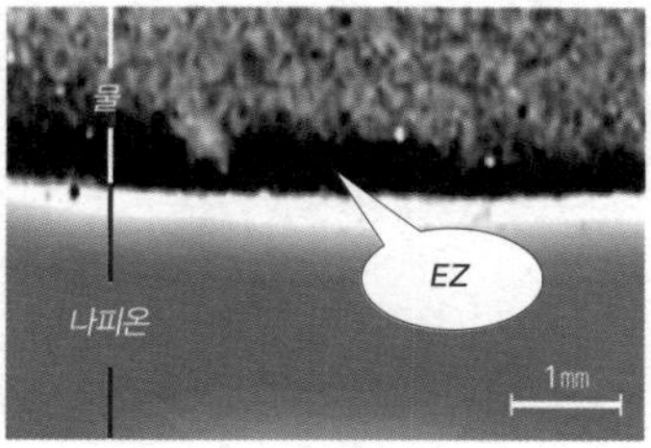

수 있다. 여기서는 배타 구역이 더 어둡게 찍혔다. 이 장소에서 더 적은 양의 적외선이 방출되기 때문이다. 따라서 우리는 배타 구역이 일반적인 물보다 '온도'가 낮을 것이라 생각하기 쉽지만 그러나 틀렸다.

일반적인 물보다 배타 구역의 물이 더 적은 양의 복사 에너지를 내는 이유는 무엇일까? 각각의 영역에서 전하의 움직임을 고려해보라. 배타 구역에서 전하는 격자에 갇혀 고정되어 있다. 가끔 격자 한쪽에서 다른 쪽으로 이동할 수 있지만 대개 이들은 제자리에 놓여 있다. 인접하는 일반적인 물에서는 전하가 자유롭게 여기저기 이동할 수 있다. 움직이는 전하가 복사 에너지를 만들기 때문에 일반적인 물 영역이 더 밝게 보이는 것이다. 이런 이유로 일반적인 물이 배타 구역보다 '따뜻하게' 보인다. 그러나 엄밀하게 말하면 이것은 일반적인 물에서 전하의 움직임이 활발하다는 뜻이다.

따라서 적외선 이미지의 밝기는 온도가 높다 혹은 낮다를 의미하지는 않는다. 다만 그것은 전하의 움직임이 활발하다 혹은 그렇지 않다는 의미일 뿐이다. 적외선 이미지가 밝을 때 '온도가 더 높다'라는 말은 일상에서 편하게 쓸 수 있겠지만, 과학적인 토론을 할 경우라면 복사 에너지와 같은 안전한 개념을 사용해야 한다. '온도'나 '열' 같은 용어는 피하는 편이 나을 것이다.

결론은 이렇다. 방출되는 복사 에너지는 전하 움직임의 세기를 뜻한다. 전자기파 스펙트럼의 모든 파장 영역에서 이 말은 사실이다. 온도 혹은 열의 유혹에 빠지지 않고 보다 근본적인 개념을 고수한다면 연구 과정에서 우리가 길을 헤매는 일은 없을 것이다.

온도와 열은 무엇인가?

친숙한 개념이 애초 어떻게 기원했는가에 관한 말들은 일견 조리가 있어 보인다. 그러나 온도나 열이 왜 그렇게 혼란스러운지 이해하기 위해서는 그 의미를 파악하는 것이 중요하다.

'열'을 설명하는 단 하나의 정의는 없다. 가열heating은 보통(항상 그런 것은 아니지만) 특정 물체에 에너지를 전달하는 것을 의미하는데, 가열이 그 물체에 일을 하게 하는 것을 뜻하지는 않는다. 따라서 어떤 물체에 복사 에너지를 가하는 것을 가열이라고 할 수 있을 것이다. 그러나 산으로 바위를 올리는 것처럼 일을 하는 것을 가열이라고 하지는 않는다. 원칙적으로 더 많은 복사 에너지를 공급할수록 더 많은 열을 가하는 것이다.

이제 물과 관련하여 가열을 살펴보자. 다른 물체와 마찬가지로 물도 에너지를 흡수하고 변화하면서 유입된 복사 에너지를 다시 방출한다. 물에서 방출되는 전자기파는 적외선 영역에 속하며 그 파장이 3~15마이크로미터 정도이다. 우리는 물에서 나오는 복사 에너지의 파장이 왜 이런 영역대에 속하는지 짐작할 수 있다. 물 분자 내부의 전하는 일정한 거리를 두고 서로 떨어져 있다. 물 분자의 전하가 진동할 때 그러한 특징적인 간격과 결부된 파장을 선호한다는 뜻이다. 그것이 3~15마이크로미터이다. 물은 우선적으로 적외선 영역의 전자기파를 흡수하고 적외선 파장의 복사 에너지를 방출한다.

따라서 물을 다룰 때 우리는 왜 '적외선'과 '가열'이 종종 같은 맥락에서 언급되는지 이해할 수 있다. 물은 적외선을 흡수한다. 따라서 '가열된다'. 또 물은 적외선을 방출하기 때문에 '따뜻하다'라고 느껴진다.

그렇지만 '적외선'과 '가열'이 서로 같지 않다는 점을 잊지 말아야 한다.

물은 적외선 파장뿐만 아니라 다양한 파장에 걸쳐 여러 가지 종류의 전자기파 스펙트럼을 흡수한다. 게다가 양이 충분하기만 하다면 가시광선으로도 물을 가열할 수 있다. 오븐의 마이크로파 에너지는 신속하고 효율적으로 물을 끓일 수 있다. 따라서 가열이 적외선 흡수와 같은 것이라고 볼 이유가 없는 것이다. 마찬가지로 가열된 물이 적외선 파장만을 내놓는다고도 말할 수 없다. 실제로 물은 가시광선 영역에 해당하는 에너지를 방출할 수 있다 (7장).

복사 에너지와 열 사이의 관계가 모호하기 때문에 '열'이라는 용어를 사용할 때는 상당한 주의를 기울여야 한다.

이제 '온도'에 관해 살펴보자. 물이 적외선이나 다른 종류의 에너지를 받아 '가열되면' 우리는 물의 온도가 올라갔다고 말한다. 여기서도 이렇게 질문할 수 있다. 온도가 의미하는 바는 정확히 무엇일까?

불행하게도 온도를 규정하는 단 한 가지 정의는 존재하지 않는다. 분야마다 서로 다른 정의를 사용한다. 몇 가지 예를 들어보자. 존재하는 열의 강도 혹은 정도, 다른 물질에 열을 전달하는 어떤 물질의 능력, 물질을 구성하는 원자 혹은 분자의 평균 운동 에너지, 병진[◆]·진동·전자의 에너지 준위 여기勵起에서 발생하는 입자 운동, 그리고 기체 입자의 운동 에너지의 확률분포 등이 있다.

심지어 주어진 실제 온도값도 애매하긴 마찬가지다. 물은 섭씨 0도에서 얼고 섭씨 100도에서 끓는다고 말한다. 우리는 이런 기준이 온도의 진정한 의미를 파악하는 유용한 지표라고 생각한다. 그러나 표준 압력에서 순

◆ 구조가 변하지 않은 채 위치만 변하는 운동의 한 형태를 뜻한다. 팔의 회전 운동에 의해 손을 떠난 야구공이 병진 운동을 한다.

수한 물은 섭씨 0도보다 낮은 온도에서 얼 수 있고(특히 밀폐된 공간에서) 섭씨 100도보다 높거나 낮은 온도에서 끓을 수 있다.[2] 이러한 비정상적인 물의 행동을 예외적인 경우라고 말하고 싶기도 하지만 한편 그것은 온도에 관한 우리의 이해 수준이 여전히 모호하다는 뜻이기도 하다. 정의의 다양성을 감안할 때 '온도'는 '열'만큼이나 모호한 어떤 것이다.

애매한 정의도 그렇지만 우리는 물처럼 평형을 벗어난 계를 이해하는 데 근본적인 한계를 가진다. 열역학자들은 그러한 계에서 경험적인 측정이야말로 두 물체 중 어느 것이 더 따뜻한가를 판단하는 기준이 되지 못할 것이라고 경고한다. 알아듣기 쉽게 풀이하자면 평형을 벗어난 계를 온도로 정의하기 어렵다는 말이다. 물은 상황이 더 심각하다. 이런 문제를 풀기 전까지는 우리가 '온도'와 '열'에 대해 잘 모른다고 말해야 할 것이다.

독자들은 내가 왜 익숙하고 편한 용어를 사용하는 일을 자제해야 한다고 강조하는지 어렴풋이 짐작이 갈 것이다. 친구와 얘기할 때 "난로가 뜨겁다!"라는 말을 어떤 말로 대신할 수 있을까? 그러나 과학적인 토론 석상에서는 난삽한 정의가 자주 난해한 결론으로 귀결되기 쉽다. 심지어 잘못된 결론으로 이어지기도 한다. 브라운 운동은 하나의 예이다. 소용돌이도 마찬가지다. 이 두 가지 사례에서 우리는 기초적인 변수인 온도를 사용함으로써 어떤 일이 벌어지는지 살펴볼 것이다.

반면에 우리가 '복사 에너지'와 같이 물리적으로 잘 정의된 용어를 고수한다면 물리적 성질의 진정한 이해에 보다 가까이 다가갈 수 있을 것이다. 그렇다면 과연 복사 에너지가 아리송한 질문에 현명한 답을 줄 수 있는지 살펴보자.

복사 에너지가 정보를 운반할까?

물은 복사 에너지를 방출한다. 대부분의 에너지는 일반적인 물에서 유래하지만 배타 구역도 일부의 에너지를 방출한다. 배타 구역으로부터 방출된 전자기파의 파장은 배타 구역의 구조에 따라 달라진다.

배타 구역은 일반적인 구조를 취하지만(4장) 여러 가지 변형도 가능하다. 배타 구역은 고유한 전하 분포를 가지는 표면으로부터 형성된다. 따라서 독특하게 분포하고 있는 표면의 전하는 전형적인 배타 구역 구조를 변형시킬 수 있을 것이다. 그러므로 배타 구역에서 방출되는 복사 에너지는 물질 표면에 관한 정보를 포함하고 있을 것이다.

그렇다면 배타 구역 물은 텔레비전 방송국의 안테나가 하는 방식과 마찬가지로 정보를 방출할(복사할) 것이다. 방출된(복사된) 에너지가 한 가지가 아니라는 말이다.

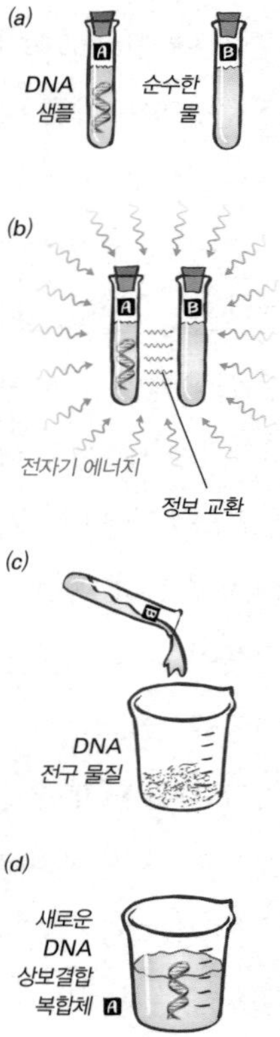

타 구역 구조 변형을 유도한다면 일부 정보는 보존되기도 할 것이다. 이렇게 정보가 보존될 수 있다면 전자기적인 방식으로 구조의 정보가 공유되고 있다고도 볼 수 있을 것 같다. 굳이 말하자면 물에 바탕을 둔 이메일 같다고 할 수 있다.

이러한 통신 방식이 가능할 것처럼 보이지는 않지만 노벨상 수상자 뤼크 몽타니에(Luc Montagnier)는 이런 방식의 정보 전달이 가능할지도 모른다고 얘기했다(그림). 몽타니에는 DNA–구조 신호가 물에 전달될 수 있다고 주장했다. 그는 우선 샘플 DNA의 수용성 현탁액을 만들었다. 다음에 그는 현탁액을 밀봉하고 마찬가지로 밀봉한 물 옆에 두었다. 인접해 있는 두 시험관에 일반적인 전자기 에너지를 쐬어주면서 장기간 방치하였다.

이제 새로운 '정보'가 담긴 두 번째 시험관에 있는 물을 DNA 합성에 필요한 원료 물질과 합친다. 여기서 새로운 DNA가 합성될 것이다. 그러나 새로 합성된 DNA의 염기 서열은 무작위적이지 않다. 그 정보는 첫 번째 시험관에 담겨 있던 유전자와 정보가 같

물이 복사 에너지를 흡수하면 무슨 일이 일어날까? 만약 복사 에너지가 어떤 정보를 포함한다면 우리는 그것이 흐릿해지거나 소실될 것이라고 예상할 수 있다. 그러나 에너지의 진동 방식 중 일부가 배

다. 두 시험관은 잘 막혀 있었고 결코 물리적인 접촉이 없었지만 정보가 전달된 것 같은 결과를 나타내었다.[3,4]

몽타니에의 논문에 대한 초기 반응은 대체로 회의적이었다. 그러나 거의 한 세기도 전, 구르비치(Gurwitsch)가 발견한 전자기 전달 현상[5] 및 최근 벵베니스트(Benveniste)의 연구에 자극을 받은 과학자들이[6] 이 현상의 뒤를 캐기 시작했다. 이 글을 쓰는 시점에서 두 실험실은 몽타니에의 발견을 재현했다고 주장하고 있다. 이들 연구에서 어떤 결론이 도출될지 자못 궁금하다.

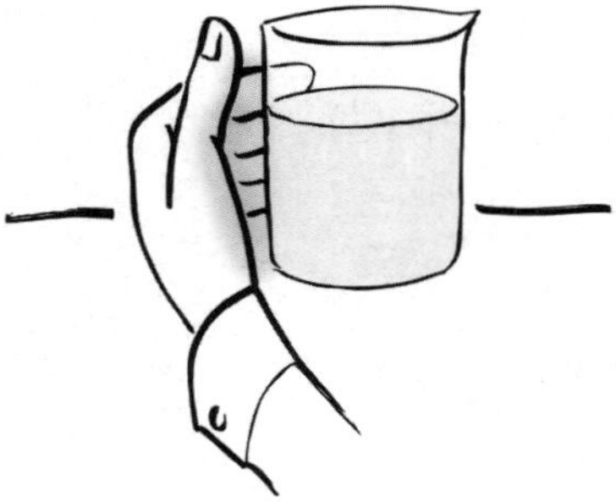

그림 10.7
손으로 물에서 나오는 복사 에너지의 양을 감지할 수 있다.

냉각, 가열 그리고 복사 에너지

물이 담긴 용기를 손으로 부여잡을 때 손바닥은 (용기를 통해) 물이 방출하는 복사 에너지를 흡수한다. 만약 물이 많은 양의 적외선을 방출하면 우리는 그것을 따뜻하다고 해석한다. 반대로 많은 양의 적외선이 나오지 않으면 차갑다고 여길 것이다. 복사선의 방출을 감지하면 그 신호는 뇌로 재빠르게 전달된다. 그렇게 따스하다는 것을 알게 된다(그림 10.7).

온도계가 작동하는 방식도 유사하다. 온도계는 두 가지, 즉 복사 또는 전도conduct 중 한 가지 방식으로 온도를 감지한다. 두 방법은 다르다고 여겨지지만 내가 보기에는 그렇지 않다. 좀 살펴보자.

복사를 감지하는 온도계는 외부에서 유입된 적외선 복사 에너지의 양을 기록한다. 우리 손이 하는 것과 거의 같다고 볼 수 있다.

이와는 달리 전도 방식의 온도계는 열을 '전도'한다고 말한다. 강철 공은 접촉하고 있는 외부의 열을 '전도'한다. 만약 그것이 물이라면 물의 '열역학 진동'이 강철에 직접 전달된다. 또 그것은 강철 내부에 있는 전자의 진동을 유도하고 그것은 더 멀리 있는 전자에까지 파급된다. 이런 과정을 거쳐 결국 그 진동은 수은까지 전달된다. 그에 따라 수은이 팽창하고 우리는 온도계의 눈금을 읽을 수 있게 된다.

이 전도 방식의 온도 감지법은 복사에 의한 것과 달라 보인다. 그러나 두 경우 모두 복사 에너지가 특정 매질을 통해 증폭되고 증폭된 양이 온도로 표시되는 것이다. 실제적으로 우리 손도 똑같은 일을 한다. 더 세게 붙들수록 강도가 커진다(물이 '더 뜨거운 것'처럼 느껴진다).

이 두 가지 감지 방식으로 적외선 복사 에너지를 검출할 수 있다. 그리고 그 모든 에너지는 진동하는 전하에서 비롯된다. 나는 이 개념이 복사 에너지와 다소 모호하게 정의된 열과 온도 사이의 연결 고리가 되어주기를 희망한다.

이제 복사 에너지라는 개념을 빌려 얘기를 계속해나가려고 한다. 복사 에너지라는 개념에는 물의 특성을 이해하기 위한 두 가지 단서가 숨어 있다.

- 배타 구역이 형성되면서 방출된 양성자는 주변에 있는 일반적인 물과 섞인다. 이들 움직이는 전하는 상당한 양의 복사 에너지를 내놓는다. 이 복사 에너지 때문에 일반적인 물은 따뜻하게 느껴진다.
- 배타 구역의 물 자체는 전하의 움직임이 제한되어 있기 때문에 상대적으로 적은 양의 적외선 복사 에너지를 갖고 있다. 따라서 차갑게 느껴진다.

이상의 두 가지 실용적인 단서를 가지고 우리를 곤혹스럽고 헷갈리게 하는 문제를 살펴보자. 그것은 바로 혼합mixing과 소용돌이vortexing이다.

(a)

(b)

그림 10.8
물에 용질을 섞으면 전혀 예상치 못한 결과가 초래되기도 한다.

1. 혼합

열과 부피의 미심쩍은 감소

물질이 물에 섞일 때 간혹 기이한 일이 발생한다. 녹는다는 것 말고 무슨 일이 더 일어나겠어? 하고 우리는 생각한다. 그러나 일반적으로 물질을 물에 섞으면 매우 혼란스러운 상황이 발생할 수 있다(그림 10.8a). 황산에 물 몇 방울을 추가하면 끓거나 팍 튄다. 심하면 폭발할 수도 있다.

예상치 못한 결과는 이것뿐이 아니다. 액체가 물에 섞일 때 부피는 두 액체 부피의 합과 같지 않을 수도 있다(그림 10.8b). 더 늘어날 수도 있지만 보통 부피가 줄어든다. 심한 경우에 부피는 20퍼센트 정도까지 줄어들기도 한다. 물과 고체를 혼합할 때도 비슷한 현상을 관찰할 수 있다. 물이 든 비커에 수산화나트륨 몇 덩어리를 떨구면 물의 부피가 줄어든다. 다시 원래 부피를 회복하려면 더 많은 양의 수산화나트륨 덩어리를 집어넣어 주어야 한다.

비커의 가장자리까지 물을 채우고 거기에 소금을 첨가하면 부피의 변화를 목격할 수 있다. 비커 바닥에 쌓일 정도의 소금을 집어넣더라도 물은 넘치지 않는다. 마치 부피가 사라진 것처럼 보인다.

화학자들은 이러한 현상을 잘 알고 있다. 일반적인 이론에 따르면 황산에 약간의 물을 첨가함으로써 분출되는 열은 각각의 용매화의 하위 과정에서 나오는 열에 의해 발생한다. 그것을 다 합하면 소위 '수화 열'이 된다. 이 열은 물을 뜨겁게 달군다. 혼합하기 전보다 혼합했을 때 분자 간의 결합이 더 좋아진다거나 혹은 그렇지 않다거나 하는 설명도 있다.

이러한 설명은 간단해 보이지만 그것이 옳은지 그른지 확인하는 것은 만만하지 않다. 첫 번째로 황산에서의 열은 실험에서 추론한 것이지 독립적으로 관찰된 것은 아니다. 두 번째로 분자가 어떻게 퍼즐 조각처럼 잘 끼어 맞는가 이리저리 궁리하는 것은 적절한 과학적 방법이 아니다. 과학적 설명으로써는 적당하지 않다는 뜻이다.

이 두 가지 현상의 원인을 곰곰이 생각하다가 여기에 전혀 예상치 못한 어떤 상관관계가 숨어 있지 않을까 하는 생각이 뇌리를 스쳤다. 그것은 혹시 열이 방출되면서 부피가 변화할지도 모르겠다는 사실이었다. 열이 방출되는 경우에는 언제라도 물체가 움츠러드는 현상을 엿본 듯하다. 거꾸로 말하면 열을 흡수할 때는 확장 현상이 관찰될 것이다. 따라서 나는 열과 부피의 변화의 기원이 같지는 않을까 고민하기 시작했다.

지금까지 고려해본 적은 없지만 그 기원은 익숙한 것이었다. 바로 배타 구역이었다. 용질을 물과 섞는 것은 배타 구역의 내용물을 바꾸는 것일 수도 있다. 예를 들면 수화되지 않은 어떤 성분에 물을 첨가하면 배타 구역이 만들어질 수 있다. 왜냐하면 배타 구역의 형성은 곧 녹는다는 의미이기 때문이다(8장).

어떤 성분을 물과 섞을 때 배타 구역의 형성이 증가된다고 가정해보자. 이것이 어떻게 '온도'와 부피에 영향을 미칠 수 있을까?

- 배타 구역이 형성되면 양성자가 방출된다. 이 양성자들이 움직이면서 복사 에너지를 만들어낸다. 따라서 혼합물은 '가열되는' 것이다.
- 그렇지만 배타 구역의 밀도가 일반적인 물의 밀도보다 높기 때문에(3장, 4장) 그 혼합물의 부피는 줄어들어야 한다. 일반적인 물에서 배타 구역으

로 변화하면 부피가 줄어든다.

배타 구역의 성장은 최소한 이론적으로나마 가열 및 부피 감소를 설명할 수 있다. 우리는 이런 환경에서 배타 구역이 실제로 자랄 수 있는지 실험으로 확인해보았다.

부피와 열의 수수께끼에 도전하다

먼저 확인할 것이 있었다. 가열과 수축은 밀접하게 관련된 것처럼 보이지만 확실히 해둘 필요가 있었다. 따라서 우리는 열을 내놓으면서 녹는 일곱 가지 현상을 관찰했다. 이 모든 경우에서 우리는 열과 부피가 연관된다는 점을 확인했다. (한 가지는 기술적인 어려움이 있었지만 나머지는 별문제가 없었다.) 전형적으로 부피의 감소는 수십 초 내에 일어났으며 열도 높이 올라갔다. 예상했던 대로 두 현상은 밀접한 관계가 있었다.

그림 10.9
물과 염산을 반반 섞은 용액의 자외선-가시광선 분광학 데이터. 흡수 피크는 278나노미터에서 나타난다.

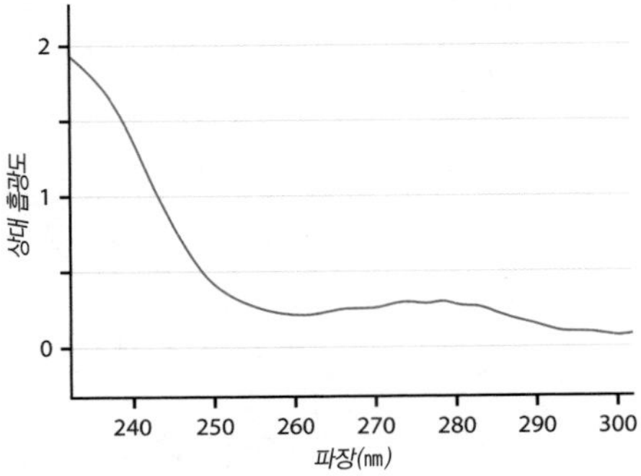

다음으로 물질이 용해되면서 배타 구역이 형성되는지 살폈다. 우리가 확인하고자 했던 것은 배타 구역에서 특징적으로 나타나는 270나노미터 혹은 그 근처에서의 흡수 피크 스펙트럼이었다. 가끔 흡수 피크 스펙트럼은 10~25나노미터 좌우로 움직였다. 또 하나 대신 크고 작은 두 개의 흡수 피크를 보이기도 했다. 그렇지만 모든 경우 예상했던 피크를 관찰할 수 있었다. 대표적인 예는 그림 10.9에 나타냈다.

이상의 결과는 가열 및 부피 감소가 서로 관련되어 있다는 점이었고 그런 현상이 일어날 때 배타 구역이 형성된다는 사실이었다. 물질이 녹는 과정에서 가열 및 부피 감소가 관찰된다는 점에서 최소한 우리는 올바른 궤도를 걷고 있었다.

혼합의 또 다른 측면인 냉각과 부피의 팽창은 일반적이라고 보기에 다소 거리가 있는 결과이다. 이런 편차가 일어나는 이유를 알아보기 위해 과황산 암모늄ammonium persulfate을 물에 녹이는 잘 알려진 예를 살펴보았다. 과황산 암모늄은 분말 결정이다. 이 분말 결정과 물을 거의 같은 양으로 섞으면 부피는 두 양을 더한 것보다 늘어난다. 부피가 늘어나는 것은 확인되었지만 기술적인 어려움 때문에 얼마나 더 늘어나는지는 알 수 없었다. 반면 온도는 온도계를 써서 쉽게 확인할 수 있었다. 정확히 섭씨 8도가 떨어졌다. 예상했던 결과였다. 혼합물의 온도가 떨어지면서 부피가 늘어났다.

여기서 제기되는 중요한 의문은 물질이 섞이면서 배타 구역의 양이 줄어드느냐 하는 점이었다. 그림 10.10은 실제 그러함을 보여준다. 결과는 대략 270나노미터를 중심으로 넓은 범위에 걸쳐 인상적인 흡수 피크를 보인다. 혼합물을 희석할수록 흡수 피크가 점점 좁아지는 것을 알 수 있다.

이런 현상이 왜 나타나는지 이해하기 위해서는 과황산 암모늄 같은 분말 결정이 어떻게 만들어지는지 알면 도움이 될 것이다. 다양한 방법이 있

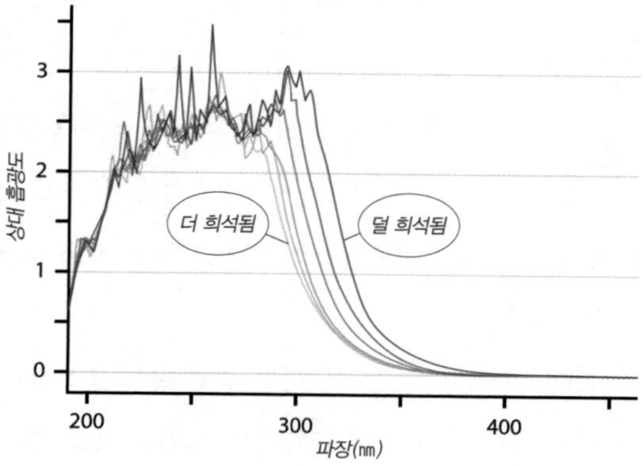

그림 10.10
과황산 암모늄 용액. 희석할수록 (오른쪽에서 왼쪽으로 갈수록) 흡수 피크 면적이 줄어든다.

겠지만 이들 결정은 많은 양의 복사 에너지(가열)에 노출시키면서 만들어진다. 복사 에너지는 배타 구역을 형성한다. 따라서 우리는 많은 양의 적외선이 배타 구역을 형성하고 주변에 양성자를 방출할 것이라고 추측할 수 있다. 서로 다른 극성의 두 물체가 강하게 끌어당기고 용매가 날아가면서 결정이 형성된다(216쪽 박스를 보자). 이런 분말 결정에 액상의 물은 없다. 그

보드카와 점성

러시아의 과학자 드미트리 멘델레예프(Dmitry Mendeleev)는 우리에게 주기율표를 선사한 사람이다. 그것 말고도 그는 에탄올과 물이 섞이는 현상에 대해 연구했다. 대부분의 혼합물처럼 여기서도 열이 나오고 수축이 일어난다. 멘델레예프는 또 다른 특성도 언급했다. 점도가 세 배 정도 증가한다는 사실이었다. 그 이유는 알려져 있지 않지만 아마도 높은 점성을 갖는 배타 구역이(그림 3.17) 그 결과를 설명할 것이다. 에탄올은 물처럼 배타 구역을 형성한다.[7] 따라서 물과 에탄올의 혼합물도 뒤섞인 배타 구역을 가지고 점도가 상당히 높을 것이라고 예상할 수 있다.

순전히 추론에 불과한 것이기는 하지만 실제 실험 결과가 전혀 없지는 않다. 그는 에탄올과 물을 40:60의 비율로 섞었을 때 가장 점도가 높다고 말했다. 멘델레예프는 그 비율이 보드카를 만드는 가장 이상적인 조건이라고 생각했다. 오늘날에도 그 비율이 여전히 사용된다. 높은 점도가 '육체'를 만족시키는 것이 틀림없다. 러시아인들이 그렇게 많은 보드카를 마시는 이유가 있을 것 아닌가?

드미트리 멘델레예프(1834~1907).

렇지만 거기에는 배타 구역이 풍부하게 존재한다. 그렇기에 이들은 270나노미터 근처에서 아주 특징적인 피크를 나타낼 것이다(그림 10.10).

이들 결정을 물에 떨어뜨리면 결정의 질서가 줄어든다. 결정 격자 안으로 물밀듯 물이 들어가면서 양성자가 분산되는 것이다. 양성자가 서로 멀리 떨어지면 이들 간 상호작용이 줄어들고 이 시스템에서 나오는 적외선의 양도 줄어든다. 따라서 녹으면서 용액이 차가워진다. 또 물이 침입해 들어가면서 배타 구역의 크기도 줄어든다. 애초 결정이 큰 배타 구역을 가질 수 있었던 것은 그것을 만들 때 많은 양의 적외선을 노출시켰기 때문이다. 이제 적외선은 더 이상 유입되지 않고 오히려 줄어든다. 그림에서 보듯 배타 구역의 감소는 270나노미터 피크의 감소로 귀결된다고 볼 수 있다(그림 10.10).

따라서 열과 부피는 설명 가능한 물리적 특징이다. 복사 에너지가 줄어들기 때문에 온도가 떨어지는 것이다. 또 밀집된 배타 구역의 물이 희석된 일반적인 물로 전환되기 때문에 부피가 확대되는 것이다.

배타 구역 패러다임은 가열과 수축 혹은 냉각과 팽창 모두를 설명하기에 충분해 보인다. 이런 관찰 결과를 수량화하고 체계화하기 위해서 보다 포괄적인 연구가 필요할 것이다. 황산 통에 물을 흘리면 왜 폭발하는지 명쾌하게 설명할 날이 곧 올 것이다.

2. 소용돌이

왜 소용돌이는 차갑게 느껴질까?

이제 두 번째 역설적인 상황인 소용돌이를 살펴보자. 왜 소용돌이치는 물은 그렇지 않은 물보다 차갑게 느껴질까?

전설적인 오스트리아의 자연사학자 빅토어 샤우버거의 연구 결과가 알

콘크리트

표준 공정을 따라 시멘트 가루에 물을 붓고 격렬하게 섞어준 다음 그 혼합물을 하루 혹은 이틀 동안 놓아두자. 시멘트는 이내 굳기 시작한다. 경화될수록 그것이 열을 발생한다는 것을 알게 될 것이다. 왜 그럴까?

시멘트에 물을 가하면 죽 형태를 띤다. 이런 균일성은 일상적으로 나타난다. 젖은 입자들 주변으로 배타 구역이 형성되는 것이다. 양성자가 방출되고 그것이 같은 극성끼리의 끌림을 매개한다. 그러면 입자들이 서로 달라붙는다. 처음에는 이 결합이 강하지는 않지만 이들은 점차 강하게 결합하면서 인력이 점차 커진다.

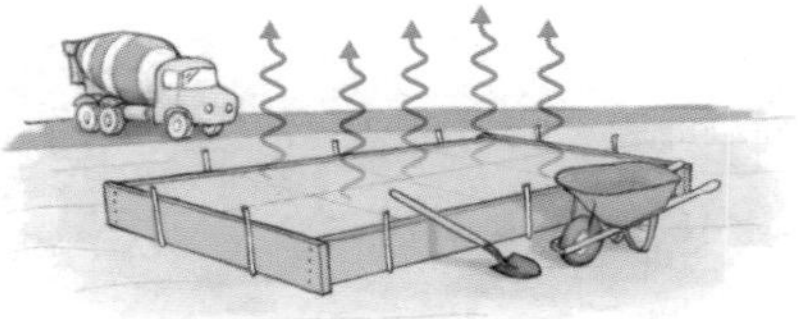

열이 동반되는 것은 예상 가능한 현상이다. 배타 구역이 형성되면서 양성자가 방출된다. 이렇게 고농도의 양성자가 움직이면서 상당한 양의 복사 에너지를 내놓을 것이기 때문이다. 그것이 바로 열로 감지된다.

한편 이 복사 에너지는 응고 과정을 마치는 데 도움을 준다. 이들 에너지를 빌려 보다 많은 배타 구역이 형성될 것이고 양성자가 계속해서 나온다. 인력이 점차 강해지는 것이다. 바로 이것이 시멘트가 굳는 과정이다. 이런 원리는 콘크리트뿐만 아니라 다른 것에도 보편적으로 적용할 수 있을 것이다.

려진 후 소용돌이치는 물이 사람들의 관심을 끌기 시작했다. 샤우버거는 그의 생애 상당 부분을 물을 연구하는 데 바쳤다. 그는 소용돌이치는 물이 특별한 '활력vitality'을 갖는다고 확신했다. 빠르게 흐르는 물 또는 소용돌이를 일으킨 물이 정지된 물에 비해 '살아 있다'라고 그는 느꼈다. 정지된 물은 그의 입장에서 보면 죽은 것이다. 또한 샤우버거는 소용돌이치는 물이 차갑다는 사실을 알았다.

사실 샤우버거의 연구는 그보다 약 1세기 전 역시 전설적인 오스트리아인인 루돌프 슈타이너의 발자취를 따른 것이다. 슈타이너는 농사를 포함해서 다양한 분야에서 물을 연구하기 위한 노력을 아끼지 않았던 사람이다. 슈타이너는 생체역동 농법을 발명했다. 여기서 핵심은 소용돌이치는 물이다. 오늘날에도 일부 농군들과 과일 재배자들은 비료 대신 소용돌이치는 물을 사용해서 수확량을 늘리려고 애를 쓴다.

소용돌이를 연구하는 그룹은 오늘날에도 적지 않다. 그렇지만 호기심을 자극하는 경험적인 관찰을 넘어 기본적이고 과학적인 식견을 제공하는 경우는 많지 않다.

나는 소용돌이의 저변에 배타 구역 물의 형성이 관여할 것이라고 추론한다. 선행 연구 결과 우리는 270나노미터에서 흡수 피크를 확인했다(그림 10.11). 실제 배타 구역이 있을 수도 있다는 말이다. 추가적인 실험은 현재 수행 중이다.

선행 연구 결과가 암시하듯 배타 구역 물이 존재한다면 샤우버거가 얘기한 '활력'은 에너지를 의미할지도 모른다. 배타 구역이 전위차 에너지를 가지기 때문이다. 온도가 내려가는 것도 그렇다. 만일 일반적인 물이 배타 구역 물로 전환된다면 그것이 차갑게 느껴질 수 있는 것이다. 전체적인 배타 구역 계가 적은 양의 복사 에너지를 갖기 때문이고 그것이 냉각으로 해

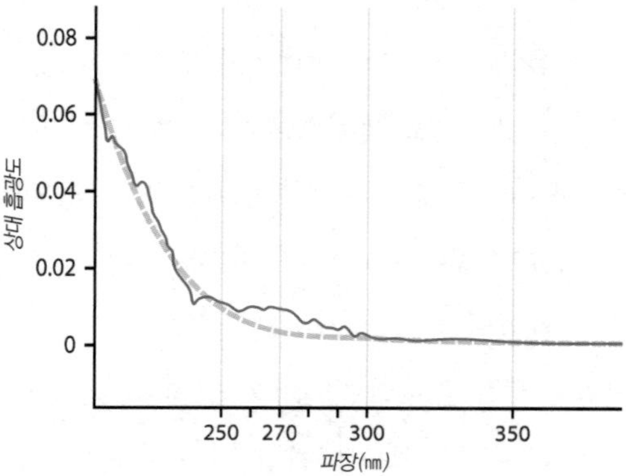

그림 10.11
소용돌이치는 물의 흡수 스펙트럼. 배타 구역의 성장을 암시한다.

석되는 까닭이다.

(아마 다른 생각을 하고 있는 독자들이 분명 있을 것이다. 새롭게 형성된 배타 구역에서 양성자가 방출되고 그것이 복사 에너지에 의해 초래된 냉각 효과를 억제할 수 있다고 말이다. 그러나 이 양성자는 소용돌이치는 물 아래에 많은 양의 물이 있기 때문에 금방 희석되고 말 것이다. 아마도 이런 이유로 양성자가 열을 내는 효과는 상당히 줄어들 것이다. 소용돌이의 총체적인 결과는 냉각으로 나타난다.)

배타 구역 물이 보다 많은 산소를 가지고 있다는 점을 떠올리면 소용돌이치는 물이 왜 쉽게 배타 구역을 형성할 수 있는지 의문이 다소 풀릴 것이다. 물을 세게 저으면 계속해서 공기 혹은 물속의 기포를 통해 산소와 접촉하게 된다. 따라서 물은 끊임없이 산소와 뒤섞이고 그 와중에 배타 구역이 형성된다. 또 공기 중에서 빠르게 움직이는 물질은 불가피하게 음으로 대전된다(9장). 이 음전하가 또한 배타 구역을 형성할 수 있게 되는 것이다(그림 5.8). 이런 추론들은 소용돌이를 통해 어떻게 배타 구역이 형성되고 물이 차가워질 수 있는지 단서가 될 것이다. 한번 실험해볼 만하지 않은가?

소용돌이에 따른 냉각과 희석의 역설은 우리가 이번 장에서 강조하고 있는 주제와 관련된다. 물의 열적인 특성이 자연계의 매우 기본적인 사실이라는 점을 이해하는 것이다. 그 중심에 전하가 있다. 전하가 자주 움직이면 복사 에너지가 커질 것이고 그것을 방출하는 물체를 '뜨거워진다'라고 느낄 것이다. 반대로 전하의 움직임이 줄어들면 복사 에너지도 줄고 '차가워진다'라고 느낄 것이다.

이런 기본적인 개념에 기대 우리는 비정상적이라고 생각되는 몇 가지 현상을 설명할 수 있을 것이다. 또 이를 통해 다른 자연적인 현상에 대한 이해의 폭도 깊어질 것이다.

결론

물의 열역학 특성은 비정상과 역설의 수수께끼로 남아 있다. 이런 역설을 해결하기 위해 열과 온도에 기초하고 있는 표준적인 설명으로 되돌아가 원론적인 접근 방식을 취했다. 특히 복사 에너지에 초점을 맞추었다.

복사 에너지는 전하의 움직임에서 비롯된다. 전하가 앞뒤로 움직이고 대체되면서 전자기파를 만들어내고 그것이 물질을 통과하면서 증폭되거나 다른 특성을 부여받는다. 물의 흡수 파장대는 적외선 영역이다. 원자 구조 때문에 물은 상당한 양의 적외선을 받아들이고 또 방출한다. 따라서 적외선 파장대가 특별한 의미를 갖게 된다. 이런 이유로 우리는 열과 온도가 복사 에너지와 관련이 있다고 이해하게 되는 것이다.

두 번째로 우리가 살펴본 것은 배타 구역의 형성이 복사 에너지를 생산하는 특성을 갖는다는 사실이다. 배타 구역이 형성되면서 양성자가 방출되고 이들이 움직이면서 상당한 양의 적외선을 방출한다. 그 적외선을 열로 느낄 수 있다. 배타 구역 형성이 중단되고 양성자가 일반적인 물로 더 이상 방출되지 않으면 이제 전체에서 배타 구역 물이 차지하는 비율이 얼마인가가 중요해진다. 배타 구역의 비율이 높으면 상대적으로 적은 양의 적외선이 방출되고 우리는 차갑다는 느낌을 받는다.

이런 특성을 통해 물질을 물과 섞을 때 일시적으로 열이 나고 부피가 변하는지를 설명할 수 있다. 또 소용돌이치는 물이 왜 차가워지는가 하는 문제도 해결할 수 있게 된다.

이런 모든 발견은 고전적인 온도나 열 대신 복사 에너지를 고려함으로써 가능했다. 일상생활을 하는 데 온도나 열은 불편함을 끼치지 않지만 정의가 모호하기 때문에 과학적인 이해를 가로막기도 한다.

이런 이해를 바탕으로 복사 에너지를 좀 더 탐구해보자. 복사 에너지는 우리가 매일 관찰하는 물의 행동을 이해하기 위한 초석이 될 것이다.

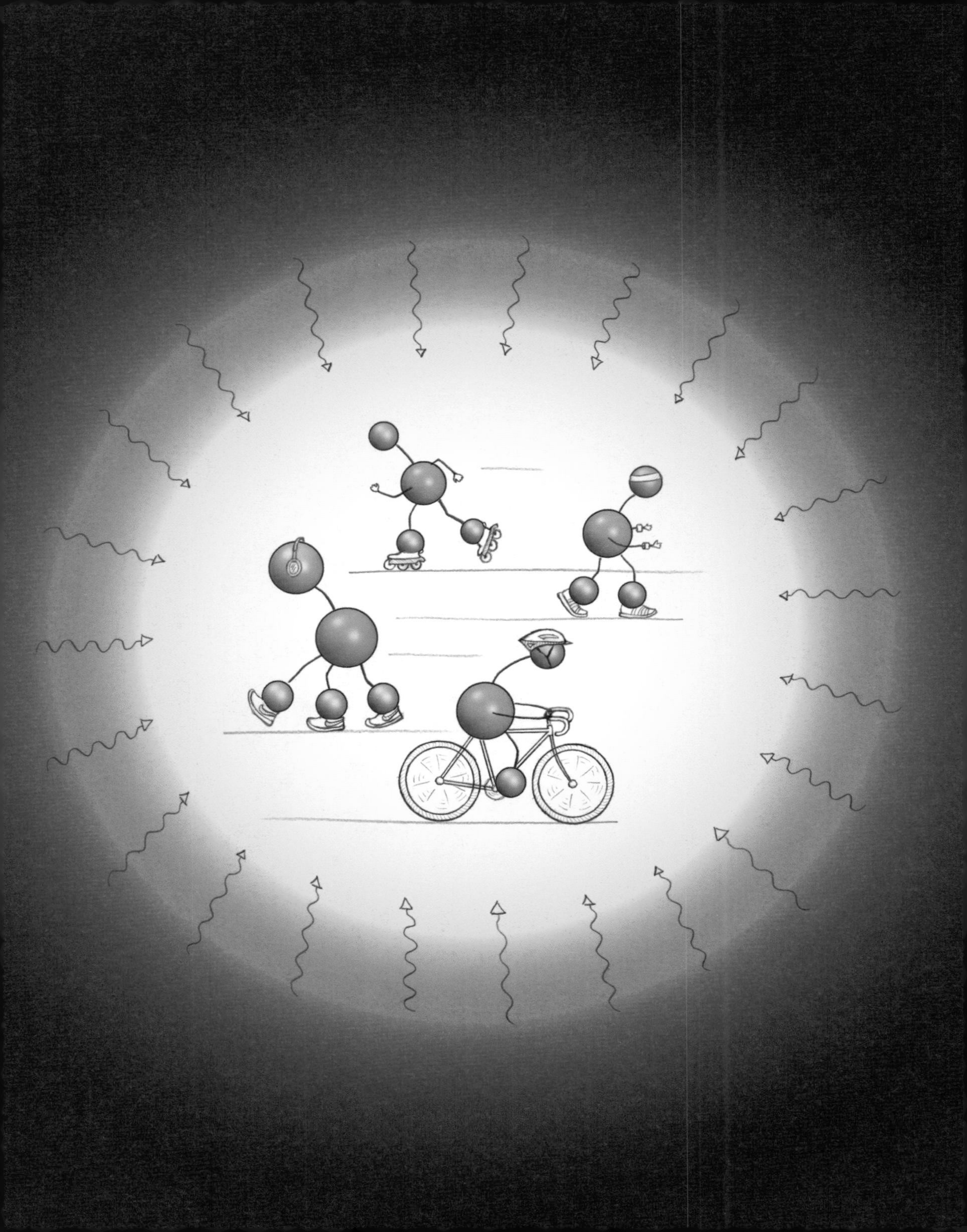

11장
삼투와 확산

가필드라는 유명한 만화 중에는 책 더미가 살찐 고양이의 머리를 짓누르고 있는 장면이 있다. 이 장면에서 고양이 가필드는 "삼투가 나의 뇌를 살찌게 하리라"라고 말한다. 삼투가 이 게으른 고양이에게 노력 없이도 지식의 전파가 가능하다는 희망을 부여할 수 있다는 것일까? 책에서 새어 나온 정보가 기다리고 있는 뇌에 제공될 수 있다?

이런 은유의 원형이라 할 수 있는 삼투의 진정한 의미는 물의 농도가 높은 곳에서 낮은 곳으로 물이 이동하는 것을 말한다. 물이 움직이는 것이다. 삼투 현상에 의한 물의 움직임은 아인슈타인이 브라운 운동을 설명할 때 중심적인 역할을 했다. 이번 장에서는 9장에서 얘기한 삼투의 원리를 다시 살펴볼 것이다.

삼투 현상을 다룰 때 확산을 고려하지 않는다면 그 이론은 무척이나 편협할 것이다. 이 두 가지는 동전의 양면이기 때문이다. 확산은 용액 내에서 입자 혹은 분자의 이동을 다룬다. 반면 삼투는 입자 혹은 분자를 향한 (보통 막을 통과해 일어나는) 용액의 이동을 포함한다. 거칠게 말하자면 이 두 현상은 정반대라고 할 것이다. 두 가지 현상 모두 높은 쪽에서 낮은 쪽으로 물질을 움직여 농도의 기울기를 줄여나간다. 따라서 이들은 물질을 움직이는 자연계의 보편적 원리이다.

이 장에서 우리는 어떻게 이런 과정이 작동되는지 살펴볼 것이다. 이 과정은 자연계의 법칙에 의해 자동적으로 일어나는 결과인가? 아니면 바람이 풍차를 돌리듯 그 과정을 추동하는 어떤 에너지가 관여하는 것일까?

확산: 뒤집힌 삼투

치킨 수프에 소금 가루 몇 개를 뿌리자(그리츠 빵◆이 있든 없든). 소금은 녹아든다. 기술적으로 말하면 소금은 확산한다. 수프는 결국 균일한 맛이 난다.

확산 이론은 브라운 운동을 설명하는 이론을 차용했다. '열역학' 운동에 의해 개별 분자들이 무작위로 튀어 오르고 분자들이 확산되어 나간다는 것이다. 분자들의 운동은 선술집에서 나온 술 취한 선원의 비틀거림에 비

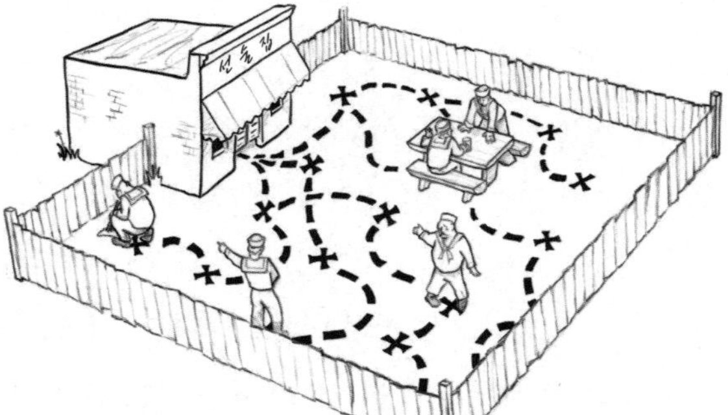

그림 11.1 무작위로 움직이다 보면 결국 통계적으로 균일한 분포를 보이며 제각기 지정된 공간을 차지한다.

◆ 효모에 의한 발효 과정을 거치지 않고 물과 밀가루만을 반죽해 만든 유태인 빵이다.

유할 만하다. 담장으로 둘러친 공간에서라면 통계적으로 보았을 때 이 선원들은 여기저기 균등하게 자리 잡고 있을 것이다(그림 11.1). 그런 식으로 소금도 수프 안을 퍼져나간다.

무작위 움직임이 일어난다고 해도 거기에는 에너지가 필요하다. 만약 확산이 브라운 운동의 총체적 결과이고 그 운동에 에너지가 필요하다면(9장) 확산도 마찬가지다. 예외는 없다. 확산 과정은 수동적인 것처럼 보이지만 어떤 종류의 에너지가 반드시 필요하다.

표준 확산 이론은 외부에서 공급되는 에너지를 고려하지 않는다. 확산에 의해 퍼져나가는 현상은 확산 상수 D로 설명한다. 앞에서 살펴보았듯 확산 상수는 여러 가지 요소의 영향을 받는다(243쪽 박스를 보자). 그렇지만 여기에 외부 에너지의 유입은 없다. 대신 확산에 의한 흐름이 자발적으로 일어난다고 말한다.

자주는 아니지만 확산 이론은 실제로 관측된 현상을 설명할 때 곧잘 어려움을 겪는다. 고전적인 예를 들자면 하전을 띤 중합체가 수용액에서 확산하는 현상이 있는데, 일정하게 확산이 일어나기도 하지만 이상한 방식으로도 확산이 일어난다.[1] 특히 소금의 농도에 따라 그 확산 방식이 달라진다. 소금의 양을 조금만 줄여도 빠르고 급하게 일어나던 확산은 비정상적으로 느린 방식으로 전환된다. 이런 두 가지 확산 방식은 기존의 이론으로는 도저히 설명할 수 없다.

관찰과 이론 사이의 괴리를 해소하기 위해 간혹 '준 확산sub-diffusion' 혹은 '초 확산super-diffusion'이라는 개념이 가미되곤 한다. 예를 들어 단백질은 준 확산 과정을 거친다고 얘기한다.[2] 반면에 유성流星의 끌림에 참가하는 입자들은 초 확산한다고 말한다.[3] 이런 용어들은 표준 확산 이론이 자신들이 원하는 대로 작동하지 않는다는 것을 읊조리는 고해성사이다. 기존의 이론에는 뭔가가 빠져 있다.

심지어 일상생활에서 우리가 매일 목격하는 것도 제대로 설명하지 못한다. 강물이 바닷물과 합류하는 것이 한 예이다. 바다와 마주하여 강물을 퍼내는 현상을 보고 표준 확산 이론은 두 종류의 물이 쉽게 섞일 것이라고 예측한다. 그러나 이론적인 예측은 무참히 깨지고 만다. 특정 지역에서 염수와 담수는 섞이지 않고 거의 완벽하게 분리되어 있다.[4] 심지어 다른 염수끼리도 쉽게 섞이지 않는다. 덴마크 스카겐 지역 근처에서 발트 해와 북해가 만날 때, 두 해류가 만나는 자리에는 기다란 선이 눈에 선명하게 보인다.[5] 오른쪽 사진을 보라.

발트 해와 북해가 만나서 이루는 영구적인 경계.

이론에서 벗어난 이런 편차가 매우 호기심을 자극했기 때문에 우리는 자체적으로 실험해보기로 했다. 포화된 염수를 비커에 붓고 그 위에 순수한 물을 얹어놓았다. 순수한 물에 염색액 혹은 미소구체를 집어넣어 두 용액이 섞이는 과정을 관찰할 수 있는 장치였다. 몇 시간이 지나도 두 용액이 섞이는 것처럼 보이지 않았다. 두 용액이 확연히 섞이는 데 며칠이 소요되기도 했다. 위아래의 용액을 바꾸어 실험해도 결과는 비슷했다. 순수한 물에 염수를 부어도 역시 쉽게 섞이지 않았다. 밀도의 차이만으로는 두 용액이 분리되어 있는 현상을 설명할 수 없다는 뜻이다. 확산은 물질과 입자를 주변으로 이동시켜야 한다. 그렇지만 그것들은 강물과 바닷물이 섞이지 않듯 쉽사리 섞이지 않는다.

우리는 용기 구석에 염색액을 몇 방울 떨구고 나서 어떻게 퍼져나가는지 확인해보았다. 어떤 결과는 우리를 충격으로 몰고 갔다. 순수한 물로 채워진 용기에 주사한 염색액은 확산 이론 방정식이 예측하는 것보다 다소 느리게 움직였다(그림 11.2, 위). 그러나 동일한 염색액을 농축된 염수에 풀었

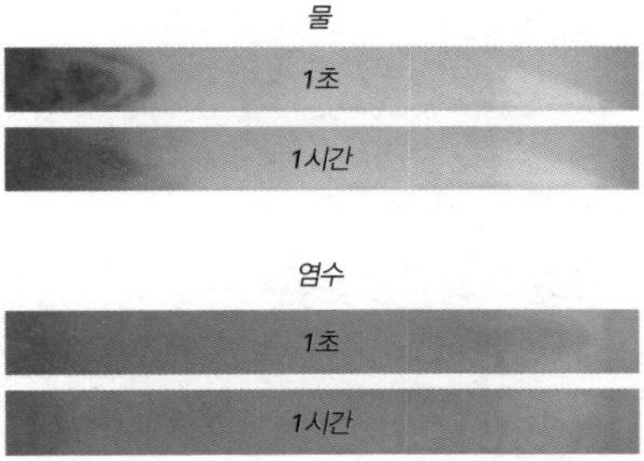

그림 11.2
메틸렌블루 염색액의 확산. 용기의 길이는 7.5센티미터다. 순수한 물에서 염색액의 확산은 예상처럼 느렸다. 그러나 염수(염화칼륨 4몰)에서 염색액의 확산은 매우 빠르게 일어났다.

을 때는 눈으로 따라잡을 수 없을 정도로 매우 빠르게 확산해나갔다. 1초도 되지 않아 모든 표면을 다 염색시켜버린 것이다(그림 11.2, 아래). 이런 일이 일어났지만 염색액은 좀처럼 용액의 아래쪽으로 확산해 들어가지 못했다. 일주일이 지나도 상황은 진전되지 않았다.

이런 결과에 놀란 우리들은 그런 차이가 일부 염색액이나 혹은 염류의 고유한 특성이 아닌지 궁금해졌다. 다른 종류의 염색액을 써도 결과는 변하지 않았다. 심지어 염색액 대신 조류의 세포를 써도 마찬가지였다. 염화칼륨을 쓰든 다른 염류를 쓰든 개별 염류에 의한 효과도 모두 똑같았다. 어떤 경우든 물과 염수에서의 염색액의 확산 효과는 극명한 차이를 보였다.

이상의 실험 결과는 이론적인 확산과 실제 확산이 엄청나게 다르다는 것을 언명할 뿐이다. 확산 방정식은 충분히 단순하고 적용하기도 어렵지 않지만 매우 한정된 환경에서만 예측력을 갖는다. 다시 말해 분자의 확산을 설명하는 보편적인 방정식이 되기에는 한참 모자란다는 것이다.

이 확산 이론은 무엇이 잘못되었던 것일까?

확산 이론은 입자가 불규칙하게 움직이면서 확산해나간다는 열역학 운동 개념에서부터 비롯되었다. 그러나 외부에서 유입된 에너지가 입자의 불규칙한 운동의 원천이라면(9장) 마찬가지로 그것이 물질의 확산을 촉진할 수 있어야 할 것이다. 따라서 에너지에 대한 고려 없이는 확산 이론이 결코 잘 들어맞지 않을 것이라 생각된다. 따라서 이론을 수정하기 위해서는 에너지에 관한 내용을 포함시켜야 한다(그림 11.3, 위). 진부한 것일지라도 말이다.

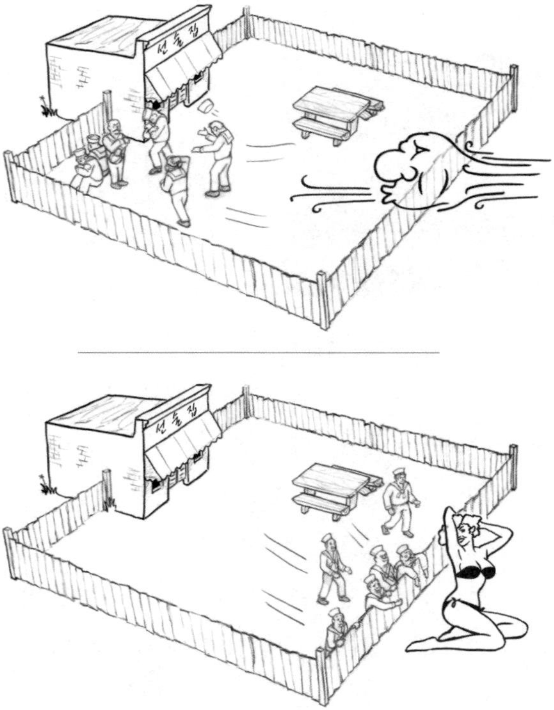

그림 11.3
확산의 은유.
확산하는 움직임은
외부의 에너지에
의해 추동되고(위)
방해하는 힘에 의해
주춤댄다(아래).

두 번째로 힘을 '흐트러뜨리는' 뭔가를 포함시켜야 한다. 매혹적인 여성이 술 취한 선원들을 끌어들이듯(그림 11.3, 아래) 여기저기 편재하는 전하가 용질의 정상적인 움직임을 흐트러뜨린다. 용질은 전하를 향해가거나 혹은 전하를 벗어나 멀어질 것이라고 예측할 수 있다.

이상에서 알 수 있듯이 확산은 고전적 이론의 변수인 온도, 입자의 크기, 용액의 점도만의 문제가 아니다(243쪽 박스를 보자). 우리가 수정한 방정식은 외부에서 유입되는 에너지와 그 힘을 분산시키는 전하를 포함하고 있다. 그런 경우에만 확산 방정식이 실제를 현실적으로 반영할 수 있게 되는 것이다.

우리는 어떻게 적절한 이론을 정립할 수 있을까 골몰했다. 외부 에너지가 중심적인 역할을 한다는 데 초점을 맞추어야 할 것이다. 흡수된 에너지는 입자 혹은 분자 주변에 배타 구역을 형성한다. 배타 구역은 전하를 분리하고 그 전하는 힘을 분산하는 역할을 하게 된다. 양으로 하전된 분산자는 음성으로 대전된 배타 구역 혹은 수산기(OH^-)를 끌어낸다. 반대로 음으로 하전된 분산자는 히드로늄 이온을 끌어낸다. 유입된 에너지가 클수록 이러한 인력의 세기는 커진다. 여기서 잊지 말아야 할 것은 에너지에 의한 인력이 부차적인 현상이 아니라는 점이다. **에너지에 의해 추동되고 하전에 기초한 힘이 확산 운동의 실체이다.**

용질의 확산은 술 취한 선원의 움직임과 비슷하다. 바로 이 순간 선원이 어디 있는지 알기 위해서는 그들이 가진 에너지와 그 에너지를 분산시키는 힘에 대해 알아야 한다.

왜 물과 염수는 쉽게 섞이지 않는가

물이 염수와 잘 섞이지 않는 현상은 아마도 같은 극성끼리 서로 끌어당긴다는 원리로 설명할 수 있을 것이다. 염류 분자는 자신의 껍질을 배타 구역으로 감싼다.[6] 일단 배타 구역이 형성되면 그들은 양성자를 방출한다. 같은 극성 사이의 인력이 작용할 조건이 형성되는 것이다. 염류의 농도가 충분하면 배타 구역의 구조가 정렬되면서 마치 콜로이드 결정처럼 조직화된다(8장). 광학 산란 효과를 측정한 결과에 따르면 염수는 물을 포함하는 광범위한 응집체를 형성한다.[7] 이런 응집체는 콜로이드 결정과 비슷하다.

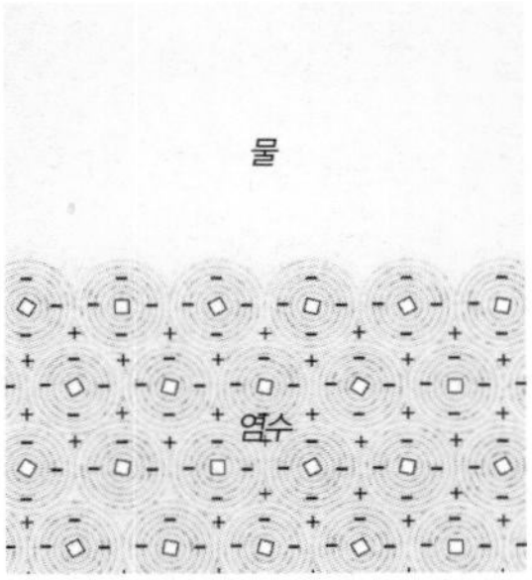

물은 염수 '결정'에 쉽게 끼어들지 못한다.

염류의 농도가 높으면 배타 구역의 물은 격자 구조를 형성한다. 배타 구역은 거의 대부분의 물질을 배제한다. 물이라고 해서 예외가 되는 것은 아니다(그림 11.6 아래). 염수의 격자 주변에 있는 물은 분리된 상태로 장기간 머무를 수 있다. 그렇기 때문에 물과 염수는 잘 섞이지 않는 것이다.

삼투: 또 하나의 불확실한 현상

확산을 살펴보았으니 이제 그 동전을 뒤집어 물이 확산해나가는 움직임인 삼투를 살펴보자. 물도 분자이기 때문에 다른 분자처럼 행동할 것이다. 물 분자가 확산해나가는 것도 동일한 원칙을 따를 것이라는 말이다. 이들도 외부의 에너지를 받고 전하에 기초해서 분산될 것이다.

분산은 어찌했을망정 지금까지 삼투 이론이 에너지를 고려한 적은 없다. 분산하는 물질은 대개 고체이다. 흔히 현탁되어 있거나 녹아 있는 고체 분자들이 물 분자를 '끌어'들인다고 말한다. 그래서 물이 용질을 향해 확산된다. 그러나 이러한 인력이 전하에 기초한 것으로 파악된 적은 없다. 대신 '농도'라는 개념을 빌려 설명을 해왔다. 물은 농도가 높은 곳에서(순수한 물) 낮은 곳으로 움직이면서 용질에 섞여 들어간다.

이런 원리에 따라 아인슈타인과 같은 과학자들은 삼투 현상에 이른바 '가필드식' 접근 방식을 취했다. 지식이 수동적으로 확산되듯이 물도 수동적인 방식으로 흐른다. 입자의 농도가 확산에 의해 균등하게 되듯이 물의 농도도 이내 같아진다. 그렇지만 **삼투는 수동적일 수 없다**. 확산되는 움직임이 삼투의 저변에 있고 흡수된 에너지가 확산을 추동하기 때문이다. 그렇다면 삼투 과정에서도 유입된 에너지는 뭔가 역할이 있어야 할 것이다. 단순히 이론적인 편의를 위해 흡수된 에너지를 희생할 수는 없다.

그렇다면 물은 왜 움직이는 것일까?

우리는 이렇게 배웠다. 모든 물체가 평형을 향해가기 때문에 삼투 현상이 발생한다. 물은 농도를 동일하게 하려고 '노력한다'. 따라서 막이 구획을 나눌 경우 물 분자는 용질의 농도가 많은 쪽으

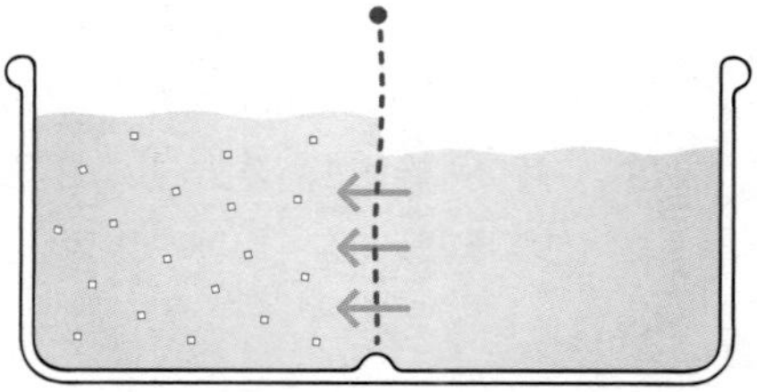

그림 11.4
삼투압을 연구할 때 사용하는 표준적인 실험 장치. 물은 반투과성 막을 통과하지만 용질은 그러지 못한다. 물은 용질의 농도가 낮은 쪽에서 높은 쪽으로 쉽게 움직인다. 그렇게 용기 왼쪽의 물 높이가 올라간다.

로 이동한다(그림 11.4). 열역학 운동에 의해 물 분자가 움직이기 때문에 가능한 현상이라고 추측하고 있다. 만일 이들이 막을 통과할 수 있다면 각 구획의 농도는 같아질 것이다. 물은 용질이 더 많은 구획을 향해 움직일 것이다.

이런 설명이 유일한 것은 아니다. 지난 3세기 동안 과학자들은 삼투 현상의 기전에 대해 논란을 멈추지 않았지만 아직도 결정 난 것은 하나도 없다. 이런 가설로 물 농도 이론, 용질 폭발 이론, 용질 간 인력 이론, 물 장력 이론 등이 있다. 마지막 가설을 좀 손본 것은 호주의 동료인 존 와터슨에 의해 곧 출판될 예정이다. 그럴싸한 증거들이 각종 가설의 배후에 포진하고 있다. 그렇지만 어떤 가설도 모든 것을 설명하지는 못한다. 따라서 어떤 것도 보편적으로 받아들여지지 않고 있다. 결론적으로 말하면 어떤 가설도 삼투 현상의 기전을 제대로 설명하고 있지 못하다.

삼투는 부수적인 현상일 뿐이다

삼투 현상의 기전이 아직도 결론 나지 않은 이유는 흡수된 에너지가 이 과정에서 어떤 역할을 하는지 판명되지 않았기 때문이다. 에너지에 의해 뭔가가 움직인다는 것은 아직까지 이질적인 개념이다. 또 다른 이유는 삼투압을 연구하는 표준적인 막 실험에서 그 누구도 막 자체가 분리된다는 생각을 하지 않기 때문이다. 그러나 이 점은 매우 중요한 특징이다. 용기의 이쪽저쪽에서 막은 그저 용질은 막고 물은 통과시키는 수동적인 방벽으로 생각되었다.

이제 우리는 친수성 막이 배타 구역을 가질 수 있음을 알고 있다. 만약 막의 이쪽저쪽에 배타 구역이 형성된다면 양쪽 구획에는 양성자가 결합된 물로 채워질 것이다. 두 영역에서 히드로늄 이온의 농도에 차이가 있다면 양성자 기울기가 막 현상을 좌우할 것이다. 앞에서 살펴본 대로 양성자 기울기에 따라 히드로늄 이온은 막을 통과하여 움직이게 된다. 물을 한쪽 영역에서 다른 쪽으로 보내는 것이다.

따라서 삼투 드라마에서 주인공은 막이다. 이들은 히드로늄 이온의 기울기를 만들어내고 물을 움직여 삼투 현상을 총괄한다. 그러나 이 가설은 또 다른 첨예한 질문을 던진다. 막 주변에 형성된 배타 구역이 물 분자가 통과하는 데 장벽으로 기능할 것이라는 점이다. 움직이는 물은 어떻게 배타 구역의 안을 통과할 수 있을까?

배타 구역 투과 문제를 해결할 수 있기를 기대하면서 우리는 양성자 기울기 가설을 실험해보기로 했다. 표준적인 삼투막을 중심으로 용기가 두 쪽으로 분리된 일반적인 실험 장치였다(그림 11.4). 삼투막은 물은 통과하지만 용질은 통과하지 못하는 크기의 다공성 구조이다. 이제 우리는 용질이 존재하는 쪽을 향해 움직이는 물을 추적하기만 하면 되었다. 또 현미경을 통해 막 양쪽을 조사했다.

이런 실험을 통해 앞에서 자세히 기술한 예측을 확인했다.[8] 첫째, 우리는 막 근처 양쪽에 배타 구역이 존재함을 확인했다. 삼투 실험에서 일상적으로 사용되는 초산셀룰로오스 막뿐만 아니라 나피온 막 근처에서도 배타 구역의 존재가 확인되었다. 그렇다면 나피온 막도 삼투의 흐름을 매개할 수 있을 것이다.

그러나 배타 구역의 크기는 중합체에 따라 달랐다(그림 11.5). 순수한 물에 노출된 막의 오른쪽 표면에서 형성된 배타 구역은 표준적인 크기를 가지고

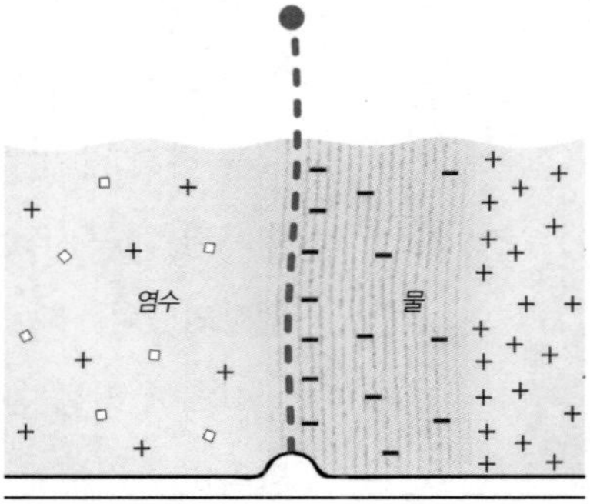

그림 11.5
반투과성 막 주변에 비대칭적으로 형성된 배타 구역과 양성자로 재구성한 삼투압 실험.

있었다. 막의 왼쪽에는 염수가 담겨 있다. 이들 염류는 배타 구역의 크기를 줄이는 효과를 갖는다.[9] 따라서 막 왼쪽 배타 구역의 크기는 매우 작았다.

그렇다면 양성자는 어떨까? 용기의 오른쪽에는 양성자와 결합한 물 분자의 수가 엄청나게 많았다. 커다란 배타 구역이 포진하고 있기 때문이다. 반면 왼쪽의 배타 구역은 규모가 작고 상대적으로 양성자의 수도 적었다. 막을 중심으로 전압을 측정하여 오른쪽이 왼쪽보다 양으로 대전되어 있음을 확인했다. 예상되었던 전기적 기울기가 사실로 드러나는 순간이었다.

이제 용기 오른쪽에 있는 히드로늄 이온의 운명을 파헤쳐보자. 양으로 대전된 물인 히드로늄 이온은 서로를 밀치면서 비좁은 오른쪽 공간을 피하고자 할 것이다. 그러나 피할 곳은 왼쪽 용기뿐이다. 거기에는 양이온의 수가 적고 전기적 전위도 낮다. 따라서 히드로늄 이온은 왼쪽으로 흘러가야 할 것이다. '삼투에 의한 흐름'이 개시되는 것이다. 그 흐름은 용기 양쪽의 기울기가 해소되어야만 끝난다.

이상의 각본이 삼투에 의해 물이 끌릴 때 막의 역할을 기술하는 것이다. 막 주위의 비대칭이 양성자의 흐름을 추동하는 것이다. 그러나 막이 유일한 인력은 아니다. 염류의 농도는 인력의 또 다른 요소이다. 잠시 후 그 이유를 설명할 것이다.

어쨌거나 이 모델은 에너지를 충분히 고려한 것이다. 흡수된 복사 에너지가 배타 구역 형성을 돕고 그에 따라 전하가 분리된다. 그것 때문에 흐름이 생겨난다. 따라서 삼투는 에너지에 의해 추동되는 현상이다. 이런 결론은 삼투가 수동적인 과정이고 거기에는 에너지가 전혀 필요하지 않는다는 기존의 거의 모든 이론과 정면으로 배치된다. 그러나 삼투 과정에는 에너지가 필요하다. 아무것도 투자하지 않고 뭔가 얻는 일은 심지어 자연계에서도 관찰되지 않는다.

구멍 뚫린 댐

삼투에 의한 흐름을 생각할 때 우리가 마주하는 난제는 히드로늄 이온이 난공불락의 배타 구역 장벽을 어떻게 통과하느냐이다.

배타 구역의 구멍 크기가 작기 때문에 직접 통과할 수는 없을 것 같다. 육각형 판 배열은 물 분자도 통과시킬 수 없게 촘촘하다. 또 이들이 중층으로 쌓여 있기 때문에 실제 열린 공간은 그보다 더 작을 것이다(그림 4.15). 매우 효과적으로 망의 크기를 줄여놓았기 때문에 물 분자가 그 공간을 통과하는 것은 사실상 불가능하다.

사소한 실수 때문에 우리는 우연히 재미있는 사실을 알게 되었다. 대학원생 하나가 그림 11.5에 기술한 장치를 이용해서 삼투압 실험을 진행하고 있었다. 어느 날 아침 실험실에 도착한 그 학생은 지난밤 자신이 그 용기를 세척하지 않았다는 사실을 깨달았다. 밀봉을 허술하게 해서 염수가 용기 밖으로 흘러나온 것이었다. 그렇지만 막 반대편에 있는 물의 양은 전혀 변함이 없었다. 가운데를 가로막고 있던 막으로 순수한 물이 통과하지 못한 것이다. 삼투 실험할 때는 물이 막을 통과해나갔기 때문에 처음에 우리는 이 사실에 잠깐 놀랐다.

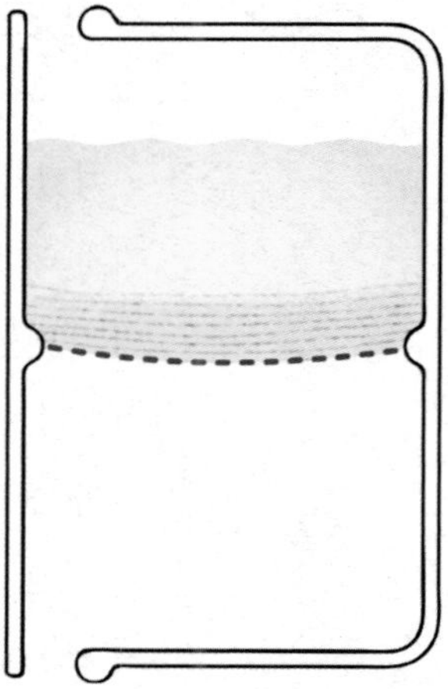

그림 11.6
물은 배타 구역을 통과하지 못한다.

이후 반복된 실험을 통해 우리는 동일한 결과를 확인했다. 염수가 들어 있던 공간이 비면 반대편 공간에 순수한 물이 있어도 순수한 물이 막을 통과하는 일은 없었다. 90도 기울여 중력을 주었어도 결과는 마찬가지였다(그림 11.6).

배타 구역의 망이 너무 촘촘해서 물이 빠져나가기 힘든 경우라도 삼투 조건이 형성되면 물이 빠져나갈 수 있다는 역설적인 사실 때문에 상당히 곤혹스러웠다.

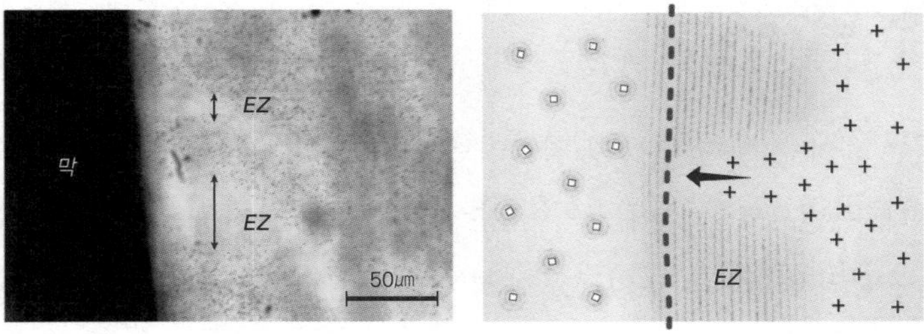

그림 11.7
배타 구역의 갈라진 틈을 현미경으로 관찰했다(왼쪽). 이 틈은 양전하가 음으로 대전된 배타 구역을 침범하면서 생긴 것이다. 국소적으로 틈이 벌어진다(오른쪽).

그러나 현미경을 통해 시각화하자 안개가 걷히듯 역설도 풀렸다(그림 11.7). 평소와 같이 배타 구역이 막의 한쪽을 채우고 있었지만 삼투 실험이 개시되자 배타 구역은 그런 식으로 행동하지 못했는데, 현미경으로 보니 배타 구역에 커다란 틈이 있었다.[8] 이 틈을 이용해서 물은 쉽게 막을 통과할 수 있을 것이었다. 제방의 둑에 구멍이 난 것과 흡사했다. 역설은 해결되었다.

그렇다면 이 틈은 어떻게 만들어진 것일까? 국소적으로 생성되고 있는 배타 구역은 양성자를 방출한다. 이들 양성자는 막 주변에 아직 배타 구역이 만들어지지 않은 장소를 향해 역류한다(그림 11.7, 오른쪽). 이런 흐름 때문에 후발 영역에서는 아직 배타 구역이 만들어지지 않는다. 따라서 배타 구역은 땜질을 한 것처럼 구멍이 나 있다.

배타 구역 구조의 갈라진 틈이 삼투 현상에서만 관찰되는 것은 아니다. 특정 금속 주변에서 우리는 그런 현상을 관찰할 수 있었다(12장). 세포 주변에서 분자들이 들고 날 때도 배타 구역의 틈이 벌어지는 일이 생길 것이다. 사실 세포막을 사이에 두고 안팎에 형성되는 전하의 기울기가 삼투의 흐름과 동일한 방식으로 흐름을 추동할 것이다.

염류도 잡아당긴다

또 다른 문제는 과연 염류의 역할이 무엇인가 하는 점이다. 염류(용질도 마찬가지다) 주변으로도 배타 구역이 형성된다. 우리의 질문은 염류를 둘러싼 배타 구역의 역할이 삼투의 흐름에서 어떤 역할을 하느냐이다.

그림 11.8을 보자. 양으로 대전된 히드로늄 이온이 용기 오른쪽의 막 근처까지 접근하면 염류 입자는 그 주변으로 몰려들어야 한다. 염류들이 음으로 대전된 배타 구역을 가지고 있기 때문이다. 단순히 인력의 문제이다. 음으로 대전된 이들 배타 구역은 그저 몰려 있을 뿐 막을 통과해나가지 못한다. 다만 염류는 히드로늄 이온을 왼쪽으로 끌어들일 뿐이다. 이 흐름이 오른쪽 배타 구역의 갈라진 틈을 유지시키고 계속해서 이 틈을 따라 히드로늄 이온을 흐르게 한다.

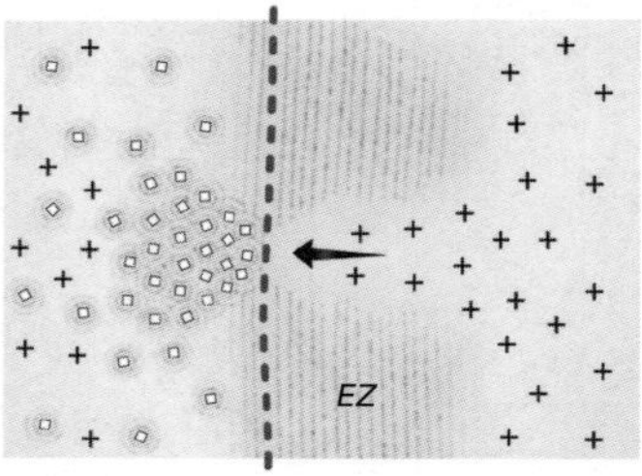

그림 11.8
막을 경계로 배타 구역 틈새가 히드로늄 이온을 왼쪽으로 끌어들인다.

따라서 히드로늄 이온은 자신들끼리의 척력에 의해 오른쪽에서 왼쪽으로 움직일 뿐 아니라 염류의 배타 구역이 끌어당기기 때문에도 흐름이 유지된다. 이런 끌림에 의해 왼쪽으로의 흐름이 가능해진다.

삼투 현상의 일반적인 특징이 바로 염류에 의한 끌림이다. 앞에서 언급했듯이 우리는 삼투를 연구하는 표준적인 실험 틀을 고수했다. 염류의 농도가 다른 구역을 막으로 나눈 용기가 그것이다. 이런 식의 배치는 한쪽에 많은 양의 양성자를 다른 쪽에는 역시 많은 수의 음전하를 생산해낸다. 바로 그 때문에 히드로늄 이온이 움직일 수 있는 것이다. 그 결과 염류의 농도가 높은 쪽에 물의 양이 늘어난다(그림 11.4).

그렇지만 이런 다양한 양상의 유일한 공통점을 들라면 그것은 전하가 분리된다는 사실이다. 분리된 히드로늄 이온이 흐름을 유도하는 것이다.

이들 양으로 대전된 물 분자는 불가피하게 음전하를 띤 배타 구역을 향해 움직인다. 이 흐름이 바로 삼투 현상에서 발견되는 흐름이다.

따라서 막은 불필요하다. 삼투막은 양전하인 히드로늄 이온과 음전하를 분리하는 편리한 도구일 뿐이다. 막이 있건 없건 **삼투 현상의 핵심 사항은 외부의 에너지 흡수를 통해 형성된 히드로늄 이온**이다. 히드로늄 이온은 음전하를 향해 움직인다.

여기서 의문이 생겨난다. 삼투 현상에서 전기적 전하의 기울기를 발견한 경우가 지금껏 한 번도 없었을까? 지난 3세기 동안 삼투 현상을 연구해오면서 그 누군가 그런 현상을 발견했으리라 생각할 수 있다. 사실 그런 적이 있기는 있었다. 1세기 전 지금은 고전적이라고 일컬어지는 실험에서[10] 자크 러브Jacques Loeb는 막을 중심으로 좌우 용기 안에 전기적 전위차가 있다는 사실을 확인했다.

그러나 애석하게도 이런 중요한 발견은 분자 수준에서 이루어진 실험의 틈바구니 속에서 거의 사장되고 말았다. 러브는 확실히 전위차가 있다는

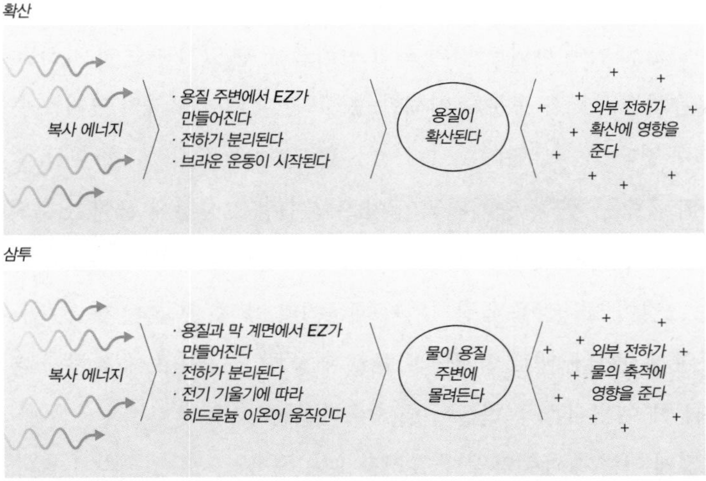

그림 11.9
공통된 특성을 갖는 확산과 삼투.

것을 확인했지만 그 존재가 삼투에 의한 흐름을 만들어낸다는 사실은 알지 못했다.

따라서 삼투 현상은 확산과 동일한 방법으로 진행된다(그림 11.9). 전하의 기울기가 이들 두 종류의 흐름을 추동한다. 이런 기울기는 궁극적으로 흡수된 복사 에너지에 의해 만들어진다.

기저귀와 겔

삼투압은 우리가 살아가는 동안 매일매일 관측된다. 삼투 원칙이 관찰되는 일상적인 예로는 기저귀나 겔이 있다.

겔은 엄청난 양의 물을 머금을 수 있다. 후식으로 먹는 젤라틴 푸딩의 95퍼센트는 물이며, 실험실에서 사용하는 일부 겔은 최대 99.95퍼센트까지 물을 머금을 수 있다.[11] 기저귀도 마찬가지다. 인간의 편의를 위한 것이기는 하겠지만 기저귀도 엄청난 양의 물을 보관할 수 있다. 기저귀 내부에 있는 친수성 표면에 배타 구역의 물이 달라붙을 수 있기 때문에 기저귀가 물을 보유하는 능력은 충분히 이해할 수 있다. 또 배타 구역의 크기는 충분히 커질 수 있다.

물의 흡수는 겔 혹은 기저귀의 마른 친수성 그물망에 물이 노출되면서 시작된다. 단순히 물이 그물망을 차지하는 것으로 상황이 종료되지는 않는다. 그것이 그물망을 확장시키기 때문이다. 몇 초 후 혹은 몇 분 후 이 그물망은 팽창한다. 때로 엄청난 비율로 팽창한다. 물이 고체를 향해 흘러가기 때문에 여기서 삼투 현상이 뚜렷이 관찰된다.

어떻게 이렇게 과량의 물이 흘러갈 수 있을까?

마른 겔을 물에 집어넣으면 표면의 그물망층과 돌출한 중합체 선이 즉시 물에 접촉하게 된다. 배타 구역이 만들어지는 것이다. 또 배타 구역의 외부에서 히드로늄 이온이 축적된다. 만약 이 기질이 음전하를 가지고 있다면 히드로늄 이온은 기질 내부로 돌진한다.

친수성 기질은 전형적으로 음전하를 띠고 있다. 여기에는 몇 가지 추론이 가능하다. 첫째, 중합체 자체는 일반적으로 음전하를 갖고 있다. 둘째, '마른' 중합체는 분리가 아예 불가능한 배타 구역의 물을 강하게 붙들고 있다. 셀룰로오스(종이)는 보통 7~8퍼센트의 물을 함유하고 있다. 며칠 동안 오븐에 말린다 해도 완전히 물을 제거할 수는 없다. 따라서 기질 내부의 엄청난 음전하는 히드로늄 이온을 안으로 끌어들인다. 이젠 불가피하게 쌍극자를 가진 물이 계속적으로 몰려든다. 따라서 기질은 물과 히드로늄 이온으로 채워진다. 이것이 삼투에 의한 흐름이다. 히드로늄 이온이 음전하를 향해 돌진하는 것이다.

우리는 어떤 일이 벌어지고 있는지 마음에 그려볼 수 있다. 기저귀 기질 내로 침투해 들어오는 물이 보다 많은 배타 구역층이 만들어질 때 그 질료가 된다. 유입되는 에너지로부터 배타 구역이 형성되기 때문에 그들은 양성자를 방출한다. 양성자와 결합한 물은 기질 내부로 더욱 깊숙이 들어오며 보다 많은 물을 끌어들인다. 이런 일이 반복되면서 겔 전체가 물로 꽉 채워진다. 그때쯤 되면 모든 기질 표면이 엄청난 양의 배타 구역을 갖게 된다. 그 사이사이 빈틈에는 양성자가 듬뿍 함유된 일반적인 물이 채워 들어간다.

삼투에 의한 물의 유입을 최종적으로 막는 힘은 어디에서 나오는 것일까? 꽉 채워진 겔도 여전히 음으로 대전되어 있기 때문에 기질-전하의 중화는 확실히 아니다. 미세 전극을 이런 겔에 집어넣으면 여전히 음의 전위를 가진다는 사실을 저절로 알게 된다(그림 4.7). 따라서 기질이 팽창되었다고 해도 여전히 히드로늄 이온을 끌어당길 능력을 갖고 있는 것이다.

이렇게 얘기하면 겔이 한도 끝도 없이 팽창될 것 같다. 그렇지만 물리적인 제약이 이들 확장의 한계를 긋는다. 탄력성이 있는 그물망은 그 한계에 도달할 때까지 엄청난 양의 물을 보관할 수 있다. 부풀 대로 부푼 그물망은 이제 더 이상의 물을 감당할 수 없게 된다. 물리적 한계와 삼투가 끌어들이는 힘이 균형을 맞추는 때가 바로 그 순간이다.

그림 11.10
수화에 의한 팽창. 처음에 친수성 망은 건조한 상태이다(a). 물을 집어넣으면 망이 확장된다(b). 이제 펼치면 손을 닦을 수 있다(d).

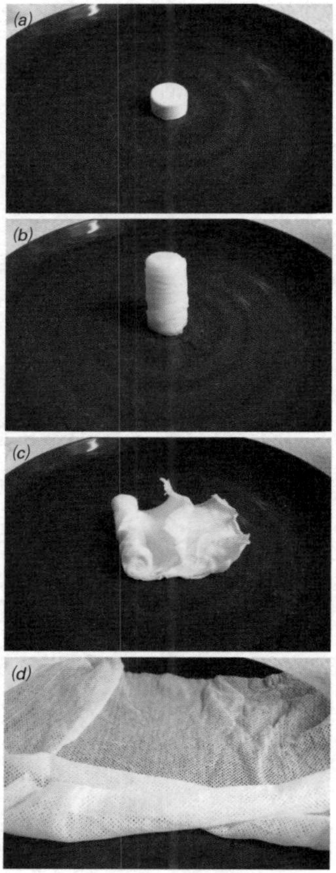

이 단계에 다다르면 겔은 많은 양의 배타 구역 물을 포함하게 된다. 배타 구역 사이사이의 공간에는 히드로늄 이온이 꽉 들어차 있다. 이들 양성자와 결합한 물은 음으로 대전된 배타 구역에 들러붙고 압력이 넘쳐날 때까지 겔에 붙들려 있다. 젤라틴 후식도 아기의 기저귀와 동일한 원리를 따른다.

재미있는 사건 하나가 삼투에 의한 끌림 현상을 확인해주었다. 최근 피사로 여행을 갔을 때 친구 하나가 그 지역 레스토랑에 나를 초대했다. 자리에 앉자마자 우리는 웨이트리스가 보여주는 기예를 구경할 수 있었다. 그녀는 실린더 모양의 하얗고 조그마한 알약 비슷한 것을 접시 위해 툭 던져놓았다(그림 11.10a). 그것이 접시에 놓이자 나는 반사적으로 먹을 것인지 아닌지 살펴보았다. 이국적인 이탈리아의 해산물 요리일까 생각했을지도 모른다. 그런데 그것은 정말 이국적이었다. 신성한 물을 만나자 그것은 삶을 되찾은 것처럼 살아났다. 높이가 다섯 배 이상 자라난 것이다(그림 11.10b).

그림 11.11
냅킨에 떨어뜨린 물방울의 적외선 연속 이미지. 물이 확산되면서 테두리에 '뜨거운' 부분이 존재한다.

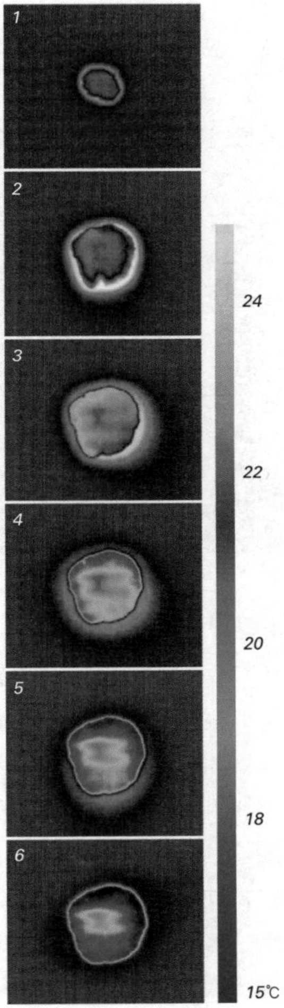

이 알약 비슷한 것은 먹을 것이 아니었다. 그것은 섬유 그물망을 촘촘하게 말아 실린더 모양으로 눌러놓은 리본 같은 것이었다. 널찍하게 펼치면 물을 흡수한 리본은 손을 닦도록 준비된 젖은 휴지 이상도 이하도 아니었다(그림 11.10d). 기저귀 비슷한 물건도 분명 실린더 모양의 조그만 팩으로 만들 수 있을 것이다.

이런 그물망의 결과는 특별히 흥미롭다. 왜냐하면 최근 우리 실험실에서 수화된 그물망을 적외선 카메라로 조사하기 시작했기 때문이다. 우리는 평평한 조직의 그물망에 물방울을 떨어뜨렸다. 적외선 카메라로 보니 물이 확산되어 지나가는 테두리에 '뜨거운' 구역이 보였다. 이 테두리에 많은 양의 적외선 에너지가 만들어지고 있다는 말이다(그림 11.11). 이런 관찰 결과는 이해할 수 있다. 움직이는 전하는 적외선 에너지를 만들어낸다. 파문을 그리며 진행하는 히드로늄 이온이 적외선을 방출하는 것이다. 바로 전하가 하는 일이다.

따라서 전하 때문에 물이 친수성 중합체 그물망 속으로 들어가는 것이다. 이는 물이 용질을 향해 침투하는 것과 동일한 원리이다. 이러한 두 가지 삼투 현상은 히드로늄 이온이 음전하를 향해 끌리는 것으로 집약된다. 또 이들 두 현상은 외부에서 유입되는 에너지에 의해 촉발된다. 이 에너지는 전하를 분리하고 그것이 삼투 흐름을 만들어낸다.

상처와 부종

세포가 일을 할 때도 삼투는 중요한 역할을 한다. 세포는 음으로 하전된 단백질로 채워져 있기 때문에 세포질은 삼투에 의한 끌림이 가능해진다(흔히 삼투압이라고 얘기하는 현상이다). 이런 끌림은 겔이나 조직, 심지어 기저귀에서도 발견된다. 물리학자라면 잘 알고 있는 현상이다.

세포의 특이한 성격 중 하나는 물의 양이 많지 않다는 데서 비롯된다. 일반적인 겔은 물과 고체의 비율이 20:1이다. 그러나 세포는 그 비율이 2:1밖에 되지 않는다. 세포 안에는 음으로 대전된 고분자가 많기 때문에 삼투에 의한 잠재적 인력이 매우 크다. 그러나 물의 양은 여전히 많지 않다. 물의 양이 그리 많지 않은 이유는 아마도 고분자 네트워크가 밀집되어 있기 때문일 것이다. 세포의 네트워크는 전형적으로 교차 연결된 관 혹은 복잡한 선으로 구성된 생체 고분자로 이루어져 있다. 이 네트워크는 매우 단단해서 최대 삼투압까지 팽창하지 못하게 막는다.

하지만 이런 교차 연결 구조가 깨지는 일이 발생하면 삼투 효과가 기능을 발휘하기 시작한다. 조직은 엄청나게 확장된다. 한 개의 근섬유를 가지고 실험해도 이런 확장 효과를 쉽게 확인할 수 있다. 실험자가 실수로 근섬유 다발을 건드리면 그것은 정상일 때보다 열 배나 확장된다. 구부러진 구조가 깨지면 외부에서 물이 몰려와 조직을 붓게 만든다. 이쯤되면 실험은 망친 것이나 다름없다.

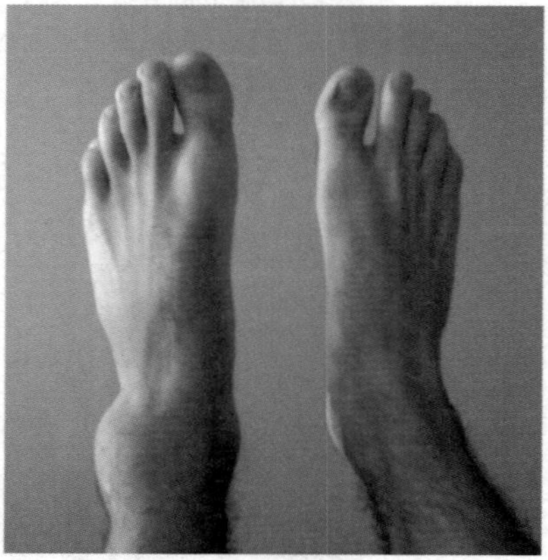

상처 후 부종.

상처가 났을 때도 이렇게 조직이 붓는다. 특히 접질렸을 때 그러하다. 섬유를 구성하는 고분자가 깨지고 교차 결합이 파괴되면 억제되어 있는 삼투 효과가 살아난다. 삼투에 의해 거칠 것이 없이 조직이 확대된다.

고분자의 파괴가 지속적으로 일어나기 때문에 부종은 인상적이다. 한 부위의 교차 연결이 깨지면 인접 교차 연결이 바로 영향을 받게 된다. 마치 지퍼가 열리는 것처럼 교차 연결의 파괴가 꼬리를 물고 일어나는 것이다. 외부에서 물이 물밀듯 밀려와 순식간에 조직은 부풀어 오른다. 파괴된 교차 연결을 조직이 다시 회복하고 격자의 제한성을 복원한 연후에야 비로소 붓기가 빠진다.

결론

염류는 끌어들인다! 이 표현만으로도 염류가 물을 끄는 삼투 현상을 설명하는 데 충분하다고 할 수 있다. 그러나 우리는 염류가 실제 물을 끌어들이는 것이 아니라는 사실을 발견했다. 염류는(용질이나 입자도 마찬가지겠지만) 주변에 배타 구역을 형성한다. 따라서 양으로 대전된 히드로늄 이온을 끌어당길 수 있는 것이다. 결국 전기적 기울기가 삼투의 흐름을 추동한다.

삼투는 외부의 복사 에너지 흡수에 따른 부수적인 효과라고 할 수 있다. 이 에너지가 전하를 분리하고 그것이 흐름을 이끌어낸다. 삼투는 고전적인 브라운 운동 이론이 가정하듯(9장) 자연의 기초적인 힘이 아니다.

삼투와 마찬가지로 확산도 복합적인 과정이다. 확산 과정은 용매의 움직임보다는 용질의 움직임에 초점을 맞춘다. 그러나 이런 움직임을 추동하는 것도 역시 외부에서 유입된 에너지이고 그것은 전하를 분리한다. 이렇게 분리된 전하가 용질이 물에 섞이는 현상의 배후에 있다.

따라서 삼투와 확산의 이론적 배경은 비슷하다고 볼 수 있다. 둘 다 에너지가 필요하고 그 에너지에 기초하여 전하가 분리된다. 이 과정이 두 가지 움직임의 핵심 요소이다. 결국 삼투와 확산은 태양 에너지 유입에 따른 매우 자연적인 결과라고 생각할 수 있다.

이 장을 읽는 동안 에너지와 전하라는 개념이 지속적으로 떠올랐다면 정확히 이해했다고 볼 수 있다. 4부에서도 이런 기조가 유지될 것이다. 얼음이 왜 미끄러운지, 왜 관절이 삐걱거리지 않는지 등 우리가 일상에서 매일 관찰하는 현상들을, 분리된 전하를 통해 놀랄 정도로 단순 명쾌하게 설명할 것이다.

4부에서는 기본적인 사실을 구축할 것이다. 앞에서 발전시킨 개념을 바탕으로 배터리의 힘이나 기포가 합쳐지는 일 등 일상에서 겪는 현상을 살펴볼 것이다.
증거들을 바탕으로 자연에 관한 우리의 이해는 깊어질 것이다. 어떤 것들은 아직도 오리무중이어서 모든 것을 결코 다 알고 있다고 말할 수는 없다. 확실하게 밝혀지지 않은 경우에는 독자들에게 그렇다고 알리기 위해 아래 그림을 싣겠다.

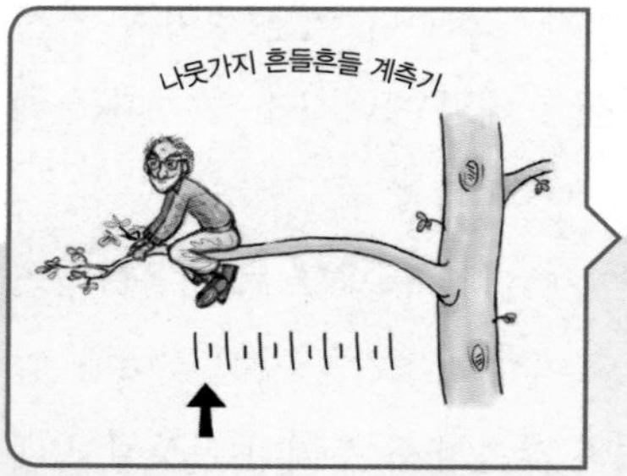

SECTION 4
자연에서의 물의 형상

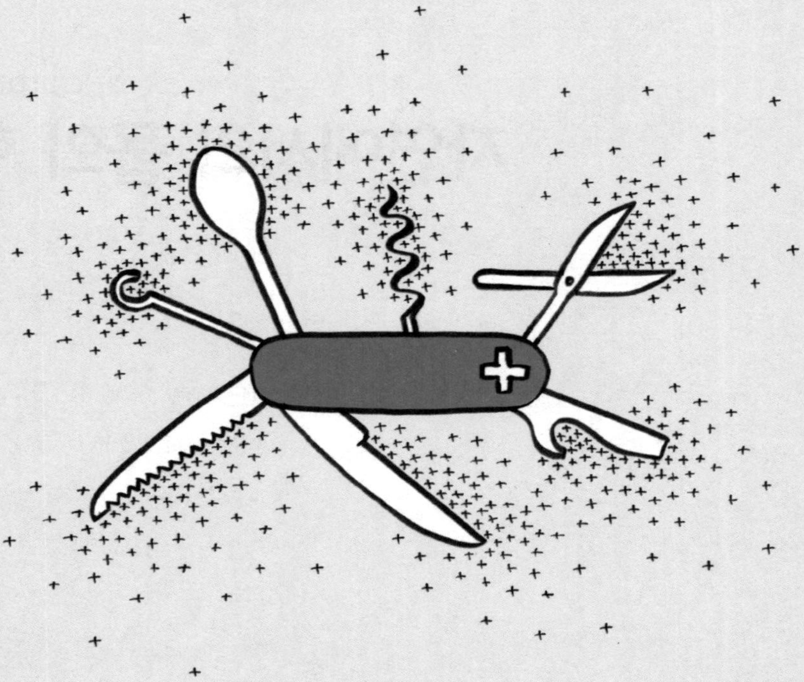

12장
양성자와 결합한 물의 힘

양성자는 여기로.

화학 수업시간에 반쯤 졸다가 나는 그것을 놓치고 말았다. 대학원 시절이었다. 그날 수업의 주제는 바로 양성자에 관한 것이었다.

모든 사람들이 강하게 결합된 원자의 중간에 양으로 하전된 입자가 있다는 사실을 알지만 교수는 원자가 그것을 내놓을 수도 있다고 말하면서 수업을 시작했다. 산은 양성자를 내놓는다고 교수는 말했다. 따라서 양성자는 원자의 주변에 달라붙을 수 있다. 다 좋다. 그러나 주변에 전자로 족쇄가 채워진 양성자가 어떻게 쉽게 '공여될 수' 있는지 나는 잘 모른다. 또 독자들은 반대로 하전된 입자들이 자석처럼 달라붙을 것이라고 생각할 것이다.

교수는 화학 반응의 개시부터 배터리 기능의 매개에 이르기까지, 양성자가 할 수 있는 온갖 경이로운 일들을 자세히 설명하기 시작했다. 하지만 나는 아직도 그것들이 논리 정연한지 확신하지 못하겠다. 어리석음을 발설하는 위험을 무릅쓰고서라도 나는 확신이 서지 않는다. 대신 나는 입을 다물고 무시하는 쪽을 택했다. 나는 결코 화학자가 되지 못했을 것이다. 이런 양성자들은 온갖 종류의 주술적 힘을 부여 받은 듯 보였다. 그러나 내게는 그런 힘의 실체가 여전히 모호하기만 했다.

그러나 수 년 후, 마침내 나는 이해의 실마리를 찾기 시작했다. 양성자가 자랑하는 힘의 원천이 무엇인지가 사뭇 뚜렷해졌다는 말이다. 양성자의 힘은 크게 세 가지로 대별된다. 첫째, 그 수가 많다. 배타 구역이 형성되면서 엄청난 수의 양성자가 만들어진다. 둘째, 이 양성자가 잽싸게 물 분자에 달라붙는다. 이렇게 결합된 물(히드로늄 이온)은 전위차 에너지를 갖게 된다. 셋째, 하전된 물 분자는 물리법칙에 순종한다. 이들은 음이온을 향해 움직이고 양전하를 밀어낸다.

따라서 양성자의 힘은 정전기적 인력으로 축약된다. 바로 이 정전기적 인력이 삼투 과정에서 중요한 역할을 한다(11장). 여기서는 단순하기 짝이 없는 정전기적 개념을 빌려 그동안 쉬운 설명을 불허해왔던, 물과 연관된 일상의 다양한 현상들을 인력과 반발력이라는 용어로 설명하려 한다.

1. 양성자 반발력이 마찰을 줄인다

부드러운 표면을 역시 비슷한 것으로 비벼보자. 우리는 '오돌토돌한' 듯한 약간의 저항감을 느낀다. 아주 미세한 돌기가 부드러운 평면에서 돋아났기 때문일 것이다. 이런 돌출이 다른 물체에도 형성되면 마찰력이 생겨난다(그림 12.1).

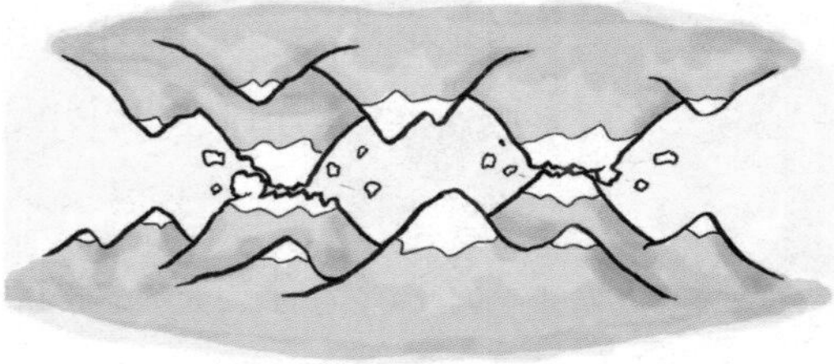

그림 12.1
마찰의 은유. 위쪽 '산의 능선' 같은 부위가 아래쪽과 만나 미끄러지면서 마찰이 생긴다.

사포를 예로 들어보자. 두 장의 사포를 서로 부비면 그림 12.1에 나타난 현상을 관찰할 수 있다. 모래와 모래가 부딪히면 마찰계수가 높다고 말한다. 부드러운 나무에 문지르면 마찰계수는 그리 높지 않다. 우리 피부와 젖은 비누 사이의 마찰계수는 더욱 낮다.

그림 12.1로부터 마찰을 줄이는 방법을 찾아보자. 각각의 표면을 밀어서 돌출 부위가 서로 충돌하지 않게 하면 된다. 예를 들어 친수성 중합체 물질이 서로 마주하고 있다고 가정해보자. 중합체 섬유가 표면에서 마치 칫솔처럼 위로 솟아나 있기 때문에 마찰계수가 상당히 클 것이라고 예상할 수 있다. 서로 매끈하게 왔다 갔다 하지 못할 것이다. 그러나 이들 두 물질 사이에 물이 있다면 상황은 달라진다. 각각의 표면에서 배타 구역이 형성될 것이므로 서로의 표면을 밀쳐낸다. 결국 밀쳐냄이 마찰을 줄인다.

그림 12.2
물과 마찰.
(a) 친수성 표면은 거친 돌기를 가지고 있다. (b) 두 틈새에 물이 들어가면 표면은 약간 떨어진다. 히드로늄 이온 간의 반발력 때문이다.

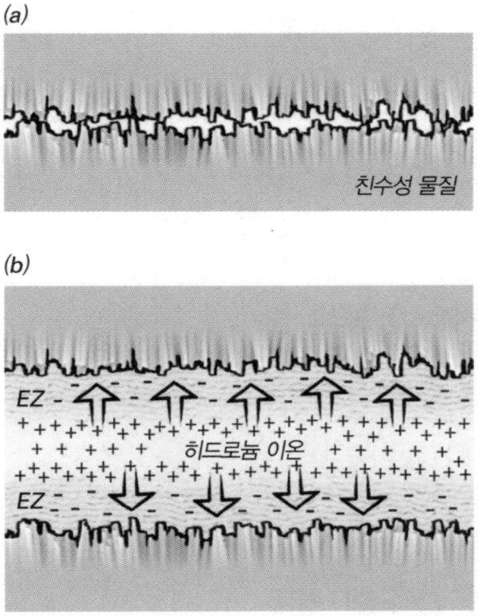

중합체와 물의 이야기는 거기서 끝나지 않는다. 음으로 대전된 배타 구역은 양성자를 만들어낸다(그림 12.2). 히드로늄 이온이 서로 밀쳐내기 때문에 각각의 표면을 떨어뜨린다. 히드로늄 이온이 두 표면이 마주할 돌기보다 멀리 떨어져 있다면 마찰은 무시할 만한 수준으로 떨어진다. 마찰계수가 현저하게 떨어지는 것이다.

이런 양전하는 총체적으로 마찰을 줄이는 베어링 역할을 한다. 이들은 개별 표면이 서로 간섭하지 못하게 한다. 자력 간 반발력으로 상하이 고속철이 아래쪽 철로에 닿지 않는 것과 같은 이치다. 여기서 반발력은 유입되는 복사 에너지에서 유래한다. 복사 에너지를 이용할 수 있다면 배타 구역은 계속 유지될 것이고 양전하도 끊이지 않고 생성될 것이다. 양성자가 이들 두 표면 사이에 위치하면서 마찰력을 최소화한다. 따라서 물에 기초한 윤활액은 시중에서 판매하는 윤활유보다 가격이 싸다. 사실 공짜나 마찬가지다. 태양 에너지를 적소에 이용할 수만 있으면 충분히 가능한 일이다.

그러나 히드로늄 이온이 도망이라도 치면 위험할 수 있다. 히드로늄 이온은 서로 밀쳐내기 때문에 좁은 틈새에서 소실될 수 있다. 충분히 가능한 일이다. 많은 양의 히드로늄 이온이 사라져서 남아 있는 일부 양이온이 음성의 배타 구역을 서로 붙여 결정 구조를 만들면 두 물질의 표면이 그대로 붙어버린다. 이런 연속적인 구조는 말 그대로 두 물체를 딱 붙여버린다.

이런 식의 부착을 통해 두 유리가 달라붙는 현상을 설명할 수 있다. 마른 상태라면 마주하는 두 개의 유리 슬라이드는 쉽게 떨어진다. 그러나 이들 두 슬라이드 사이에 물이 소량 들어가서 찰싹 붙어버리면 떼내는 데 말이 끄는 정도의 힘이 필요하다(서로 미끄러지기는 할지라도). 이들 두 슬라이드를 떼는 데 필요한 힘은 결국 두 표면 사이에 형성된 배타 구역이 매우 강한 힘으로 결합할 수 있음을 의미한다(4장).

반면 두 판 사이에 형성된 배타 구역에 충분한 양의 히드로늄 이온을 집어넣을 수만 있다면 판은 다시 쉽게 떨어질 수 있다. 샌드위치 모양으로 유리판을 정렬해보자. 그러면 열린 공간으로 이온이 빠져나간다. 따라서 마찰을 낮은 수준으로 유지하기 위해서는 이들 두 판 사이에 히드로늄 이온이 소실되지 않도록 유지하는 것이 매우 중요하다.

사실 물이 관여하는 윤활 작용을 관찰하기가 그리 어려운 일은 아니다. 마음만 먹으면 매일 관찰할 수 있다. 예를 들어 젖은 통나무는 매우 미끄럽다. 또 젖은 마룻바닥은 마른 것보다 훨씬 위험하다. 석유에 기반한 윤활유가 등장하기 전까지 물 윤활 작용은 거의 표준적인 것이었다. 이제 다시 물 윤활 작용이 등장하고 있다. 인터넷에 들어가 '수력학water hydraulics'을 검색해보면, 물을 적용한 윤활 작용이 많이 있음을 알게 될 것이다. 특히 가공하는 과정에서 소량의 기름 오염도 용납하지 않는 음식의 경우에 물이 사용된다. 소량의 물이 음식에 들어갔다고 소란을 떨지는 않을 것이다.

관절은 왜 삐걱거리지 않는가?

관절 부위에서 뼈는 뼈를 누르고 있다. 뼈는 회전하기도 한다. 깊은 곳 무릎 관절이 구부러질 때도 엎드려 팔굽혀펴기를 할 때도 그렇다. 압력이 가해지는 가운데 뼈를 돌리면 삐걱거릴 것이라고 생각할지 모르겠다. 그렇지만 관절의 마찰은 그리 크지 않다. 왜일까?

뼈의 끝부분은 연골에 둘러싸여 있다. 연골을 구성하는 물질이 무게를 받치고 있는 것이다. 따라서 관절의 마찰을 줄이기 위해서라면 연골의 표면과 그 사이를 채우는 윤활액(synovial fluid)을 살펴보아야 한다. 압력이 내리누르고 있을 때 이들은 어떻게 기능할까?

연골은 전형적인 겔 물질로 강하게 하전된 중합체와 물로 구성되었다. 다른 말로 하면 연골은 겔이다. 겔의 표면이 배타 구역을 가지고 있기 때문에 연골의 표면은 배타 구역을 함유하고 그 사이에 있는 윤활액에 다량의 히드로늄 이온을 방출한다. 윤활액 자체도 여분의 히드로늄 이온을 제공할 것이다. 따라서 두 연골의 표면 사이에는 많은 양의 히드로늄 이온이 존재한다. 이들 히드로늄 이온 간의 반발력이 연골의 표면을 멀어지게 한다. 두 연골 부위가 결코 맞닿는 일이 없다고 말하는 과학자들도 있다. 이런 분리에 의해 마찰력은 무시할 정도로 줄어든다.

이런 반발 기제가 실제로 작동하기 위해서는 히드로늄 이온의 소실을 막을 장치가 따로 필요하다. 그렇지 않으면 히드로늄 이온이 사라질 것이고 윤활 효과가 줄어든다. 자연은 안전장치를 마련했다. 관절 주머니라고 알려진 막 구조가 그런 것이다. 이 막은 히드로늄 이온이 소실되는 것을 막고 마찰을 낮은 수준으로 유지한다. 우리의 관절은 보통 삐걱거리지 않는다.

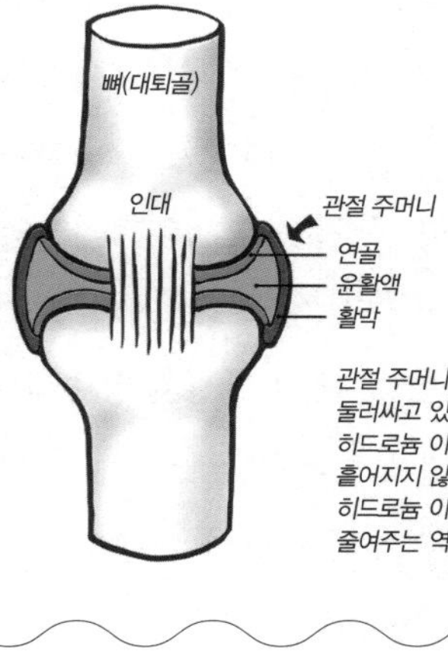

관절 주머니가 관절을 둘러싸고 있기 때문에 히드로늄 이온 용액이 흩어지지 않는다. 고농도의 히드로늄 이온은 마찰력을 줄여주는 역할을 한다.

중합체 연구를 보면 물이 얼마나 중요한 윤활 작용을 하고 있는지 알게 된다. 일반적으로 서로 미끄러져 나가는 중합체 물질들은 마찰계수가 1 정도이다. 그런데 이들이 수화되면 그 계수는 0.00001로 줄어든다.[1] 물에 둘러싸이면 마찰이 수십만 배 줄어든다.

예외적으로 효과적이라 할 수 있는 물의 윤활 작용이 어떻게 가능한가에 대해서는 잘 모른다. 이제 우리는 히드로늄 이온이 윤활 작용의 저변에 깔려 있지 않은가 추론할 수 있다. 히드로늄 이온이 서로 밀쳐대면서 두 표면의 돌기가 부딪히는 것을 막는다. 따라서 표면은 서로 미끄러지며 마찰력은 찾아볼 수 없다.

2. 바위 자르기

'양성자 밀기'는 마찰을 줄일 뿐 아니라 쐐기로 바윗덩이를 가를 때도 유용하다.

피라미드를 생각해보자. 피라미드를 건설하기 위해서는 채석장에서 보는 것과 같이 거대한 화강암 판을 잘라내야만 했을 것이다. 바위를 자르기 위해 이집트인들은 약간의 묘책을 마련했다. 갈라진 바위 틈에 나무 쐐기를 대고 그 부위에 물을 부었다(그림 12.3). 이집트를 내리쬐는 태양 빛은 충분한 양의 복사 에너지를 제공했고 나무는 물을 한껏 머금었다(11장). 배타 구역이 형성되면 양성자를 방출한다. 자라나는 배타 구역이 제공하는 압력, 특히 양성자 방출에 의한 반발력은 바위를 잘라내기에 충분했다.

그림 12.3
수화에 의해 바위가 갈라진다.

이집트인들이 어떻게 그런 거대한 건축물을 만들었는지 진정성에 의심이 간다면 지하수가 가로수 나무뿌

리를 부풀렸을 때 어떤 일이 일어날지 생각해보라. 나는 내 이웃들과 영국의 튜더 양식으로 지은 집 앞에 은행나무를 심었던 일이 떠오른다. 톰과 나는 나무가 심미적 가치를 높일 것으로 생각했었다. 그렇지만 시애틀 시 당국은 그렇게 생각하지 않았고 즉시 제거할 것을 명령했다. 은행나무의 뿌리가 인도의 노면을 부술 수 있다는 것이 그들의 설명이었다. 젊었을 적 브루클린의 콘크리트 인도가 부서지는 것을 보았기 때문에 나는 공무원들의 명령에 항의 한번 해보지 못했다. 다만 은행나무가 다 자라면 얼마나 예쁠 것인가 잠시 상념에 잠겼다.

양성자의 압력을 살필 수 있는 또 다른 예로는 견과류가 있다. 견과류에는 배아가 들어 있어서 식물은 흡수한 물을 이용하여 껍질을 깨고 나와야만 한다. 식물학자들에 따르면 이런 일은 경이롭기까지 한데,[2] 호두 열매는 1평방인치당 600파운드의 압력을 가해주어야만 껍질이 깨진다. 우표만 한 공간에 건장한 젊은이 세 명이 올라가는 정도의 힘이다.

이런 정도의 압력을 물이 제공할 수 있다면 우리는 몇 가지 전설 같은 얘기들을 쉽게 이해할 수도 있을 것이다. 화강암의 바위가 틈새에서 자라고 있는 어린 떡갈나무에 의해 갈라질 수 있다고 한다. 금속성 용기의 형태가 공기 중에서 습기를 빨아들인 마른 렌즈콩에 의해 변하기도 한다. 곡식 운반선 창고 틈에 스며든 물 때문에 배가 반으로 갈라지는 일도 보고되었다. 이 모든 이야기의 배후에는 골치 아픈 양성자가 있다. 복사 에너지가 양성자 방출을 돕는 한 이들은 불가피하게 파괴적인 압력으로 작용한다. 그 압력은 엄청난 일을 해낼 수 있다.

3. 얼음지치기

양성자는 얼음지치기도 설명할 수 있다.

우리는 얼음이 완전히 고체라고 생각한다. 사실 얼음 표면에는 얇은 막의 물이 있다. 마이클 패러데이Michael Faraday가 이 사실을 알아낸 것은 1842년이었다. 그는 얼음이 미끄러운 이유가 물의 엷은 막 때문이라고 생각했다. 그 이후로 막의 존재를 증명하기 위한 다양한 실험이 수행되었다. 스케이트의 날이 고체 얼음 대신 액상의 물을 누른다면 스케이트 타기가 가능하다고 생각할 수 있을 것이다.

물층에 존재하는 상당량의 양성자가 마찰을 줄여줄 것이기 때문이다. 배타 구역 평면 두 개가 양성자에 의해 붙어 있을 수 있다는 4장의 내용을 생각하면 얼음에 양성자가 존재할 것이라고 볼 수 있다. 얼음이 녹으면 배타 구역과 양성자를 포함한 부위가 생성된다. 그리고 그 존재는 실험을 통해 확인되었다.[3] 따라서 양성자도 거기에 있어야 할 것이다. 이런 양성자가 마찰을 줄일 수 있다(그림 12.4).

그림 12.4
양성자가 스케이트 날과 거친 얼음 사이를 벌어지게 한다. 서로 반발하는 전하 때문에 마찰력이 줄어든다.

그러나 이것이 전부가 아니다. 핵심 줄거리는 따로 있다. 스케이트가 내리누르면 많은 양의 양성자가 추가로 생성된다. 스케이트를 타는 사람의 체중이 두 날에, 보다 정확히 얘기하면 한쪽 날에 쏠리게 된다. 이 압력은 여러분 어깨에 코끼리 여러 마리가 타고 있는 정도에 해당하는 힘이다.

엄청난 압력이 얼음 위에 가해지며 평면 사이에 들어 있는 양성자를 짜낸다(그림 12.5a, b). 얼음 위로 쏟아져 나온 양성자 때문에 아래 얼음 쪽 양성자는 줄어든다(양성자가 없는 얼음은 배타 구역과 같다, 그림 12.5c). 압력이 높을수록 쏟아져 나오는 양성자의 양도 늘어난다. 이 원리에 의해 얼음지치기가 가능해진다.

반면 얼음 표면의 양성자는 기화해서 공기 중으로 사라질 수 있다. 그러면 더 이상 미끄럽지 않게 된다. 마른 공기 중에 얼음이 일정 시간 동안 노

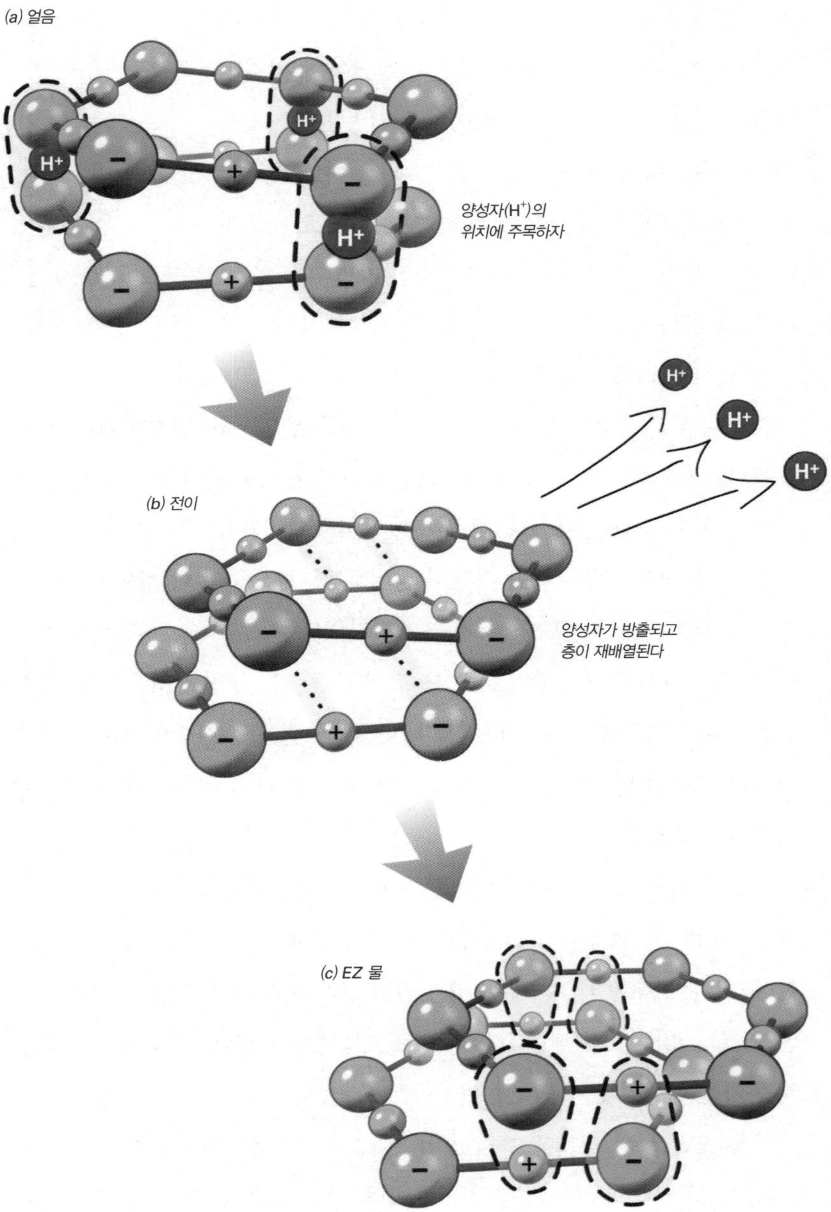

그림 12.5
얼음에 가해진
압력의 효과.
압력을 주면 얼음
결정 격자에서
양성자가 나오고
얼음이 배타
구역 물이 된다.

출되는 경우를 상상해보라. 여기에 손가락을 대면 바로 달라붙는다. 기화에 의해 양성자가 날아가 버리면 얼음 표면은 음으로 대전된 배타 구역만 남는다. 이 음전하가 근처에 존재하는 표면에 반대의 전하를 유도할 수 있다. 손가락이 얼음에 달라붙는 이유가 그 때문이다. 게다가 피부에 있는 물기가 얼어버리면 피부와 얼음은 더 강하게 붙어버린다. 간혹 용감한 아이들이 가로등 쇠기둥에 혀를 대기도 한다(그림 12.6).

그림 12.6
추운 날 생길 수 있는 불행한 일.

그러니까 소개팅을 통해 알게 된 시애틀의 젊은 남녀 생각이 불현듯 떠오른다. 그들은 근처 캐스케이드 산으로 드라이브를 떠나 붙임성 있는 스키어들과 술도 한잔 마셨다. 모든 것이 순조롭게 지나가고 있었다. 그러나 집으로 가는 길은 생각보다 시간이 많이 걸렸다. 오줌이 마려웠던 것이다. 상황이 급박해지자 선택의 여지가 없었던 청년은 길가에 차를 세우고 소변을 보게 여자를 배려했다. 청년은 고개를 돌렸고 균형을 잡기 위해 얼어붙은 차에 기댄 채 여자는 바지를 내렸다. 곧 안도의 한숨이 흘러나왔다. 그러나 그녀의 엉덩이가 차 옆에 붙어버린 것을 알게 되기까지 그리 오랜 시간이 걸리지 않았다.

웃을 수밖에 없는 상황이지만 한편 이 일이 어떻게 해결되었는지도 궁금할 것이다. 어찌해볼 도리가 없는 여자는 밤새 그러고 있어야 할 형국이었다. 여자와 차를 떼내기 위해서는 빨리 얼음을 녹여야만 했다. 뭔가 따뜻한 액체가 필요한 상황이었다. 청년이 그 따뜻한 액체를 어디에서 얻었을지 독자들은 상상할 수 있겠는가?

얼음 표면은 두 극단을 가지고 있다. 매우 미끄럽기도 하지만 접착력도 좋다. 이 두 극단의 차이에 양성자가 있다. 양성자가 없으면 정전기적 인력

위험한 빙산

얼음 조각이 녹아 떠다니고 있는 영역으로 들어선 배는 신속하게 움직이지 못한다. 게다가 멈춰 설 수도 있다.[4] 이런 식의 저항성은 타이타닉호가 빙산에 부딪힌 것과는 다른 종류의 것이다. 사실을 말하자면 방금 전에 녹은 얼음의 높은 점성 때문에 저항성이 생긴다. 아마도 거대한 양의 배타 구역이 높은 점성의 원인일 것이다. 유빙 사이를 지날 때 배의 속도는 현저하게 떨어진다.

에 의해 물질이 쉽게 달라붙는다. 그러나 양성자가 존재하면 반발력이 생겨나 마찰력이 현저하게 줄고 얼음 위를 날 듯 스케이트를 즐길 수 있다.

4. 배터리 돌리기

오줌의 보온 기능을 벗어나 이제 에너지 세계로 길을 떠나보자. 배터리는 전기 에너지를 전달한다. 근대적 배터리의 성능은 놀랍기 그지없지만 감자 배터리도 원리상 동일한 기능을 수행할 수 있다. 비록 에너지양은 적지만 두 개의 서로 다른 금속 전극을 커다란 감자 하나(혹은 작은 것 두 개)에 꽂으면 놀라지 마시라. 디지털시계쯤은 너끈히 움직이게 할 수 있다(그림 12.7).

그림 12.7
감자 배터리. 감자도 나쁘지 않다. 오래된 감자라면 소금물에 담그면 된다.

이렇게 단순한 기술로 오늘날 최첨단 배터리가 하는 일을 수행할 수 있다니 놀랍다. 물론 수준이 낮은 기술로 돌아가는 배터리가 생성하는 에너지는 적고 오래가지도 못한다.

그렇지만 구성 요소는 비슷하다. 반대의 전극이다. 특히 그중 하나는 반응성이 매우 좋은 금속 아연이다.

볼타Volta가 처음 고안했던 배터리도 유사한 금속을 사용했다. 벌써 2세기 전이다. 볼타의 배터리는 아연과 구리 원판으로 구성되어 있다(나중에는 아연과 은). 이들 두 금속 원판은 소금물에 적신 널판지나 피복으로 분리되어 있었다. 금속 쌍은 기둥처럼 쌓여 있었다. 모양이 그랬기 때문에 그 배터리는 볼타의 굴뚝으로 불렸다(그림 12.8).

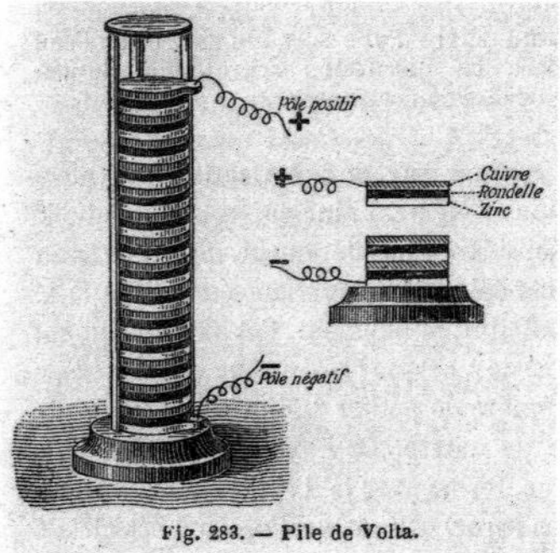

Fig. 283. — Pile de Volta.

그림 12.8
볼타가 설계한 최초의 배터리.

볼타의 배터리나 감자 배터리, 또는 현대의 알칼리 배터리는 동일한 특성을 갖는다. 전극 하나는 반응성이 좋은 아연과 같은 금속으로 만들어지고 다른 하나는 반응성이 덜한 금속으로 만들어진다. 두 전극 사이에는 이온을 함유하는 매질이 있고 여기를 따라 전류가 흐른다. 금속 계면에서 유래하는 전기화학적 반응을 통해 에너지가 만들어진다고 사람들은 오랫동안 생각했다. 이런 반응을 통해 전하를 밀어내고 매질을 따라 다른 전극으로 가면서 에너지가 나온다는 것이다.

전선이 없는 초기 드릴 개념.

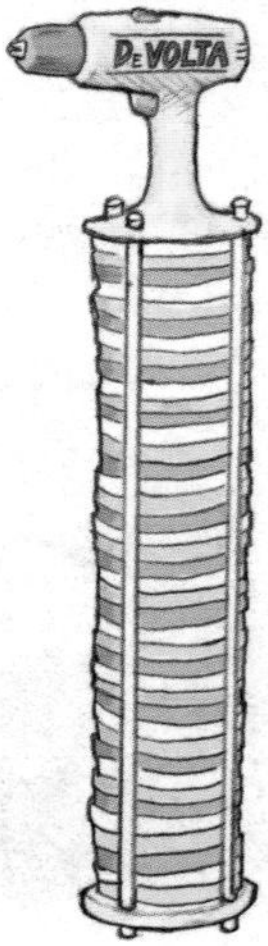

계면에서 반응이 일어나는 것은 확실하지만 이 책의 앞머리에서 다루었던 현상은 그 반응의 본성에 대해 다른 말을 해줄 수도 있을 것 같다. 여러 번 반복한 말이지만 흡수된 전자기 에너지는 배타 구역을 통해 전하를 분리할 수 있다. 배터리에서 전하의 분리도 배타 구역에 기초할 수 있다는 것이다.

일반적인 배터리가 얼마나 많은 에너지를 운반할 수 있느냐를 생각할 때 바로 앞의 문제의 중요성이 부각된다. 알칼리 배터리를 생각해보자. 약

1세기 전 토머스 에디슨Thomas Edison이 발명한 이후 여러 가지 형태의 알칼리 배터리가 사용되었다. 현대적인 AA 알칼리 배터리는 1밀리암페어의 전류를 1,400시간 동안 운반할 수 있다. 대략 5,000쿨롱의 전하를 운반하는 것이다. 전형적인 전구는 15쿨롱의 전하를 방전한다. 따라서 AA 배터리는 내부 에너지가 충분하다. 이론적으로 따지면 전구 300개를 동시에 켤 수 있는 것이다.

이렇게 작은 화학 공장이 어떻게 진정 그렇게 많은 에너지를 간직할 수 있을까? 그럴 수도 있을 것이다. 그러나 그 에너지 일부는 다른 곳에서 왔을 수도 있다. 예를 들어 흡수된 전자기 에너지가 바로 그 원천이다. 반응 산물은 지금까지 얘기했던 배터리에서 왔을 것이지만 분명 일부는 외부에서 흡수한 전자기 에너지에서 왔음에 틀림없다. 가시광선은 배터리 외곽을 통과하지 못할 것이지만 적외선은 통과할 수 있고 배터리 내부로 유입될 수 있다. 이러한 에너지가 배터리의 괄목할 만한 에너지 일부로 전환될 수 있느냐가 이제 새로운 질문이다.

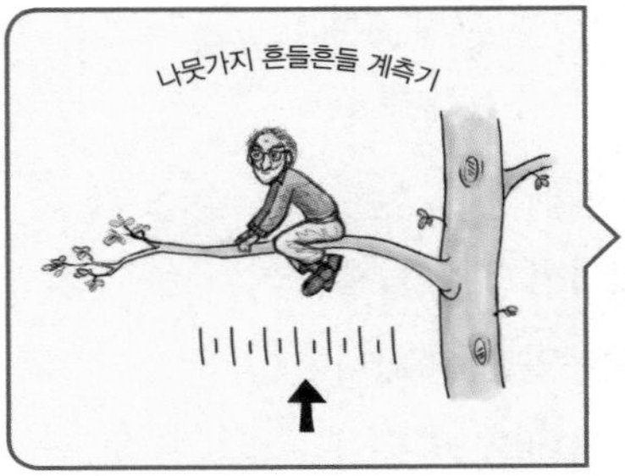

반응성이 좋은 금속 전극 주위에 배타 구역과 비슷한 특성을 나타내는 구조가 생기는지 궁금해진 우리들은 금속 아연을 물에 집어넣어 보았다. 여기에 미소구체를 집어넣자 아연 표면 주변에 배타 구역이 형성되는 것을 관찰할 수 있었다(그림 12.9a). 배타 구역은 200마이크로미터까지 자라났다. 다른 반응성 금속들도 비슷한 특성을 나타내었다. 배터리에 사용되는 반응성이 좋은 이런 금속 표면이 다른 배타 구역과 마찬가지로 전하를 분리할 수 있었던 것이다.

우리는 전하가 실제로 분리되는지 알아보았다. 전에 사용했던 미세 전

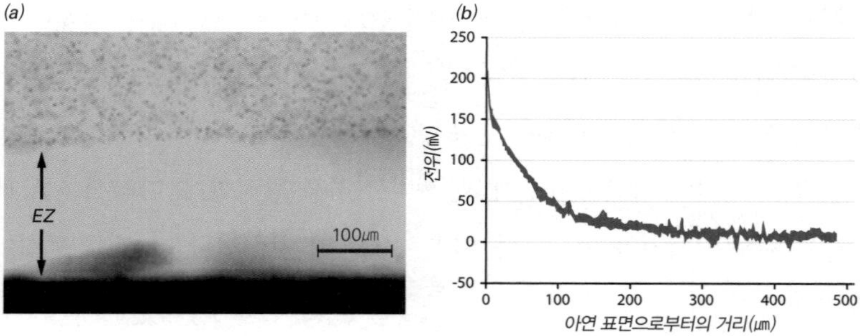

그림 12.9
아연의 표면 특성.[5] (a) 아연 주변의 배타 구역. (b) 배타 구역 내부의 전기 전위.

극 중 우리는 금에 주목했고 배타 구역이 실제 전하를 분리할 수 있음을 관찰했다. 반응성 금속 주변의 배타 구역은 양으로 대전되어 있었다(그림 12.9b). pH-민감성 염색액을 사용해서 배타 구역 주변의 물에 음전하가 있다는 사실을 확인했다. 그것은 아마도 수산기(OH^-)일 것이다.[5]

따라서 극성은 다르다 할지라도 반응성 금속 표면 주변에서 전하는 쉽게 분리된다. 이렇게 분리된 전하로부터 상당한 양의 전류를 얻을 수 있다는 것도 알게 되었는데,[6] 이는 배타 구역 계에서 전류를 끌어낸 것과 동일한 원리였다. 이 결과는 매우 의미 있는 것이었다. 배터리는 반응성 있는 금속을 사용하고 이 반응성 금속이 배타 구역에 바탕을 두고 전하를 분리시킬 수 있기 때문이었다. 이는 최소한 배터리가 보유한 일부 에너지가 외부에서 유입된 에너지에 의해 만들어질 수 있다는 의미를 띤다.

다음 질문은 이것이다. 그 에너지의 양은 도대체 얼마나 될까? 우리는 현대적인 배터리가 운반하는 에너지가 모두 배터리의 내부에 들어 있다고 생각한다. 폐쇄된 화학 에너지 공장인 셈이다. 그러나 방출하는 에너지의 총량을 고려하면 작은 배터리에서 그렇게 큰 에너지가 만들어지는지 의아해할 수도 있을 것이다. 배터리가 전자기 에너지를 흡수하는 것은 사실이다. 그렇지만 배터리는 그 에너지를 활용할까 아니면 버리는 것일까? 작은

그림 12.10
표준 배터리에서 배타 구역에 기초한 전기 에너지의 형성. 유입된 전자기 에너지가 전하를 분리하기 때문에 전류가 흐른다.

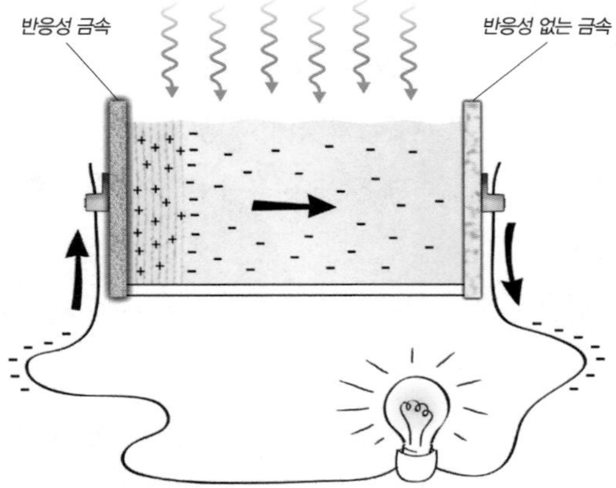

화학 공장인 배터리가 방출하는 전기 에너지 일부는 유입되는 전자기 에너지를 사용하는 것이 아마도 맞을 것이다(그림 12.10).

5. 양성자가 촉매 작용을 촉진한다

촉매 효과는 화학 반응을 촉진하는 미스터리한 과정처럼 보인다. 어떤 경우 반응 속도가 100만 배나 빨라지기도 한다. 촉매는 소비되는 것이 아니다. 그 자리에서 계속 반응을 매개하는 것이다.

가장 일반적인 촉매 중에서 산 촉매acid catalyst라 불리는 것이 있다. 이들은 양성자를 움직여 반응을 촉진한다. 어떤 촉매는 수산기를 이용해서 반응을 매개한다. 나는 이들 전하가 배타 구역에서 나오지 않을까 생각한다(그림 12.11). 보통 배타 구역은 양성자(H^+)를 방출하지만 간혹 수산기(OH^-)를 만들기도 한다. 따라서 친수성 표면은 자연적인 촉매이다. 고농도의 전하를 가진 것이 가장 효율이 좋은 촉매일 것이다. 강력한 촉매 활성을 갖는 나피온은

그림 12.11
배타 구역에 기초한 촉매. 촉매 표면이 배타 구역 형성의 주형으로 작용한다. 양성자(혹은 수산기)가 방출된다. 분리된 양성자들(혹은 수산기들)이 촉매 활성을 촉진한다.

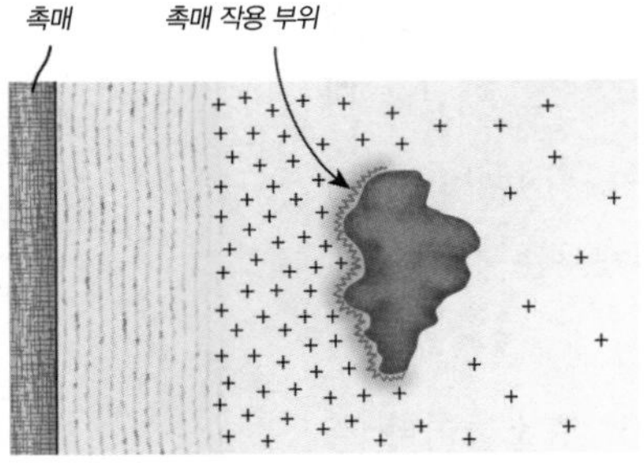

이런 기대를 충족시킬 수 있을 것이다.

배타 구역에 기초한 촉매 작용이 그냥 이루어지지는 않을 것이다. 복사 에너지가 배타 구역을 형성하고 그것이 촉매 반응에 필요한 전하를 생산하기 때문이다. 배타 구역 촉매 작용이 유용한 것임에 틀림없지만 거기에는 에너지가 소요된다.

외부에서 유입되는 복사 에너지가 궁극적으로 촉매 작용을 매개하는 것이라면 최소한 우리는 빛이 촉매 과정을 촉진할 수 있다고 여길 수 있다. 그리고 이는 사실이다. 잘 알려진 예는 바로 이산화티타늄이다. 이 금속을 적외선에 노출시키면 촉매 활성이 엄청나게 증가하기 때문이다.

이런 현상이 배타 구역에 바탕을 두고 있는지 시험하기 위해 우리는 이산화티타늄 박막을 물에 담가보았다. 유입되는 빛이 없을 때(식별할 정도 이상이 아닌) 배타 구역은 만들어지지 않았다. 그러나 자외선을 쬐자 박막 표면에 배타 구역이 200마이크로미터까지 형성되었다. pH-민감성 염색액을 사용한 결과 배타 구역 주변의 일반적인 물에 양성자가 엄청나게 존재한다는 사실을 알게 되었다. 따라서 배타 구역에 기초한 양성자가 있고 촉매 작용을 개시할 준비가 완료된 것이다. 결국 유입된 빛이 촉매 과정을 가동시킨 것이었다.

금속 표면에 미소구체가 다소 적은 부위가 있기는 했지만 또 다른 금속 촉매인 백금은 처음에 배타 구역을 형성하지 않는 듯 보였다.[5] 연속된 실험에서 백금 표면에 형성된 배타 구역은 빛에 의존적이었다.[7] 또 백금을 다른 반응성 금속과 연결시킨 경우에도 뚜렷한 배타 구역이 형성되었다.[6] 따라서 배타 구역에 바탕을 둔 전하가 백금 촉매 활성을 매개하는 것 같았다. 그러나 이 가능성은 좀 더 연구가 진행되어야 한다.

생물학적 시스템에서도 촉매는 빈번하게 발견된다. 바로 효소들이다. 효

추운 날 아침 시동 걸기

바깥의 날씨가 매섭다. 춥기 때문에 자동차 엔진 안의 기름도 땅콩버터처럼 굳어버렸다. 시동을 걸려고 해도 피스톤이 제대로 움직이지 않는다. 별로 뾰족한 수가 보이지 않는다. 시동이 걸리지 않는 것이다. 키를 돌려봤자 배터리만 방전될 뿐이다. 머지않아 배터리도 더 이상 작동하지 않는다. 포기하고 출장 차를 불러야 할 시간이다.

다른 방법을 쓰면 좌절감을 덜지도 모르겠다. 시동 거는 것을 멈추고 잠시 호흡을 가다듬은 다음에 다시 시도하는 것이다. 그러면 시동이 걸릴 가능성이 커진다. 출근할 수 있을지도 모른다. 잠깐 기다리는 행동이 마법처럼 배터리를 재충전하는 느낌을 주지 않는가?

인내가 만든 차이는 무엇일까? 자동차의 배터리는 물과 산으로 구성되어 있고 배타 구역을 형성할 수 있다(그림 10.9). 전부는 아니라 해도 배타 구역이 배터리 에너지의 일부이고 거기서 에너지를 얻으려면 배타 구역의 전하를 유지할 수 있어야 할 것이다. 배타 구역 전하는 최소한 두 가지 방법으로 다시 채워질 수 있다. 출장 차량이 가져온 휴대용 전기 충전기가 하나고 다른 하나는 약간 덥힌 엔진에서 복사 에너지를 흡수하는 것이다. 후자의 방법은 약간의 시간이 필요하다. 인내가 커다란 차이를 만들어내는 까닭이다.

복사 에너지를 받아들여 배타 구역이 재충전되면 땅콩버터가 녹을 것이고 마침내 차가 앞으로 나간다. 인내는 가치가 있는 품성이다. 출장비를 절약할 수 있는 것이다.

소는 거대한 단백질로 생물학적 반응을 매개한다. 촉매 부위는 효소가 반응 물질과 상호작용하는 특정한 장소일 것으로 생각하고 있다. 그러나 20세기 초반까지 우세했던 의견은 다른 것이었다. 효소가 물을 변화시키고 그것이 주변에 있는 분자에 영향을 줄 것이라는 내용이었다. 효소의 표면은 보통 음전하를 띠고 있다(대부분의 단백질 표면이 그렇듯이). 따라서 이 표면은 배타 구역층을 형성할 것이다. 그렇다면 생물학적 촉매 작용도 일반적인 촉매 작용과 다를 것이 없을 것이며, 배타 구역이 만들어낸 양성자가 촉매 작용에 관여할 것이다.

6. 양성자가 용액의 흐름을 유도한다

마지막으로 팔방미인인 양성자가 용액을 흐르게 하는 것을 살펴보자.

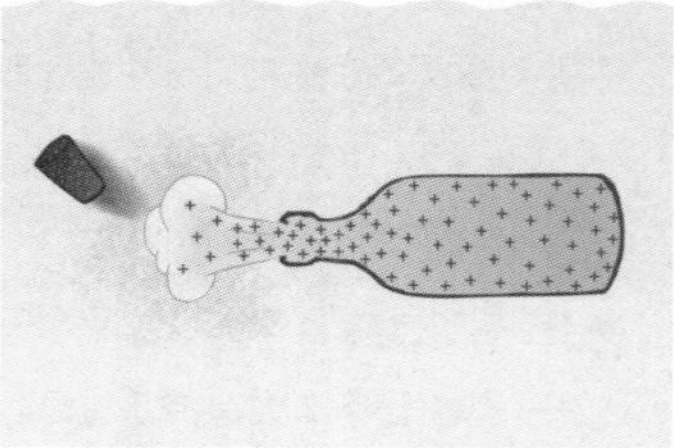

그림 12.12
표준 배터리에서 배타 구역에 기초한 전기 에너지의 형성. 유입된 전자기 에너지가 전하를 분리하기 때문에 전류가 흐른다.

코르크 마개로 닫혀 있는 물로 채워진 병을 물이 가득한 욕조에 담가보자(그림 12.12). 사고 실험에서는 보통 이 병 안에 양성자를 집어넣는다고 가정한다. 이 이온은 서로 밀쳐낼 것이고 병 내부에서 압력을 행사할 것이다. 코르크 마개를 열면 빵빵한 풍선에서 공기가 빠지듯 갇혀 있던 히드로늄 이온이 재빠르게 밖으로 나갈 것이다. 이렇게 양성자와 결합한 물은 밖으로 나가면서 흐름을 만들어낼 수 있다. 우리가 흐름이라고 말하는 것은 바로 이런 것이다.

이런 속성을 가진 유체의 흐름은 양성자와 물이 새롭게 계속 유입된다면 영구적일 수 있다. 만약 배타 구역이 이런 현상에 연루되어 있다면 양성자가 새롭게 만들어지는 일은 매우 자연적인 현상이다. 주변에서 에너지가 공급되기만 하면 배타 구역이 양성자를 끊임없이 제공할 수 있기 때문이다. 이 양성자는 즉시 히드로늄 이온으로 변한다. 이렇게 하전된 물 분자는 전하가 적은 부위로 이동한다. 따라서 **배타 구역과 외부 복사 에너지가 공급되는 각본이라면 계속해서 물을 흐르게 할 수 있다.**

우리는 실험을 통해 이런 일이 가능하다는 것을 증명했다. 배타 구역이 존재하는 다양한 물리적 환경에서 물의 흐름을 관찰한 것이다. 이미 7장에서 이 사실을 살펴보았다. 여기서는 전체적인 의미를 되새겨보자.

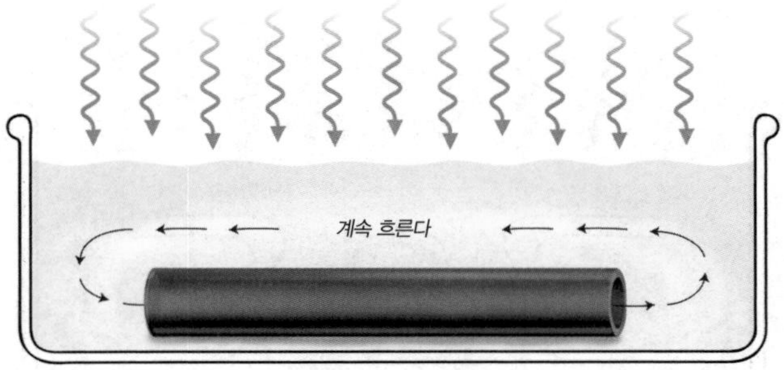

그림 12.13
친수성 관 내부에서 발생하는 물의 '자발적인' 흐름.

- 첫 번째 실험 재료는 친수성 관이다(그림 12.13). 이 관의 내부에서 고리 모양의 배타 구역이 형성된다. 관의 중심부에서 양성자가 만들어지고 곧이어 히드로늄 이온의 기울기가 형성된다. 열린 관의 한쪽으로 물이 흘러가기 시작한다.
- 두 번째 실험 재료는 첫 번째와 유사하다. 관 벽에 구멍이 있는 경우이다. 친수성 관에 작은 구멍을 내고 물에 담그면 구멍을 통해 물이 왔다 갔다 한다(그림 7.11). 여기서도 히드로늄 이온의 기울기가 흐름을 만들어낸다.[8]
- 세 번째는 겔 소구 주변에서 전하에 의해 흐름이 조성되는 경우이다(그림 7.12). 욕조의 바닥에 깔린 친수성 소구 주변을 배타 구역 껍질이 둘러싼다. 그 외부에 히드로늄 이온이 있다. 히드로늄 이온은 계속해서 아래로 흐른다. 그림 12.14에 이를 모식화 했다. 여기서 추동력은 아래 방향으로 형성된 히드로늄 이온의 기울기이다. 현탁액의 위쪽 부분이 바닥보다 많은 복사 에너지를 받기 때문인 것 같다. 아래로 향하는 흐름은 주변의 물을 소구를 향해 새롭게 끌어들이고 잃어버린 분자를 대체한다. 아래로 내려간 분자들이 바닥에 도착하면 하릴없이 다시 소구로부터 멀어진다. 따라서 물은 순환한다. 수직으로 향하는 히드로늄 이온의 기울기 때문이다.

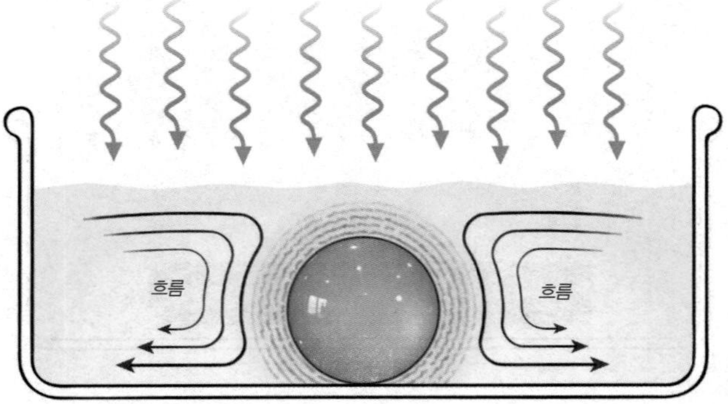

그림 12.14 친수성 구체 주변에서 지속적으로 발생하는 물의 흐름.

이처럼 전하에 동력을 둔 흐름은 여러 조건에서 발견할 수 있다. 친수성 물질이 물에 잠겨 있으면 대체로 조건이 충분하다고 볼 수 있다. 새롭게 형성된 배타 구역이 양성자를 만들기 때문이다. 따라서 불가피하게 히드로늄 이온의 기울기가 만들어지고 흐름이 지속된다.

사실 과학자들은 열에 의해 유도된 농도 기울기는 전하의 기울기로부터 쉽게 만들어질 수 있다고 반사적으로 생각한다. 전하에 기반을 둔 힘은 중력에 기반을 둔 것보다 훨씬 크다. 이 차이를 식별하기 위해 전자와 그 옆에 있는 양성자를 생각해보자. 자. 정전기적 인력과 중력의 끌어당김, 과연 둘 중 어떤 힘이 우세할까? 물론 정전기적 인력이라고 말할 것이다. 그러나 문제는 그 크기이다. 정전기적 인력은 중력에 비해 10^{38}배 더 크다. 따라서 전하에 기초한 힘이 훨씬 더 우세한 것이다. 우리가 방금 살펴본 것처럼(15장에서 따뜻한 물을 다룰 때 다시 등장할 것이다) 전하의 기울기는 작더라도 커다란 흐름을 만들어낼 수 있다.

모든 흐름은 전하에 기초를 둔다. 삼투압도 그렇다고 생각할 수 있다(11장). 히드로늄 이온은 강력하고 보편적인 자연계의 힘이다.

결론 및 전망

이 장에서는 양성자가 결합한 물에 대해 알아보았다. 양으로 대전된 물 분자는 배타 구역이 형성되면 불가피하게 만들어진다. 이 대전체는 엄청난 위력을 발휘한다. 거기에는 마찰을 줄이는 것, 쐐기를 박아 틈을 벌리는 것, 얼음을 미끄럽게 하는 것, 배터리를 움직이는 것, 촉매 작용을 일으키는 것, 물을 흐르게 하는 것 등이 포함된다. 이 모든 과정의 배후에 최소한 부분적으로나마 배타 구역이 있다.

나는 독자 여러분이 이런 현상을 설명하면서 지금까지 지배적이었던 견해들과 우리가 제시한 견해들을 함께 비교해보기를 바란다. 우리 실험실에 합류한 학생들은 정도의 차이는 있지만, 이 분야에 익숙해지기 위해 기존의 이론들을 공부한다. 처음에 많은 학생들이 매우 혼란스러워한다. 해석이 매우 복잡해 당황해하는 한편 다른 사람들이 이해하고 있는 것을 자신은 못하고 있다는 좌절감에도 시달린다. 아마도 이런 가련한 학생들보다 여기까지 온 독자 여러분들의 상황이 더 나을 것이다.

이 장에서 전달하고자 하는 핵심 사항은 앞에서 기술한 모든 현상의 첫 단추가 배타 구역의 형성으로부터 시작된다는 점이다. 말할 것도 없겠지만 식물은 복사 에너지를 받아들인다. 그러나 식물체의 물관도 그러하리라는 생각은 기존의 이론 체계에 발을 붙이지 못했다. 그렇기 때문에 과학자들이 명쾌한 결론을 내리길 주저하고 있다고 나는 믿는다. 만약 배타 구역이 있다면 우리는 그것의 의미를 천착해야만 한다. 그것이 우리가 하고자 하는 일이다.

배타 구역의 전하에 관한 개념은 여러 장에 걸쳐 기술되었다. 그렇지만 그것으로 끝이 아니다. 다음에 우리는 기포와 물방울에 대해 다룰 것이다.

끓는 물에서 기포가 생기는 것을 볼 수 있다. 그러나 그것이 어떻게 생겨나는지 진지하게 생각해본 적이 있는가? 다음 두 장에서 이 질문에 답을 할 것이다. 배타 구역에 기초한 전하가 다시 여기서도 중심적인 역할을 한다. 기포도 미스터리하긴 마찬가지지만 다소 낭만적인 구석이 있다. 그러나 지금까지 얘기한 내용을 바탕으로 그 답변을 미리 짐작할 수 있어서 낭만이 깨졌다면 머리 숙여 사과한다.

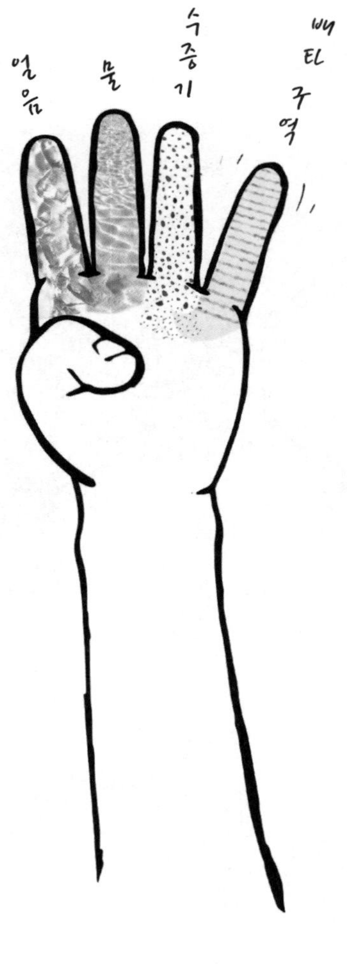
얼음
물
수증기
배터구역

13장
물방울과 기포

그림 13.1
물이 담긴 플라스틱 컵 안에 생긴 기포들.

승객 대부분이 잠들었다. 대서양을 횡단하는 비행기에서 나는 노트북으로 작업하는 중이고 승무원들은 빈 컵에 물을 채우느라 부산하다. 승객들이 목마를까봐 걱정하는 듯싶다. 감사의 표시로 고개를 숙이고 몇 모금 마신 채 나는 잠으로 빠져든다.

몇 시간 후 잠에서 깬 나는 반쯤 채워진 내 물컵 내벽에 기포가 맺힌 것을 발견한다. 어떻게 기포가 물컵에 달라붙은 걸까?

내가 졸고 있는 동안 공기가 녹아 들어간 것이 틀림없다. 공기가 기포를 만들었을 것이다. 이 말이 맞을까?

깊이 생각해보기 전에는 이런 설명이 그럴싸해 보였다. 기포의 크기는 밀리미터 정도였지만 그 안을 채운 기체 분자들은 나노미터 크기일 것이다. 부피가 10^{18}배 큰 기포를 채우려면 엄청난 수의 기체 분자가 필요하다.◆

◆ 물 분자의 지름은 나노미터(10^{-9}미터) 수준이다. 밀리미터(10^{-3}미터) 크기의 기포를 채우려면 수증기 분자 10^{18}($=10^6 \times 10^6 \times 10^6$)개가 필요하다.

그렇다면 질문은 이것이다. 이렇게 많은 수의 기체 분자가 흩어지지 않고 한 장소로 모이도록 이끄는 힘은 무엇일까? 또 한 개의 큰 기포 대신 여러 개의 작은 기포가 생긴 까닭은 무엇일까?

잠에서 아직 덜 깬 비몽사몽간에 나는 꿈에 다시 젖어들었다. 양성자 크기로 줄어든 내가 주변을 살펴보고 있었다. 나는 내 주변에 녹아 있는 기체 분자를 보는 데 아무런 문제가 없었다. 그렇지만 차별적으로, 자라나고 있는 기포를 향해 이들 분자들이 어떻게 빨려드는지 상상하기는 어려웠다. 기체 분자 하나가 주변에 있는 기포에 어찌어찌해서 접근했다 해도 그 분자는 어떻게 액체와 기체의 팽팽한 계면을 뚫고 안으로 들어갈 수 있었을까? 혹시 기포가 터지지는 않을까?

수중여행을 하다가 나는 위를 힐끗 쳐다보았다. 바로 위 물 표면이다. 거기에도 또 다른 기포 하나가 컵에 붙으려 하고 있었다. 순간 나는 내가 뭘 잘못 본 것이겠거니 생각했다. 물 표면 위에서는 물방울이 달라붙지 기포가 그러지는 않을 것이기 때문이었다. 물방울과 기포는 밖에서 보기에 때로 매우 흡사하게 보이지만 기포는 공기를, 물방울은 액체를 함유하고 있다. 그렇다면 내가 무엇을 보고 있었는지 어떻게 알 수 있다는 말인가?

몽상에서 깨어나 현실로 돌아왔을 때 나는 이런 질문에 답을 할 수 있는 사람이 거의 없겠구나 생각했다. 아인슈타인의 유명한 '사고 실험'에 의해서도 그 이유를 추론하지 못할 것이었다.

적어도 마지막 질문('물방울과 기포가 어떻게 다른가?')에서 장소가 어떤 단서를 줄 것이라고 생각할지도 모르겠다. 기포는 물 아래에 존재할 수 있지만 물방울은 그렇지 않다. 도대체 물방울이 물 안에 어떻게 존재할 수 있다는 말인가?

역설적이긴 하지만 물 안에서도 물방울은 존재할 수 있다. 잠시 후 그 증거를 살펴보겠다. 바로 이 물속의 물방울이 핵심 단서가 될 것이다. 이들의 특성을 캐묻다 보면 가장 혼란스러운 질문에 대한 답에 접근할 수 있을 것이다. 자라나고 있는 기포는 그 안에 어떻게 기체를 채울 수 있을까?

기포와 물방울: 소체 가족의 형제들

이 모든 것은 실험실 미팅에서 시작되었다. 실험실 구성원 하나가 어리바리하게 말을 이어가고 있었다. 그는 기포를 말해야 하는 순간에 물방울을 (반대로 물방울을 말해야 하는 순간에 기포를) 너무 자주 남발했기 때문에 종종 조롱거리가 되었다. 너는 물방울과 기포를 어떻게 구분하니?

처음에 우리가 나피온과 물의 계면에서 이런 '기포'를 자주 보았기 때문에 혼란이 생긴 것 같았다. 실험을 하는 도중 우리는 이런 현상을 자주 목격했다. 물 아래에서 형성되었기 때문에 무의식적으로 우리는 그것을 기포라고 가정했던 것이다.

그렇지만 우리가 새삼 알게 된 것은 그 기포가 물방울처럼 행동한다는 사실이었다. 이 기포를 날카로운 탐침으로 찔러도 아무 일이 일어나지 않았다. 팽팽한 풍선을 건드리면 바로 터지지만 이 기포는 아무런 손상도 입지 않았다. 게다가 극단적으로 끌어당기거나 압착을 해도 별다른 충격을 입는 것처럼 보이지 않았다. 이들 구조는 응집력이 뛰어나 금방 둥그런 본 모습을 되찾고는 했다. 이들 '기포'는 우리가 늘 보는 기포와는 다른 방식으로 행동했다.

그림 13.2
기포 자르기. 물에 잠긴 '기포'를 자르려 하지만 기포는 다시 원래 상태로 돌아온다.

좀 더 자세히 살펴보기 위해 우리는 단두대를 마련했다 (그림 13.2). 물에 잠긴 기포를 우묵한 테플론 표면 위에 놓

아 고정시켰다. 그리고 날카로운 칼로 그 '기포'를 잘라버렸다. 칼이 기포를 관통했으니 이 기포는 이제 완전히 두 동강 난 상태가 되었을 것이다. 그러나 이 기포는 금방 본래의 모습을 되찾았다. 완전한 하나의 구체 그대로였다. 물속의 기포는 불사조였다.

통상적인 기포처럼 행동하지 않는 것이었다. 찌르고 찌부러뜨리고 압착해도 일시적인 영향을 끼칠 뿐이었다. 심지어 단두대도 지속적인 영향을 끼치지 못했다. 물속에 있기 때문에 기포라고 가정했던 이 물체가 마치 점성이 강한 겔 혹은 점성이 강한 물방울 비슷한 행동을 하는 것이었다.

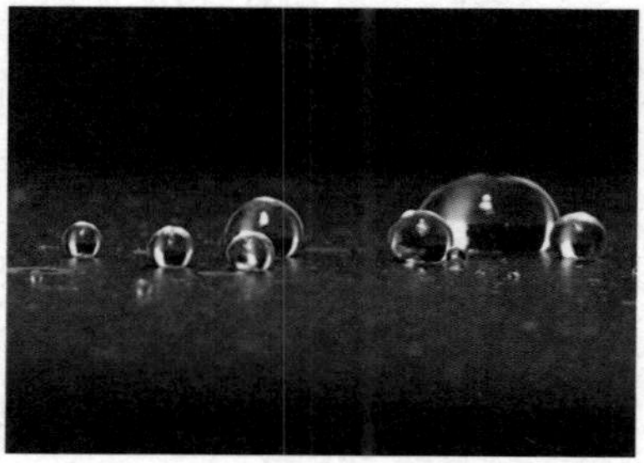

그림 13.3
뜨거운
냄비 위의 물.

예상치 못한 결과에서 우리가 배운 것이 있다. 정당한 시험을 거치지 않는 한 기포와 물방울을 구분하는 것이 언제든 가능하지는 않다는 사실이었다. 실재는 우리가 기대한 것과 반대로 나타나기도 한다. 우리는 물속에서 물방울을 본 것이었다. 또 물 표면 위에 있는 기포가 물방울로 변하기도 한다. 물방울이 물 표면 위에서 섞이지 않은 채 한동안 유지되기도 한다(그림 1.5). 이렇게 오래 유지되는 물방울을 본 적이 없다면 우리는 그것을 기포라고 생각했을지도 모르겠다. 그러나 사실 그들은 물방울이었다. 그림 13.3의 이미지를 보라. 이것은 기포일까 물방울일까?

혼동하는 이유는 간단하다. 기포는 물방울과 닮았다. 물방울도 기포와 닮았다. 아마 같은 족속이라고 생각할 수도 있겠다. 서로 비슷하기 때문에 우리는 그것을 보다 일반적인 용어인 '소체vesicle'라고 부르면서 얘기를 끌어가려고 한다. 우리는 '소체'를 구형의 어떤 것이고 그 내부에 액체 혹은 기체를 가진다고 정의한다. 나중에 우리는 그 액체가 기체로 변화할 수 있다는 증거를 제시할 것이다.

그렇지만 지금은 물방울과 기포가 서로 매우 비슷하다는 정도면 만족한다.

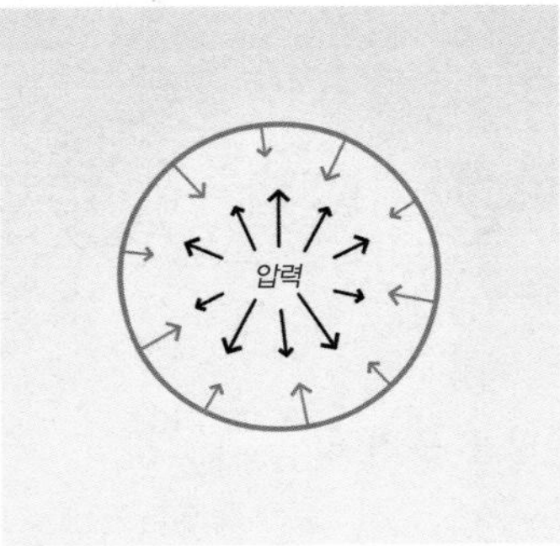

그림 13.4
물방울의 모양. 막의 긴장도와 내부의 압력이 균형을 이루고 있다. 그래서 구형이 유지된다.

기포와 물방울은 어떻게 비슷할까?

한 가지 뚜렷한 특성은 이들 구조를 둘러싼 막이 있다는 점이다. 기포의 막은 단순해 보인다. 물이 끓을 때를 생각해보라. 물방울에서 우리가 막을 추론하는 것은 그것이 거의 구와 같은 구조를 가지고 내부의 압력을 받으며 지탱하고 있기 때문이다(그림 13.4).

탄력성을 가진 막이 없다면 기포나 물방울이 아메바 같은 무정형을 띨 것으로 생각된다. 여기저기 볼록하게 튀어나온 부위가 사방에서 관찰될 것이다. 따라서 과학자들은 막과 같은 어떤 종류의 껍질이 필요하다고 생각한다. 일정한 압력이 가해지는 껍질이 모든 종류의 소체를 감싼다.

아직 확실하지 않은 것은 그 압력이 어디서 기원하느냐 하는 것이다. 보통 과학자들은 껍질의 강직성 때문에 압력이 생기지 않겠느냐고 말한다. 다시 말해 그들은 소체 내부의 압력을 완충하는 수단으로 껍질을 상상한다. 그렇지만 강철로 만든 껍질이라고 해도 외부에서 유래하는 압력을 버틸 것이라고 장담하지는 못한다. 그러니 시작부터 그 기원이 껍질의 튼튼함이라거나 아니면 껍질 안에 들어 있는 물질이라거나 할 생각은 없다. 압력의 기원은 아직 모른다. 잠시 후에 그 문제를 다시 살펴보겠다.

어쨌든 물방울이 거의 공에 가까운 모양을 가졌다고 해서 곧바로 어떤 종류의 껍질이 감싸고 있다는 뜻은 아닐 것이다. 이런 추론은 너무 성급한 것처럼 생각된다. 껍질이 물방울을 감싸고 있지 않다고 생각되는 이유는 바로 단두대 실험 결과 때문이었다. 탄력이 좋은 막이 물방울을 감싼다면 막에 구멍을 내는 것은 치명적이다. 물방울은 바로 터져버려야 할 것이다. 그렇지만 그런 일은 전혀 일어나지 않았다. 왜일까?

작은 물방울이 집단으로 모여서 커다란 물방울을 만들었다면 좀 더 설득력 있는 설명이 될 것이다(그림 13.5). 이런 작은 물방울은 기포가 그러하듯 서로 합쳐질 수 있을 것이다. 물리적으로 이들을 떼어놓아도 다시 합쳐질 가능성이 없지는 않다. 아직 해상도 높은 이미지를 얻지는 못했지만 사실 물속의 물방울을 현미경으로 보면 작은 물방울 무리처럼 보이기도 한다.

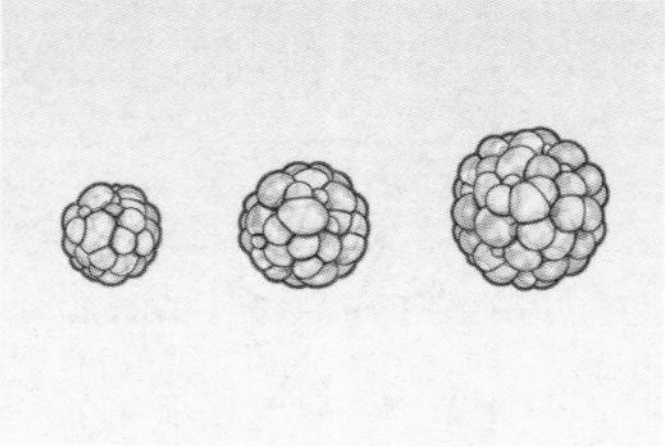

그림 13.5
융합에 의해 물방울이 커진다. 작은 물방울들이 응결되면서 크기가 커진다.

이 물방울 집단에 대한 아이디어는 빗방울이 떨어지는 모습을 고속 비디오로 촬영한 결과에서 추론한 것이다. 빗방울이 떨어질 때 그것들은 수없이 작은 파편으로 부서진다.[1] 바닥으로 떨어지면서 이런 작은 물방울이 새로 만들어지지만 이미 존재하고 있던 것들이 떨어지면서 충격에 의해 떨어져 나간 것일 수도 있다. 그렇다면 보다 일반적으로 말해 물방울은 그림 13.5에서 보는 것처럼 집단 모양을 띨 것이다.

그렇다면 단두대 실험 결과를 받아들일 수도 있을 것 같다. 가해진 힘이 적은 크기의 물방울을 떼어놓겠지만 그들 표면이 응집력이 있어 기포가 그러하듯 다시 결합할 수 있기 때문이다.

따라서 물방울은 기포처럼 행동할 수 있다. 기포는 집단으로 이루어져 있다. 집단을 이루는 기포는 합쳐서 커다란 하나의 기포가 된다. 이런 원리가 물방울에도 적용 가능할 것이다. 물방울은 작은 물방울이 연속적으로 합쳐지거나 아니면 그것들이 커다란 단위에 배속된 형태일 것이다. 이런 융합이 가능한 것은 아마도 이들을 둘러싼 막의 특성 때문일 것이다.

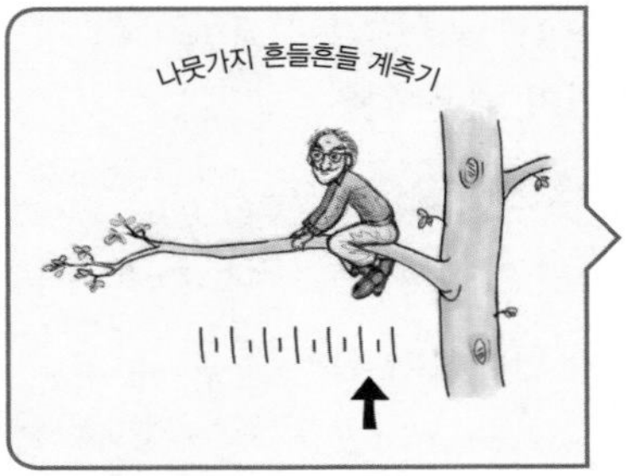

이런 문제에 골몰하는 것은 단두대에서 물방울이 행동하는 방식을 이해하는 차원을 넘어선다. 우리는 아직 기포나 물방울이 어떻게 형성되는지 알지 못한다. 새로운 아이디어가 필요했다. 토론하는 도중 한 가지 생각이 떠올랐다. 기포나 물방울 모두 막을 가지고 있다. 만약 이 막이 같은 물질로 구성되어 있다면 물방울이 기포가(그 반대도 마찬가지다) 되는 현상을 수긍할 수 있을 것이다. 다시 말하면 내부에 있는 액체가 기체로 변하기만 한다면 물방울이 기포가 될 수 있다. 물방울이 기포의 조상이 될 수 있다는 의미이다.

이런 추론을 끌고 가기 위해서는 그에 합당한 증거가 필요했다. 우선 우리는 이들 두 소체 구조물이 실제 막을 가지고 있는지 살펴보았다. 그렇다면 이들 막을 구성하는 성분들은 무엇일까? 그리고 그 성분이 두 소체에서 동일한 것이라면 물방울이 기포로 변할 수 있다고 떠들면서 유쾌한 점심을 즐길 수 있을 것이다.

물방울은 배타 구역 막을 갖고 있다

떠 있는 물방울 실험을 하면서(그림 1.5) 우리는 물방울이 가진 막을 진지하게 고려하기 시작했다. 물 위로 떨어진 물방울은 즉시 물에 합쳐질 것이라 예상했지만 우리가 발견한 것은 그 물방울이 몇 초 동안 지속될 수 있다는 사실이었다.[2] 뭔가가 이런 합쳐짐을 가로막고 있었다. 막이 있다면 그럴 수도 있을 것 같았다.

물방울이 즉시 물에 합류하지 못하는 것을 두고 흔히 사람들은 떨어지는 물방울과 표면 사이에 보이지 않는 공기 막이 있다고 상상한다. 그렇지만 이런 가상적인 막을 넘어서까지 물방울이 굴러다닐 수 있기 때문에 우리는 이 명제를 받아들이지 않는다. 사실 **한동안**prolonged 구르는 물방울은 물과 쉽게 합쳐지지 않는다.[2] 공기 막 말고 다른 뭔가가 필요한 것이다. 우리는 물방울의 껍질을 이루는 막을 후보자로 떠올렸다. 물에 합류하기 위해서는 이 막이 물에 용해되어야 하며, 막이 용해되기까지는 시간이 필요하다.

그림 13.6
물방울이 융합되는 모양을 현미경으로 촬영했다. 10마이크로리터의 물방울을 1마이크로미터의 탄산 미소구체가 포함된 용액에 떨어뜨렸다. 물방울 주위에 형성된 배타 구역이 고리 모양으로 보인다.

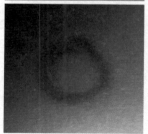

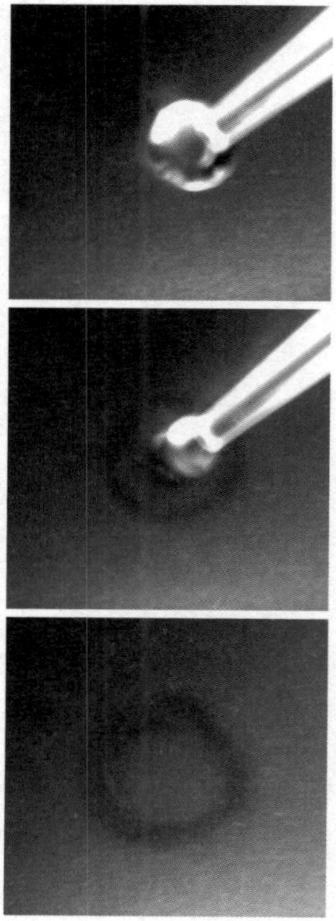

이런 껍질의 본성에 관한 답은 귀납 추론을 통해 얻을 수 있을 듯했다. 물방울은 물로만 이루어져 있다. 따라서 막 비슷한 껍질이 있다면 그것은 당연히 물에서 파생된 것이어야 한다. 두 가지 가능한 후보는 일반적인 물과 배타 구역의 물이다. 이 중 배타 구역 물이 지속성을 설명하기에 적당해 보였다.

기능적으로 배타 구역 껍질은 그럴싸해 보였다. 배타 구역 물질로 이루어진 껍질은 양성자를 방출할 것이다. 양성자가 물방울 내부에 축적된다면 이들 사이의 반발력에 의해 압력이 생겨날 것이고 물방울은 공처럼 둥글게 될 것이다. 우아하지 않은가? 게다가 이론적으로도 배타 구역 껍질은 문제가 없다. 철저하게 파헤친 이론과 그에 따른 실험의 결론은, 물방울이 존재하기 위해서는 음으로 하전된 껍질이 필수 불가결한 조건이라는 것이었다.[3] 배타 구역 껍질이 이 조건을 충족시킬 수 있을 것이다.

이런 단서에 입각해서 배타 구역 껍질을 확인할 수 있는지 우리는 실험에 착수했다. 그 결과 우리는 세 가지의 합당한 증거를 확보했다.

- 첫 번째 실험 결과는 미소구체 현탁액 실험에서 나왔다. 구름 같은 미소구체 현탁액 표면 위로 물방울을 떨어뜨렸다. 우리는 내부의 물과 배타 구역 껍질이 다르게 행동할 것이라고 생각했다. 물방울 안의 물은 껍질의 갈라진 틈을 따라 현탁액 속으로 잠기겠지만 배타 구역 껍질은 현탁액의 표면에 남아 있을지 모른다는 가정이었다. 그림 13.6에서 우리는 미소구체가 없는 구역을 확인했다. 이 구역은 물방울이 물에 합류하기 시작하면서 바로 나타났고 뒤에 그 파문이 바깥으로 확장되었다. 이런 고리 모양의 선명한 구조는 배타 구역 껍질의 잔류물인 것 같았다.
- 스펙트럼 흡수 피크 결과가 배타 구역 껍질에 대한 두 번째 증거이다. 물방울이 배타 구역을 가지고 있다면 배타 구역의 특징적 흡수 피크가 270나노미터 영역에서 나타나야 할 것이다. 그래서 우리는 비의 물방울을 모아 자외선-가시광선 스펙트럼을 얻었다. 그림 13.7에서 우리는 이런 특징적인 흡수 피크를 확인했다. 서로 다른 날 수집한 두 개의 시료에서 얻은 결과이다.
- 배타 구역 막의 존재를 증명하는 세 번째 실험 결과도 곧 나왔다. 유리

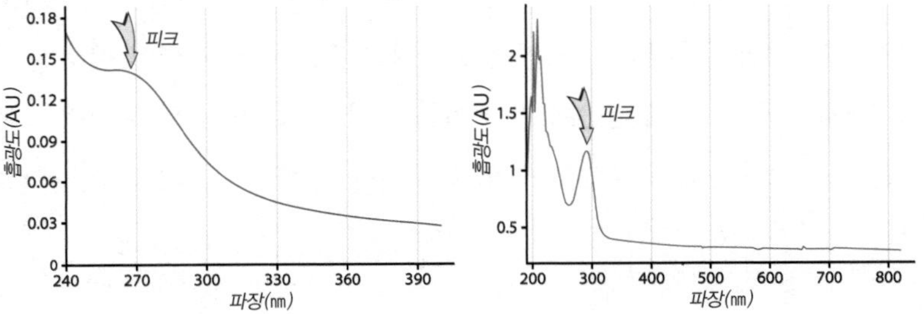

그림 13.7
비가 내릴 때 물방울의 자외선-가시광선 스펙트럼. 270나노미터 근처의 흡수 피크가 두드러진다.

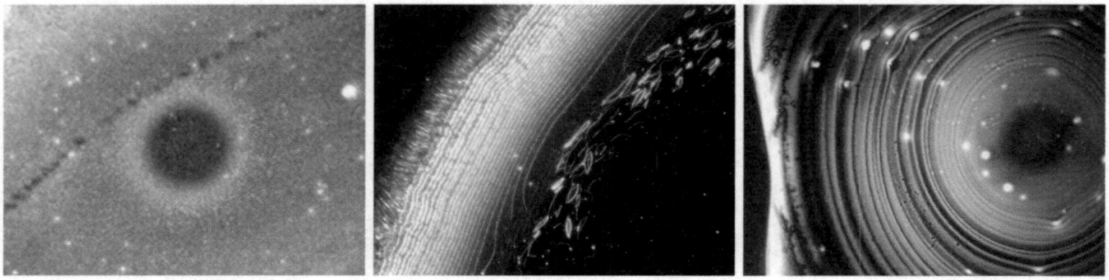

그림 13.8
마른 물방울을 암시야(dark-field) 조명으로 관찰했다. 왼쪽은 호수의 물, 가운데는 동종요법에 사용된 물, 그리고 오른쪽은 이슬의 물방울이다. 파란색 색상이 원심성 껍질을 이루고 있다.

슬라이드 위에 물방울을 말린 것이다. 내 동료인 게오르크 슈레커Georg Schröcker는 취미로 이런 연구를 수행한다. 여러 종류의 말린 물방울은 고리 모양의 흔적을 남겼다(그림 13.8). 그렇지만 가운데 부분은 언제나 비어 있었다. 물이 완전히 증발했다는 의미이다. 가운데 부위를 둘러싼 고리 모양 구역은 증발하지 않았다. 친수성 유리 슬라이드에 잔류물을 남긴 것이다. 접착성이 있는 배타 구역일 것이라고 생각할 만한 흔적이었다. 또한 이 고리 구조는 파란색-보라색 형광을 발했는데, 이는 바로 배타 구역이 발하는 형광색이다.[4] 게다가 분자 수준에서 볼 때 규모가 크기는 했지만 이 흔적은 배타 구역처럼 여러 개의 층으로 보이기도 했다. 따라서 마른 물방울 껍질은 우리가 기대한 배타 구역 껍질과 동일한 특성을 가지고 있었다.

이런 실험 결과를 토대로 우리는 물방울이 배타 구역 껍질을 가진다고 제안한다. 직접적인 증거가 되지는 못한다고 해도 매우 강력한 원군인 것이다. 배타 구역과 결부된 양성자가 이들 껍질 사이사이에 남아 있다면 물방울의 공 모양 형태도 설명할 수 있을 것이다. 양성자 간 반발력이 압력을 만들 수 있기 때문이다(12장).

기포를 둘러싼 배타 구역 막

다음 질문은 배타 구역 껍질이 기포를 둘러싸고 있느냐는 것이다. 기포는 막 구조의 껍질을 가지고 있다. 물이 끓고 있을 때 생기는 반구 모양의 기포를 떠올려보라. 기포의 껍질이 배타 구역 물질로 구성되어 있는지는 아직 확실하지 않다.

여기서도 우리는 270나노미터 영역대의 흡수 피크를 확인해보았다. 팬을 천천히 그러나 끓기 직전의 온도까지 뜨겁게 달구었다. 팬 바닥에 작은 기포가 생기기 시작했지만 대부분은 물 안에서 터져버렸다. 터진 기포의 껍질에 남아 있는 물을 분광학적으로 확인하여 배타 구역의 존재를 확인할 수 있었다. 모든 시료가 270나노미터 흡수 피크를 나타내었다(그림 13.9).

반면 물을 팔팔 끓여버린 경우에는 기포가 위쪽에서 터져버렸고 아무런 흡수 피크를 보이지 않았다(그림 13.9, 붉은색 곡선). 또 전혀 끓이지 않은 물에서도 흡수 피크를 관찰할 수 없었다. 따라서 기포의 껍질도 배타 구역 물질로 구성되어 있는 것 같다.

배타 구역 껍질 문제를 다른 방법으로 알아보기 위해 우리는 기포와 기

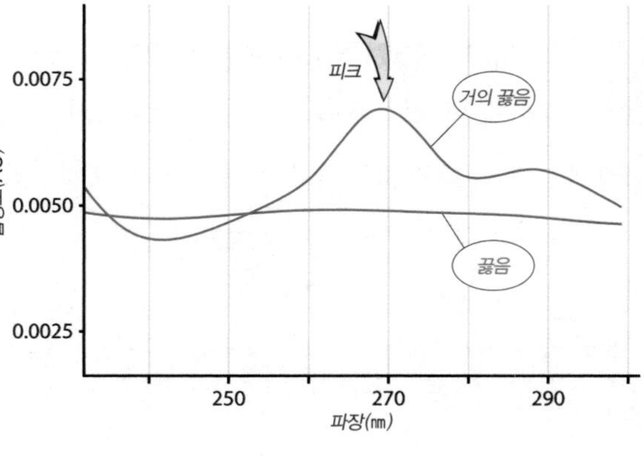

그림 13.9 끓기 직전의 물의 흡수 스펙트럼. 이 물을 섭씨 60도까지 식혔다(파란색 선). 붉은색 선은 물을 다 끓이고 난 후 얻은 데이터이다.

포의 상호작용을 살펴보기 시작했다. 만일 기포가 배타 구역 껍질을 지니고 있다면 기포 간 상호작용은 입자 간 상호작용과 비슷해야 할 것이다. 두 가지 모두 배타 구역으로 둘러싸여 있기 때문이다. 8장으로 돌아가서 입자끼리의 '사회학'에 대해 생각해보자. '끼리끼리 당기는' 인력 방식은 같은 하전을 띤 입자들을 구조적으로 정렬시키고 때로는 응집하게도 만든다.♦ 우리는 배타 구역으로 싸인 기포가 같은 방식으로 행동하리라고 가정했다. 기포는 서로를 끌어당겨야 하고 조직화되어야 하며 아마 응축될 수도 있을 것이다.

뜨거운 커피나 혹은 뜨거운 물에서 우리는 기포-기포 간 인력을 쉽게 찾아볼 수 있다.♦♦ 기포는 서로 뭉치는 경향이 있다. 그 사이에 빈 공간이 발견되기도 한다. 간혹 작은 무리도 있지만 커다랗게 자라나기도 한다. 기포-기포 간 인력은 물 안에서도 찾아볼 수 있다. 이런 인력에 관한 연구는 주로 기다란 물기둥에서 이루어진다. 여기서는 기둥 아래에서 생긴 기포가 기둥을 따라 높이 올라간다. 이렇게 상승하는 동안 기포는 서로 합쳐져서 커다랗게 변하기도 한다. 이런 인력에 대해서는 다양한 연구가 수행되었지만 아직도 그 원인에 대해서는 불명확한 것이 많다.[5]

충분한 시간이 주어지면 기포 간 '끼리끼리 당기는' 인력은 기포의 조직화도 이끌어낼 수 있다. 그 예는 그림 13.10에서 찾아볼 수 있다. 기포의 크기가 제각각이기 때문에 이 그림에서 조직화를 살펴보기는 어렵다. 그렇지만 몇 장소에서 비슷한 크기의 기포가 규칙적으로 배열되어 있는 것을

♦ 접착제 작용을 하는 것은 양성자이다. 이 양성자는 아마도 터진 기포에서 나올 것이다.

♦♦ 식물 성분 계열 중에는 사포닌이라는 것이 있다. 화학 반응 중에서 비누화 반응을 영어로 'saponification'이라고 한다. 인삼을 끓일 때는 거품이 엄청나게 인다. 왜 그럴까? 어쨌든 인삼에는 사포닌 성분이 많이 함유되어 있다.

그림 13.10
표면의 기포들은 일정한 배열을 이루는 것 같다. 세정제가 들어 있는 용액에 기포를 불어넣어 생긴 것들이다. 단위는 섭씨이다.

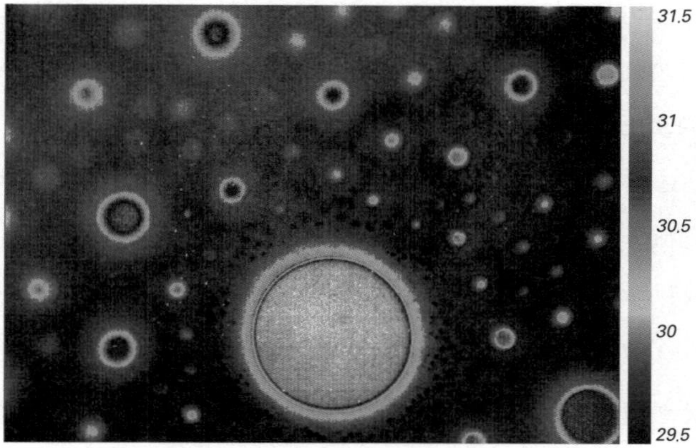

관찰할 수 있다.

이런 상황에서 '끼리끼리 당기는' 인력을 방해하는 물질이 있다면 그것은 기포끼리 모여들지 못하게 할 수 있을 것이다. 예를 들어 염분을 첨가하는 것이다. 염류는 배타 구역의 크기를 줄이기 때문에[6] 분리된 전하의 양도 많지 않다. 따라서 염류는 '끼리끼리 당기는' 인력을 줄일 수 있다. 충분한 양의 염류를 첨가하면 기포가 전혀 합쳐지지 않는다. 실험에서 증명된 것이다. 아래쪽에서 작은 기포가 계속해서 만들어지긴 하지만 염류가 존재할 때 이들이 합쳐져서 커다란 기포가 되는 경우는 없다.[7] 그들은 그냥 흩어질 뿐이다.

그러나 아마도 배타 구역 껍질의 행동 중 가장 특별한 것은 이것이 빛에 끌린다는 점일 것이다. 배타 구역에 둘러싸인 입자는 빛을 향해 간다(9장). 기포도 마찬가지다. 기포들은 적외선[8]과 가시광선[9]을 향해 움직여간다. 이런 인력의 기전에 대해서는 과학자들 간에 합의가 이루어지지 않았지만 그 현상을 '열 모세관 이동thermocapillary migration' 효과라고 부른다. 빛이 기포나 입자를 끌어들이는 것은 확실한 것 같다. 만약 배타 구역에 기초하여

전하가 분리되고 그것이 입자의 인력을 유도할 수 있다면(9장) 기포의 인력도 마찬가지로 설명할 수 있지 않을까? 다시 말하면 기포의 인력이 의미하는 것은 기포가 배타 구역 껍질을 가지고 있다는 사실이다.

기포를 둘러싼 배타 구역의 두께는 측정하기 어려운 것으로 정평이 나 있다. 기포가 액체 표면을 뚫고 들어갈 때 그것은 막 모양의 모자 형태를 띤다. 이 모자의 두께는 수백 나노미터 정도이지만 두께가 1,000나노미터 이상인 기포들도 수없이 많다.[10] 1,000나노미터 이상 두께의 배타 구역 막이라면 물 분자층이 4만 개는 될 것이다. 그러나 이보다 적은 수의 층을 가져도 탄력성이 우수한 막을 만들기에 부족함이 없다.

마지막으로 배타 구역 껍질의 부피가 자연적으로 변화할 수 있다는 점을 지적하고 넘어가자. 배타 구역은 판이 켜켜이 쌓인 구조이다. 이들이 팽창하려고 하면 각 판은 서로를 측면으로 밀어내려는 전단력을 가질 것이고 따라서 껍질이 팽창할 수 있다(그리고 두께도 얇어진다). 배타 구역의 껍질은 별다른 해를 입지 않은 채 팽창하는 압력을 감내할 수 있게 된다. 반면 껍질이 너무 얇어지면 파괴될 수 있다. 끓는 동안 기포에서 그런 일이 일어난다.

그렇다면 물방울처럼 기포도 배타 구역 껍질을 가진다고 볼 수 있다. 이들은 270나노미터 영역에서 배타 구역 고유의 흡수 피크를 보인다. 기포-기포의 '사회학'은 배타 구역에 기초하여 발생한다. 빛은 배타 구역으로 둘러싸인 입자를 끌 듯 기포도 끌어들인다. 배타 구역의 판 모양 구조는 환경에 따라 부피가 변화할 수 있다.

비록 물방울 중심에는 액체가 들어 있고 기포 중심에는 기체가 들어 있기는 하지만 우리는 여전히 물방울과 기포가 구조적으로 비슷하다고 생각한다. 이런 구조적 유사성은 어떻게 기포가 형성되는지 살피는 과정에서 그 중요성을 드러낼 것이다.

결론

물방울과 기포는 서로 닮았다. 이 두 통일체는 구형이고 투명하다. 또 이들은 물 위 혹은 물속에서 존재할 수 있다. 이들의 이러한 기본적 속성은 아마도 둘러싸고 있는 껍질에서 비롯되었을 것이다. 두 종류의 소체를 둘러싼 막 모양의 껍질은 배타 구역 물질로 구성되어 있다.

배타 구역이 형성되면서 양성자가 튀어나온다. 이 양성자는 소체의 내부에 자리 잡고 서로를 밀치면서 소체의 구 형태를 유지하는 압력을 만들어낸다. 이러한 양성자는 물방울 속 액체에도 존재하고 기포 속 기체에도 존재한다.

양성자 방출은 외부 에너지를 필요로 한다. 외부 에너지가 올라가면 압력도 올라가서 소체의 크기가 커진다. 이런 팽창은 또 다른 결과를 낳는다. 바로 다음 장에서 우리가 살펴볼 것이다. 독자 여러분은 액체가 기체로 변환될 수 있다는 것을 믿는가?

"물방울, 당신은 오늘 기도가 될 거야."

14장
기포의 탄생

시애틀의 겨울은 음산하다. 잿빛 구름이 하늘을 덮고 있다가 발을 덮을 정도로 눈을 뿌려대기도 한다. 푸른 하늘이 빛을 내리쬐는 날은 드물다. 푸른 하늘이 기승을 부리는 날* 밤은 한없이 춥다.

이렇게 추운 날 아침 가끔 나는 차 유리창에 미세한 안개가 끼어 있음을 느낀다. 이런 안개는 서리처럼 보인다. 그렇지만 이들은 미세한 물방울이고 닦으면 쉽게 없어진다. 이상한 점은 이 안개가 운전자 쪽에만 있고 그 맞은편 탑승자 쪽에는 없다는 사실이다. 왜 그런 차이가 생길까 나는 오랫동안 고심했다.

탑승자 쪽 유리창은 우리 옆집을 마주하고 있다. 그렇지만 운전자 측 유리창은 상대적으로 공기에 노출되어 있다. 이렇게 추운 날이면 빈 공간 쪽이 더 많은 열을 뺏긴다는 것을 나는 이해한다. 그래서 응결이 일어날 것이다. 그렇지만 나는 그 현상의 여러 가지 측면을 이해하지 못했다. 왜 그런

---

* 우리네 고향에서는 '마른 강치한다'라는 말을 쓴다. 푸르른 겨울날은 깨뜨리듯 손이 시리다.

식의 응결이 물방울로 귀결되는가? 왜 그 물방울은 유리창에 잘 들러붙을까? 그리고 늘상 그렇지만 왜 이런 물방울은 집과 마주 보고 있는 유리창 쪽에는 잘 들러붙지 못할까? 아마 우리 이웃집에서 어떤 복사 에너지라도 나온다는 것일까?

이 장에서 다룰 것은 물방울이다. 그러나 보다 일반적으로 말하면 그것은 물방울 혹은 기포 같은 소체이다. 13장에서 얘기했듯 물방울과 기포는 비슷하다. 이런 사실에 입각해 그런 유사성이 어떤 기능적 의미를 갖는지 살펴보겠다. 물방울은 기포의 할아버지 격이다.

다음과 같은 질문을 던져보자.

- 물방울은 어떻게 욕조의 안쪽에 맺힐까?
- 여러 개의 물방울은 어떻게 커다란 물방울이 될 수 있을까?
- 커다란 물방울은 어떻게 공기를 포함하는 기포가 될까?
- 어떻게 여러 개의 기포가 모여서 끓을 수 있을까?

이 장에서는 우리가 매일 마주하는 현상을 다루면서 왜 그런 일이 가능한지 차근차근 살펴보겠다. 물이 끓을 때 주전자는 왜 덜거덕거리는 소리를 낼까? 찻주전자가 삐 하는 소리를 내는 이유는 무엇일까? 그리고 우리는 어떻게 수프 냄새를 맡을 수 있을까?

기포가 생기다

기포는 기체를 함유한다. 이런 기포가 어떻게 형성되는지 이해하기 위해 우리는 이 기체(또는 증기)가 어디서 유래하는지 알아야 한다.

오스트리아의 비엔나에서 그라츠로 가는 멋진 기차 안에서 골몰했던 질문이 생각난다. 애초 대서양을 횡단하면서 갑작스레 떠올랐던 생각이었지만(13장) 이번에도 뭔가에 홀린 듯한 느낌이었다. 이런 기체가 뚜렷한 점처럼 기포 하나에 몰려들 수 있는 까닭은 무엇일까? 이런 기체 분자들은 어떻게 기포의 막을 손상시키지 않은 채 거기에 들어갈 수 있었을까?

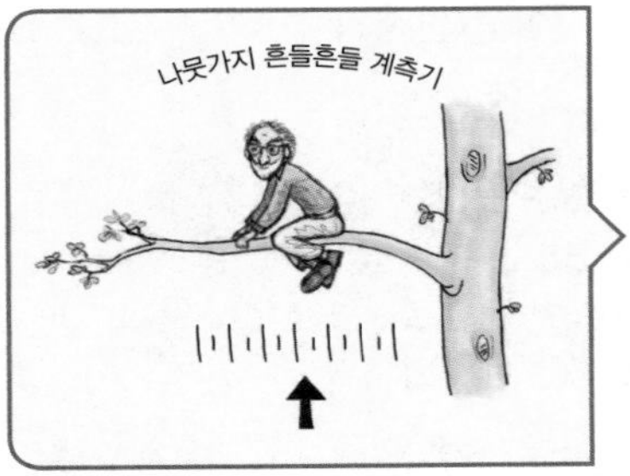

전원의 향기에 취해 멍하니 창밖을 보다가 나는 유레카의 순간을 맞이했다. 그래 그거야. 기체 분자가 실제 그 '안으로 들어'갈 필요가 없다고 가정해보자. 또 배타 구역의 껍질을 형성하는 과정이 그 안에 있는 기체도 만들 수 있다고 생각해보면 어떨까? 그렇다면 이런 혼란스러움은 감쪽같이 사라진다. 아마 기체는 탄력 있는 막을 통과할 필요가 없었을 것이다. 그렇다면 힘겹게 그 안으로 들어갈 이유도 없을 것이다.

이 두 문제를 풀 수 있겠다고 생각이 들긴 했지만 그 아이디어는 너무 작위적인 느낌이 들었다. 물 밖에서 배타 구역의 껍질은 무엇으로 만들어지는 것일까? 또 이 과정을 거치면서 내부의 기체는 어떻게 생겨날까? 수증기? 이런 생각을 증명하기는 만만치 않다. 그렇지만 이런 생각은 지금까지의 혼란스러운 정황을 해소시켜줄 것이기에 한번 도전해볼 만한 것이다. 최소한 심사숙고라도 해볼 일이다.

어느 순간 좋은 생각이 떠올랐다. 물방울과 기포가 다 배타 구역 껍질을 가지고 있다는 점이다. 이런 유사성 때문에 물방울이 기포가 될 수 있는 것이다. 물방울이 먼저 생겼다고 치자. 물속에 있는 친수성 표면을 주형 삼아 배타 구역이 형성된다면 물방울이 만들어질 것이다. 또 그 배타 구역이 휘

말리면서 구형으로 변할 수 있다면 배타 구역의 껍질을 감싼 물방울이 만들어질 수 있을 것 같다. 이 과정은 그럴싸해 보였다.

다음에는 무슨 일이 일어날 수 있을까? 물방울이 기포로 전환되는 것이다. 물방울이 충분한 양의 복사 에너지를 흡수한다면 물방울 안의 물이 수증기가 될 수도 있을 것이다. 그렇다면 물방울이 기포가 되는 것이다.

기차가 그라츠역을 향해가는 순간이었다. 나는 이런 새로운 가설에 취해서 거의 현기증이 날 정도였다. 물방울이 기포의 맹아일 것이라는 생각은 더 고려해볼 여지가 없었다.

기포 구조의 형성

배타 구역 껍질을 만들려면 배타 구역을 형성할 주형(친수성)이 필요하다. 물컵 안에 들어 있는 주형은 지금까지 살펴본 것과는 몇 가지 점에서 다르다. 첫째, 물컵 안에는 용질이 녹아 있고 입자들도 떠 있다. 물은 가장 보편적인 용매이기 때문에 심지어 '순수한' 물이라 해도 그러할 것이다. 배타 구역을 형성할 수 있는(8장) 이런 분자들은 물에 녹거나 표면에 떠 있을 수 있다. 따라서 모든 물속에는 배타 구역의 주형이 될 장소가 존재한다.

주형이 될 만한 또 다른 장소는 컵 자체이다. 물질이 친수성 유리라면 컵 안에서도 배타 구역이 형성될 것이다. 특히 거친 부위(아래를 보라)가 그렇다. 표면이 소수성이라면 이론적으로 배타 구역이 형성되지 않는다. 그렇지만 전하를 띤 물속의 물질은 용기 표면이 반대의 하전을 띠도록 유도할 수 있다. 그러면 전하를 띤 물질이 용기에 달라붙을 수 있다. 이런 물질이 배타 구역을 형성하는 주형 역할을 할 수 있다.

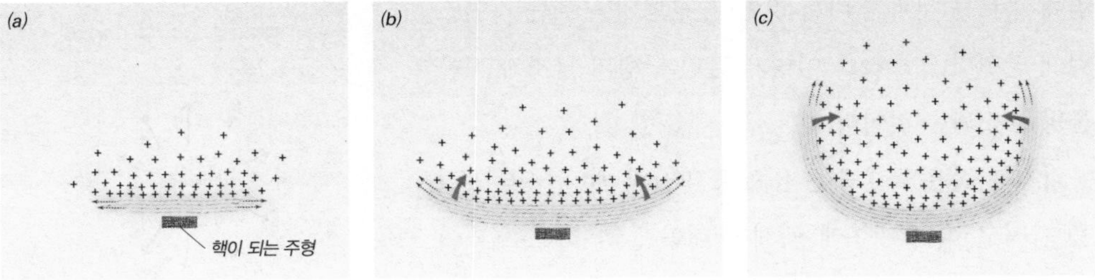

그림 14.1
물방울 형성 단계. (a) 중층 구조의 배타 구역이 자라면서 좌우로(화살표) 확장된다. 그 너머에 양성자가 쌓인다. (b) 양전하에 끌리면서 배타 구역이 구부러진다. 붉은 화살표는 구부러지는 방향을 가리킨다. (c) 계속해서 배타 구역이 구부러지면 물방울이 만들어진다.

주형이 될 장소가 풍부하다면 배타 구역은 일상적으로 형성될 것이다. 배타 구역층은 옆으로 자라날 것이다. 작은 물질이 물속에 잠겨 있다면 언제든 배타 구역의 이런 측면 성장을 관찰할 수 있다(그림 14.1a). 우리는 배타 구역이 수직 방향뿐만 아니라 수평 방향으로도 자랄 수 있음을 관찰했다. 그것은 주형의 범위를 훨씬 넘어서까지도 자라난다.

늘 그렇지만 배타 구역은 양성자를 방출하고 그것은 즉시 히드로늄 이온으로 변화한다. 양전하끼리 서로 밀기 때문에 이 이온들은 퍼져나간다. 바닥에 달라붙어 있는 히드로늄 이온도 있다. 배타 구역의 음전하가 잡아끌기 때문이다(5장). 이러한 인력 때문에 두 가지 일이 벌어진다. 양전하인 히드로늄 이온이 음성인 배타 구역으로 몰려든다. 그리고 음으로 대전된 배타 구역(처음에는 얇고 탄력성이 있던)이 히드로늄 이온을 향해 휘어진다. 배타 구역의 측면이 농도가 높은 양이온을 향해 점점 구부러진다(그림 14.1b). 우리는 배타 구역이 양전하인 히드로늄 이온을 향해 구부러질 수 있다는 사실을 실험으로 확인했다(그림 9.9).

이렇게 계속해서 구부러지면 어쩔 수 없이 배타 구역은 둥글게 휘말린다(그림 14.1c). 히드로늄 이온이 쌓이고 측면으로 자라면 새롭게 생긴 배타 구역이 중앙의 히드로늄 이온을 향해 구부러지는 것이다. 결국 배타 구역의 양끝은 서로 만나 원형의 형태를 갖는다. 물론 실제 모양은 구형이고 그림에서 보는 것과는 다를 것이다. 구형의 구조는 자연스럽게 닫힌다(그림 4.11). 이렇게 닫힌 구형의 구조가 작은 물방울이 되는 것이다.

각각의 작은 물방울은 음으로 대전된 배타 구역 껍질을 가지고 있고 내부에 액체 상태인 물과 히드로늄 이온을 포함하고 있다. 히드로늄 이온은 서로를 밀친다. 이들 이온은 사방으로 자유롭게 떠다니면서 배타 구역 껍질에 압력을 행사한다(그림 14.2). 구형 기포가 아직 생기지는 않았지만 그러나 작은 소체가 만들어졌고 성숙하기를 기다리고 있다.

그림 14.2
물방울은 왜 둥글까? 배타 구역 내부의 히드로늄 이온이 서로 밀쳐대면서 내벽에 압력을 행사한다. 이런 압력 때문에 물방울은 둥글다.

여기서 물방울 내부의 양전하 전위가 배타 구역 껍질의 음전하 전위와 동량이어야 할 필요가 없다는 것을 지적하고 넘어가야겠다. 전하가 균형 잡힌 상태라면 중성을 띠어야 할 것이다. 그러나 소체가 형성되는 동안 일부 히드로늄 이온이 불가피하게 빠져나간다. 반발력이 있어서 서로 밀치기 때문이다(그림 14.1). 따라서 이 소체는 중성이 아니다. 닫힌 소체의 순 전하는 음성이다. 이제 전기적으로 음성이라는 얘기를 좀 더 해보자.

물방울에서 기포로

이제 갓 태어난 물방울의 구조는 다음에 나올 이야기의 주된 줄거리이다. 이야기를 계속하기 전에 먼저 소체가 얼마나 버틸 수 있는지 짚고 넘어가자. 사실 작은 소체는 특별히 안정하지는 않다.

에너지를 흡수하면 소체가 변화할 수 있다. 이들 소체가 복사 에너지를 받아들였다고 가정하자. 배타 구역이 형성될 것이다. 배타 구역이 형성되면, 소체 내부의 히드로늄 이온 농도도 덩달아 올라갈 것이다. 또 이들 양전하끼리의 반발력 때문에 내부 압력도 올라간다. 일정 한계까지 배타 구역 껍질은 내부 압력을 지탱할 수 있을 것이다. 만약 압력이 특정 문턱값을 넘어가면 배타 구역의 층이 서로 전단력을 행사할 것이고 소체가 팽창한다(그림 14.3).

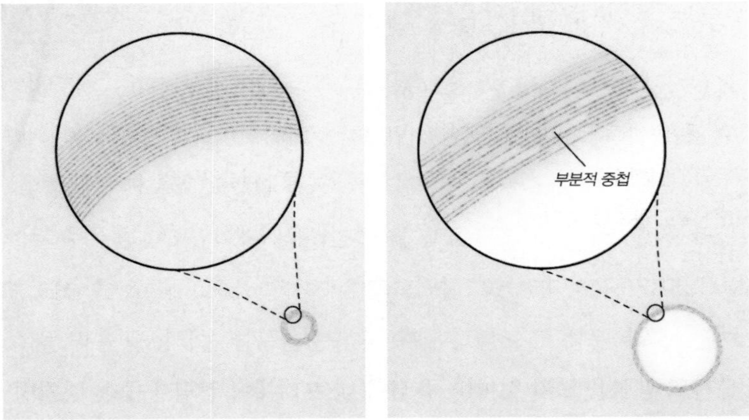

그림 14.3
소체의 확장. 압력이 커지면 배타 구역 중층 간 중첩도가 성기게 변하고 소체가 확장된다.

하지만 팽창한다고 해서 바로 파국에 이르는 것은 아니다. 파국은 점진적으로 찾아온다. 팽창하는 압력에 처음으로 영향을 받는 것은 맨 바깥쪽 층이다. 맨 바깥쪽 층이 깨지면서 생긴 파편이 다음 층으로 몰릴 것이다. 여기저기 반대 전하에 달라붙을 것이기 때문이다. 그리고 안정화된다. 그 다음 층에서 같은 일이 반복된다. 깨지기 전까지 이런 방식으로 소체의 크기는 점차 자라난다. 이들 소체가 상당히 커진다는 것은 측정이 가능하다.

다음에 벌어질 사건은 무엇일까?

소체 안에 들어 있는 물 분자를 생각해보자. 물은 방관자로서 히드로늄 이온이 서로를 밀치면서 소체를 팽창시키고 있는 것을 지켜본다. 그러나

샴페인 잔의 기포들

기포의 매력을 드러내기 위해 샴페인 주조업자들은 의도적으로 잔의 안쪽에 미세한 금을 긋는다. 기포는 상처 난 장소를 따라 솟아오른다. 자연적으로 생겨난 잔 내부의 돌출 부위에서도 끊임없이 거품이 인다. 그림을 보라. 샴페인 안의(혹은 거품이 이는 물) 기포에는 수증기뿐만 아니라 이산화탄소(CO_2)도 들어 있다. 체리색 기포도 있다. 금이 간 상처 부위를 주형으로 배타 구역이 형성된다. 이와 동시에 생겨난 양성자가 음으로 대전된, 이산화탄소에서 유래한 중탄산 이온(HCO_3)을 끌어들인다. 그 결과 이산화탄소가 풍부한 기포가 계속해서 올라온다.

유리잔 안의 금을 예술적으로 그렸다면 기포의 모양이 더 매력적일 것이고 매상고도 올라갈 것이다.

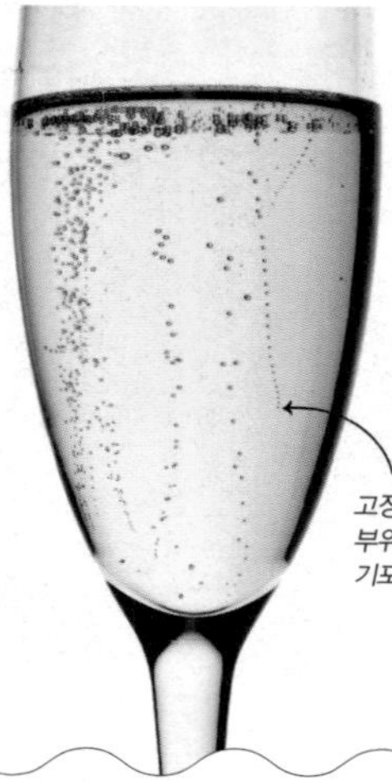

물 분자도 압력을 느낄 것이다. 풍선이 내부 기체에 압력을 주는 것처럼 소체의 막이 안쪽으로 압력을 행사하기 때문이다. 그렇지만 소체의 껍질이 갑작스레 팽창하면 압력도 급락한다. 물 분자들도 압력이 감소했다는 것을 체감할 것이다.

이러한 압력의 변화가 상전이를 유도한다. 예를 들어 기체를 세게 누르면 액상으로 변할 수 있다. 다시 압력을 감소시키면 액체가 기체가 된다는 말이다. 동일한 원리가 여기서도 적용된다. 소체가 확장하고 압력이 떨어지면 소체 안에서 액체로 존재하던 물이 수증기로 변한다.

이러한 상전이 결과로, 물방울이 기포가 되는 것이다(그림 14.4).

자. 최소한 이론적으로나마 상당한 진척을 본 것 같다. 우리는 물이 담긴 용기 안에서 배타 구역의 형성이 불가피하다는 데서 얘기를 시작했다. 다

그림 14.4
물방울이 기포로 전이된다. 내압이 커지면 물방울이 커진다. 압력이 낮아진 물 분자는 수증기로 변화한다.

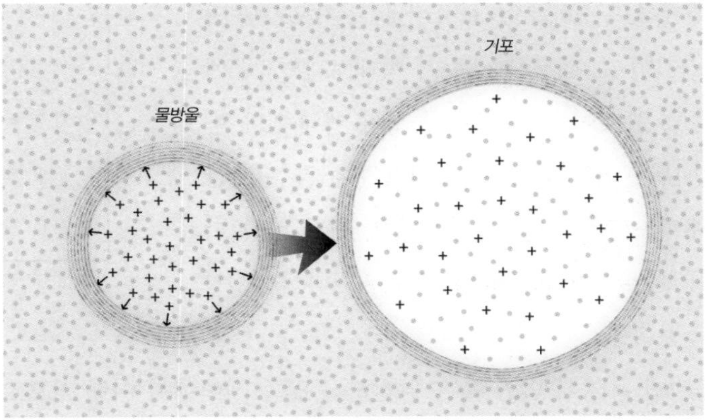

음은 물방울-기포 전이였다. 물방울이 충분한 양의 복사 에너지를 받게 되면 내부의 전하가 늘고 물방울이 팽창하도록 압력을 준다. 그 과정에서 상전이가 일어나 수증기가 만들어지고 결국 물방울이 기포가 된다. 마침내 기포가 탄생하였다.

이제 이런 논리 전개를 뒷받침할 만한 증거를 확보할 수 있는지가 관건이다. 실제로 이런 일이 일어나기는 할까? 지금까지 얘기한 두 가지 과정 중 한 가지는 이미 이전 장에서 논의를 마친 것이다. 바로 배타 구역 껍질이다. 그럼 이어지는 질문은 이것이다. 구형의 껍질은 실제로 양전하를 감싸고 있을까?

소체 내부에 정말로 양성자가 존재할까?

소체 내부를 확인하는 방법은 생각보다 간단하다. 소체의 내용물을 모아 그 안에 양성자가 있는지 보는 것이다. 물이 끓고 있는 상태에서 시료를 모아 양성자를 측정해보았다. 물이 끓고 기포가 수면에서 터지면 그 내용물이 증기 형태로 공기 중에 쏟아져 나올 것이다. 이 증기를 모아 액체 안에 응결시킨 다음 이들의 pH를 측정하였다. 끓는 시간이 길수록 pH는 점점 더 떨어졌다. 터져 나간 기포의 내부가 양전하를 띠고 있다는 의미이다(그림 14.5, 파란색 곡선).

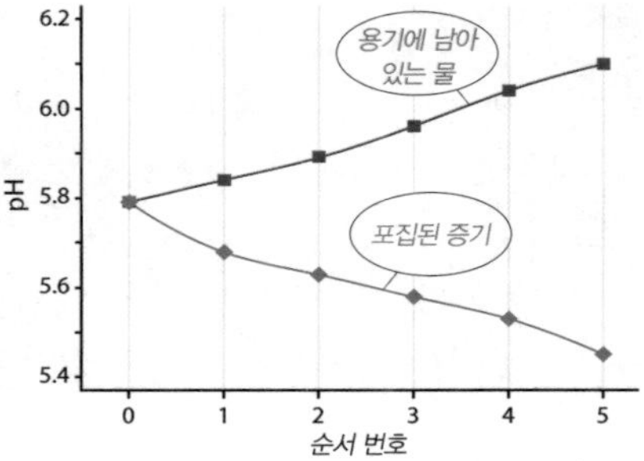

그림 14.5
끓는 물 실험의 결과. 파란색 곡선은 여러 시간대에 걸쳐 모은 증기의 pH이다. 붉은색 곡선은 용기 안에서 끓고 있는 물의 pH이다.

그렇지만 용기에 담긴 물은 양전하를 잃는 셈이어서 어떤 식으로든 흔적을 남길 것이다. 남아 있는 물의 pH는 점점 올라갈 것이다. 이런 예측은 실험을 통해 확증하였다(그림 14.5, 붉은색 곡선). 따라서 기포 안에 있던 것들이 터지면서 양성자는 물에서 수증기로 옮겨간다.

다음은 적외선 카메라를 이용해서 소체 내부의 양성자를 측정했다. 기포의 내부가 양성자가 아니라 물로만 구성되어 있다면 물 자체는 복사 에너지를 방출하지 않을 것이다. 그렇지만 소체의 내부는 외부에 비해 많은

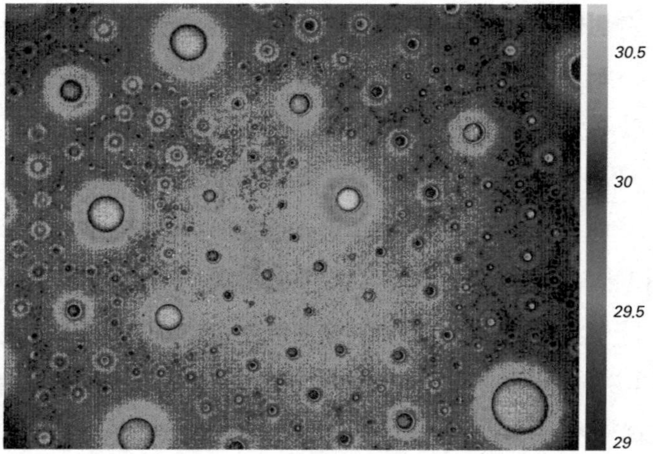

그림 14.6
기포의 적외선 이미지. 계면활성제 용액을 공기 중으로 불어넣으면서 기포를 만들었다. 기포의 내부(주황색)는 외부(파란색)에 비해 많은 적외선을 방출한다. 기포 경계면의 밝기는 예상한 것이다. 배타 구역이 상대적으로 적은 적외선을 방출하기 때문이다. 단위는 섭씨이다.

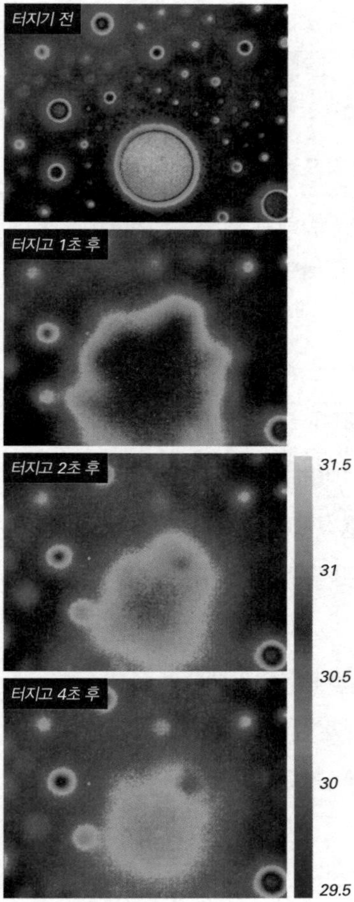

그림 14.7
기포가 터진다. 그림 14.6과 비슷하지만 하나의 기포가 터지는 과정을 보여준다. 높은 복사 에너지가 확산되어 사라진다. 단위는 섭씨이다.

양의 복사 에너지를 방출한다(그림 14.6). 복사 에너지는 전하의 움직임이 활발하다는 의미이다(10장). 고농도의 양성자가 기포 내부를 활발히 돌아다니고 있다.

내부 양성자를 확인하기 위해 세 번째로 우리는 기포가 터지면서 양성자가 방출되는지 시험했다. 만약 양성자가 아니라 실험적 인공물에 의해 기포에서 복사 에너지가 방출된다면 그 에너지는 기포가 터지면서 바로 사라질 것이다. 그러나 그것이 내부 히드로늄 이온에서 유래하는 것이라면 그 이온은 확산될 것이다. 그림 14.7에서 양성자의 확산을 확인할 수 있었다. 기포가 깨지면서 고에너지 영역이 확장된다. 양성자가 물과 섞이면서 이 영역은 궁극적으로 사라진다. 복사 에너지는 소체 내부에 실재하는 물질에서 유래하는 것 같다.

이런 증거를 바탕으로 내린 결론은 기포 내부에 히드로늄 이온이 존재한다는 사실이다. 양전하가 소체 내부에 존재한다는 것이 소체 전이의 중요한 요소가 된다. 이들로 인해 소체가 만들어지고 물방울이 기포가 될 수 있는 것이다.

소체 상호작용: 지퍼 기제

자라나고 있는 배타 구역 안에 양성자가 있는 것을 확인했으므로 이제 우리는 물방울에서 기포로 전이하는 중간 단계를 살펴보려 한다. 어떻게 소체는 서로 융합하는가?

소체의 융합은 기포가 형성되는 과정의 내재적 특성이다. 마이크로미터 크기의 물방울이 센티미터 크기의 기포로 직접 전환될 수 없기 때문이다. 둘의 크기 차이는 매우 크다. 따라서 단계적인 성장, 즉 순차적으로 결합하는 과정이 필요하다. 작은 소체 여러 개를 점진적으로 조합하면 새롭고 커다란 소체가 생겨날 것이다. 물이 끓을 때는 그런 방식으로 센티미터 크기의 기포가 생겨난다.

이런 융합의 저변에 깔린 원리를 이해하기 위해 우선 단순한 계에서 어떤 일이 일어나는지 살펴보자. 물방울 하나가 친수성 표면 위에 놓여 있다고 치자. 친수성 표면은 공기 중 수증기를 끌어들여서 만든 배타 구역층을 이미 가지고 있다(11장). 따라서 배타 구역층은 물방울에도 있고 친수성 표면에도 있다. 물방울-표면 계면을 단순하게 표현하면 구부러진 배타 구역과 직선형 배타 구역이 상호작용하는 형국이다.

물방울이 친수성 표면에 떨어졌다고 가정해보자. 물방울이 접근할 때 문제가 되는 것은 각각의 층에 존재하고 있는 음전하와 양전하이다(그림 14.8). 반대의 전하가 끌릴 것이기 때문에 물방울의 배타 구역 전하와 대치

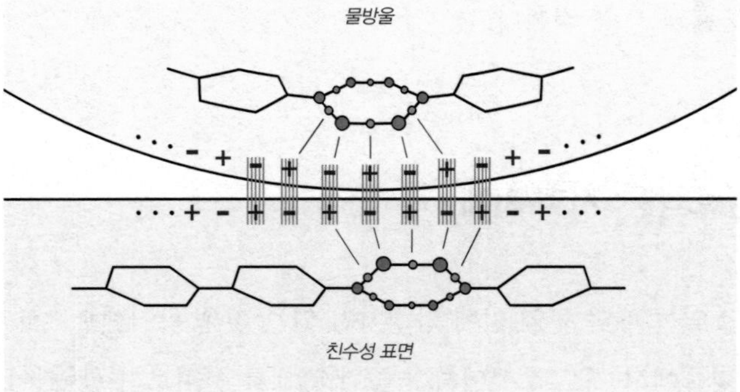

그림 14.8 물방울의 배타 구역이 표면의 배타 구역과 결합한다. 반대 전하끼리 끌리면서 배열된다.

(a)

(b)

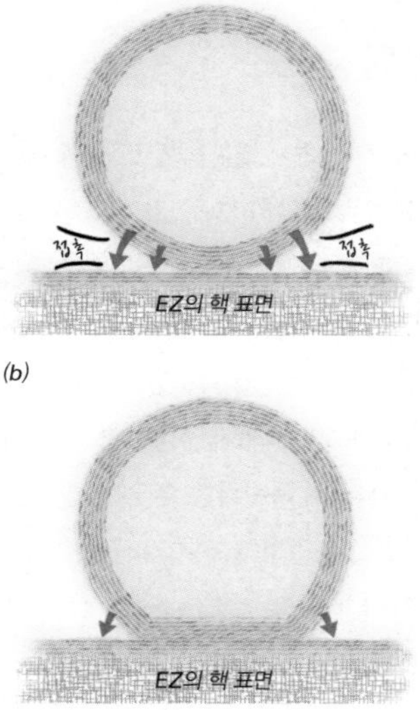

그림 14.9
지퍼가 잠기듯 물방울이 표면에 달라붙는다. 한 부분에서 인력이 발생하면 물방울은 표면 배타 구역에 붙으면서 바닥이 평평해진다.

하고 있는 표면의 배타 구역 전하는 약간 어긋난 형태로 배열된다. 이제 물방울은 반대 전하끼리의 인력에 의해 표면에 달라붙는다.

처음에는 한 점에서 부착이 일어난다. 물방울이 둥근 곡면을 가지기 때문이다(그림 14.8). 약한 결합은 오직 이 순간에만 유효하다. 이 결합의 측면에 있는 전하들이 계속해서 마주하는 배타 구역의 반대 전하를 끌어당길 것이기 때문이다. 개별 표면은 마치 지퍼를 닫듯 계속해서 밀착된다(그림 14.9). 배타 구역의 융합을 통해 이들 접촉면이 넓어지고 소체 아래쪽이 평평해진다.

배타 구역 지퍼가 얼마나 닫힐지는 물방울 내부의 압력에 달려 있다. 내미는 압력 때문에 둥글게 되지만 배타 구역의 접촉은 편평도를 결정한다. 편평하게 하려는 힘과 둥글게 존재하려는 힘의 균형이 맞을 때까지 배타 구역의 접촉은 계속된다. 그 결과는 그림 14.9b에 나타난 것과 비슷한 뭔가가 될 것이다.

이 접촉 원리는 실질적으로 소체가 생성되는 과정을 거꾸로 돌리는 것이다. 접촉 과정에서는 둥근 배타 구역이 편평해진다(그림 14.9). 그러나 소체가 형성되는 과정에서 편평한 배타 구역이 둥글게 구형으로 변한다(그림 14.1). 두 과정은 사뭇 대칭적이다.

이런 접촉 과정을 통해 배타 구역 껍질이 융합된다. 모든 소체는 배타 구역 껍질로 둘러싸여 있다. 따라서 접촉 원리를 통해 두 껍질이 만나 커다란 하나의 소체로 전환되는 과정을 이해할 수 있다. 아니 최소한 이 과정의 첫 단계는 이런 방식을 통해 일어날 것이다.

친수성-소수성 역설: 소체끼리의 끌림

이제 독자 여러분은 내가 사용하는 용어에 사뭇 익숙해졌을 것이다. 물이 잘 확산해가는 표면은 친수성 혹은 물을 좋아하는 성질을 갖는다고 말한다. 연인이 서로 껴안듯 이들 표면은 물과 달라붙어 있다. 반면 물 소구를 밀치며 물방울을 만드는 표면은 소수성 혹은 물을 싫어하는 성질을 갖는다고 말한다. 때로 소수성 표면은 그 위에 있는 물을 곧바로 물방울로 만들기도 한다. 연꽃의 이파리를 떠올려보라.◆ 물은 이파리를 적시지 못하고 바로 공 모양의 물방울로 변화한다.

어떤 표면을 다른 것과 구분하기 위해 과학자들은 물방울의 모양을 가지고 재치를 발휘했다. 물방울이 구형이면 평면은 소수성으로 분류된다. 물방울이 퍼져 있으면(배타 구역층을 형성하여) 평면은 친수성으로 분류된다. 간단하기 그지없다. 그러나 물방울의 모양이 이것도 저것도 아닌 중간 형태를 취한다면 어떻게 해야 할까(그림을 보라)? 일반적으로 물방울 중에는 구형을 띠지만 측면이 퍼져 있고 바닥은 평평한 것들도 있다(가운데).

이런 문제를 해결하기 위해 사람들은 친수성의 정도를 말하기 시작했다. 기하학을 이용하면 가능한 일이다. 소체의 바닥이 표면에 비해 평평하면, 그 정도는 탄젠트 값을 이용하여 가시화할 수 있다. 접촉 각도를 정의할 수 있다는 말이다. 접촉각이 적으면 친수성이 더 크다고 본다(왼쪽). 반대로 접촉각이 크면 소수성이 더 크다고 본다(오른쪽).

왜 접촉각이 합리적인 측정 수단이 될 수 있는지 이제 다소 명쾌해졌다. 전하의 양이 많은 배타 구역을 보유한 친수성이 매우 큰 물질이라면 끌어당기는(zippering) 능력이 뛰어날 것이다. 따라서 물방울은 최대한 평평해질 것이고 접촉각도 최소화된다(왼쪽). 배타 구역의 전하가 듬성듬성 존재한다면 끌어

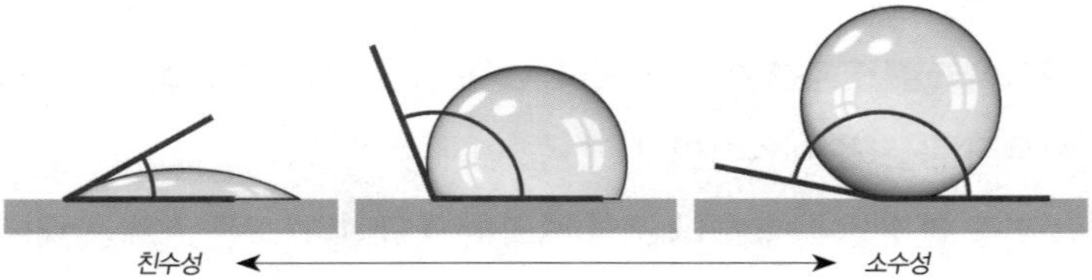

표면 위에 맺힌 물방울 모습으로 각각 매우 친수성이 매우 큰 표면(왼쪽), 친수성이 중간 정도인 표면(중간), 친수성이 매우 낮은 소수성 표면(오른쪽)을 나타낸다. 접촉각을 이용해서 표면의 친수성을 측정하기도 한다.

◆ 생체 모방학 분야 연구자들은 연꽃 이파리의 표면을 분석하고 그 구조를 차 유리창을 개조하는 데 응용하려고 한다. 연꽃 이파리의 표면 성분을 분석해도 재미있겠다.

당기는 힘이 줄고 물방울이 다소 밋밋하게 평평해진다(가운데). 물질이 소수성이고 배타 구역이 형성되지 않는다면 물방울은 둥근 형태를 취한다. 접촉각은 이때 최대로 커진다(오른쪽). 접촉각을 이용하여 물방울을 구분하는 방법은 제법 유용하다.
상대적인 친수성 개념은 기억할 필요가 있다. 소수성은 친수성이 없다는 말이다. 예컨대 소수성 평면은 물과 상호작용하여 배타 구역을 형성하기 어렵다. 따라서 소수성은 그 자체로 내재된 물리적 특성이 아니다. 단순히 그것은 어떤 특성이 없다는 의미를 띨 뿐이다.

소체의 융합

지금까지 우리는 곡면 배타 구역이 선형 배타 구역을 만나는 과정을 서술했다. 보다 일반적으로 말해 두 개의 배타 구역이 곡면을 취할 수도 있을 것이다. 두 개의 물방울은 보다 커다란 하나의 물방울로 변한다. 이들 두 개의 기포가 하나로 합쳐지는 것과 사실상 같다.

이런 융합은 앞에서 얘기한 배타 구역-배타 구역 지퍼를 채우는 것과 같은 종류라고 생각된다. 접촉하고 있는 두 개의 배타 구역은 소체를 이등분하는 평면을 만들어낸다. 융합을 통해 커다란 하나의 소체가 만들어지려면 이 평면이 녹아서 사라져야 한다.

녹는 과정을 살펴보기 위해 초고속 비디오를 사용했다. 물방울과 90도에 가까운 각도로 배치되도록 두 유리 슬라이드 겉면에 특정 접착 물질을 발라주었다. 약간의 거리를 둔 이 두 개의 유리 슬라이드를 평행하게 배열한 다음 그 사이에 물방울 두 개를 만들어주었다. 광학 뒤틀림을 막기 위해 비스듬한 원판을 두고 물방울이 융합되게 두 유리 슬라이드 사이의 거리를 조정했다. 이제 두 물방울이 합쳐지는 것을 관찰할 순간에 이르렀다(그림 14.10).

그림 14.10에 연속적으로 나타난 이미지는 두 개의 배타 구역 막이 실제 합쳐지는 과정을 보여준다. 접촉하는 두 개의 소체 사이의 배타 구역은 재빨리 선형 접촉면을 만든다. 아마도 지퍼 원리가 작동했을 것이다. 접촉면은 상당히 두꺼워 보인다. 그렇지만 우리 눈에 그렇게 보이는 것일 수도 있다. 접촉 평면이 기울어져 있으면 광학적 깊이가 커지고 상이 두껍게 보이기 때문이다. 중요한 점은 두 배타 구역 막이 붙어서 하나의 계면을 형성했다는 사실이다.

그러다 갑자기 계면이 갈라졌다. 계면의 중간쯤에서 이런 균열이 주로 관찰된다. 계면에 있는 물질이 가장자리로 후퇴하는 것이다.

아마도 균열은 긴장도가 크기 때문에 일어날 것이다. 이런 일이 어떻게 가능한지 알아보기 위해 엷은 막의 강도를 결정하는 방정식을 응용해보자. 엷은 벽과 마주하고 있는 구형 막에서 장력을 구하는 방정식은 라플라스Laplace가 제안한 것이다. $T=Pr/2$, 여기서 T는 막의 장력이고 P는 막에 걸린 압력, r은 구의 반지름이다. 구부러진 평면이 편평해지면 이 곡면의 반지름 r은 거의 무한대로 커진다. 이 방정식의 분자가 엄청나게 커지는 것

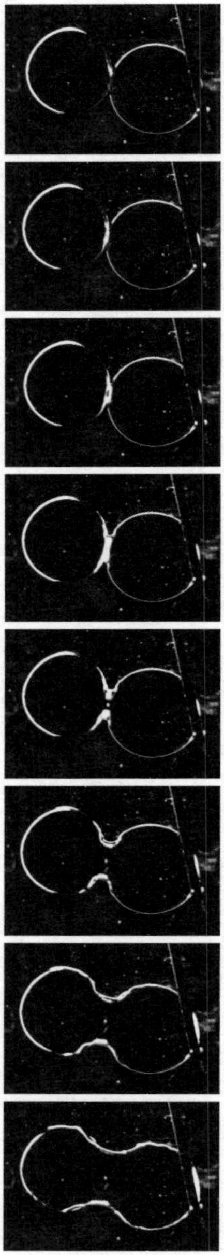

그림 14.10
물방울이 합치는 모습을 고속으로 촬영했다.

이다. 또 막의 압력 P에 약간의 차이만 생겨도 장력은 크게 변할 수 있다. 인접하는 두 소체 중 하나가 약간의 복사 에너지에 노출될 경우 두 소체 간의 압력에 변화가 생길 수 있다. 이런 미세한 압력 차이가 장력을 크게 하는 것이다. 다음에는 … 얍! 계면이 부서진다.

비디오에 찍힌 영상은 막을 구성하는 물질이 가장자리를 향해 후퇴하는 것이 아니라 양쪽 끝에 축적됨을 보여준다. 이것이 의미하는 바는 잘 모르지만 몇 가지를 추론해볼 수 있다. 배타 구역이 서로 들러붙어 있기 때문에 후퇴하는 배타 구역의 물질은 이미 존재하고 있는 물질과 합쳐질 것이다. 소체의 벽이 두꺼워지고 억세질 것이다. 막이 깨지고 나서 소체의 벽이 둥글지 않고 땅콩 깍지처럼 길쭉해지는 이유를 아마도 이것으로 설명할 수도 있을 것이다(그림 14.10, 맨 아래).

이런 과정을 거쳐 두 개의 소체가 하나가 된다. 껍질과 껍질의 상호작용이 이 과정의 핵심이다. 소체 내부의 주된 역할은 소체에 압력을 가하여 소체의 크기 성장을 제한하는 것이다. 소체 내부의 역할이 이 이상은 아닐 것이다. 내부가 액체이든 기체이든 융합의 과정은 흡사할 것이다. 따라서 물방울이 합쳐지거나 기포가 하나가 되거나 관계없이 동일한 원리로 설명할 수 있다.

그림 14.11
다양한 소체가 합쳐져 있는 모습. 기포 안에 물방울이 들어 있다. 커다란 물방울이 왼쪽 아래에 보인다. 작은 물방울이 합쳐진 것이다. 불완전하게 합쳐진 물방울들은 둥글지 않고 다소 길쑴하다.

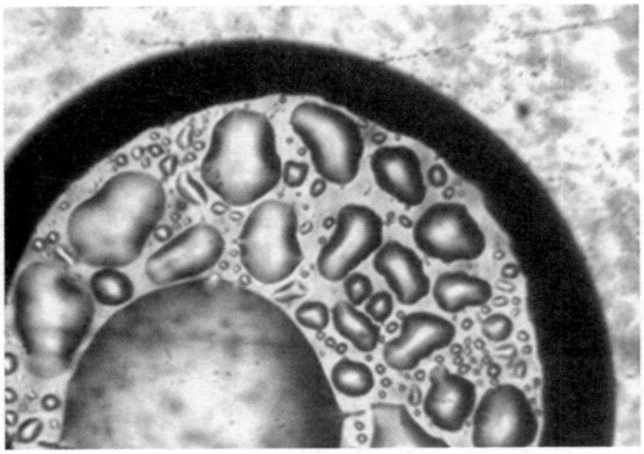

이런 기제의 보편성을 바탕으로 미심쩍은 현상을 설명할 수도 있다. 물방울 안에 기포가 있거나 기포 안에 물방울이 들어 있는 현상이다(그림 14.11). 앞에서 살펴본 지퍼 원리가 소체 각각의 존재를 설명할 것이다.

정리하자면 지퍼 기제는 소체의 융합을

설명한다. 두 소체가 접촉하게 되면 융합은 불가피해진다. 소체들은 커다란 하나의 소체로 변한다. 이런 융합이 연속적으로 일어나면 우리가 보는 커다란 물방울이나 기포가 만들어지는 것이다.

융합은 불가피하고 소체의 안정성을 높인다

융합은 중요하다. 성장을 촉진할 뿐 아니라 내구성도 증가시키기 때문이다. 그 이유는 순전히 기하학적인 것이다. 크기가 작은 소체 두 개가 모여 하나의 소체가 되면 껍질의 무게는 얼추 두 배가 된다. 반면 껍질의 표면적은 두 배가 못 된다(계산해보라).◆ 즉, 껍질을 구성하는 물질은 반드시 두께를 두껍게 하는 방향으로 작용할 것이다. 새롭게 만들어진 소체의 껍질은 원래보다 두꺼워진다. 융합된 소체가 보다 튼튼한 것이다. 따라서 터져버리는 대신 보다 높은 압력을 견뎌낼 수 있다. 큰 소체가 더 안정할 것이다.

기술적인 문제가 있다. 소체의 벽이 튼튼해진다고 해서 그것이 반드시 안정한 것일까? 만일 새로운 소체의 압력이 원래의 것보다 커졌다면 말이다. 그러나 이 가정은 틀렸다. 압력은 전하의 농도에 의해 결정된다. 동일한 전하량을 가진 두 소체가 융합했다면 전하의 밀도는 변하지 않는다. 대신 부피는 두 배 증가한다. 전하의 수도 두 배 늘어난다. 따라서 융합 전후 소체의 압력은 차이가 없다.

융합하고 나서 새로운 소체의 내부 압력이 변화하지 않는다 해도 벽은

◆ 이것저것 빼고 말하면 부피는 반지름의 세제곱이고 표면적은 제곱이다. 물방울 두 개가 합쳐 부피가 두 배가 되려면 커진 물방울의 반지름은 대략 1.26배($1.26^3=2$)가 되어야 한다. 그러면 표면적은 대충 1.6배(1.26^2) 증가한다.

더 두꺼워진다. 그것이 안정성을 설명한다. 이 말이 사실이라면 계속해서 융합하면 안정성은 더욱 커질 것이다. 작은 소체가 왜 쉽게 사라지는지 이런 방식으로 설명할 수 있을 것이다(따라서 볼 기회도 적다). 커다란 소체는 쉽게 발견된다. 작은 것보다 큰 소체가 파괴적인 힘 앞에서 더 강하다. 큰 소체가 더 튼튼하다.

이런 패러다임은 물방울과 기포 모두에 적용된다. 합쳐짐으로써 작은 물방울은 더 튼튼해진다. 모든 융합은 내구성을 증가시킨다. 그러면 생존 가능성이 커지고 새로 융합할 기회도 늘어난다. 적당한 조건이 주어진다면(이어지는 내용을 보라) 융합에 기초한 소체의 크기 성장은 불가피하다. 작은 소체는 언제든 큰 소체로 변할 수 있다.

물 끓이기

지금까지 살펴본 융합 과정으로 물이 끓는 과정을 설명할 수 있다. 냄비에 물을 넣고 가열하면서 자세히 관찰해보라. 그러면 일련의 연속적인 과정을 거쳐 물이 끓는 것을 관찰할 수 있을 것이다.

처음에는 자그마한 소체를 가끔 볼 수 있을 것이다. 이들은 흔적도 없이 사라진다. 아마도 물 안에서 터져버릴 것이다. 다음에는 좀 더 큰 소체들이 더 많이 만들어진다. 이들은 더 오래 버티고 서로 달라붙으면서 크기를 키운다. 결국 이런 소체들은 커다란 기포가 된 다음 표면에 도달해서 터져버린다. 그리고 수증기를 공기 중으로 내뱉는다. 이것이 물이 끓는 과정이다. 이런 현상은 매우 친숙하지만 물이 끓는 것을 보고 있으면 참으로 오묘하다. 마법사가 비밀 주문이라도 외우고 있는 듯싶다.

- 마이크로미터 크기의 물방울이 어떻게 센티미터 크기의 기포가 될 수 있을까? 두 소체의 직경 비율은 1만 배 정도이다. 그렇다면 부피는 1조 배 늘어난다. 아무래도 단 한 번의 전이로 이런 급작스러운 팽창이 일어났을 것 같지는 않다. 크기의 팽창은 단계적으로 일어났을 것이다. 여기서는 안정성이 중요한 요소이다. 결합된 소체가 더 튼튼하기 때문에 원래의 것들보다 더 오래갈 가능성도 높다. 따라서 소체가 더 클수록 와해되지 않고 기포 상태까지 도달할 가능성이 더 높아진다.
- 물방울이 궁극적으로 임계점에 도달하는 상황은 외부 조건에 따라 달라진다. 임계점에 도달할 가능성은 이전의 융합 단계에 따라 다르고 그 이전의 융합은 소체의 농도에 의존한다. 따라서 많은 양의 소체가 한꺼번에 만들어지면 커다란 기포가 만들어질 가능성은 더 높다. 외부에서 유입되는 에너지가 축포를 쏠 수 있는 것이다.
- 많은 양의 소체가 자라기 위해서는 복사 에너지가 충분히 유입되어야 한다. 가열에 의해서만 에너지가 유입된다면 에너지양이 충분치 못하다. 가열이 계속되면 가열뿐만 아니라 뜨거워진 물에서도 복사 에너지가 나온다. 두 가지 요소가 모두 중요하다. 두 에너지원의 총합이 충분하다면 문턱값은 쉽게 넘어갈 수 있다. 소체가 넘칠 만큼 많고 연속적으로 융합이 일어난다면 이제 기포로 전이는 불가피해진다. 기포가 다시 융합하고 커진다. 물이 끓는다(그림 14.12).

이런 분석을 통해 비등의 방정식에서 온도가 중요한 변수가 아닐 것이라는 추론이 가능해진다. 보다 중요한 것은 소체의 농도이다. 따라서 소체의 농도가 섭씨 100도 근처에서 문턱값에 도달할 이유는 굳이 없는 것이다.[1]

물이 끓지 않으면서도 섭씨 100도를 훌쩍 넘을 가능성도 있다. 내 학생

그림 14.12
많은 양의 복사 에너지가 유입되면서 물이 끓는 과정.

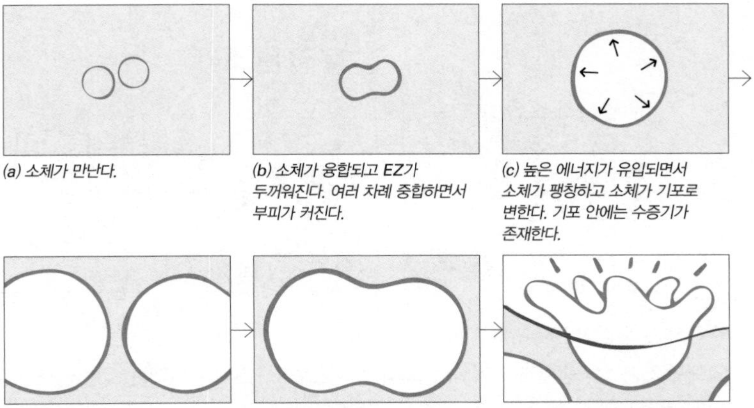

(a) 소체가 만난다.
(b) 소체가 융합되고 EZ가 두꺼워진다. 여러 차례 중합하면서 부피가 커진다.
(c) 높은 에너지가 유입되면서 소체가 팽창하고 소체가 기포로 변한다. 기포 안에는 수증기가 존재한다.
(d) 기포가 만난다.
(e) 기포가 융합한다. 여러 차례 융합하면서 부피가 증가한다.
(f) 수증기로 채워진 커다란 기포가 표면을 뚫고 빠져나간다.

인 정 리는 미끈하고 흠이 거의 없는 유리 비커에 이온이 없는 고순도의 물을 집어넣었다. 배타 구역의 주형이 될 만한 장소는 적거나 거의 없었다. 여기에 열을 가했다. 일상적인 끓는점을 훨씬 넘었지만 물에 약간의 먼지를 집어넣기 전까지는 물이 끓는 것처럼 보이지 않았다. 주형이 될 만한 것들을 첨가한 연후에야 비로소 물이 끓기 시작했다. 또 휘젓는 막대를 집어넣어 준 경우에도 물이 바로 끓기 시작했다.

이런 실험 결과는 온도가 중요한 요소가 아니라는 사실을 증명해준다. 먼지를 집어넣으면 사실 물의 온도가 조금 떨어지지만, 물은 즉시 끓는다. 주형이 될 만한 것들은 소체의 형성을 촉진한다. 이 경우에만 물이 끓기 시작하는 것이다. 따라서 어느 정도의 소체가 만들어져야만 물이 끓는다. 온도가 높다고 능사는 아니다.

이런 결론은 왜 마늘 수프에서 이상한 모습이 나타나는지 설명할 수 있다. (마늘 수프를 맛보지 않았다면 한번 먹어보라. 의외로 맛이 좋다. 깊고 부드럽고 만족스럽다.) 냄비에서 부글부글 끓고 있는 수프를 국자로 퍼서 다양한 재질의 도

물 끓는 소리

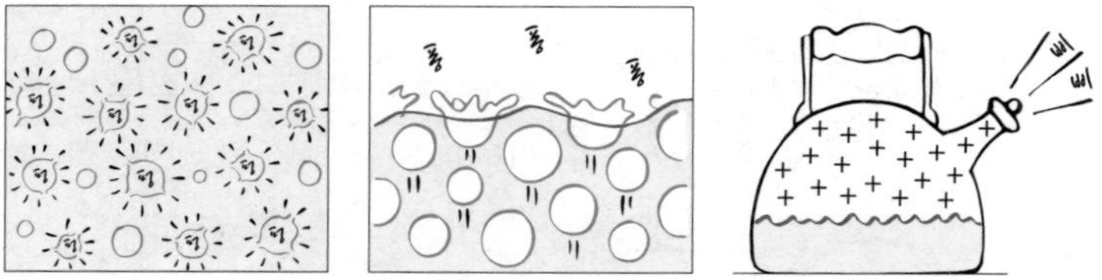

주전자 물을 끓이면서 귀를 기울여보라. 주전자 바닥에 소체가 생기면서 소리가 나기 시작한다. 소체가 많아질수록 소리는 더 커지고 결국 덜거덕거리기 시작한다. 끓는 순간에 가까워지면 덜거덕 소리는 잦아들고 대신 낮은 주기로 자글자글거린다. 물을 지키는 요정이 열에 굴복하여 구슬픈 울음을 자아내는 듯 보인다.

우리는 이런 소리를 자주 듣지만 대부분 무시한다. 기억을 환기하기 위해 소량의 물을 얇은 금속 주전자에서 끓여보라. 소리가 더 커진다. 그야말로 소음으로 귀가 멍할 지경이 될 것이다. 헤드폰이라도 써서 귀를 막아야 한다.

이런 특징적인 소리가 나는 까닭은 무엇일까?

소리는 물리적 진동에서 유래한다. 물이 끓을 때 소체가 형성된다. 이 액체 소체들은 서로 융합되거나 파괴된다. 어떤 경우든 물리적 진동이 생긴다. 소체가 파괴되면 풍선이 터지는 것처럼 팡팡 터지는 소리가 난다. 우리는 압력을 동반한 이런 파괴를 소리라고 해석한다. 소체가 자주 터지면 그 소리는 점점 크게 들린다. 따라서 뜨거운 물은 더 강하게 덜거덕거린다.

소체가 터지는 것을 멈추는 순간 덜거덕거리는 소리는 잦아든다. 소체가 융합하고 빠르게 기포로 전이해가는 순간이다. 기포가 내는 소리는 한결 작고 표면에 다 가서야 터진다. 기포가 터지는 소리가 자글자글거리는 것이다.

마지막으로 휘파람을 부는 것 같은 소리가 난다. 주전자에서 물을 끓일 때 높은 톤의 휘파람 소리가 흘러나온다. 이제 물을 찻잔에 부어도 좋다. 이상한 점은 끓을 때가 다 될 때까지는 이런 소리가 들리지 않는다는 사실이다. 물이 끓어야만 이런 쇳소리가 나온다. 알람 시계처럼 편리하다. 그러나 왜 이런 일이 생길까?

기포가 깨질 때 양성자가 방출된다. 이 양성자는 즉시 주전자 내에서 반발력을 행사하려 들 것이다. 압력은 높은 톤의 소리를 내며 증기를 밀쳐낸다(가끔 주전자 주둥이에서 증기가 엄청난 속도로 빠져나온다). 클라리넷 소리 같다. 물이 끓기 전에는 양성자가 나오지 않는 듯하다. 그러므로 휘파람 소리를 듣거든 물이 끓었다고 판단하라.

기 그릇에 퍼 담았다.♦ 수프는 즉시 식기 시작했다. 그렇지만 기포는 계속 생겼다. 먹기 좋게 식었을 때까지도 기포는 계속 생겨났다. 아마 질그릇의 거친 표면이 주형으로 작용해 끓을 때처럼 거품이 생기고 융합이 계속되었을 것이다. 끓는점보다 훨씬 낮은 온도에서조차 이런 현상이 관측된다.

10장에서 했던 얘기를 떠올리면 온도가 부차적인 역할을 했으리라는 것은 짐작이 간다. 온도는 모호한 개념이다. 그렇기 때문에 물이 끓는 임계 온도의 범위가 매우 한정되어 있다는 것이 오히려 더 놀랍다.

차 유리창의 물방울: 집에서 나오는 복사 에너지

이 장 초반에 나는 차가운 유리 표면에 물방울이 맺히는 현상에 대해 의문을 표했었다. 여기서는 방향이 문제였다. 이제 물방울의 행동에 대해 약간 이해했으니까 이러한 방향 의존성이 우리 이웃집에서 나오는 특별한 복사 에너지와 관계가 있는지 알아보겠다.

이 순간에 의당 물어야 할 질문은 공기 중 습기의 정체가 무엇이냐 하는 것이다. 다음 장에서 이 문제를 다시 다루겠지만 잠시 비약을 해서 공기 중의 수분이 주로 소체의 형태로 존재한다고 가정해보자. 빛을 거의 산란하지 않기 때문에 이 작은 소체는 거의 눈에 띄지 않는다. 그렇지만 눈에 보이는 구름으로 응결될 수 있기 때문에 이들의 존재를 연역할 수 있다.

공기 중의 소체는 친수성 표면에 집중적으로 달라붙을 수 있다. 개별 배

♦ 도가니탕, 돌솥밥이 떠오른다. 음식과 물 과학을 접목시키는 것도 흥미로울 것 같다. 용암이 폭발하듯 들쭉날쭉하게 끓는 팥죽에도 뭔가 설명이 필요하다.

타 구역의 껍질이 달라붙을 때 응결이 일어나는 것이다(그림 14.8). 이것이 차가운 자동차 유리에서 밤새 일어나는 일이다. 히터를 틀기 전 아침에 입김을 불면 아마 목욕탕 거울에서도 마찬가지 현상이 일어날 것이다. 소체는 들러붙는다. 자세히 보면 우리는 수없이 많은 물방울을 볼 수 있을 것이다. 각각이 유리 표면에 달라붙는다.

유리 표면에서 물방울을 쫓아내려면 복사 에너지가 필요하다. 복사 에너지는 배타 구역을 형성하고, 배타 구역은 소체 내부에 양성자를 방출한다. 양성자는 압력을 만들고 소체를 둥글고 튼튼하게 한다. 소체가 둥글수록 접착 면의 크기는 줄어든다. 그 크기가 거의 0이 되면 소체는 더 이상 표면에 붙어 있지 못한다. 이들이 공기 중으로 나가면서 유리는 마른다.

차에 맺힌 물방울은 이런 방식으로 설명된다. 운전자 쪽 유리는 공기 중에 노출되어 있다. 차가운 공기는 아무런 복사 에너지를 주지 못한다. 그래서 물방울이 붙어 있다. 아침 해가 떠올라 물방울을 몰아내기 전까지는 그 상태가 유지된다. 맞은편 탑승자 쪽 유리창은 이웃집에서 끊임없이 흘러나오는 복사 에너지를 받고 있다. 그래서 상대적으로 따스하고 밤새 별다른 일이 생기지 않는다. 설사 물방울이 달라붙었다 해도 곧 사라지고 만다.

오랫동안 알아차리지 못했지만 어떤 의미에서는 복사 에너지가 정말 중요하다.

결론

이 장에서 소체가 다른 소체와 달라붙는 현상에 대해 알아보았다. 여기서 주된 역할을 담당하는 것은 지퍼 기제이다. 소체의 배타 구역끼리 지퍼를

수프의 냄새를 맡다

마늘이든 양파든 치킨 수프이든 부엌에 들어가면 우리는 그 냄새를 맡을 수 있다. 어떻게 그럴 수 있을까? 열을 가하면 수프의 분자가 증발하는 물과 함께 공기 중으로 튀어나온다. 그 분자가 우리의 코에 도달하면 냄새를 맡을 수 있다.

그렇지만 열을 가하지 않아도 비슷한 일이 생길 수 있다. 바닷가에서다. 소금기 냄새를 맡으면 우리는 우리가 바닷가에 서 있다는 것을 알게 된다. 소금은 아마도 증발에 의해 바다로부터 탈출할 수 있었을 것이다. 증발된 소금은 심지어 구름까지 올라간다. 사실 알고 보면 그 양은 엄청나다. 과학자들은 그 소금이 구름을 만드는 '종자'가 될 것이라고 생각하고 있다.

두 가지 예에서 이 두 성분이 멀리까지 갈 수 있었던 것은 바로 물 때문이다. 첫 번째 예는 가열이 매개한다. 그러나 두 번째 예는 그렇지 않다. 보편적인 전달 기제가 있다면 가열에 의해 증발하지는 않았을 것이다. 그렇다면 그것은 소체일 가능성이 매우 높다. 소체는 부글거리는 수프에서 거친 표면을 주형 삼아 생겨난다. 부서지는 파도에서도 바람에 날리는 물방울 형태로 소체가 생겨난다.

이런 소체가 분자들을 운반할 수 있을까?

이런 일이 어떻게 생기는지 알아보려면 수프를 생각해보자. 소체가 생기면 배타 구역 껍질이 근처에 있는 액체를 둘러쌀 것이다. 일반적으로 그 액체는 물(그리고 양성자)이겠지만 수프의 성분들도 끼어들 것이다. 이렇게 수프의 소체에는 수프의 분자도 포함된다.

수프를 포함하는 소체에서 자라난 기포는 표면 근처에서 터질 것이고 방향성 분자들을 공기 중으로 내놓는다. 그렇게 우리는 수프 냄새를 맡을 수 있게 된다. 또는 분자가 증발하는 소체 안에 남아 있을 수도 있다. 그것은 호흡을 통해 우리 몸속으로 들어온다. 수프가(음식도) 식는다 해도 소체가 증발하는 한 우리는 그 냄새를 맡을 수 있다(15장). 소체에 냄새가 남아 있는 것이다.

채우듯 끌어당긴다. 둥그런 소체 계면이 편평해진다.

편평한 계면은 쉽게 사라지고 더 두꺼운 껍질을 가진 하나의 소체로 돌변한다. 새로운 소체의 벽은 더 두텁고 더 튼튼하다. 융합이 진행되면서 내 구성은 점점 더 커진다. 크기가 더 큰 소체일수록 수명이 길고 커질 기회도 더 많다. 반복되는 과정을 거쳐 소체가 자라난다.

어떤 단계에서 소체 내부의 액체가 기체로 변할 수도 있다. 소체가 충분한 복사 에너지를 받게 될 경우이다. 에너지를 받으면 내부 히드로늄 이온의 농도가 높아지고 내부 압력이 커진다. 압력이 충분히 크면 껍질이 느슨해지면서 소체가 확장된다. 이때 낮은 압력에 노출된 물 분자는 수증기로 변환된다. 수증기가 채워진 소체가 표면으로 떠오르면 물이 끓는다.

물이 끓기 위해서는 온도보다는 소체의 농도가 중요한 변수이다. 강한 열을 가해 소체의 수가 충분해지면 이들끼리 융합이 일어난다. 융합된 소체는 더욱 튼튼해진다. 어느 단계에 이르면 소체의 성장은 사실상 막을 수가 없다. 커다란 소체가 물 표면으로 올라와 터진다. 물이 끓는 것이다.

지퍼 기제가 소체의 융합을 결정하지만 보다 실제적인 의미를 갖기도 한다. 물방울이 편평한 평면에 있으면 지퍼 기제에 의해 소체의 하단부가 편평해진다. 표면의 친수성이 클수록 물방울은 더욱 편평해지고 낮아진다. 물방울의 접촉각을 측정하면 이들이 계면하고 있는 표면의 친수성 정도를 쉽게 파악할 수 있다.

소체의 형성은 물이 끓을 때도 필수적이지만 증발할 때도 중요하다. 다음 장에서 우리는 놀랍고 아름답기 그지없는 증거를 제시할 것이다.

15장
증발의 원리

최초로 커피를 내린 곳이 스타벅스는 아닐 것이다. 전설에 따르면 그 영광은 13세기 에티오피아의 목동이었던 칼디Kaldi라는 사람에게 돌아간다. 어느 날 칼디는 염소가 평소보다 과하게 활발한 것을 발견했다. 염소들이 붉은빛이 나는 열매를 주워 먹은 것 말고는 별다른 일은 없었다. 그 열매 몇 개를 씹어 먹은 연후에 칼디는 그 열매의 효과를 즉시 알아차렸다.

자신의 발견을 알리고자 칼디는 그 열매를 지역 이슬람 성자에게 가져갔다. 이를 탐탁지 않게 여긴 성자는 그 열매를 불 속으로 내던지며 달가워하지 않았다. 목동을 무시한 처사였다.

하지만 잠시 후 타버린 열매로부터 나오는 향기는 칼디를 유혹했다. 그 향기에 매료된 칼디는 몰래 타버린 열매 몇 개를 집으로 가져왔다. 그 열매를 갈아서 뜨거운 물에 녹인 다음 긴장된 마음으로 한 모금 마셔보았다. 자! 세계 최초의 커피였다!

뜨거운 커피는 시각을 포함한 우리의 모든 감각을 자극한다. 증기는 상자 안 코브라처럼 굽이친다(그림 15.1). 그림 15.1의 모양이 낯설지는 않겠지만 우리는 마땅히 놀라워해야 한다. 대부분 증기는 눈에 보이지 않기 때문에 그 증기도 의당 그래야 한다는 것이 일반적인 생각이다.

어떤 것이 눈에 보이려면 뭐가 필요할까? 눈에 보인다는 것은 물체가 빛에 의해 산란되었다는 뜻이다. 증기에 포함된 소체가 들어오는 빛을 산란시키기 때문에 커피 증기가 눈에 보이는 것, 즉 눈이 그 빛을 감지하는 것이다. 빛의 산란 정도는 소체의 크기에 따라 달라진다. 충분히 산란하기 위해서는 소체의 지름이 최소 입사광의 파장만큼 되거나 대략 0.5마이크로미터가 되어야 한다. 증기를 구성하는 각각의 소체는 수십억 개의 물 분자를 함유하게 된다.

그림 15.1
분절된 증기가 연속해서 올라간다. 간혹 가느다란 실 같은 증기도 솟아난다.

그러나 이것만으로는 부족하다. 그림 15.1을 보면 우리는 증기가 균일하게 피어오르지 않는다는 것을 알아차릴 수 있다. 일련의 '연기puff'가 연속적으로 올라온다. 커피 표면은 증기 연기를 한 번에 한 층씩 보내는 것처럼 보인다. 각 연기는 소체를 많이 포함하고 이 소체는 엄청난 수의 물 분자를 포함하고 있다. 따라서 커피 증기 분출에 따라 천문학적 숫자의 물 분자들이 피어오른다.

따뜻한 액체에서는 또한 가는 선 모양의 증기도 흘러나온다(그림 15.1의 오른쪽에 보이는 것과 같이). 이 증기는 끓는 물에서 막 꺼낸 스파게티 면처럼 부서지기 쉬워 보인다. 그렇지만 솟아오르는 동안에도 이들은 본래의 모습을 유지한다. 눈에 보일 뿐만 아니라 이러한 선 모양의 증기는 물을 포함한 소체의 묶음일 것이며 바로 그 때문에 빛을 산란시킨다.

이런 독특한 증기의 유형은 뜨거운 커피에서만 관찰되는 것은 아니다. 내 학생 중 하나는 아시아의 노천탕에서 비슷한 유형을 찾아내기도 했다. 따뜻한 물로부터 직접 피어오르는 증기의 연기는 바통을 전달해주듯 연달아 피어올랐다. 사실 이런 유형은 뜨거운 음료라면 어디에서고 흔히 관찰할 수 있다. 구름 같은 연기가 분절하여 연속해서 나오지만 시간의 간격에 따른 개별 연기 간의 연관성은 사실상 거의 없다.

일반적으로 액체는 한 번에 한 분자씩 증발시킨다고 알려졌다. 운동 에너지의 무작위적 '몰아내기'에 의해 표면 분자가 액체로부터 분리된다. 그러한 많은 수의 분자들은 위쪽의 차가운 공기와 만나 '응결되어' 눈에 보이는 연기가 된다. 하지만 공기 중에 흩어진 분자들이 어떻게 순식간에 응결될 수 있는지는 잘 모른다. 또 왜 분자들이 응결되면서 하나의 긴 연속적 연기를 만들지 못하고 불연속적인 연기를 만드는지도 설명하지 못한다.

이번 장에서 우리는 물의 본성에 관한 정보로부터 증발 과정을 다시 한 번 살펴볼 것이다. 우선 첫 번째로 따뜻한 액체로부터 나온 이 증기 안에 무엇이 있는지 해부해볼 것이다. 그 후 증기가 물에서 유래한 것이기 때문에 그 구름의 모양이 물의 구조적 형태를 반영하고 있는지 알아볼 것이다. 만약 그렇다면 왜 증기가 연속적으로 나오지 않고 분절적으로 나오게 되는지도 살펴보려고 한다. 마지막으로 증기가 흩어지고 난 뒤 이들 증기의 소체에서 무슨 일이 일어나는지 알아보자.

간단히 말해 증발의 기본적인 특성을 알아볼 것이다.

증기의 해부학

증기를 조사하기 위해 우리 실험실에서는 원자 레이저laser를 사용했다. 따뜻한 물이 담긴 용기 위에서 거의 닿을 듯 위치한 원자 램프의 빛이 프리즘을 통해 물 표면을 비춘다. 이를 통해 물에서 솟아오르는 증기를 동영상으

로 확인할 수 있다.[1]

대학원생이 사무실로 뛰어들어와 보여준 그 실험 결과에 나는 깜짝 놀랐다. 그가 보여준 동영상에서 발생하는 증기는(그림 15.1) 무정형이 아니었다. 수평으로 찍힌 횡단면은 뚜렷한 모자이크 형태를 보이고 있었다(그림 15.2). 고리 모양의 구조가 이웃하는 구조와 마주하면서 프레첼 모양의 모자이크를 만들어냈다. 나머지 공간은 증기가 없이 비어 있었다. **모자이크 경계면은 증발하고 있는 모든 물 분자를 포함하고 있었다.**

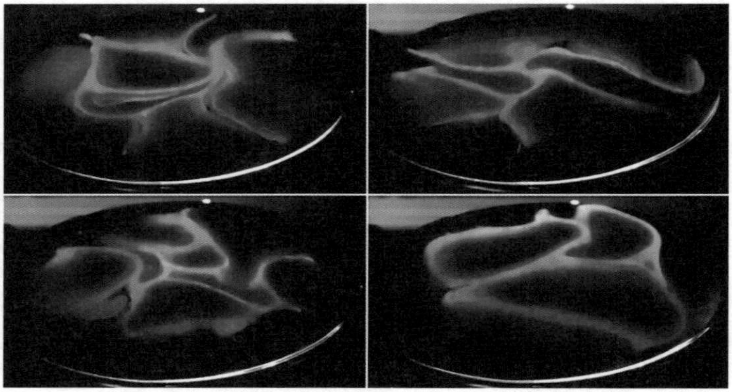

그림 15.2
따뜻한 물에서 증기가 오르는 모습. 흰색 고리는 소체의 농도가 높다는 뜻이다. 그래서 눈에 보인다.

비록 하나의 상에서는 모자이크들이 편평한 단일 구조를 보였지만 여러 개의 상을 연속적으로 겹쳐보자 상황이 달라졌다. 단일 구조의 프레첼 형태는 미묘한 변화를 보이며 1~2초 후 다중 구조 속으로 편입되었다. 그리고 그 프레첼은 사라졌다. 다음에 그와 완전히 다른 모양의 프레첼이 나타나 다시 1~2초 후 이전의 증기 구름을 따라 올라갔다.

이런 관찰 결과는 각 프레첼이 쌓이듯이 수직으로 확장된다는 것을 말해준다. 달리 말하면 증기 구름은 따뜻한 액체로부터 켜켜이 쌓인 튜브 다발이 수직으로 상승하는 것처럼 보였다.

돌고래 고리

증기와 비슷한 모양의 고리는 어디선가 본 적이 있는 듯하다. 날숨을 쉬는 고래가 만들어내는 것이다. 장난하듯 돌고래는 계속 고리를 만들어낸다. 흩어지면서 고리는 수많은 작은 소체로 부서진다.[2] 흥미롭고 매력적인 영상이다.

하지만 증기의 유형은 한 가지가 아니었다. 대류의 영향을 받은 튜브의 중층 구조는 위로 상승하며 불가피하게 일그러지게 된다. 멀리서 보면 그 구조는 형태가 없는 구름같이 보이겠지만 프레첼 구조의 빈 공간은 어두운 구멍처럼 보일 것이다(그림 15.1의 아래쪽 증기에서 어렴풋이 보인다).

이런 결과에 흥분한 우리는 아이들이 세상을 처음 경험했을 때처럼 스스로 계속해서 놀라운 것을 찾아가고 있었다. 마침내 우리가 찾아낸 것이다. 곧 우리는 튜브층들이 표면의 한정된 장소에서만 상승한다는 것을 알아냈다. 특정 장소에서 구름을 방출하거나 증기가 올라가지만 근접한 다른 장소에서는 아무 일도 생기지 않았다. 증기가 방출되는 장소는 시간에 따라 달라지겠지만 주어진 특정 범위 안에서 증기의 분출은 표면의 특정 장소에 한정된다.

이런 결과는 우리를 놀랍게 했다. 눈에 보이려면 증기는 충분한 크기의 소체를 포함해야 한다는 사실을 우리는 알고 있었다. 또한 소체의 구조에 대해서도 이해하고 있다(14장). 하지만 동영상은 그보다 더 많은 뭔가를 내포하고 있었다. 이 소체들이 자가 조직화되면서 큰 튜브를 만들어 물에서부터 빠져나오는 것처럼 보인다. 비록 튜브를 구성하는 매우 많은 소체들이 금방 흩어지기는 해도 이 튜브들은 서로를 붙잡은 채로 공기 중으로 올라올 수 있다.

튜브 모양의 증기가 위로 올라오는 것은 마술이 아니다. 증기의 유형은 물에서 직접 유래하는 것이기 때문에 물 또한 같은 유형의 구조를 가지고 있을 것이라 생각할 수 있다. 그것이 증기의 유형을 결정한다. 그렇다면 과연 물이 그런 유형을 지니고 있을까? 때로 우리는 단순히 호기심 때문에 서두른다.

액체 내 공간의 유형

따뜻한 물의 표면을 우리는 자주 본다. 그것은 완전히 편평하고 특별한 형태를 띠는 것처럼 보이지 않는다. 하지만 실험 결과는 그런 관찰과는 다른 내용을 얘기하고 있다. 예를 들어 따뜻한 물의 적외선 이미지는 증기에서 관찰했던 것과 비슷하게 고리 같은 모자이크 구조를 나타낸다. 그림 15.3은 한 예이다. 나중에(그림 15.11) 이 고리 모양의 튜브층 구조가 표면에서 물속까지 뻗어 있다는 증거를 제시할 것이다.

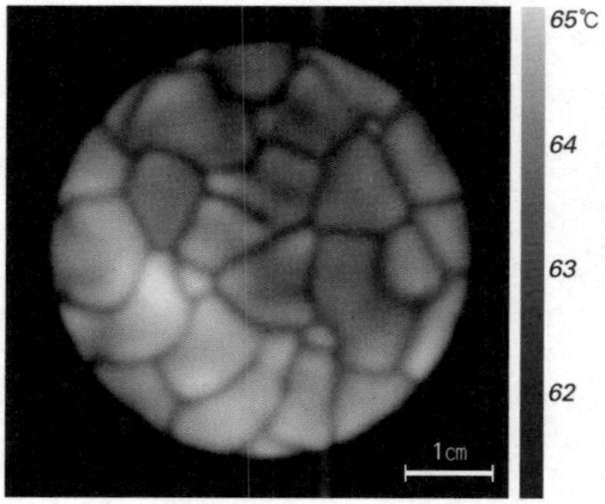

그림 15.3
따뜻한 물에서 솟아나는 증기를 적외선 카메라로 잡았다(위에서 본 모습). 온도 막대는 오른쪽에 있다.

물 표면의 어두운 경계면은 증기의 밝은 경계면과 일치한다(그림 15.2와 그림 15.3을 비교하라). 이들 두 경계면은 물을 포함한다. 만약 물속의 어두운 고리들이 어

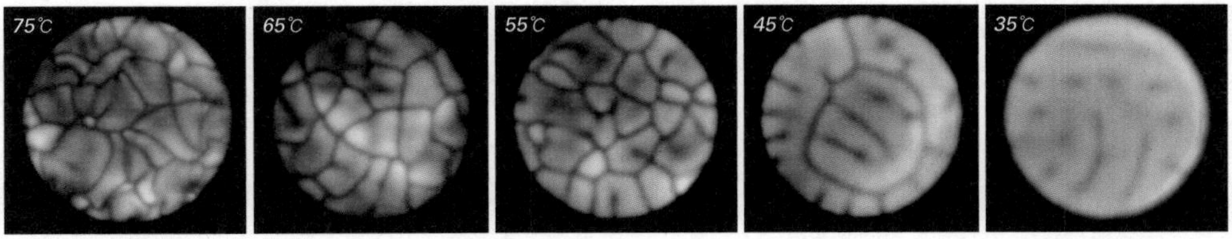

그림 15.4
각기 다른 온도에서 기록한 물 표면의 적외선 이미지.

떻게든 공기 위로 탈출한다면 그들은 우리가 관찰한 것처럼 증기 패턴을 만들 것이다. 물론 용기 내부 밑바닥의 물은 액체로 존재하지만 그 위의 구름은 증기이다. 이 차이도 우리는 설명해야 한다. 그럼에도 불구하고 물의 유형과 증기의 형태는 무시하기에는 너무나 비슷했다.

또한 우리는 상대적으로 작은 경계면 고리도 관찰했다(그림 15.3의 오른쪽 위). 만약 그런 작은 고리들이 액체를 탈출하려고 한다면, 그들은 스파게티 면처럼 가는 실 같은 형태를 만들 것이고 그것 또한 증기의 한 종류가 될 것이다(그림 15.1).

따라서 증기의 형태에서 엿보이는 구조적 특성은 물에서도 찾을 수 있다. 이런 일치는 넓은 영역의 온도 범위에서도 존재한다. 고온에서 액체 표면에 형성된 고리는 더 작고 더 역동적이고 숫자도 더 많았다(그림 15.4) 이런 특성은 수긍이 간다. 증발할 때 액체의 온도가 높으면 그 속도가 늘어날 것이고 따라서 보다 많은 소체가 물에서 벗어날 것이기 때문이다. 보다 역동적인 소체들이 물 내부에 존재한다는 의미이다. 따라서 증기와 물의 유형은 구조적으로 밀접한 상관관계가 있다.

물에서 모자이크 유형이 나타나는 까닭은?

물에서 모자이크 유형이 만들어지는 것은 무슨 까닭일까?

앞에서 얘기한 모자이크 유형은 적외선 카메라로 촬영했다. 이미지에서 어두운 부분은 적은 양의 적외선을 방출하는 곳이다. 경계면은 그들이 둘러싸고 있는 공간에 비해 적은 양의 적외선을 내놓는다. 따라서 경계면이 '더 차갑다'라고 말할 수도 있다.

사실 적외선 이미지를 일반적으로 해석하면 온도를 반영한다고 생각할 수 있다. 그림 15.3에서와 같이 카메라 제작자들이 온도 기준을 제공함으로써 이런 해석은 일반적인 것으로 받아들여진다. 이런 수치에 따르면 이미지상의 경계면의 온도는 섭씨 62도 근처이다. 반면 보다 밝은 내부 구역은 섭씨 64~65도 정도이다. 이런 기준이 주어지기 때문에 해석하기는 쉽다. 잠시 뒤에 다시 살펴보겠지만 그런 해석은 잘못된 것일 수도 있다.

그림 15.3과 그림 15.4에 나타난 유형은 레일리-버나드Rayleigh-Bénard 대류라는 것으로 사실 아는 사람들은 이미 다 알고 있는 것이었다. 이런 유형은 물뿐만 아니라 다른 종류의 액체에서도 관찰이 가능하다.[3]

사람들은 보통 이런 대류 현상이 급격한 온도의 기울기를 반영한다고 생각한다. 대략 이런 식이다. 용기의 바닥에서 가열된 물은 위쪽의 물보다 밀도가 낮다. 따라서 아래쪽 물이 위로 솟아오른다. 위쪽으로 솟구친 물이 증발해버리면 주변의 물 분자가 차가워진다. 증발은 냉각 과정이다. 차갑고 무거운 물은 곧바로 다시 아래로 내려온다. 하강은 모자이크 격자의 주변부에서 일어나기 때문에 차가운 계면(어두운) 고리가 형성되는 것이다. 따라서 전통적인 해석을 통해 레일리-버나드 대류 현상을 이해할 수 있다. 실제로도 물이 위아래로 움직이는 것을 관찰할 수 있다.

그렇지만 온도라는 모호한 개념을 생각하면(10장) 다르게 해석하지 못할 것도 없다. 질서에 기반해서 설명을 해보는 것이다. 보다 더 조직화된 계면의 물질은 그들이 둘러싸고 있는 공간에 비해 복사 에너지를 덜 내놓는다. 조직화된 공간에서 전하의 움직임이 제한되기 때문에 그것이 낮은 적외선 방출로 이어지는 것이다.

이런 생각을 뒷받침하는 결과가 있다. 그림 3.14에서 본 적외선 이미지를 떠올려보라. 배타 구역은 그것과 인접하고 있는 일반적인 물에 비해 어둡게 보인다. 조직화된 구조가 적외선 에너지를 적게 방출하기 때문이다. 여기서도 같은 원리를 적용할 수 있다. 모자이크 유형의 어두운 계면이 배타 구역 물질로 구성되었을 가능성을 배제할 수 없다. 이들은 결정에 가까운 액체이며 적외선을 적게 내놓는다.

그림 15.5
따뜻한 물의 모자이크 유형(위)과 컵 안의 따뜻한 물(아래). 일반 카메라로 촬영했다.

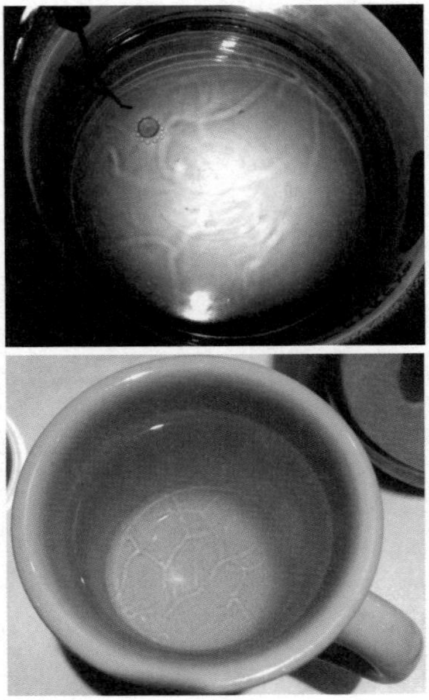

우리 예측의 타당성을 시험해보기 위해 우리가 접근한 방식은 매우 단순한 것이었다. 그것은 가시광선 영역에서 모자이크 유형을 관찰할 수 있느냐는 실험이다. 가시광선 카메라는 열적 특성이 아니라 광학적 특성에 의해 상을 잡는다. (사실 온도는 물의 광학 특성에 영향을 끼친다. 그러나 그 효과는 일정한 범위 내에서 무시할 만한 정도이다.) 어떤 경우든 우리가 맨눈 혹은 일반 카메라로 모자이크 유형을 볼 수 있다면 그것은 온도에 기초한 설명의 힘을 약화시킬 것이다. 반면 배타 구역 물질에 기초한 설명은 설득력을 얻는다.

그림 15.5는 가시광선하에서 잡힌 모자이크 유형이다. 적외선 카메라에 잡힌 상보다 선명하지는 않지만 그 유형은 눈으로도 보이고 일반 카메라에도 찍힌다.

그림 15.6에서는 모자이크 유형이 뚜렷하게 보인다. 냄비에서 끓고 있는 물을 저입사각의 가시광선으로 촬영한 것이다. 표면 소체에서 산란되는 빛의 차이가 대비된다. 밝은 구역과 어두운 장소에서 소체의 숫자는 분명 다를 것이다. 이 방식으로 얻은 모자이크 유형은 본질적으로 적외선 카메라로 찍은 이미지와 같다.[1]

그림 15.6
모자이크 유형의 저입사각 가시광선 이미지.

이상의 이미지에서 관찰되는 계면은 일반적인 물과 다른 물질로 구성되어 있을 것이다. 짐작할 만한 후보는 물론 배타 구역 물이다. 배타 구역의 광학적 특성은 최소한 두 가지 면에서 일반적인 물과는 다르다. 첫째, 빛의 흡수가 다르다.[4] 둘째, 굴절률이 다른데, 배타 구역의 굴절률이 일반적인 물보다 10퍼센트 더 높다.[5, 6] 이런 광학적 특성 때문에 배타 구역과 그렇지 않은 곳 사이에 시각적 대비가 생긴다.

배타 구역을 중심에 놓고 해석하는 것이 좀 더 그럴싸해 보인다. 그렇지만 뭔가 석연치 않은 것이 있다. 위아래의 흐름을 기억하는가? 고전적인 설명에서 이 흐름은 매우 중요한 요소였다. 그리고 관찰이 가능하다. 이것을 배타 구역과 연관 지어 설명할 수 없을까? 그렇다면 무엇이 그 흐름을 만들고 그 흐름의 역할은 무엇일까?

배타 구역 물질과 특징적인 흐름

수직적인 물의 흐름에 관한 정보를 모으면서 우리는 물을 포함하는 액체

그림 15.7
따뜻한 미소 수프에서 볼 수 있는 모자이크 유형.

에서 드러나는 모자이크 유형을 세심하게 들여다보았다. 음식물 입자를 뚜렷하게 볼 수 있었기 때문에 수프는 좋은 실험 재료였다. 그중 따뜻한 미소 수프는 특별히 더 좋았다. 앞에서 보았던 이미지와 거의 유사한 모자이크 계면을 볼 수 있었기 때문이었다(그림 15.7).

실험실에서 우리는 미소 수프 모자이크 유형을 관찰하는 데 한동안 몰두했다. 모든 구성원이 그것을 쳐다보고 있었다. 그러다 두 가지를 깨달았다. 하나는 계면이 그들이 둘러싼 공간에 비해 투명하다는 사실로, 그것은 그 계면이 수프 입자를 배제한다는 뜻이었다. 수프 입자들은 계면에 둘러싸인 공간에 머물러 있었다. 이런 배제 특성은 계면이 일종의 배타 구역 물질로 구성되었을 것이라는 확신을 갖게 했다.

또 하나는 수프 입자가 일정하게 흐른다는 점이었다. 계면의 중앙부에서 이들은 위로 솟아올랐고 계면 근처에서 아래로 내려갔다. 그 흐름은 목욕탕의 흐름을 닮았다. 눈으로 보기에 모자이크 계면은 이런 흐름과는 무관해 보였다. 그들은 단지 순환하고 있는 공간을 둘러싸고 있는 듯했다. 따라서 고전 이론이 얘기하고 있는 위아래 흐름은 실제로 존재하는 것이었다. 그렇지만 지금 우리가 얘기할 수 있는 것은 이러한 흐름이 **계면과는 무관하다는 사실이다.** '차갑고' 무거워 아래로 흐를 것이라던 그 계면은 사실 흐르지 않는다.

그림 15.8
우유(1퍼센트 지방)와 아몬드 우유를 합친 차가운 혼합물에서 볼 수 있는 모자이크 유형.

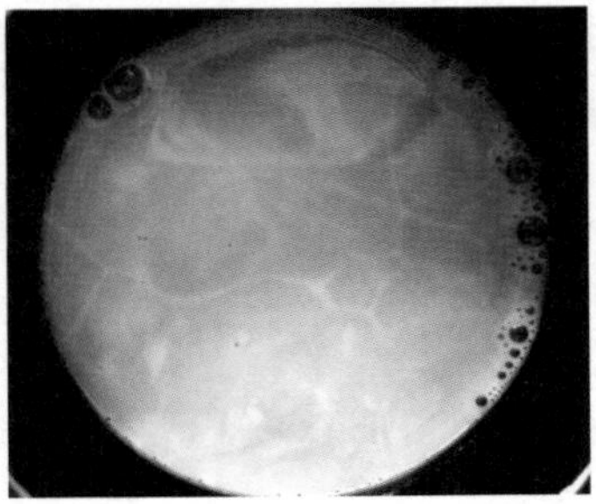

위아래 흐름이 없는 곳에서도 계면을 선명하게 관찰할 수 있다. 그림 15.8은 냉장고에서 갓 꺼낸 우유와 아몬드 우유를 반반 섞은 것이다. 이 유형은 극히 안정하다. 여러 번 반복해보아도 위아래 흐름은 없었다. 따라서 최소한 어떤 액상에서 위아래 흐름은 모자이크 형성의 필수적인 요건이 아닌 것이다. 흐름은 부차적인 것이고 특히 온도가 높을 때 쉽게 관찰된다.

다양한 액체를 관찰하면서 흡족하기도 했지만 이 현상을 이해하고 싶어 안달이 날 지경이었다. 모자이크 유형이 일차적이라면 흐름은 이차적이다. 게다가 계면이 투명하다는 사실은 그곳에 입자가 존재하지 않는다는 의미이다. 그렇다면 그 계면은 정말 물질을 배제할 수 있을까?

위아래 흐름이 모자이크 유형의 부차적인 현상이라 해도 빈번하게 관찰되기 때문에 그 중요성도 살펴보아야 한다. 특히 뜨거운 액체에서는 그 흐름이 활발해지고 증발 현상도 동반된다. 전체적인 과정에서 이 흐름이 어떤 역할을 할 것인지 알고 싶어졌다.

그렇지만 우선 모자이크 유형의 계면을 구성하는 배타 구역 물질의 정확한 본성을 확인해보자.

물 모자이크 계면의 구성

계면을 구성하는 물질의 한 가지 후보는 친수성 표면에 일반적으로 형성되는 표준 배타 구역이다. 이런 선택은 거의 본능적으로 이루어졌다. 그렇지만 표준적인 배타 구역 물질은 보통 우리가 보고 있는 것과 같은 커다란 고리 모양의 구조를 취하지 않는다. 그러니 지금은 이 선택을 약간 보류해두자.

두 번째는 모자이크가 기포의 모자이크와 같이 수많은 소체로 형성되었다고 생각하는 것이다. 배타 구역 껍질로 둘러싸인 소체는 '끼리끼리 끌림'에 의해 자가 조립하고 크기를 키운다. 망 구조를 갖기도 한다. 이런 망상

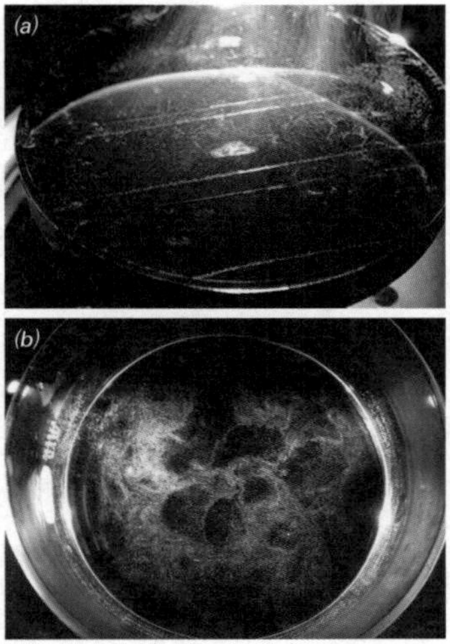

그림 15.9
초기의 모자이크 유형. (a) 따뜻한 물을 용기에 붓는다. 오른쪽 위를 자세히 보면 모자이크 고리가 개별 소체에서 비롯됨을 알 수 있다.
(b) 섭씨 60도의 수돗물을 깨끗한 사발에 붓는다. 사발 아래쪽 어두운 부분이 대비를 돕는다. 계면에 소체가 모여들어 쌓이지만 가운데 부위는 비어 있다.

구조도 물질을 배제할 수 있다. 이 구조를 만드는 데 필요한 재료도 많은 소체를 포함하고 있는 따뜻한 물에서 쉽게 얻을 수 있다(14장). 매우 뜨거운 물은 소체가 엄청나게 많다. 모자이크 유형을 쉽게 관측할 수 있는 조건이다. 따라서 소체가 유망한 후보 순위에 올랐다.

사실 개별 소체는 모자이크 안에서 구분이 가능하다. 그림 15.9a는 미지근한 물에서 모자이크가 형성되는 초기 단계를 보이고 있다. 개별 소체가 보이기 시작한다. 이들 소체는 그림 15.9b에서 확연하게 드러나는데 수돗물을 덥힌 것이다. 두 경우 고리 모양의 모자이크 계면은 이웃하는 소체로부터 형성된 듯 보인다.

앞에서 살펴본 것처럼 접촉하고 있는 소체는 수증기의 경계를 구성할 수 있다. 에어로졸 물방울이라고 흔히 부르는 이런 소체는 빛을 산란하기 때문에 공기 중에서도 관찰이 가능하다. 그림 15.10은 증기가 소체로 이루어졌다는 사실을 보여준다. 빛의 조건을 적당히 조절하면 우리는 증기의 계면을 구성하는 개별 소체를 볼 수 있다.

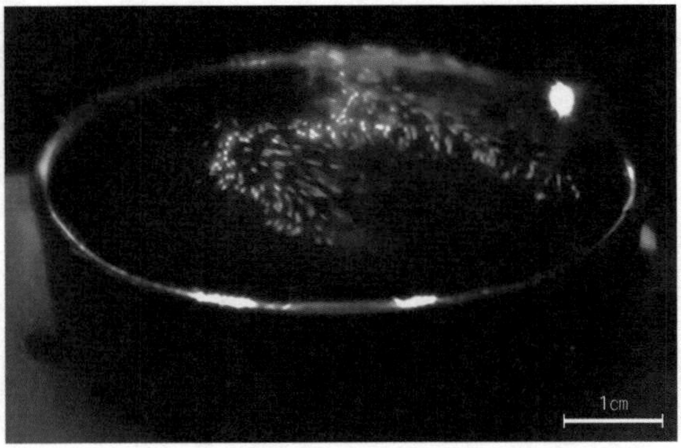

그림 15.10
따뜻한 물 위의 증기. 증기의 본성이 소체라는 것을 보여준다.

따라서 액체 혹은 증기 모자이크 고리는 비슷한 구조를 갖고 있다. 두 가지 모두 접촉하는 소체들이 고리 모양의 유형을 취하는 것이다. 물에서의 유형이 증기에서도 흡사하게 보인다는 것을 추론하기 위해 논리적인 비약이 따로 필요한 것도 아니다. 동영상은 이 추론을 직접적으로 웅변한다. 여기서 우리는 물 모자이크 계면에서 소체의 층이 올라와 증기 모자이크의 계면을 형성함을 알 수 있다.[1] 따라서 물 모자이크가 증기의 모자이크가 되는 것이다.

모자이크 하단 구조와 순환

그림 15.11
측면에서 비스듬히 바라본 따뜻한 물을 적외선 카메라에 담았다. 아래쪽으로 돌출된 부위가 뚜렷하다.

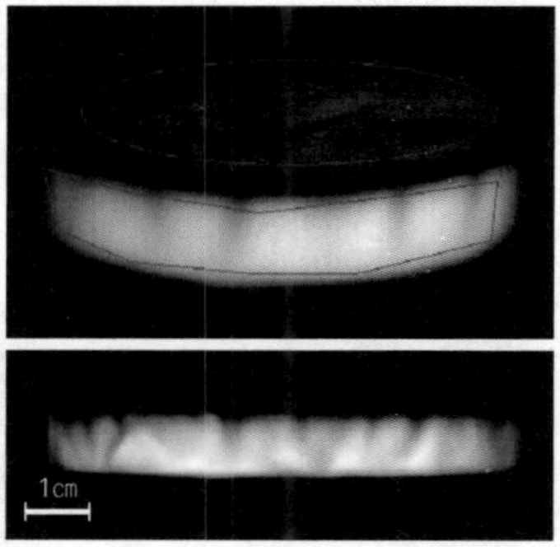

증발하는 증기는 수직 방향으로도 확산된다. 마치 관이 올라가는 형태를 갖는다. 만약 증기 모자이크가 물 모자이크에서 유래한 것이라면 물 모자이크도 수직 방향으로 확장될 수 있을 것이다. 그렇다면 하나의 구조에서 다른 구조로 쉽게 변환이 가능해진다. 다시 말하면 물 모자이크는 표면 아래까지 확장될 수 있다. 그림 15.11은 이런 기대가 틀리지 않음을 보여주고 있다. 물 모자이크 어두운 계면의 선이 표면에서 아래로 내려와 물속에서 관 모자이크 구조를 형성하고 있다. 증기에서와 마찬가지다.

이러한 수직 방향의 선들은 매우 역동적이다. 빠르게 증발하고 있는 물에서 그들은 구부러지기도 하고 아래쪽을 향해 구부러지기도 한다. 선의 아래쪽은 위쪽에 비해 움직임이 비교적 자유롭다. 뭔가가 계속해서 진행되고 있다. 동영상에서 몇 가지 도움을 얻었다. 수없이 많은 물질이 끊임없

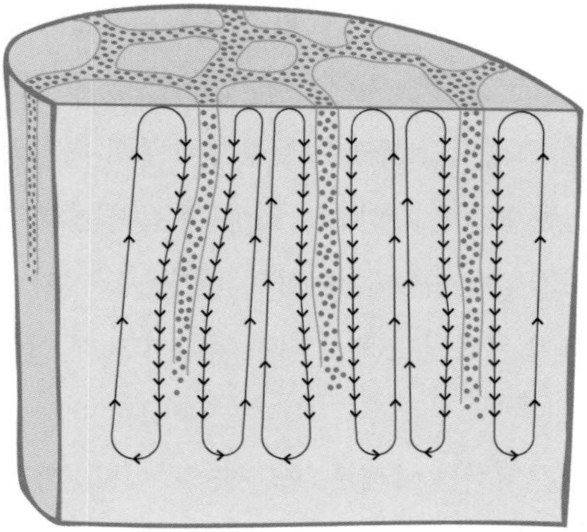

그림 15.12
따뜻한 물에서 볼 수 있는 순환적 흐름. 내려가는 흐름은 모자이크 계면에서 더 활발하다.

이 이 수직 방향의 선을 따라 아래로 흘러내리고 있었다.

아래쪽으로 움직이고 있는 물질들은 확실히 소체 형태였다. 우리는 순수한 물만을 사용했기 때문에 어떤 종류의 물이 분명 아래로 향해 움직이는 물질의 재료가 되어야만 한다. 뜨거운 물에 다량으로 존재하는 소체들이 현실적인 후보자이다. 그렇다면 소체가 계면을 따라 격렬하게 아래로 움직이는 것이 거의 확실한 것 같다.

이제 우리는 미소 수프에서 관찰했던 소체 흐름의 정체를(그림 15.12) 추론할 수 있다. 우리가 관찰했던 것은 계면에 둘러싸인 모자이크 고리 중앙에서 위로 솟구치는 흐름 그리고 계면 주위에서 아래로 내려가는 흐름이었다. 순수한 물에서도 이와 유사한 형태로 위아래 움직임이 있을 것이다. 용기의 바닥 근처 따뜻한 물에서 기원한 소체는(14장) 위로 흐르는 방향에 몸을 맡길 것이다. 강한 적외선 에너지를 받으면 이들 소체 내부의 액체가 수증기가 되고 밀도가 떨어지면서 오히려 흐름을 **주도할** 수도 있을 것이다. 이러한 기포와 비슷한 소체가 위로 올라야 한다. 사실 솟아오르는 소체는 눈에 뜨일 정도로 모자이크 격자 중간 부위에 모여든다. 미소 수프에서 쉽게 볼 수 있는 마치 완만하게 솟은 언덕 같은 모습이다.

표면까지 올라가면 소체는 어디론가 가야 한다. 공기 중으로 증발하는 것도 한 방법이다. 그렇지만 모자이크 격자 내부가 아니라 계면에서만 증발하는 증기의 행동 양상을 감안하면 그럴 것 같지는 않다. 표면까지 올라간 소체가 증발하지 않는 이유는 아마도 차가운 공기와 맞닿기 때문일지도 모르겠다. 액체가 채워진 소체로 다시 돌아가면 더 이상 비상하지 못하게 된다.

그래서 또 다른 선택지는 아래로 내려가는 것이다. '끼리끼리 끌림'에 의해 계면으로 끌려가는 소체는 방사형으로 움직일 것이다. 계면에 닿으면 이들은 이제 아래로 내려갈 것이고 그 뒤를 따르는 또 다른 소체들이 계속해서 등을 떠밀 것이다. 이렇게 아래로 내려가는 움직임은 계면의 벽을 따라 일어난다. 바로 미소 수프에서 볼 수 있는 일이다. 이미지를 보면 계면에 끌려 그 근처로 몰려드는 소체들을 뚜렷하게 볼 수 있다.

아래로 내려가는 소체가 결정적인 역할을 한다. 이들이 **소체 모자이크를 재충전하기 때문이다.** 기존의 모자이크 물질은 증기 형태로 끊임없이 소진되기 때문에 새롭게 대체되어야 한다. '끼리끼리 끌림'에 의해 아래로 내려간 소체가 바로 이런 역할을 도맡는다. 그들은 이미 존재하고 있는 소체의 벽에 들러붙는다. 이렇게 충전이 제대로 이루어지면 모자이크 형태는 스스로 유지되고 증발 현상도 단절되지 않고 지속된다. 모자이크 연결망이 유지되기 위해서 이런 흐름은 필수적이다.

에너지 측면에서도 위아래 움직임은 무리가 없다. 처음에는 복사 에너지를 받아들이기 때문에 물이 따뜻해진다. 흡수한 에너지가 물과 주변 환경과의 평형을 깨뜨리면 평형을 되찾기 위해 물은 그 에너지를 잃어야 한다. 달리 말하면 물은 다시 복사 에너지를 내놓거나 아니면 뭔가 일을 해야 한다. 흐름은 두 가지 역할을 다 하는 것이다. 물 분자는 분자 마찰을 극복하고 흐름으로써 일을 한다. 에너지가 소모되는 과정이고 그 결과는 흐름이다. 또 이 흐름은 복사 에너지를 내놓고 대전된 소체가 더 빨리 움직이게 만든다. 물속에서 소체가 위로 뜨는 것이다. 과도하게 유입된 에너지를 내놓은 과정이 이런 수직적 흐름으로 나타난다. 즉, 여기서 물은 에너지 전달자 역할을 하는 것이다(7장).

이상의 얘기는 두 가지로 정리될 것이다. 첫째, 증기 모자이크처럼 물 모자이크도 삼차원 구조이다. 둘 다 수직으로 뚫린 관을 여러 개 가진 형태를 취한다. 둘째, 물 모자이크의 관은 재생된다. 관 복합체는 위로 솟아 증기가 되고 모자이크 벽을 따라 아래로 내려오는 소체가 모자이크 벽 복합체를 재충전한다. 충전이 끊이지 않는 한 증발도 계속된다.

증발 현상

그렇다면 무엇이 증기를 솟아오르게 하는 것일까?

이 질문은 내 마음속에서 보다 큰 질문으로 발전했다. 어떤 에너지가 증발을 촉진하는 것일까? 가열하거나 햇빛을 받으면 빠르게 물이 증발하기 때문에 얼른 떠오르는 가능한 후보는 복사 에너지이다. 앞 장에서 얘기한 물질들이 설득력 있는 주인공이 될 것이다. 복사 에너지가 소체의 배타 구역을 형성한다. 배타 구역은 소체 내부에 양성자를 방출한다. 소체 내부의 압력이 증가하면서 이 소체가 팽창한다. 이때 소체를 채우고 있던 물방울이 수증기로 변화한다. 수증기를 채운 소체가 증발하는 것이다. 따라서 복사 에너지가 증발을 추동하는 것이다.

그렇지만 왜 소체는 공기 중으로 증발될까? 수증기가 채워진 소체는 물을 가진 소체보다 훨씬 밀도가 낮다. 아마 그 낮은 밀도 때문에 증발할 것이다. 그러나 소체가 껍질을 가지고 있기 때문에 낮은 밀도가 이야기의 전부는 아니다. 이 껍질은 밀도가 높은 배타 구역 물질로 구성되어 있다. 일반적인 물보다도 밀도가 더 높다. 껍질과 내부의 질량비에 따라 달라지기는 하겠지만 일반적으로 소체는 공기보다 밀도가 높다. 소체가 위로 증발하려면 단순히 밀도가 줄어들었다는 것 이상의 뭔가가 있어야만 한다.

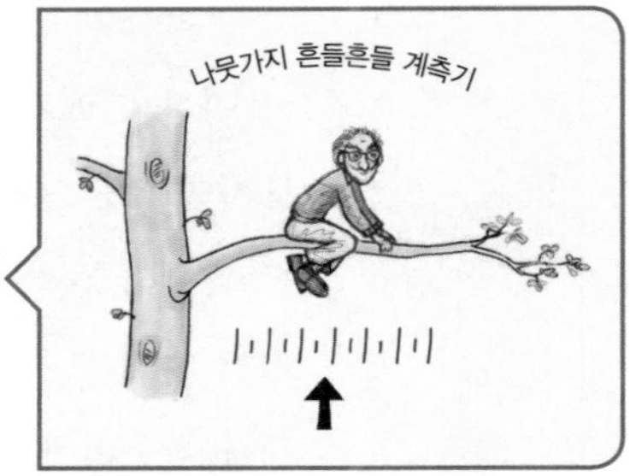

위를 향한 추진력은 바로 전하일 것이다. 잠깐 곁가지로 빠져보자.

증발하는 소체는 대기 중으로 높이 올라간다. 에어로졸 물방울이라고도 불리는 증발 소체는 응결되어 궁극적으로 구름이 된다. 물을 포함하고 있는 이들 구름은 매우 무겁다. 대기과학자들은 이들의 무게를 킬로그램 대신 보다 쉬운 단위를 사용한다. 바로 코끼리다. 커다란 적란운에 들어 있는 전체 에어로졸 물방울의 무게는 1,500만 마리의 코끼리 정도이다. 이렇게 많은 수의 코끼리가 구름 위에 떠 있는 것이다(좋은 우산이 필요한 정당한 이유이다).

거대한 양의 물은 마침내 지구로 떨어진다. 비가 내리는 것이다. 구름 속의 소체는 아래로 내려오거나 아니거나 둘 중 하나의 길을 걷는다. 물을 하늘에 떠 있게 하는, 위를 향한 힘이 어떤 식으로든 줄어들어야 비가 내린다. 물에서 소체를 뜨게 하는 힘과 이 힘이 동일한 것이라면 어떨까?

위로 향하게 하는 이 힘은 전하에 기초한 정전기력일 것이다. 우리는 소체가 음의 순 전하를 가진다는 것을 알고 있다(14장). 음전하만으로 소체가 뜬다는 것을 다 설명하지는 못한다. 그렇지만 지각도 마찬가지로 음으로

그림 15.13
음으로 대전된 소체가 역시 음으로 대전된 지각으로부터 반발력을 얻는다.

대전되어 있다(9장). 지구가 가진 음전하가 반발력을 갖고 소체를 뜨게 한다. 이렇게 위로 향하는 힘이 증발을 가능하게 하는 것이다(그림 15.13).

정전기적 상승에 의해 뜨는 현상은 폭포에서 익숙하게 관찰할 수 있다. 아래로 떨어지는 물은 물방울 안개를 만들고 구름을 형성한다. 이 구름은 폭포의 위까지 **솟구쳐** 오른다(그림 15.14). 역학적으로 보았을 때 애초 그들이 기원했던 장소에서 물방울 소체가 그렇게 높이까지 솟아오를 수 없기 때문에 뭔가 다른 힘이 투입되어야만 한다. 바로 정전기적 반발력이다. 물방울이 음전하를 갖기 때문에 생긴 위로 향하는 힘은 사실 코끼리 무게의 구름이 떠받치는 힘과 같다. 그리고 아마도 관 모양의 구조를 위로 올리는 힘과도 같을 것이다. 위로 뜨기 위해서라면 관 구조가 단순히 음전하를 갖는 것으로도 충분하다.

그림 15.14
나이아가라 폭포.[7] 물방울 구름이 높이까지 솟아올랐다.

전하에 기초한 원리에 따라 하늘에 덩그러니 떠 있는 구름을 설명할 수 있다. 모자이크 관도 음전하를 갖는다. 관을 구성하는 소체가 음전하를 띠기 때문이다. 소체 사이에 있는 양성자가 소체의 전기 음성도를 조금 누그러뜨린다. 그렇지만 '끼리끼리 끌림'에 의한 접합자 수가 그리 많지 않기 때문에 양전하의 양이 많다고 볼 수는 없다. 따라서 이 관의 순 전하는 음성을 유지한다. 여러 개의 소체가 모이면 음성도가 늘어나고 내부 반발력이 증가한다. 이 내부 반발력이 일정 한계를 벗어나면 관 구조는 약한 부위를 말 그대로 끊어낸다. 위쪽 부분이 위로 올라간다. 아래쪽에 있는 음전하와의 반발력 때문이지만 궁극적으로 그것은 지각에서 유래하는 것이다.

전하에 기초한 과정이 푸른 하늘의 구름 한 뙈기를 만드는 것이다. 이 과정은 그리 순탄하게 진행되지는 않는다. 모자이크 격자의 불안정성이 파괴된 결과이기 때문이다. 또 이 과정은 반복적으로 일어난다. 따라서 연기가 계속해서 솟아오를 수 있는 것이다. 커피 잔에서 퍼지며 솟아오르는 연기를 보라.

증발 주기의 완성

커피에서 시작한 증기 구름은 곧 사라진다. 공기 중에서 사라지는 것이다. 어떻게 왜 그런 일이 생길까? 그다음에 일어나는 일은 무엇일까?

증기 구름이 없어지는 이유로는 두 가지를 들 수 있다. 서로 결합하고 있던 소체가 분열하는 것이다. 혹은 소체 자체가 깨지는 것이다. 물리적인 추론이 어렵기는 하지만 소체의 파괴가 아마도 원인일 것이다. 그러나 소체를 붙들고 있던 접착제 양성자가 공기 중으로 쉽게 분산되기 때문에 소체 복합체의 분열도 또한 가능할 것이다. 그렇다면 소체는 원형을 유지한 채

소체의 전하와 켈빈의 낙숫물

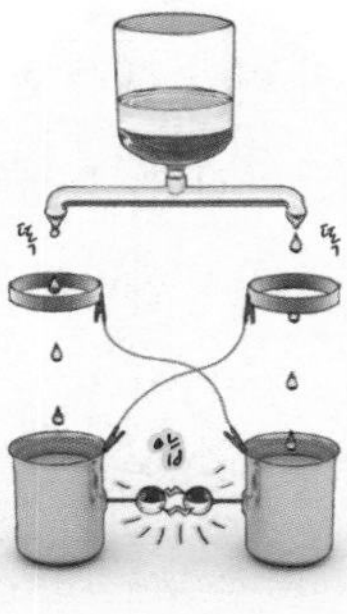

얍! 똑같은 물이 채워진 두 개의 금속 용기 사이에서 전기가 방출된다. 이상한 일이다. 그렇지만 켈빈의 낙숫물 장치는 그 사실을 증언한다(1장).

또 전기가 방출된다는 사실은 다름 아니라 떨어지는 물방울이 전하를 가지고 있다는 증거이다.

이제 어떻게 전기가 생겨날 수 있는지 보자. 예를 들어 첫 번째 물방울이 적기는 하지만 음성의 순 전하를 가지고 있다고 가정하자. 이 물방울이 왼편 물통에 떨어지면 이 물통은 음전하를 약간 갖게 된다.

켈빈의 실험 장치는 물통과 고리가 모두 금속이었다. 금속은 전기 전도도가 좋다. 왼쪽 물통이 음전하를 가지면 오른쪽 고리도 음으로 대전된다(그림을 보라). 오른쪽 고리의 음전하는(아마도 이것이 핵심이겠지만) 위에서 떨어지고 있는 물방울이 양은 같지만 반대의 전하를 띠도록 유도한다. (반대 전하의 유도는 정전기학의 기초이다.) 이제 떨어진 물은 양으로 대전되었을 것이다. 오른쪽 물통이 소량의 양전하를 갖게 되었다는 의미이다.

마찬가지로 오른쪽 물통은 왼쪽 고리를 양으로 대전시키고 이들은 다시 물방울을 음으로 대전시킨다. 왼쪽 물통에는 음전하가 쌓이게 된다.

따라서 왼쪽으로 떨어지는 모든 물방울은 음전하를 가지고 오른쪽 물통은 반대로 양전하를 갖는다. 물통에 충분한 양의 전하가 축적되면 고리를 통한 유도 효과도 증폭된다. 결국 물통은 전하로 꽉 차고 두 개의 물통을 연결한 선을 따라 전기를 생성한다.

전기의 발생도 인상적이지만 물방울의 역동적인 행동은 다른 식견을 제공하기도 한다. 전하의 증가를 감지한 물방울이 슬슬 물통을 벗어나기 시작한다. 심지어는 튀어 오르기도 한다. 그러나 대부분은 물통을 벗어나 버린다(아래 사진을 보라). 전하의 효과가 중력을 거스르게 하는 것이다.

이 결과는 뜨거운 물에서 소체가 위로 오르는 현상이 정전기적으로 이루어질 수 있다는 사실을 암시한다. 전기적 힘이 물방울을 위로 올릴 수도 있는 것이다.

켈빈 장치 물통으로 떨어지는 물방울을 붉은빛으로 비추었다. 물통 안에 물이 충분한 양의 전하를 얻으면 떨어지는 물방울을 아예 위쪽으로 밀쳐낸다.

흩어질 것이다.

이렇게 자유롭게 된 소체들은 분산되어야 한다. 눈에 잘 뜨이지 않는 것이다. 개별 소체가 따로 존재하면 빛은 산란할 수 없기 때문이다. 또 분산되고 있는 소체 사이에서 산란된 빛이 우리의 감각 한계를 벗어나기도 한다. 그러나 습한 여름날이라면 상황은 달라진다. 소체의 농도가 무척 높기 때문에 빛을 산란한다. 그것이 바로 안개이다. 산란된 빛 때문에 먼 거리까지 보이지 않는다. 구름 사이로 뭔가 보려는 격이다.

이야기할 것이 하나 더 있다. 흩어진 소체가 쉽게 구름이 된다는 사실이다. 단순히 소체가 모이기만 하면 된다(따뜻한 물에서 볼 수 있다). 이 과정은 복잡하지 않다. 약간의 양전하가 있으면 충분하다. 다른 기회를 빌려 자세한 과정을 설명하기로 하고 여기서는 이 정도로만 얘기하겠다.

어떤 연속성을 제공하는 역할을 소체가 도맡는다. 애초 물에서 만들어진 소체는 결국 수증기가 된다. 이들은 분산되어 구름을 만든다. 또 다른 것들과 합쳐져 빗방울로 변하기도 한다. 땅으로 내려온 소체는 비로소 자신의 주기를 완성한다. 소체의 역동성은 물 주기의 핵심 요소이다. 따라서 모든 기후 현상에서도 주인공인 셈이다.

방충망과 공기의 흐름

이쯤해서 이 장을 정리하고 싶은 생각이 굴뚝같지만 소체가 공기 중에서 확산될 때 어떤 일이 생길지 잠시만 살펴보자. 이들 소체 일부는 최종적으로 구름이 될 운명이나 짐작하다시피 다른 모든 소체들은 공기 중에 떠돌아다닌다. 아이들이 갖고 놀다 놓친 풍선처럼 정처 없이 떠다닌다.

상상하기는 쉽지만 그러나 소체가 자유롭게 떠다닌다는 각본은 그리 현실적이지 못하다. 최소한 두 가지 이유 때문이다. 분명 소체와 공기 간의 어떤 상호작용이 있을 것이다. 첫째, 하나의 소체는 대전되어 있다. 불가피하게 이들 소체는 인력에 굴복할 것이고 반대 전하를 찾아다니게 된다. 공기 중에는 반대 하전을 띤 물질이 엄청나게 많다. 둘째, 공기 분자들도 서로서로 연결망을 형성하는 것 같다. 여기에는 물론 하전된 소체도 포함된다. 이 두 번째 가능성을 곧 살펴볼 것이다. 왜냐하면 그 연결망은 예상 밖의 것이기 때문이다.

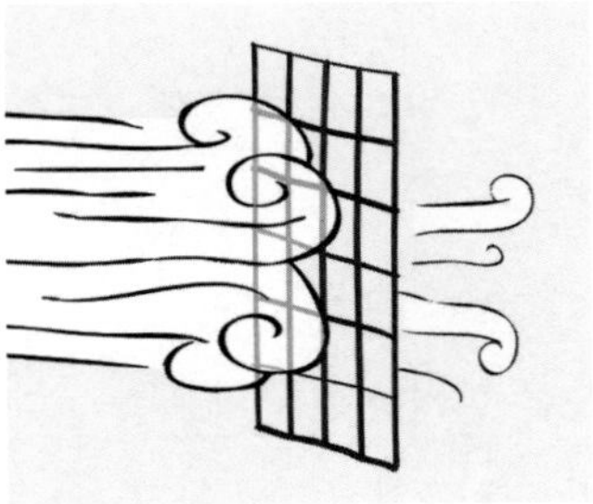

그림 15.15
방충망은 예상보다 훨씬 더 공기의 흐름을 막는다.

이 연결망을 확인하기 위해 다음과 같은 실험을 해보자(그림 15.15). 습한 날 기분 좋은 바람이 창을 넘어 방안으로 불어온다. 이제 창틀에 방충망을 껴보자. 그러면 바람의 속도가 현저하게 줄어듦을 느끼게 된다. 주변의 동료들도 다 그렇게 느꼈다고 말했다. 집에서 실험해 보아도 속도가 줄어듦을 알게 된다. 대충 감으로 계산해도 그 속도가 반 이상 줄어든다. 우리는 방충망 자체가 공기의 흐름을 부분적으로 막을 것이라고 생각한다. 그렇지만 방충망 재질이 차지하는 공간은 전체의 10~15퍼센트에 지나지 않는다. 그게 전부가 아니라는 말이다. 뭔가가 작동하기 때문에 바람의 속도가 현저하게 줄어드는 것이다.

이 각본을 보다 정량적인 관점에서 살펴보자. 개별 공기 분자의 크기는 나노미터 수준이다. 그러나 방충망의 구멍들은 밀리미터 단위이다. 크기의 비는 100만 배가 넘는다.

이 규모의 차이를 살펴보기 위해 방충망의 열린 구멍 하나의 크기가 산만하다고 상상해보자. 직사각형 모양의 구멍 하나만 떼내서 수직으로 세워놓았다고 치자(그림 15.16). 이 열린 공간을 향해 골프공을 친다고 상상해

그림 15.16
방충망을 은유적으로 표현한 그림. 이들이 포괄하는 영역은 엄청나게 넓지만 골프공이 통과하지 못하게 차단할 수 있다.

보자. 이때 직사각형 네 변에 해당하는 경계면이 골프공의 속도를 현저하게 떨어뜨리지만 만약 그 네 변을 없애버리면 골프공의 속도가 정상으로 돌아온다? 말도 안 되는 소리다. 방충망을 통과하는 공기도 이와 다를 것이 없다. 크기의 비가 비슷하기 때문이다.

난류와 소용돌이도 흐름의 속도를 줄이는 데 어떤 역할을 할 것이다. 그러나 이런 것들로 설명하기에는 줄어드는 속도의 폭이 너무 크다. 뭔가 다른 것이 있어야 한다. 공상 같은 가설 하나를 얘기해보자. 공기 분자가 서로 연결되어 느슨한 망을 형성한다고 가정하자. 그렇다면 이들 분자들이 방충망에 걸릴 확률이 커지고 다른 분자들의 속도도 함께 줄어들 것이다.

물론 이론적으로는 공기 분자가 서로 결합하면 안 된다. 분자 간 독립성이 기체의 존재 가치를 결정하기 때문이다. 아무리 양보한다 해도 이상 기체는 독립적으로 행동해야만 한다. 그러나 어쨌든 방충망 결과는 설명이 따로 필요하다. 이론적으로 독립적인 분자들끼리 서로 결합할 수 있는지는 검토해보아야 한다. 증발된 어떤 실체가 그런 결합을 가능하게 하지는 않을까?

공기끼리의 연결?

증발하는 실체는 소체와 거기서 유래한 양성자 접착제이다. 만약 소체가 확산되면 양성자도 따라서 확산될 것이다. 처음에 이 양성자는 매력적인 접착제로 생각되었다. 이 양전하는 전기적 음성인 공기 중의 질소, 산소를 연결할 수 있을 것이다. 그럴싸해 보이기는 했지만 양성자는 단지 분자쌍을 만들 수 있을 뿐이었다. 그것만으로는 충분치 않다. 그렇지만 방충망 결과에 따르면 공기 성분들은 광범위하게 연결되어 있어야 한다.

양성자 연결 고리의 가능성을 생각하지 않았다면 결코 떠오르지 않았을 오래전의 역설이 뇌리를 스쳐 지나갔다. 이 역설은 질소와 산소의 비율이 일정하다는 것이었다. 부피로 보았을 때 마른 공기는 78.09퍼센트가 질소이고 20.95퍼센트는 산소이다. 따라서 비율은 3.727이다. 아르곤이나 이산화탄소와 같은 미량의 기체들은 장소와 시간에 따라 그 농도가 달라지지만 산소와 질소의 비율은 고집스러울 정도로 일정하다. 정확히 네 자리 수가 완벽할 정도로 유지된다.[8]

이런 일관성은 어디에서나 유지되는 것 같다. 도시나 농촌, 산꼭대기, 사막 그리고 바다에서도 마찬가지다. 아마존의 밀림에 비해 광합성이 공급하는 산소가 현저히 부족할 것으로 생각되는 겨울의 시베리아에서도 그 비율은 정확하다. 사실 그 비율이 너무 정확해서 대기과학자들은 첨단 기법을 이용해 유효숫자 네 자리를 넘어 다섯 번째 자리를 찾으려고 분투하고 있을 정도다. 성공한다면 산소 농도의 미세한 차이를 찾아낼지도 모른다.

전체적인 대기의 농도에 비해 이들 기체의 전 지구적 순환이 매우 일정하게 일어난다면 이런 일관성을 설명할 수 있을지 모르겠다. 그렇다면 산소를 생성하는 지구상 식물계의 중요성이 과대 포장 되었을 수도 있다. 가능할 수도 있지만 현재 우리가 이해하는 것, 즉 식물이 대기 중 산소의 유일한 **기원**이라는 사실을 증명하기는 쉽지 않다.

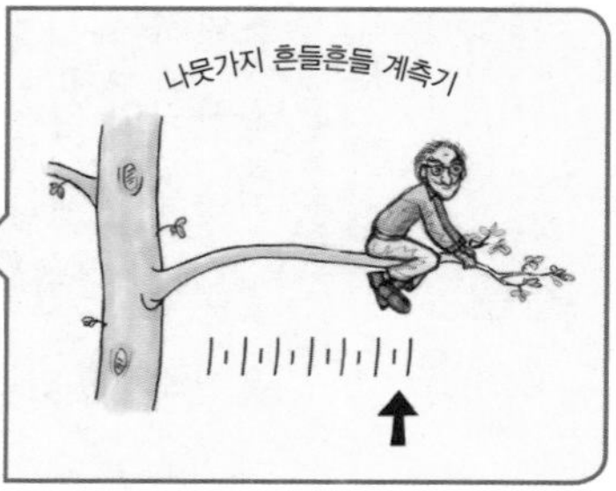

너무 많이 가는 경향이 없지는 않지만 또 다른 가능성을 생각해볼 수도 있다. 바로 질소와 산소가 화학량론적으로 결합하고 있을 수 있다는 것이다. 일정한 비율로 복합체를 형성하는 경우이다. 이런 종류의 물질로는 기체 포접화합물gas clathrate이 있다. 여기에는 전형적으로 고정된 숫자의 기체가 물 안에 붙들려 있다. 여기서는 복합체가 일정한 수의 질소와 산소로 구성되어야 할 것이다. 전기 음성도가 큰 물질을 양전하인 양성자가 붙들고 있는 모양이다.

몇 개의 분자가 들어찰 수 있을까?

보통 기체 포접화합물은 수십 개의 기체 분자까지 포함할 수 있다. 공기 중에서 질소와 산소의 부피 비율은 얼추 4:1이다. 만약 분자의 비율이 정확

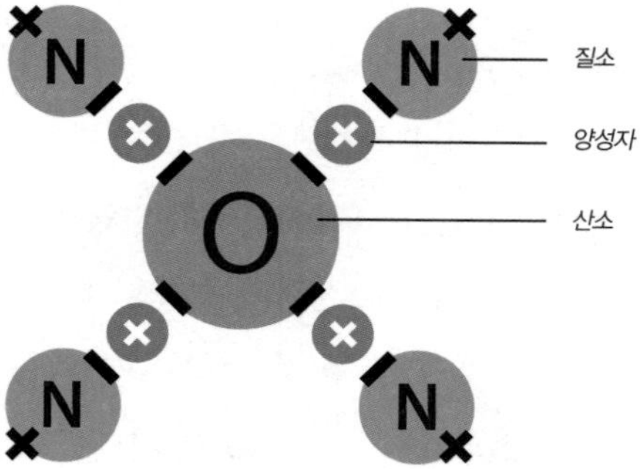

그림 15.17
가능한 가스 분자 간 결합을 단순하게 그렸다(원소의 크기는 무시하라). 산소와 질소의 전기적 음성 부위에 양성자가 끼어들 것이다. 그림에서 보듯 이런 화학량론적 관계가 성립된다. 그렇지만 이 구조와 결부되는 원소의 수는 훨씬 많을 것이다.

히 4:1이라면 이 포접화합물은 다섯 개의 분자를 포함한다(그림 15.17). 이것이 하나의 비율이다. 그러나 다른 정수비를 취하면 배열이 다르고 보다 많은 분자를 포함시킬 수도 있다. 그렇지만 얘기의 핵심 사항은 변치 않는다. 바로 질소와 산소가 화학량론적으로 결합하고 있다는 점이다.

게다가 이런 복합체를 형성할 가능성이 높으면 공기 중의 산소와 질소는 거의 전부가 이런 방식으로 존재할 것이다. 앞에서 얘기했듯 공간이나 시간이 변해도 이 비율이 변하지 않을 가능성이 높아진다.

포접화합물 가설은 공기 중 양전하의 역할을 규정하는 데 편리한 점이 있다. 과학자들은 이런 양전하를 알지만 그것이 어디에서 왔는지는 잘 모른다. 아마도 이 양전하는 증발하면서 자유롭게 된 양성자일 것이다. 양성자가 접착제로 작용하면서 분자 간 결합을 촉진하고 기체의 비율을 일정하게 유지하는 것이다.

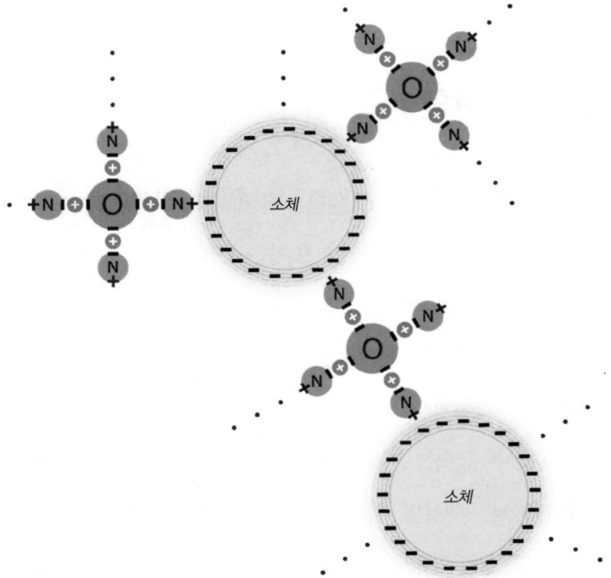

그림 15.18
소체가 산소-질소 복합체와 느슨하게 결합하여 연속적인 구조를 만들어낼 것이다.

이 문제는 해결했지만 이 양성자로는 우리가 제기한 질문을 설명할 수 없다. 기체 간 장거리 연결망 말이다. 여기에서 증발하는 실체, 즉 소체가 어떤 역할을 할 것이다. 음으로 대전된 소체들은 언제나 양전하를 찾아다닌다. 가장 풍부한 양전하는 포접화합물 바깥쪽에 도드라진 질소의 한쪽 부분이다(그림 15.17). 음성인 소체는 이 양전하 부위에 결합하여 확장된 연결망을 만들기 시작한다(그림 15.18).

이런 연결망이 가능한지 알아보려면 심도 있는 실험을 해보아야 하겠지만 이 가설을 써서 벌레를 막는 방충망의 결과를 해석할 수 있다. 이런 연결은 너무 약해서 일반적인 관측법의 측정 범위를 벗어나겠지만 만일 그 힘이 충분하다면 사람들이 왜 습한 날씨를 '두텁다'거나 '무겁다'라고 얘기하는지 설명할 수도 있을 것이다. 많은 소체가 연결되어 있기 때문에 습한 날에는 공기의 흐름이 느려지는 것도 이해가 간다.

대기의 전도도와 마찰

방충망 속도 문제를 해결하는 것과는 별도로 앞에서 얘기한 연결망 가설은 역설적이지만 서로 상관이 없어 보이는 두 가지 현상을 설명할 수도 있을 것 같다. 첫 번째 것은 대기를 통해 높은 효율로 라디오파를 전달할 수 있다는 사실이다.

어렸을 때 나는 호주에서 만들어진 라디오파가 어떻게 브루클린에 도착할 수 있을까 궁금해했다. 그렇게 멀리서 온 신호를 내 라디오나 이웃집 친구 라디오가 잡아낸다. 어떤 식이든 지구 반대편에서 방출된 복사 에너지가 국지적으로 대기를 채우는 것이다. 라디오파가 여러 차례 튀어 올라 전리층과 지구 사이를 오간다 해도 그것이 어떻게 그렇게 무한대의 거리를 여행할 수 있는지 도저히 이해할 수 없었다.

구식이긴 했지만 내 광석 라디오♠는 거의 완벽했다. 먼 거리에서 온 신호들도 잘 잡아냈다. 그렇지만 배터리는 없었다. 멀리서 온 신호는 반드시 필요한 에너지를 지니고 있어야 한다. 심지어 내 헤드폰에도 들릴 만큼 충분한 에너지가 필요하다. 도저히 믿을 수 없었다. 내가 알기로 이런 경이로운 현상을 그럴듯하게 설명하는 이론은 없다.

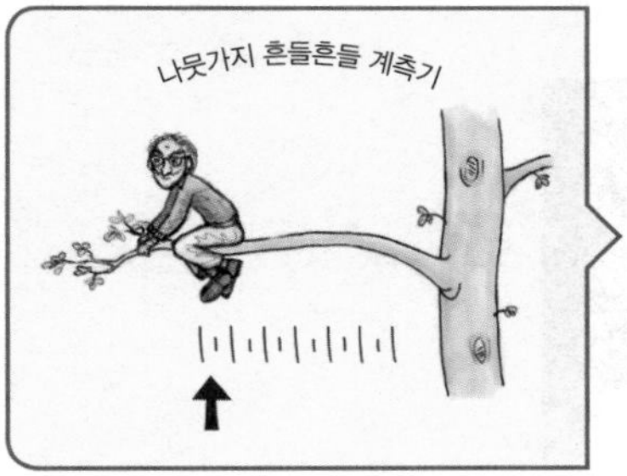

앞에서 제기한 공기 연결망이 아직 미해결의 전파 문제를 해결할 실마리가 될지 모른다. 연결망이 존재한다는 것 이상을 밝혀낼 수도 있다. 그렇지만 어쨌거나 공기의 연결망은 전기적인 연속성을 부여할 수 있다. 호주에서 보낸 신호가 대기권 '전선wires'을 따라 신호가 구리선을 따라 이동하듯 먼 거리를 여행할 수 있을 것이다. 그렇다면 신호는 실상 어디든지 갈 수 있다. 손실되는 경우도 예상할 수 있지만 유입되는 복사 에너지가 소체를 계속해서 부양할 것이기에 소체는 신호의 증폭기 노릇을 할 수 있다. 트랜지스터가 신호를 증폭하듯 어디에서나 신호를 증강하는 일도 가능할 것이다. 이런 경우 상당량의 신호가 심지어 수동적인 광석 라디오까지도 무리 없이 전달된다.

추론을 이어나가 보자. 한걸음 더 나아가 나는 전혀 상관이 없는 대기의 수수께끼 하나를 이 연결망 가설이 풀 수 있으리라 추측한다. 어떻게 대기는 지구와 함께 움직일 수 있을까? 이것을 생각해보라. 지구는 지축을 따라 무서운 속도로 돈다. 거대한 우주라는 틀에서 생각한다고 해도 시속

♠ 배터리가 없어 전력이 없이 작동된다. 게르마늄 라디오라고도 부른다.

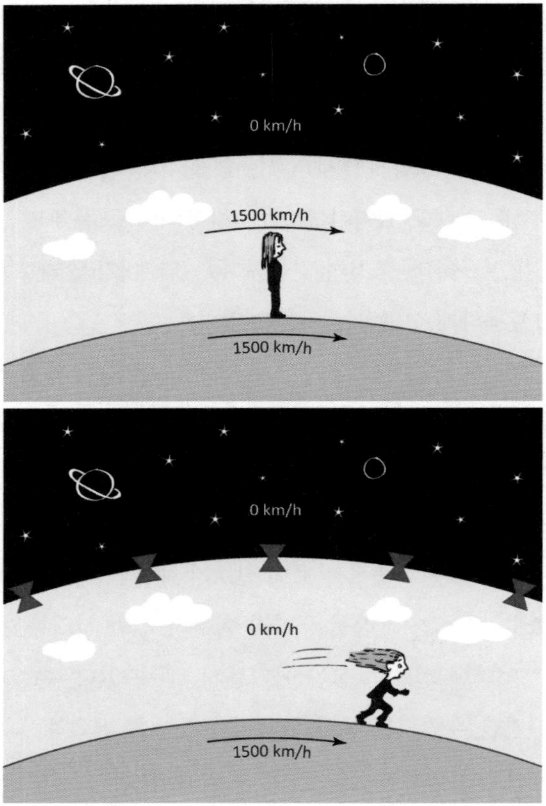

그림 15.19
지구-대기의 짝지음. 대기는 지구 표면과 함께 움직인다(위). 대기 분자와의 이러한 짝지음이 없다면 대기는 많이 움직이지 못할 것이다(아래). 지구에 발을 디딘 관찰자라면 엄청난 속도로 동에서 서로 움직이는 바람을 맞아야 할 것이다.

1,500킬로미터의 속도는 눈이 핑핑 돌아가는 빠르기이다. 제트기 속도의 두 배이다. 우리가 숨 쉬는 공기는 지구와 함께 돈다. 그렇지 않다면 우리는 언제나 폭풍 속에 살아가야 할 것이다(그림 15.19).

공기가 어떻게 지구와 함께 회전할 수 있는지 설명하라고 하면 여러분은 글쎄 … 원래 그런 것 아닌가요, 하고 답할 것인가? 지구가 생길 때 공기가 함께 돌고 있었고 음, 공기의 운동량, 그 속도가 줄지 않고 유지되고 … 지구처럼 그러지 않았을까요? 그러나 그런 설명은 결코 충분하지 않다. 사실 공기의 속도는 순간순간 변화한다. 따라서 뭔가 그럴듯한 것이 관성적인 연속성을 매개해야만 한다.

또 다른 설명은 짝을 이루어 운동한다는 가설이다. 대기의 성분은 약하게 연결되어 있다. 이런 공기의 연결망은 마찰에 의해 지구와 짝지어져 있다. 언덕, 마천루, 높은 산이 지표면에 가까운 공기를 지구와 함께 질질 끌고 간다. 대기권 상층부의 공기는 아래쪽과 연결되지 않았으므로 아마 그것들은 우주의 일부일 것이다. 지구의 관찰자에게 이런 공기들은 지구가 회전하는 반대 방향을 향해 음파의 속도로 돌아갈 것이다. 그러나 이런 일은 절대 일어나지 않는다.

따라서 멀리 성층권까지 공기와 지구는 물리적으로 결합되어 있어야 한다. 지구와 대기는 하나의 단위로 돌아야 한다. 대기의 기체 분자들이 느슨하게 결합되어 있다면 이러한 짝지음을 설명하기는 매우 어려울 것이다. 아래쪽 대기가 지구와 함께 도는 것처럼 상층부 대기도 그러해야 한다. 다행스러운 일이다. 그렇지 않다면 우리는 바람과 함께 사라지고 말았을 것이다. 시카고에서 뉴욕으로 돌아오는 국내선 비행기가 이 바람을 맞고 있다고 상상해보라!

대기 분자들의 짝지음은 왜 공기가 마찰력이 큰지도 설명할 수 있다. 대기권에 진입할 때 꼬리를 끌고 불에 타는 유성을 생각해보라. 비행기가 소모하는 연료의 양을 생각해보라. 높은 곳에서 떨어진 물체의 최종 속도를 생각해보라. 이 모든 현상은 공기의 마찰 때문에 생긴다. 다시 말해 공기의 연결망이 그 원인이다.

자연 상태에서 공기와 지구의 짝지음은 연결망과 마찰 이상이다. 그러나 나는 증발이라는 제목하에서 얘기를 더 진행하는 것을 망설이고 있다. 그러나 꼭 말해야 할 것이 하나 더 있다. 전기적으로 지구는 음성이고 대기는 양성이라는 것이다. 그들은 서로를 끌어안고 있다. 그 인력이 공기와 지구를 짝지을 만큼 큰지는 더 연구해보아야 할 것이지만 그 힘이 주요한 것임은 틀림이 없다. 아마 기압도 그런 방식으로 설명할 수 있을 것이다.

마지막 몇 가지 섹션에서 다룬 추상적인 물질은 의문점을 해소하기보다는 오히려 궁금증만 더 불러일으킨다. 이 장에서는 증발 과정을 둘러싼, 거의 알려지지 않은 놀랄 만한 사건을 다루었다. 독자들이 증발 과정에 대한 의구심을 조금이나마 해소했기를 바란다. 특히 소체의 무리가 증기의 형태로 끊임없이 물에서 솟아나고 있다는 사실 말이다.

결론

물속에서 소체는 자가 조립된다. '끼리끼리 끌림' 기제를 통해서 광범위한 연결망 구조를 취한다. 위에서 보았을 때 이 구조는 모자이크 모양이다. 그러나 모자이크는 실제로 관이고 물속 깊이까지 확장되어 있다. 충분한 양의 복사 에너지를 받으면 이 관은 충분한 양의 음전하를 갖게 된다. 개별적으로 혹은 집단적으로 이들 관 구조가 파괴되어 물을 떠난다. 솟아오른 관 구조인 증기가 단발적으로 솟구치며 물 표면을 떠난다. 이 증기가 증발의 핵심 요소이다.

증발 과정이 어떻게 소체 형성 과정과 연결되는지는 이전 장에서 살펴보았다. 에너지의 유입이 필수적이다. 적외선(열)이 유입되면 많은 양의 소체가 형성된다. 수직 방향의 소체 흐름은 곧 모자이크 관 다발이 흐르는 것이고 그것이 증기이다. 많은 에너지가 유입된다는 것은 빠르게 소체가 형성된다는 것이고 모자이크 증기가 계속해서 위로 솟아오른다는 사실과 동의어이다. 에너지양이 많으면 빠르게 증발한다.

적외선의 양이 충분하다면 소체 형성이 빨라져서 미쳐 모자이크를 만들 기회를 얻지 못한다. 이런 소체는 응결하고 바로 기포가 된다. 물 표면으로 기포가 떠오르면 우리는 그것이 끓는다고 얘기한다. 끓는다는 것은 증발의 한 극단이다. 혼란스러운 상황이고 모자이크의 규칙성이 실제로 사라진다.

가열 과정의 한 극단에는 가열하지 않은 물이 있다. 증발 과정은 이 장에서 서술한 방식으로, 하지만 천천히 일어날 것이다. 그러나 실온 조건에서 물은 제법 안정되어 있다. 안정성과 관련하여 예기치 않은 물의 몇 가지 특성이 드러난다. 다음 장에서 이를 살펴볼 것이다.

16장
켜켜이 쌓인 수면 구조

물수제비 장난이 십대의 전유물이던 적이 있었다. 십대 때에는 물수제비 경쟁을 미묘하게 부추기는 심리가 있었던 것도 같다. 유치한 남성다움을 한껏 드러내면서 소녀들한테 우쭐거렸으니 말이다. 물을 튀기며 멀리까지 조약돌을 던지는 소년이 알파 수컷으로 여겨지기도 했다.

그렇다면 조약돌은 어떻게 물에 뜨는 것일까? 확실히 조약돌은 트램펄린처럼 튀어 오른다. 그렇지만 물 표면에는 탄력성이 있는 재질이 전혀 없다. 물은 점성이 있는 액체이다. 그렇지만 조약돌이 스쳐 날기가 쉽지는 않을 것이다. 반면 물이 공기를 만나면 특별한 일이 생긴다. 배타 구역 모자이크가 표면을 장식하고 물 아래를 향해 뻗는 것이다(그림 15.11). 따라서 물 표면은 그 아래 일반적인 물과는 사뭇 다르다. 이런 물 표면의 성질을 가지고 물수제비 뜨는 현상을 설명할 수 있을까?

이번 장에서는 물의 표면에 대해 자세히 알아볼 것이다. 여기서 다룰 깜짝 놀랄 만한 공학적 특성은 물 위를 걷는 현상, 배가 물에 뜨는 현상을 설명해줄 것이다. 그중 후자에 대해 아르키메데스보다 더 나은 설명을 기대해도 좋다.

물의 표면은 일반적인 물과는 다르다

핀란드의 스키점프 선수들은 일 년 내내 훈련을 한다. 겨울에는 눈이 많으니까 문제가 안 되겠지만 여름이라고 해서 그저 놀지만은 않는다. 수완이 좋은 선수들은 플라스틱 트랙에서 스키를 타고 물로 착지한다.

그러나 물은 예상보다 썩 좋은 착지 장소가 못 된다. 미리 물에 공기를 주입시켜 방울을 만들어놓아야만 뼈가 부러지는 사고를 미연에 방지할 수 있다. 이들 공기가 물 표면을 따라 계속해서 부서지면서 표면 장력을 감소시켜야 착지를 안전하게 마칠 수 있다. 초보 다이빙 선수들도 이와 유사한 전략을 사용해서 부상을 줄인다.

물 표면이 단단한 이유는 물이 비정상적으로 높은 표면 장력을 가지기 때문이다. 이런 장력은 밀도가 높은 물질을 뜨게 할 수도 있다. 금속 핀이나 종이 클립, 심지어 동전도 물에 뜬다(그림 16.1).

그림 16.1
물의 강력한 표면 장력.

일반적으로 과학자들은 여분의 수소 결합 때문에 표면 장력이 생긴다고 믿고 있다. 내용은 이렇다. 표면의 물 분자 위쪽으로는 결합에 참여할 짝이 없다. 결합하지 못한 부위가 이웃 분자를 넘보기 시작한다. 이렇게 서로 측면 결합을 한 여분의 상호작용이 물 표면을 단단하게 하고 표면 장력을 나타낸다.

이렇게 표면에서 이웃하는 분자들과 결합한 층의 두께는 1나노미터가 채 안 될 것이다. 우리에게 친숙한 것으로 1나노미터를 상상해보라. 이탈리아 살라미 소시지의 두께가 1밀리미터 정도다. 이 소시지를 다시 편평하게 1,000번을 자르고 그중 하나를 다시 1,000번을 잘라야 1나노미터가 된다(할 수 있다면). 또한 세포막의 약 10분의 1 정도인 얇은 필름 정도가 1나노미터가 될 것이다.

내가 보기에 이렇게 얇은 막에 있는 여분의 결합 말고 뭔가 다른 것이 있어야만 물 표면의 비정상적인 특성을 설명할 수 있을 것 같다.

물 위를 걷다

물 위에서 살아가는 생명체들도 있다. 중앙아메리카 도마뱀은 성큼성큼 물 위를 뛰어다닌다. 성능 좋은 카메라가 코스타리카 호수 표면을 달리는 도마뱀을 포착했다.[1] 물 표면에서 뛰어다닐 수 있기 때문에 이들은 예수 그리스도 도마뱀으로도 불린다. 물 표면은 우리가 상상하는 것보다 더 단단할 수 있다.

공기와 물 계면에 형성된 배타 구역과 유사한 구역

물 표면에 뭔가 다른 것이 있어야만 한다. 바로 모자이크다(15장). 이 구조는 표면에서 아래로 향하면서 두꺼운 그물망 구조를 형성한다. 이 망상 구조가 물 표면의 물리적 특성을 규정한다.

적외선 카메라를 이용해 그 특성을 확인하기 전에 우리는 우연히 물의

그림 16.2
두 개의 평행한 슬라이드(왼쪽, 오른쪽, 아래를 막았다) 사이에서 형성된 미소구체 현탁액 위쪽의 미소구체가 없는 영역.

특이한 표면 특성과 조우하게 되었다. 물과 미소구체가 포함된 용기 안에 위쪽 수면을 따라 미소구체가 없는 영역을 발견한 것이었다.

우선 우리는 비커에서 그 부위를 확인했다. 비커 수용액 안의 미소구체는 처음에 뿌연 구름처럼 보였지만 얼마 지나지 않아 물 표면 바로 아래에서 미소구체가 없는 부위를 확인할 수 있었다. 이 부위는 꽤 오랫동안 유지되었다. 보다 인상적인 모습은 훨씬 뒤에 관찰되었는데 접시 비슷한 원통형이 비커의 거의 중간까지 수직으로 달리고 있었다(그림 9.12). 원통형 판 모양의 구조가 선명하게 나타난 것이다.[2]

상층부의 미소구체가 없는 영역은 다른 종류의 용기에서도 관찰되었다. 두 개의 평행한 슬라이드 글라스 세 면을 밀봉해서 물을 집어넣은 공간에서도 만들어졌다. 마치 좁은 어항을 보는 것 같았다(그림 16.2). 어떤 실험 조건에서는 아주 투명한 영역이 만들어지기도 했다. 처음 미소구체 현탁액은 구름처럼 보였지만 몇 분이 지나지 않아 상층부에 미소구체 입자가 없는 영역이 형성되었다. 이 부위는 하루 정도 유지되었다. 다음에 모든 미소구체는 바닥으로 가라앉았다.

따라서 용기가 원통형이든 네모난 꼴이든 모자이크와 비슷한 구조물을 이해하기 전에 이미 이런 영역을 관찰했다. 미소구체가 없는 영역을 보고 우리는 바로 배타 구역과 비슷한 뭔가를 떠올렸다. 그 영역은 미소구체를 배제할 수 있었다. 나중에 밝혀졌지만 이 영역의 상부는 배타 구역과 같이 음성 하전을 띠었다. 미소구체가 없는 영역이 배타 구역으로 구성되었다면 이 영역은 금속 핀이나 동전을 떠받치기에 충분히 단단하다고 할 수 있는 것이다.

곧이어 이 영역의 단단함을 확인하였다(그림 16.3). 우리는 유리 막대를 천천히 물 표면으로 내렸다. 이 막대가 물 표면에 닿기 전 우리는 막대가 표면을 만나면 (유도된 하전 때문에) 이 영역이 막대 밑면에 매달려 위로 끌려 올라올 것이라고 예상했다. 이렇게 물리적으로 소동을 부려도 막대 아래 미소구체가 없는 표면의 두께는 전혀 변하지 않았다. 표면을 따라 막대를 왔다 갔다 해도 마찬가지였다. 이 (미소구체) 자유 구역은 응집성이 있는 접착 면처럼 행동했다. 마치 고무 밴드처럼 물 표면에 탄력성을 부여하는 듯 보였다. 분자 수백만 개 층이 결집된 이 밴드는 능히 무거운 물체도 감당할 수 있을 것 같았다.

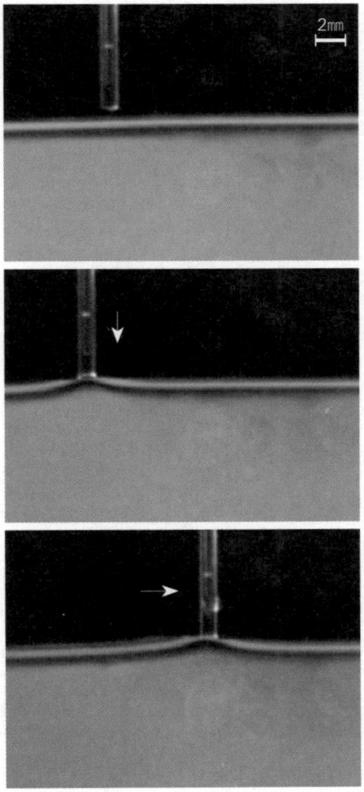

그림 16.3
유리 막대를 물 표면에 가까이 위치시켰다. 막대를 좌우로 움직이면서 물리적인 충격을 주어도 배타 구역은 동요하지 않는다.

이 표면의 띠는 이전 장에서 본 것과 동일한 구조처럼 생각되었다. 측면에서 보면 미소구체가 없는 구역이 위에서 보면 모자이크 모양을 띠는 것이었다. 한쪽에서 보는 것만으로는 전체적인 그림이 그려지지는 않지만 둘을 합하면 물 표면 아래의 구조가 즉각 나타난다(그림 16.4).

이전 장에서 살펴본 결과들은 대부분 따뜻한 물을 연구한 데서 얻었지만 여기서 우리가 관찰한 미소구체가 없는 영역은 상온의 물에서 얻은 결과이다. 두 가지의 관찰 결과가 동일한 구조를 반영하는 것이라면 상온에서 얻은 표면의 특성이 최소한 정성적으로는 온도가 올라간 상태와 비슷

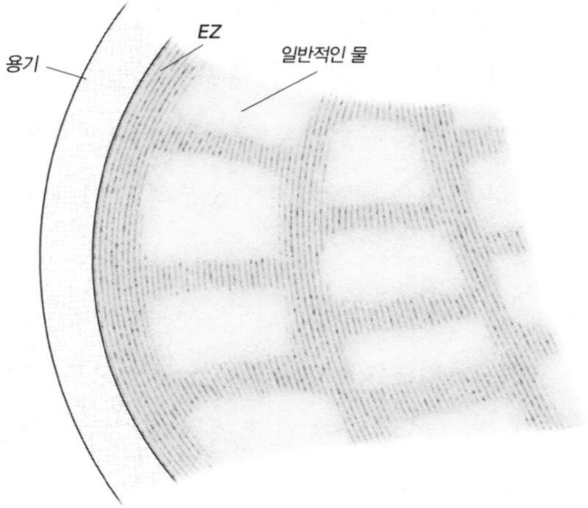

그림 16.4
모자이크 표면 구조를 위에서 내려다본 모습. 이를 옆에서 보면 이 구조 상단에 투명한 구역이 보일 것이다. 특히 모자이크 내부 공간이 상대적으로 적다면 더욱 그렇다.

하다고 가정할 수 있다. 모자이크와 비슷한 배타 구역이 표면을 구성하다가 물의 아래쪽 부분으로 확장해나간다.

배타 구역 모자이크는 주로 소체의 무리로 구성된다. 그렇지만 물론 표준적인 배타 구역의 물질을 포함하고 있다. 이런 배타 구역 물질은 두 가지로부터 기원한다. 첫째, 용기의 바로 안쪽 면에 위치한 모자이크 경계 영역이다. 용기의 벽이 아마도 배타 구역이 형성될 때 주형이 되었을 것이다. 여기에서부터 모자이크 모양의 배타 구역이 만들어진다. 둘째, 일부 소체가 지퍼 원리에 따라 표준적인 배타 구역 물질로 끼어 들어간 것이다(14장). 그 결과 모자이크는 표준 배타 구역과 소체 배타 구역이 뒤섞인 모양새를 띤다. 이들의 상대적인 비율은 반응 조건에 따라 달라진다.

이들 반응 조건에 따라 모자이크의 표면 분할이 결정되는 것이다. 그림 16.4는 분할이 중간 정도로 구성된 상대적으로 열린 구조를 나타내고 있다. 이론적으로 모자이크의 열림은 줄어들 수 있다. 표면의 분할은 소체의 수에 따라 달라진다. 소체가 만들어지는 것과 그것이 이미 존재하고 있는 기질에 흡수되는 정도 또는 소체가 기화되어 사라지는 정도 사이의 균형에 의해 그 수가 결정된다. 상온에서 기화의 속도가 떨어지면 배타 구역을 함유하는 소체가 표면을 가득 채울 수도 있다.

이 현상을 계량화하기는 힘들지만 망상 모자이크는 표면을 굳건하게 할 수 있다. 이런 강직성을 통해 물의 비정상적인 표면 장력을 설명할 수 있게 되는 것이다.

이런 강직성은 다이빙 선수들이 경험하는 저항성을 설명할 수도 있을 것이다. 그러나 그것이 이야기의 끝은 아니다. 스키점프 선수나 다이빙 선수가 표면에 부딪칠 때 물은 자리를 내주어야 한다. 물은 이런 힘에 대해 자신의 자리를 지키려고 애쓸 것이다. 물 표면의 이런 망상 구조가 물 분자의 행동을 구속한다. 물이 흩어지지 않게 하는 것이다. 다이빙 선수들 입장에서 물 표면의 망상 구조는 또 하나의 장벽이다. 물 표면을 굳건하게 하는 동시에 물이 쉽사리 흩어지지 않게 하기 때문이다. 이런 물 표면은 아래에서 위로 기포를 끊임없이 불어넣어 줌으로써 방지할 수 있다. 실내 수영장에서 흔히 행해지는 과정이다.

열린 공간에서 물 표면의 두께?

앞에서 얘기한 결과는 대부분 실험실에서 관찰된 것이다. 자연 상태에 존재하는 물은 복사 에너지에 광범위하게 노출된다. 자연에서 표면의 모자이크 분할 및 수직으로 확장된 정도는 실험실의 비커와는 사뭇 다르다. 사실 이 표면 구조는 매우 깊은 곳까지 확장될 수 있다.

물 깊은 곳까지 수직으로 모자이크 구조가 확장될 수 있다는 암시는 야외 다이버들의 보고서에서 얻을 수 있다. 이들은 8~9분(!) 동안 숨을 참으며 수심 100미터까지 내려갈 수 있다. 이들이 일관성 있게 얘기하는 것은 수심 15~20미터 전후로 몸이 물리적인 차이를 느낀다는 사실이다. 이보다 높은 곳에서는 신체가 거의 떠 있는 것 같지만 그 아래로 내려가면 몸뚱이가 돌처럼 가라앉는 것 같다고들 말한다.

이런 상황은 유리잔 물속에 잠긴 핀과 유사해 보인다. 물 표면에 가만히 핀을 놓으면 처음에 떠 있을 수도 있지만 머지않아 바닥으로 곤두박질친다. 이런 전이 지점은 물 표면에서 수 밀리미터 정도이다. 야외 다이버들에게 이런 전이 지점은 물 표면 아래로 몇 미터가 되는 것 같다.

또한 음파sonar를 다루는 해양 기술자들로부터 모자이크의 깊이가 증가한다는 암시를 얻을 수 있다. 아래로 쏘아 내린 보통 음파는 해저면까지 닿는다. 그렇지만 이 음파가 비스듬하게 내려가면 수면 아래 어딘가에서 반사되어 불연속선을 만들면서 바닥에 도달하지 못한다. 해저에서도 같은 일이 생긴다. 비스듬하게 올라온 음파는 결코 해수면에 도달하지 못한다. 이런 반사가 생기는 부위는 경우에 따라 달라진다. 해변에서 멀지 않은, 수심이 깊지 않은 곳에서는 그 깊이가 야외 다이버들이 보고한 것과 유사하다. 그러나 심해에서는 그 깊이가 수백 미터에 이른다. 이런 불연속의 기원이 무엇인가는 알려지지 않았지만 모자이크의 아래쪽 경계일 가능성이 충분히 있는 것이다.

배 갑판에서 이루어진 관찰도 이런 결과를 보여준다.[3] 발트 해에서 이런 측정이 시행된 적이 있다. 바다 표면에서 약 60미터 아래까지 산소의 농도는 일정하게 유지된다. 그러나 그 아래로 10미터를 내려가는 동안 산소의 농도는 급격하게 떨어진다(그림 16.5). 배타 구역이 산소를 고밀도로 함유하고 있기 때문에 산소의 농도가 높은 영역에서 배타 구역이 무리 없이 형성될 수 있다(4장). 게다가 염분의 농도는 해저 60미터 아래에서 두 배 이상

그림 16.5
아래로 내려가면서 살핀 바닷물의 특성.[3] 온도, 용존 산소, 염도를 측정했다. 1979년 5월 26일 발트 해에서 시행했다.

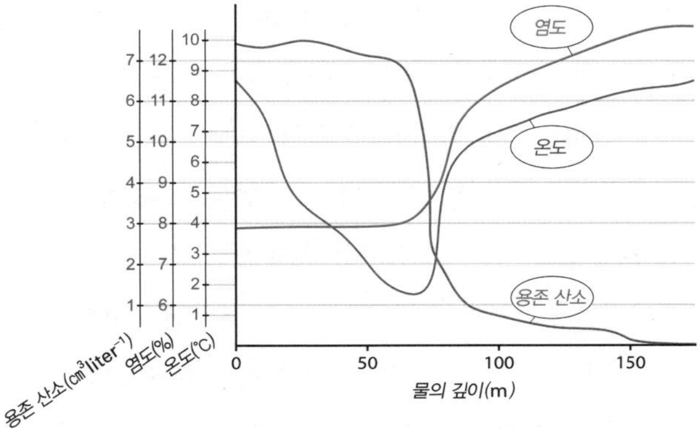

올라간다. 배타 구역이 염분을 배제하기 때문에 이 사실도 배타 구역의 존재를 암시하는 대목이다.

이 관찰과 관련해서 특별히 흥미로운 점은 아미노산의 분포이다. 낮에 햇볕을 쬐이면 해수면 근처에서 아미노산의 양이 줄어들고 깊은 곳에서는 그 양이 늘어난다. 아미노산이 아래로 움직여간 것이다. 만약 햇빛이 표면의 구조화를 촉진하였다면 배제된 물질이 아래로 내려가리라는 것은 충분히 예측할 수 있는 일이다. 따라서 이런 식의 이동은 해가 저물면 역전되어야 할 것이고 사실로 판명되었다. 이렇게 양적인 변화가 태양의 움직임에 따라 주기적으로 변화한다면 그것도 배타 구역 물질이 존재한다는 증거가 될 것이다.

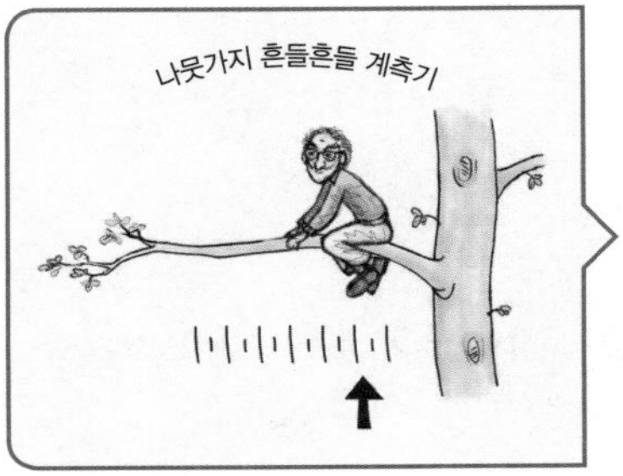

이런 증거를 바탕으로 해양 표면 부근에서 배타 구역 비슷한 것이 광범위하게 형성될 것이라고 추측할 수 있다. 실험실에서 이런 배타 구역 비슷한 영역은 수 밀리리터까지 확장될 수 있고 때로 수 센티미터에 이르기도 한다. 바다에서 그 영역은 근해에서 수십 미터에 이르고 심해로 가면 수백 미터가 되기도 한다. 복사 에너지와 산소를 생각하면 이 정도 깊이는 놀랄 만한 것이 못 된다. 또 이런 안정 상태에 도달하기 상당한 시간이 필요했으리라 짐작이 간다.

비록 이 영역이 인상적인 깊이까지 이르고 있지만 이런 배타 구역 유형을 가진 장소는 깊어갈수록 불연속적일 가능성이 높고 그림 16.4처럼 작은 구멍이 송송 뚫려 있을 수도 있다. 바다에는 계속해서 조수가 밀어닥치고 세찬 바람이 불어온다. 따라서 배타 구역 구조는 끊임없이 부서질 것이다. 게다가 상층부는 해파리가 존재하고 다양한 종류의 생명체가 들쑤시고 다닌다. 그러므로 해양 상층부 영역은 구조적으로 연속적이라기보다는 기운 흔적이 역력하다고나 할 것이다. 그럼에도 불구하고 두껍고 망상인 구조는 불가피하게 해양 표면을 굳건하게 유지할 것이다.

지진 해일

해수면 근처에 배타 구역 물질이 두텁게 형성되어 있기 때문에 파도와 같은 특별한 현상은 쉽게 설명될 수 있다.

해수면에는 물결이 넘실댄다. 파도치는 현상을 해석하는 현재의 방식은 바닷물이 오직 일반적인 물로만 구성되어 있다는 전제를 깔고 있다. 따라서 질량과 점성이 절대적인 요소가 된다. 타격의 몰아침, 확산 빈도, 부신Boussinesq 방정식과 같은♦ 알 듯 모를 듯 한 개념을 동원하여 파도를 설명하

♦ 인터넷을 보면 이런 얘기도 나온다. "파도 생성의 일반적인 원인은 바람입니다. ① 바람이 불면 바다에 작은 파도가 생깁니다. ② 일단 생겨난 파도는 앞으로 나아갈수록 속도가 줄어듭니다. ③ 속도가 줄어들면 뒤에서 따라오던 다른 파도와 겹쳐집니다. ④ 2~3번의 반복으로 파도는 겹겹이 뭉쳐집니다." 무슨 소리일까?

잠수정 탐지

그림 16.3에서 엿볼 수 있듯이 해양 표면 아래 놓여 있는 배타 구역 물질은 특징적인 표면 아래층을 형성한다. 따라서 이 층의 아래쪽에서 물리적인 충격이 가해지면 판의 방향성이 달라질 수 있다. 해양 표면에서 이런 뒤틀림을 감지할 수도 있다. 사실 적외선 레이저는 베르누이의 혹(Bernoulli hump)으로 알려진 물-표면의 불거짐을 감지한다. 잠수정이 배타 구역 물질층 아래를 지나갈 때 물 표면이 불룩 튀어나온다.[4]

려고 한다. 그러나 이런 개념은 깊이에 따라 다르게 적용되어야 한다. 이런 파도 모델은 말할 수 없게 복잡하다. 이에 대해 개략적인 직관이라도 얻으려면 단순함이 절대적으로 필요하다.

그와는 대조적으로 탄력이 있는 매질에서 파동은 자연스럽게 일어난다. 기타 줄을 튕겨보라. 파동은 쉽게 사라지지 않는다. 점성이 우세한 환경에서도 마찬가지다. 만약 물의 표면 영역이 확장된 탄성 표면이라면 파동이 증폭되는 현상은 직관적으로 설명이 가능할 것이다.

탄력성이 있는 얇은 판 모델은 이 현상에 딱 들어맞는 것처럼 보인다. 모자이크 망상 구조도 있다. 적당히 강제되었다가 풀리면서 이 망상 구조는 재빠르게 얽매이지 않은 원래의 형상을 되찾을 수 있을 것이다. 모자이크 망상 구조는 이 조건에 잘 부합된다.

이를 해석하기 위해 여기서 한 가지 극단적인 예를 살펴보는 것도 나쁘지는 않을 것 같다. 바로 지진 해일이다. 인명을 살상하는 이 거대한 파도는 사라지기 전까지 지구를 몇 바퀴 돌기도 한다. 이렇게 지속적인 파도를 단지 점성이 있는 액체라는 개념을 빌려서 설명하기에는 곤란한 측면이 있다. 마찰이 빠르게 파도를 잠식할 것이기 때문이다. 반면 파도가 겹쳐지면서 거대해지는 현상은 탄력성 있는 얇은 판 모델로 쉽게 설명할 수 있다. 외적인 영향을 받은 파도가 먼 거리를 지나면서 증폭될 것이기 때문이다. 얇은 판 모델은 어떻게 지진 해일이 그렇게 멀리까지 증폭될 수 있는지 설명할 수 있을 것이다.

연속적인 얇은 판 모델은 해안가에 도착하기 전 왜 파도가 육지에서 뒤로 쑥 밀려나는지◆에 관한 의문도 해결해줄 것이다(그림 16.6). 판이 연속적이기 때문에 먼 바다에서 파도가 높이 솟구치면 주변 해안가의 파도를 끌어당기게 될 것이다. 지진 해일은 주변의 판을 바다 쪽으로 끌어당겨 거대한 높이의 파도를 만든 다음 육상을 범람시키는 것이다. 해안에서 파도가 뒤로 밀려가는 것을 주시해야 한다!

또 한 가지 기대할 수 있는 사실은 기름 튀기는 것과 같은 소리이다. 바

◆ 해변 썰물 현상이라고 불린다.

다에서 만들어진 파도가 막을 뒤로 끌기 때문에 일반적인 물이 남아 있을 것이다. 여기에는 양성자의 농도가 매우 높다(배타 구역 경계 밖에서 늘 그렇듯이). 이제 자유로워진 히드로늄 이온은 서로를 밀어내면서 막 뚜껑을 연 캔처럼 위로 솟구칠 것이다. 이런 솟구침이 잘 알려진 기름 튀기는 것과 같은 소리의 원인이 될 수 있다.

물 표면의 균열

탄력성 있는 얇은 판 모델은 파도를 이해하는 데 유용할지 모르지만 물 표면을 정확히 묘사하기에는 다소 부족함이 있다. 대부분 물의 표면은 소체의 집합으로 이루어져 있다. 이렇게 여러 층으로 쌓인 소체를 통해 물 표면의 탄력성을 설명할 수 있다. 그러나 물이 부서지기fragility 쉽다면 어떨까? 물의 표면은 깨지기 쉽다. 그렇지 않으면 물고기가 지날 수 없을 것이다.

물의 연약함은 요변성thixotropy으로 설명할 수 있다. 발음하기 힘든 단어인 요변성은 물질의 특별한 성질을 뜻하고 있지만, 정의가 명확한 것은 아니다. 요변성이 있는 물질은 살짝 눌러도 원래 상태로 금방 돌아온다. 그러

그림 16.6
탄성 표면을 가진 지진 해일의 위력. 높이 솟구친 파도가 바다 쪽으로 탄성 표면을 끌어낸다.

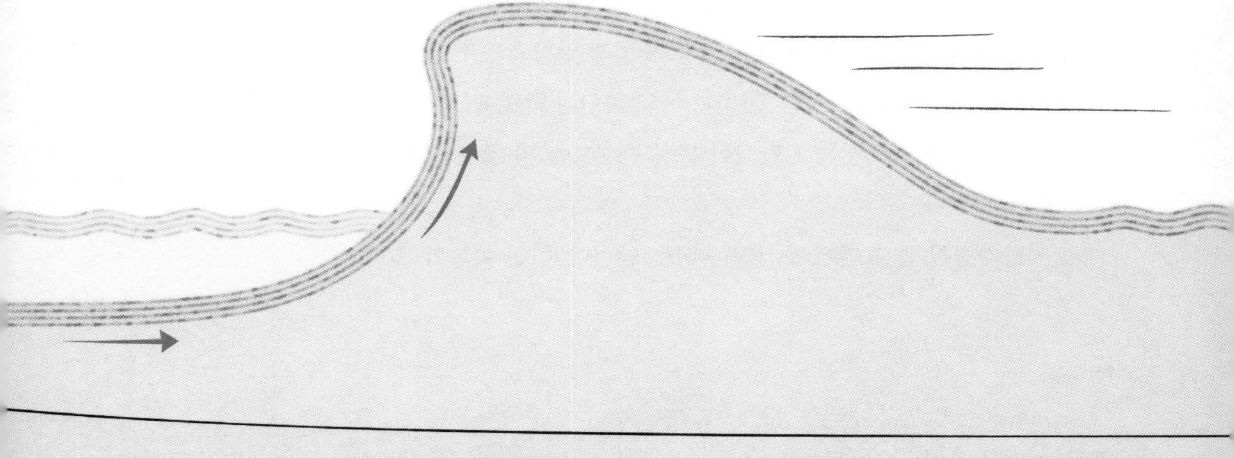

나 특정 한계를 넘어서면 그들은 흐르기 시작한다. 계란의 흰자를 떠올려 보자.

계란 흰자는 내가 연약하다고 말하는 대표적인 물질이다. 계란의 흰자는 조직화된 물[5](바로 배타 구역이다)로 채워져 있다. 예상하듯 계란 흰자의 배타 구역 물은 용질을 배제할 수 있다. 우리는 이 현상에 익숙하다. 가령 계란 흰자를 여러 가지 식용 색소와 섞는다고 해보자. 끈적끈적한 알부민을 물리적으로 건드리지 않는다면 계란 흰자는 계속해서 색소를 밀어낸다.[6]

계란 흰자와 같은 배타 구역 물질은 요변성 있게 행동한다. 결합의 정전기적 본성 때문이다. 소체의 배열을 생각해보자. 반대되는 전하가 소체를 서로 붙들고 있다. 이런 결합은 작은 충격쯤은 견뎌낼 수 있다. 다소 탄력성이 있는 것이다. 그러나 이들 소체 간 결합을 깰 정도로 충격을 가하면 배열이 흐트러지고 소체 물질이 흐르게 된다. 이런 흐트러진 배열을 바탕으로 물 표면의 연약함을 설명할 수 있을 것이다. 수영 선수나 물고기들은 어떻게 어려움 없이 앞으로 진행할 수 있을까?

물 표면에 동전을 가만히 놓으면 뜨지만 부주의하게 놓으면 쉽게 가라앉는 것은 요변성 개념으로 설명할 수 있다. 전단력이 표면의 구조를 흐트러뜨려 동전이 물속으로 쉽게 침입할 수 있기 때문이다. 주의를 기울여 표면의 구조를 부수지 않는다면 물건을 물 표면에 떠 있게 할 수 있다.

동일한 원칙이 배에도 적용된다. 배는 움직이면서 커다란 전단력(층밀리기)을 만들어낸다. 이 전단력은 표면의 구조를 쉽게 망가뜨린다. 따라서 배는 어려움 없이 앞으로 나아가는 것이다. 배의 하단과 측면에는 전단력이 상대적으로 적다. 이곳에서는 전단력이 특정 한계를 넘지 않아서 배타 구역 구조가 유지된다.

배가 지나가면서 물 표면에 부서진 흔적을 남긴다. 이런 여파의 흔적은

그림 16.7
퓨젓사운드에서 시애틀로 들어오는 유람선. 뒤로 길게 이어지는 배의 꼬리를 보라. 마이클 라구나스가 제공했다.

호수에서 두드러지게 나타나고 배 뒤에 예측이 가능한 독특한 무늬를 새긴다. 노를 젓는 보트를 타보면 이런 무늬를 직접 느낄 수 있다. 배 뒤에 생기는 여파는 표면 구조의 변화를 나타내는 것이다. 기다란 기찻길 같은 무늬가 배가 지난 흔적을 드러낸다(그림 16.7).

친구인 마이클 라구나스Michael Raghunath가 말해주기 전까지 나는 이런 현상을 미처 자각하지 못했다. 이제 나는 그것을 볼 수 있다. 전형적으로 배가 지난 흔적은 점점 미약해진다. 배가 부수고 간 표면 아래 배타 구역 구조가 다시 회복되는 중인 것이다. 불연속적인 배타 구역 물질 때문에 물이 파도를 유지하는 능력이 온전하지 않을 것이다. 배가 지나고 15분에서 30분 정도 지나야 물 표면은 다시 평평함을 되찾는다. 배가 지나간 자국이 사라지는 데 걸리는 시간은 다른 장소와 구분되지 않도록 물 표면이 재구축되는 데 걸리는 시간이다.

따라서 물 표면층은 대체로 탄력적이라고 볼 수 있다. 그렇지만 부분적으로 연약하고 쉽게 깨질 수도 있다. 이런 취약성은 요변성의 개념을 빌려 설명할 수 있다. 발음하기는 어렵지만 물 표면에서 일어나는 일을 이해하는 데는 제법 요긴하게 쓸 수 있다.

배, 욕조 그리고 아르키메데스

이제 아르키메데스에 이르렀다. 그는 아주 오래전에 물의 표면에 대해 생각했던 사람이다. 욕조에 몸을 담그고 물 높이가 올라가는 것을 보면서 아르키메데스는 직관적으로 생각했다. 부분적으로 잠긴 물체에는 그것이 대

체한 양만큼의 물 무게에 해당하는 힘이 위로 작동할 것이라고. 오늘날 배가 물에 뜨는 것을 설명할 때처럼 그것은 단순한 원리였다. 그러나 우리의 눈높이를 맞추려면 뭔가 다른 원칙이 필요해 보인다.

첫째, 젖은 스펀지 위에 있는 모형 배를 떠올려보자. 힘의 균형은 간단하다. 배는 아래쪽으로 밀어낸다. 그렇지만 움푹 들어간 스펀지는 같은 양의 힘을 위로 보낸다(그림 16.8). 스펀지가 위로 밀어낼 수 있는 것은 분자들이 서로 붙어서 저항하기 때문이다. 비록 조금 패여 들어가긴 했지만 분자 간 응집이 반발력을 갖게 되는 것이다.

그림 16.8
응집 때문에 배가 침몰하지 않는다.

이제 배를 스펀지 대신 물 위에 띄워보자. 힘의 균형은 반드시 비슷해야 할 것이다. 배는 아래로 누르고 물은 위로 올린다. 그러나 배를 위로 떠받치는 물의 정체는 무엇일까? 만일 배 아래에 있는 물 분자가 응집력 있게 연결되어 있지 않다면 배의 무게는 마치 모세가 홍해를 가르듯 물을 갈라버리고, 배는 가라앉을 것이다. 따라서 어떤 식이든 분자 간의 응집력이 하는 역할이 있어야 할 것이다.

독자들은 응집성을 고려하지 않는 부력이라는 물리학적 개념이 친숙할 것이다. 부력은 압력을 우선순위에 둔다. 위쪽 물의 무게가 아래쪽 압력을 만들어낸다는 것이다. 이 압력은 모든 방향으로 밀어내고 그중에는 위쪽도 포함된다. 따라서 배가 깊이 잠겨 있으면 압력이 높을 것이다. 위로 향하는 압력이 배의 무게와 균형을 맞추어야 한다. 배는 그 균형점에 놓이게 된다. 아무것도 더 필요하지 않다. 응집성은 설 자리가 없다.

그림 16.9
배타 구역층이 위로 향하는 응집력을 제공하여 배를 물에 뜨게 한다.

압력과 응집성은 전혀 다른 얘기를 하고 있는 것일까? 압력에 기초한 설명은 물의 압력이 모든 방향으로 향한다고 말한다. 이는 물의 물리적 특성이 모든 방향에서 같다는 전제를 깔고 있다. 그러나 그 말이 언제나 옳지는 않다. 배의 전단력은 쉽게 모자이크층을 부술 수 있다. 그러나 배의 아래와 측면에서 모자이크층 물 구조는 크게 변하지 않고 유지된다. 응집력이 크기 때문이다. 만일 그렇다면 배는 탄력이 좋은 모자이크 물층에 서 있는 셈이다(그림 16.9).

대부분 물 구조가 변하지 않고 유지되는 탄력 있는 모자이크는 위쪽으로 향하는 힘을 만들어낸다. 따라서 트램펄린처럼 위쪽으로 밀어내는 것이다. 이렇게 위로 밀어내는 힘에 의해 배가 뜨는 것이다. 만약 기포가 모자이크 물 구조를 방해한다면 배는 물에 가라앉고 마는 것일까(아래를 보자)?

따라서 아르키메데스는 부분적으로만 옳았을지도 모른다. 물론 부력은 배를 위로 들어 올렸을 것이다. 그렇지만 위로 밀어 올리는 힘은 물의 깊이와 응집력뿐만 아니라 배 선체 아래 놓여 있는 배타 구역망의 응집력에 따라 달라진다. 구속을 받고 있지만 이런 배타 구역망이 부서지지 않는다면 위로 올리는 힘을 가질 수 있을 것이다.

배타 구역 표면 구조를 빌려 배가 어떻게 물에 뜨는지 혹은 물에 가라앉는지 설명할 수 있을 것 같다. 우리는 배를 감쪽같이 통째로 삼켜버리는 악명 높은 해역을 알고 있다. 버뮤다 삼각지대가 가장 유명한 (또 논란이 가장 많은) 장소이지만 물론 다른 곳도 있다(그림 16.10). 과거 특정한 해역에서 수많은 배가 원인 모르게 침몰하는 경우가 있었는데, 우연이라고 하기에는 너무 빈번하게 일어나는 것이었다.[7] 버뮤다에서 거대 함선이 침몰한 이후 군 조사단은 역설적인 상황을 발견했다. 해역 주변에서 선박의 파편을 전혀 찾을 수 없었던 것이다. 배가 통째로 해저에 곤두박질치지 않고는 도저히 상황을 설명할 수 없었다. 불운한 배는 송두리째 아래로 곤두박질친 것이 분명했다.

그림 16.10
버뮤다 삼각지대에서 사라진 의문의 배들.

바다 밑을 샅샅이 뒤진다면 해결의 실마리가 보일 것이다. 열수분출공과 메탄 퇴적층이 주기적으로 활동을 개시하면 왕성하게 기포를 분출한다. 바로 이것이 연약한 표면의 구조를 부서뜨린다. 좌초된 배의 행방을 수색하던 조종사들은 이상하게 보이는 바다의 표면을 관찰했다. 예인선을 끌던 어떤 선장은 주변의 바다 표면이 완벽하게 평평한데도 불구하고 배가 침몰한 장소는 거품이 부글거리고 파도가 꿈틀거린다고 말했다.[8] 따라서 이 바다 표면이 뭔가 역할을 했을 것이라고 짐작할 수 있다. 위험을 피하기 위해 다이빙 선수들이 입수할 때 수영장 아래쪽에서 공기 거품을 주입하는 것과 같은 원리이다. 자연 상태에서 생긴 기포가 배를 침몰시킨 것이다.

침몰된 배를 수색한 보고서를 읽고 흥미가 동한 일군의 과학자들은 기포가 배를 침몰시킬 수 있는지 실험을 통해 증명해보고자 하였다. 그리고 그것이 가능하다는 점을 확인했다. 협소한 공간에서 이루어진 실험은 동영상으로 촬영되었다.[9] BBC에서는 쾌속선이 깊지 않은 물에서 침몰되었던 매우 심각한 상황을 방영한바 있다.[10] 따라서 아래쪽에서 올라오는 기포 때문에 배가 침몰된다. 그러나 증거가 더 필요한 실정이다.

모세관 현상

종이 냅킨 위에 젖은 티백을 놓아두고 관찰해보자. 머지않아 냅킨은 젖는다. 물은 수직으로 걸어놓은 냅킨을 타고 올라가기도 한다. 이런 현상을 '모세관 현상'이라고 한다.

보다 익숙한 모세관 현상은 좁은 관에서 일어나는 물리적 상황이다. 석영 모세관을 물이 있는 용기에 수직으로 꽂으면 관 안으로 물이 빠르게 올라온다. 관 안의 물은 용기의 표면보다 높다(그림 16.11). 물이 중력을 무시하는 것 같다.

그림 16.11
모세관 현상.

고전적인 설명은 별로 도움이 되지 않는다. 고전적인 설명에서는 상승 그 자체가 아니라 최종 결과, 즉 관 위쪽의 곡면인 메니스커스에만 초점을 맞춘다. 여기에서 메니스커스는 모세관 내벽에 붙어 있는 것이라고 가정한다. 반면 물기둥은 무게 때문에 아래로 끌려 내려간다. 그런 방식으로 매달려 있기 때문에 메니스커스는 곡선 모양을 그린다. 힘의 균형을 이루기 위해 메니스커스 위쪽 부위의 장력은 물기둥의 무게와 같아진다(그림 16.12).

이런 설명은 물기둥이 모세관 내벽과 아무런 상호작용을 하지 않는다는 점을 암암리에 가정한다. 우리는 모세관의 친수성 내벽이 물과 강하게 상

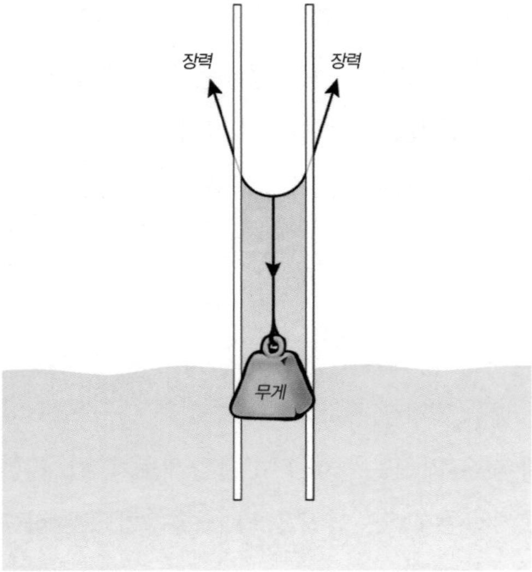

그림 16.12
기존 방정식이 제안하는 힘의 균형. 위로 향하는 표면 장력이 아래로 끌어 내리는 물기둥의 무게와 평형을 이룬다.

호작용하고 있다는 사실을 알고 있다. 따라서 앞에서 얘기한 설명이 전적으로 옳지는 않다. 그렇기는 하지만 편리하고 단순하기 때문에 학생들이 선호한다.

그러나 전통적인 설명 방식으로는 가장 기본적인 문제조차 만족스럽게 해결하지 못한다. 도대체 왜 모세관 안으로 물기둥이 솟아오르는 것일까? '표면 에너지'라는 가설이 간혹 회자되기는 하지만 물기둥이 솟아오르는 진정한 추동력은 잘 모른다. 물과 모세관 내벽과의 어떤 상호작용이 필요한 순간이다.

물은 어떻게 모세관을 타고 올라가는가?

물기둥을 위로 올리는 힘이 무엇인지 확인하기 위해 물의 기능적인 특성에서부터 얘기를 시작해보자. 물 표면 바로 아래에는 모자이크와 비슷한 소체가 배열되어 있다. 이 모자이크는 전기적으로 음성이다. 따라서 전하에 바탕을 두고 물이 올라간다고 보는 것이 타당할 것 같다. 위쪽에서 끌어당기거나 아래쪽에서 밀어 올린다. 두 가지 모두 다 그럴싸한 이유가 있다.

우선 첫 번째로 물 표면으로부터 물이 위로 향하는 모세관 부분을 살펴보자(그림 16.13). 배타 구역층이 관의 내벽을 따라 형성된다면 이들 층은 모세관의 중심부를 향한 양성자 띠를 만들어낸다. 양으로 대전된 양성자가 음의 하전을 띤 소체를 위로 끌어 올린다.

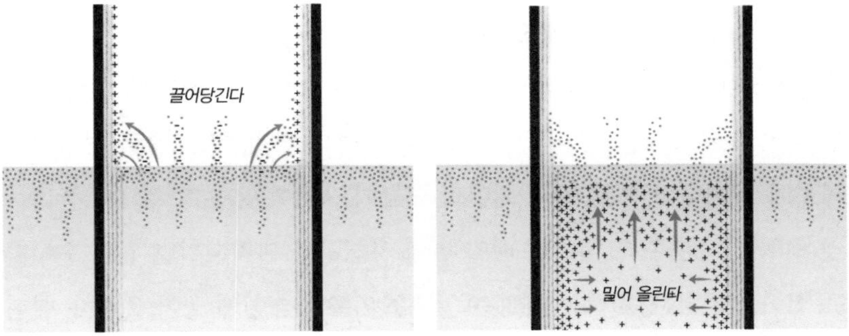

그림 16.13
새롭게 쓰는 모세관 상승. 위쪽의 양전하가 음으로 대전된 표면 중층을 끌어당긴다(왼쪽). 아래쪽 양전하는 서로 반발하면서 히드로늄 이온을 위로 밀어 올린다. 이 두 가지 힘 때문에 물이 위로 올라간다.

공기에 노출된 모세관 내벽은 어느 정도 배타 구역층을 가지고 있다. 친수성인 모든 표면은 공기 중 수분을 끌어당긴다. 예를 들면 식탁 위 공기에 노출된 마른 소금은 이내 물기를 머금는다(조해된다). 건조한 편인 우리 실험실에서도 하룻밤이면 소금이 눅눅해진다. 물을 아주 잘 빨아들이는 나피온은 건조제로 판매된다. 친수성이 강할수록 물질은 공기 중의 수분을 효과적으로 흡수한다.

공기 중 수분은 소체의 형태로 존재한다(15장). 지퍼를 채우듯 소체는 친수성 모세관에(안쪽이든 바깥쪽이든) 쉽게 흡수된다(그림 14.9). 지퍼 닫기가 완료되면 표준적인 배타 구역과 양성자 띠가 형성된다. 모세관 내벽에 양성자가 많지 않아도 그 양의 하전은 물을 끌어당기기 시작한다. 내벽은 이제 물 표면의 소체를 위쪽으로 끌어들인다.

위로 향하는 물기둥의 흐름이 일단 시작되면 그 경향이 우세해진다. 위로 올라가는 소체가 모세관 내벽의 양성자에 달라붙으면서 더 많은 양전하가 노출된다. 이 전하가 끌어당기는 힘을 보강하게 되는 것이다. 더 많은 소체가 위로 올라와 달라붙으면서 또 양전하를 만들어낸다. 사실 물이 올라올 조짐이 보이면 그 현상은 끝날 때까지 지속된다. 물이 끝없이 올라가지 못하게 아래로 균형을 맞추는 힘은 중력이다. 여러분은 물이 스스로 모세관 위로 올라간다고 말하고 싶을지도 모른다.

양전하에 의한 끌림을 물이 기화되고 있는 것이라고 생각할 수도 있을 것이다. 모자이크층상에서 국소적으로 음성 전하가 어느 정도 증가되면 기화가 일어난다. 모자이크 배열의 구조가 자유로워지고 족쇄가 풀리는 것이다(15장). 음으로 대전된 배열 위에 양전하를 위치시키면 위로 솟구치는 힘이 생긴다. 양전하는 기화하는 물을 위쪽으로 쉽게 끌어 올린다. 실험을 통해 우리는 양으로 대전된 전극을 물 위에 놓으면 기화가 증가하는 현상을 확인했다. 따라서 끌어당기는 힘은 이런 방식으로 설명이 가능하다.

어쨌든 위로 밀어내는 힘이 물기둥의 상승을 돕는다. 그러나 한편 아래쪽에 있는 양전하가 밀어 올리는 힘도 존재한다.

물 표면 아래 모세관 부위를 생각해보자(그림 16.13, 오른쪽). 물에 집어넣은 친수성 모세관은 관 안쪽과 바깥쪽 모두에서 고리 모양의 배타 구역을 빠르게 만들어낸다. 공간의 제약 때문에 관 안쪽의 히드로늄 이온 농도가 올라간다. 이들 이온은 음으로 하전된 것이라면 어느 것에도 달라붙는다. 고리 모양의 배타 구역과 모자이크 소체의 구조는 이들 양이온의 바로 위쪽에 위치한다. 밀집된 이들 공간에 존재하는 많은 양의 양전하가 서로를 밀쳐낸다. 이런 반발력이 물 표면을 위로 밀어 올린다.

따라서 모세관 안에서 물기둥이 올라가는 현상은 두 가지 측면에서 이해할 수 있다. 정전기적 인력이 물 표면 위쪽에서 끌어당기고 마찬가지로 아래쪽에서도 정전기적 인력이 위로 밀어 올린다. 두 가지 종류의 힘은 결국 모세관의 배타 구역에서 만들어진 양전하로부터 유래한다.

전하에 근거를 둔 원리를 빌려 설명하는 것이 타당해 보이는가? 뉴턴도 그렇게 생각한 것 같다. 이미 오래전에 아이작 뉴턴은 모세관 현상이 전기적 기원을 가질 것이라고 언급한 적이 있었다.[11] 잊힌 그의 말이 새롭게 의미를 획득하는 순간이다. 이제 질문은 이것이다. 이런 정전기적 원리가 모세관 현상의 기본적인 특성일까?

만일 그렇다면, 우선 첫째로 우리는 모세관 상승 현상이 벽 근처에서 뚜렷하게 드러날 것이라고 예측할 수 있다. 힘이 시작되는 곳이기 때문이다. 직경이 넓은 관을 쓰면 내벽 근처에서 물기둥이 꽤 올라간다. 부분적으로 메니스커스가 생기고 나머지 부분은 평평한 상태로 존재하는 것이다. 그러나 좁은 관을 쓰면 관의 단면 전체에 걸쳐 물기둥이 오르는 것을 관찰할 수 있다. 이런 현상은 쉽게 관찰된다. 관의 직경이 얼마가 되었건 벽 주변에는 메니스커스를 볼 수 있다. 그러나 관 전역에서 엿볼 수 있는 경우는 관의 직경이 좁은 경우뿐이다.

관의 직경이 충분히 좁다면 물기둥은 매우 높아질 것이라고 예측할 수 있다. 위로 솟구치는 힘이 아래로 내리려는 힘(중력)과 균형을 이루면 물기둥은 더 이상 올라가지 않는다. 이 두 종류의 힘은 특징적으로 변화한다. 위로 향하는 힘은 모세관의 둘레에 따라 증가하지만 내려가는 중력의 힘은 관의 단면적에 비례하여 커진다. 좁은 관에서 둘레가 줄고 따라서 올라가는 힘이 감소하지만 단면적은 더 줄어든다.* 따라서 관이 좁을수록 중력이 더 줄어들기 때문에 물기둥이 더 올라갈 것이다. 이는 일상에서 쉽게 경험할 수 있는 현상이다.

두 번째로 우리는 뜨거운 물이 더 빠르게 물기둥을 올릴 것이라고 예상했다. 열을 가하면 기화가 빨라질 것이고 그러면 물기둥이 신속히 높아져야만 한다. 우리는 뜨거운 물이 상온의 물보다 2~3배 빠르게 물기둥을 올린다는 것을 확인했다.

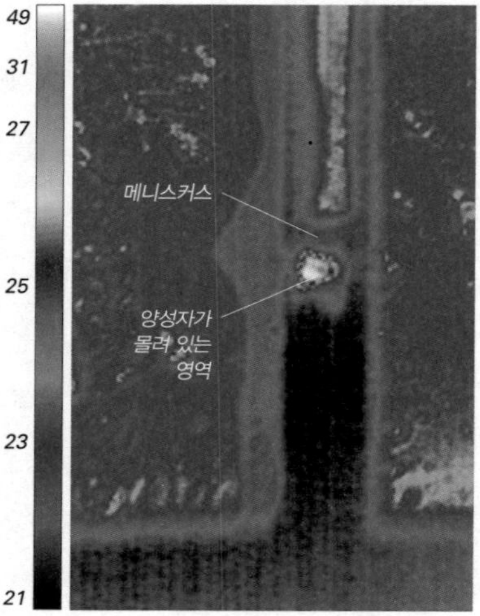

그림 16.14
모세관 내부를 흐르는 물의 적외선 이미지. 메니스커스 바로 아래 '뜨거운' 영역을 눈여겨보라. 단위는 섭씨이다.

세 번째로 우리가 예상하는 것은 밀어내는 원리와 관계가 있다. 물 표면 모자이크층 바로 아래 있는 농축된 양성자가 관건이 된다. 고농도의 양성자는 강한 적외선 신호를 만들어낸다. 조금 뒤 그런 예들을 살펴볼 것이다. 우리도 비슷한 현상을 발견했다. 표면 메니스커스 바로 아래에서 강한 적외선 신호를 발견할 수 있었다(그림 16.14).

네 번째로 기대할 수 있는 것은 소수성 모세관에서는 물기둥이 솟아오르지 않을 것이라는 사실이다. 모든 추동력은 배타 구역이 만들어낸 양전하에 의해 발생되기 때문이다. 소수성 표면은 배타 구역을 만들어내지 못한다. 따라서 물은 소수성 모세관을 타고 오르지 못한다. 그리고 그것은 사실이다.

마지막으로 이런 원리는 매우 보편적이라는 사실이다. 여기서 제시한 원리는 우리가 삼투 과정에서 물을 다룰 때와(그림 11.8) 흡사하다고 볼 수

* 굳이 설명을 덧붙이자면 원의 둘레는 $2\pi r$이지만 원의 면적은 πr^2이다.

있다. 또 물이 그물망과 비슷한 물질에 끌리는 것도 마찬가지다(그림 11.11). 모든 것이 양성자에 의해 매개된다. 따라서 전하에 바탕을 둔 원리는 물이 매개하는 많은 현상을 설명할 수 있다. 아마도 전부 다 일 것이다. 이런 보편성은 정전기적 상호작용에 바탕을 둔 것이다.

커다란 나무 끝까지 물이 올라간다

모세관 현상은 석영 모세관이나 종이 냅킨에 국한되지 않는다. 자연계에서도 이 현상을 관찰할 수 있다. 모세관 현상은 특히 식물계에서 빈번하게 관찰된다. 100미터가 넘는 미국 삼나무 꼭대기까지 어떻게 물이 운반될 수 있을까? 나무 안에는 매우 좁은 물관 xylem 이 뿌리에서 이파리까지 연결되어 있다. 물을 상부로 운반하기 위한 설계이다.

물관을 통한 물의 이동은 논란이 매우 많은 분야이다. 과학자들 상당수가 모세관 현상 때문에 물이 위로 올라간다고 생각한다. 그러나 두 가지 논점이 이런 가설에 발목을 잡는다. 하나는 '떠 있는 물기둥'이 너무 무거워서 10미터 이상 올라가지 못할 것이라는 점이다. 다른 하나는 물관을 채운 용액 사이에 있는 공기 주머니가 물의 흐름을 방해할 것이라는 사실이다. 빨대에서 자주 볼 수 있어서 우리도 잘 알고 있는 것이다. 과학자들은 이 논점을 두고 시종일관 다툰다.

앞에서 모세관 현상을 살펴보았듯 이 논점은 그리 큰 문제가 되지 않는다. 물기둥은 떠 있는 것이 아니라 벽에 붙어 있는 것이다. 그리고 중간에 공기가 채워져 있다고 해서 벽을 따라 상승하는 물의 흐름을 방해하는 것은 아니다. 문제는 그런 원리가 식물이나 나무에서 실제로 진행되느냐 하는 것이다. 또 실제 물관이 배타 구역을 가지느냐 하는 것이었다. 답은 그렇다이다.

물관에서 배타 구역을 찾기 위해 식물 물관 분야의 거목인 호주의 마틴 캐니Martin Canny에게 연락을 했다. 그는 캔버라에 살고 있었다. 나는 그를 방문했던 때를 떠올렸다. 그는 자신의 처가에 나를 재울 정도로 친절했다. 마틴은 사냥꾼 거미를 무심한 듯 언급했다. 이 털북숭이 거미는 크지만 전혀 해롭지는 않다. 그러나 붉은 점을 가진 작은 거미는 주의해야 했다. 이들은 음침하고 건물 빈틈에 숨어 있다. 호주를 방문했던 사흘 동안 나는 전혀 잠을 이루지 못했다.

그림 16.15 물관으로 집어넣은 잉크 입자의 주사전자현미경 이미지(얼린 시료이다). 입자들은 물관 내벽의 표면에서 배제되어 있다. 마틴 캐니가 제공했다.

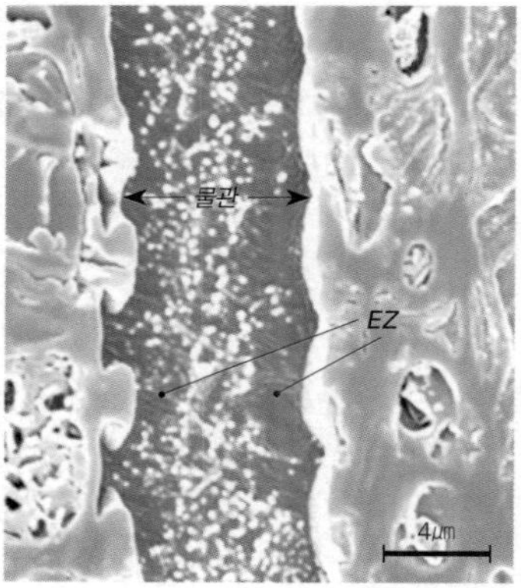

어쨌든 나는 마틴과 모세관 현상에 대해 토론할 수 있었다. 마틴은 배타 구역에 호기심을 보였다. 내가 호주를 방문을 마친 다음 그는 실제 실험을 수행했다. 그는 작은 잉크 입자를 물관에 집어넣고 시료를 빠르게 얼린 다음 주사전자현미경으로 관찰했다. 결과는 원하는 대로였다(그림 16.15). 우리 둘 중 누가 더 흥분했는지 기억나지 않는다. 마틴일 수도 있고 나일 수도 있다. 물관에는 정말로 배타 구역이 존재한다는 사실을 실험으로 확인한 순간이었다.

우리가 틀리지 않았다는 것을 확인하는 과정이기도 했다. 만일 고리 모양의 배타 구역이 물관에 존재한다면 그것은 분명 물관의 생리학에서 어떤 역할을 할 것이 분명하다. 나피온 관 안에 생긴 고리 모양의 배타 구역은 관 내부 유체의 흐름을 가능하게 했는데(7장), 그것은 관 내부를 흐르기 위해 무엇이 필요한지 말해주는 결과였다. 사실 나피온 관(혹은 겔)의 내부를 흐르는 현상은 식물의 물관에서 어떤 일이 일어나는지도 설명해줄 것이다.

나피온 유체 모델에서 핵심적인 사항은 모든 것의 중심에 양성자가 있다는 사실이다. 양성자가 유체의 흐름을 추동하는 것이다. 그렇다면 물관에도 양성자가 잔뜩 채워져 있는 것일까? 교과서에는 물관의 액체가 낮은 pH를 갖는다고 말한다. 현대적인 기법을 이용해서 비교적 정확한 pH 값을 확인할 수 있었다. 예를 들어 옥수수가 싹을 틔울 때 물관의 pH는 4~5 정도이다.[12]

따라서 물관은 마치 나피온 관처럼 보인다. 두 관 모두 고리 모양의 배타 구역을 가지고 있고 중앙에 양성자가 존재한다. 흐름을 추동하는 과정이 같다고 해서 비약을 할 필요는 없다. 우리는 이런 현상을 모세관 흐름이라고 얘기할 수도 있겠지만 관습에서 벗어나서 **양성자**에 의해 **추동된** 흐름이라고 말하는 것이 보다 정확할 것이다.

양성자에 의해 추동된 흐름은 기화를 통한 물의 손실을 대체할 수 있다. 식물은 잎을 통해 수분을 발산한다. 마찬가지로 일부 배타 구역층을 제외하고 물관의 꼭대기가 일시적으로 말라버릴 수 있다. 이들 배타 구역에 붙어 있는 양성자는 모세관 현상에서 그러하듯이 아래쪽에 있는 물을 위로 끌어 올릴 수 있다. 끊임없이 위로 끌어 올리는 움직임에 의해 나무의 이파리가 촉촉하게 유지되는 것이다.

이 원리에 따르면 높이는 큰 문제가 되지 않는다. 물관이 충분히 좁아서 중력이 있다고 하더라도 물을 끌어 올리는 힘을 잃지 않을 것이기 때문이다. 물관 상부의 직경은 마이크로미터 정도이다. 아래로 내려가면 폭이 더 넓어지기는 하지만 물관의 내부는 일반적으로 친수성 복합체 섬유가 들어차 있어서 내부의 폭을 줄이는 효과를 부가적으로 갖는다. 배타 구역은 이들 표면에 달라붙는다. 그리고 일반적인 물도 양성자를 많이 가지고 있어

가을을 수놓는 색.

서 배타 구역에 쉽게 들러붙는다. 이렇게 달라붙은 물기둥의 무게는 상당하다. 물관이 무게를 지탱할 수 있고 충분히 좁기 때문에 물이 높은 위치까지 올라가는 데 따르는 별다른 어려움은 없다.

그러나 이 과정에 관여하는 에너지학은 언급할 필요가 있다. 위로 향하는 힘을 가능하게 하기 위해서는 에너지가 필요하다. 높은 댐 위로 물을 펌프질 하려면 에너지가 필요한 것과 마찬가지다. 우리에게 이 에너지원은 나무로 곧바로 유입해 들어오는 복사 에너지다. 복사 에너지가 친수성 관 안에서 물을 흐르게 하듯이 물관 안에서도 물이 솟구칠 때 에너지를 공급한다.

유입되는 복사 에너지가 흐름을 직접적으로 유도할 수 있다면 이런 과정이 계절에 따라 달라지는 것도 이해할 수 있을 것이다. 봄이 오면 흐름이 시작된다. 복사 에너지가 뭉게뭉게 피어나기 때문이다. 이 흐름은 여름에 극에 달하고 가을이면 주춤했다가 겨울이면 멈춘다. 가을에 복사 에너지의 유입이 줄어들기 때문에 물의 흐름도 마찬가지로 줄 것이라고 생각할 수 있다. 낙엽이 지고 떨어져 다시 땅으로 돌아간다.

떠 있는 물방울

마지막으로 자연 상태의 물 표면에 대해 살펴보자. 가령 빗방울이 물 표면에 떨어지면 무슨 일이 일어날까? 직관적으로 빗방울이 즉시 물 표면에 합류할 것이라는 생각이 든다. 그러나 물방울이나 물의 표면은 배타 구역을 가지고 있기 때문에 즉시 합류하지 않을 수도 있다.

학생들을 통해 나는 물방울의 합류가 지연되는 사실을 처음 알게 되었다. 뱃전에 모인 물은 가끔씩 방울져 호수로 떨어진다. 자주는 아니지만 이 물방울은 호수에 합류하기 전에 잠시 물에 떠 있기도 한다. 떠 있는 물방울을 한번 보게 되면 어디에서든 떠 있는 물방울을 관찰할 수 있게 될 것이다. 비가 몰아칠 때 대리석 바닥에 떠 있는 물을 생각해보라.

물방울의 합류가 지연되는 현상이 알려진 지는 꽤 오래되었고 연구도 간헐적으로 이루어졌다. 그러나 그 원인을 아는 사람은 드물었다. 연구를 진척시키면 물의 비밀 하나를 더 밝힐 수 있다는 믿음에 입각해서 우리는 고속 촬영을 통해 이 현상을 좀 더 살펴보기로 했다.[13] 조건만 잘 맞추었더니 물방울이 떠 있는 모습을 자세히 관찰할 수 있었다. 10밀리미터가 조금 안 되는 높이에서 떨군 물방울은 물 표면에 합류하기 전에 잠시 동안 일관되게 물에 떠 있었다(그림 16.16).

그림 16.16
물 위로 떨어지는 물방울. 적당한 조건이 주어지면 물에 합류하기 전 물방울은 한동안 지속될 수 있다.

한편 물방울이 또르르 옆으로 굴러가기도 하면서 물 표면에 합류되는 시간도 길어졌다. 물방울은 수 초 동안 지속되기도 했다. 이런 시간의 지연은 표면 배타 구역층에서 물방울이 튀어 오르는 시간 때문일지도 모른다. 물방울이 굴러갈 때 접촉면은 계속해서 변한다. 물방울은 계속해서 새로 튀어 올라야 한다. 물에 합류하는 데 시간이 필요하다.

사실 물방울은 물 표면에서 대여섯 번 튀어 오른 다음에야 마침내 물 표면에 합류하게 된다.[13] 각각의 도약 단계마다 물방울은 자신의 성분 일부를 아래쪽에 있는 물 표면에 빼앗긴다. 간혹 물방울은 표면에 파도를 일으킬 정도로 힘차게 떨어지기도 하고 옆에 있는 물방울을 튀어 오르게 할 수도 있다(그림 16.17).

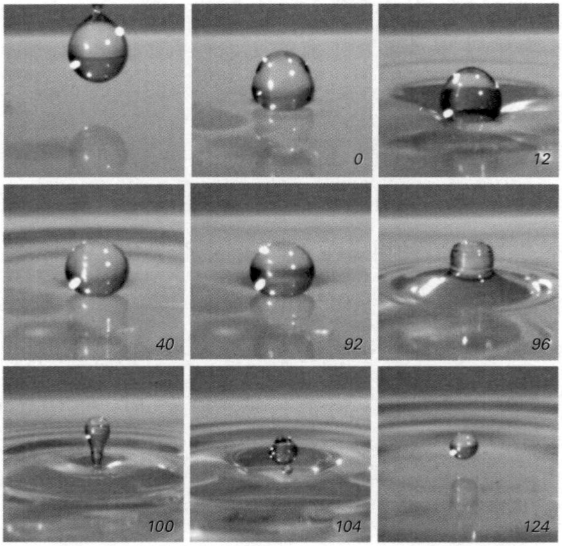

그림 16.17
물방울이 물에 합류되는 과정.[13] 숫자는 물방울이 물 표면에 떨어진 뒤 경과한 시간이다(1000분의 1초).

그림 16.17에 있는 이미지 중 몇 가지는 매우 친숙한 것이다. 비슷한 이미지를 책이나 잡지 혹은 웹 사이트에서 쉽게 볼 수 있다. 물의 이런 특징적인 움직임은 수수께끼로 알려져 있다. 궁금하다면 독자 여러분들도 도

전해보라. 아마 첫 번째 튀어 오른 물방울이 어떤 힘을 내놓을지도 모른다. 튀어 오른 물방울이 여분의 양전하를 가지고 있다면 다음 과정이 계속될 수 있다. 여러 번 튀어 오른 연후에야 물방울은 비워질 것이고 그제야 이들은 대양에 합류된다.

결론

배타 구역을 포함하는 구조가 물 표면을 수놓는다. 이들 표면 구조는 소체의 집합체로 구성되어 있다. 아마 배타 구역 물질도 가지고 있을 것이다. 이들은 자가 조직화 과정을 거쳐 모자이크 배열을 취한다. 이런 배열은 물 표면에서 아래쪽으로 수 밀리미터 혹은 수 센티미터까지 확장될 수 있다. 실험실 조건에서 그렇다. 그러나 열린 자연의 공간에는 유입되는 복사 에너지양이 상당하기 때문에 그 깊이가 수십 혹은 수백 미터에 이르기도 한다. 이런 관 모양의 모자이크 구조가 계면의 장력을 만들어낸다.

실제 자연 상태의 물에서 관찰되는 계면 장력의 세기는 매우 커서 조그마한 도마뱀이 물 위를 뛰게 할 수 있고 배가 물에 떠 있게 할 수도 있다. 이런 장력을 만들어내는 것은 모두 물 표면 아래 형성된 배타 구역 모자이크 구조이다. 이 구조를 이용해 물이 빚어내는 많은 현상을 설명할 수 있다. 배가 지나간 자국, 지진 해일의 거대한 파도, 나무 물관의 모세관 현상, 물방울이 물에 떠 있는 현상 등이 그런 것이다.

이런 모자이크 구조를 가진 물 표면을 우리가 걸을 수 있느냐는 다른 문제이다. 지금까지 우리가 살펴본 바에 따르면 그러지는 못할 것이다. 과거 한 번 그런 일이 일어났다는 얘기가 회자되기는 하지만 말이다.

할머니의 '맛난' 아이스크림 만들기
재료:
- 배티 구역 물(1리터)
- 양성자(적정량)
· 중간 크기 사발에 배티 구역 물을 넣는다. 양성자를 넣고
잘 섞는다.
· 혼합물을 얼음 틀에 재빠르게 붓는다.
· 결정이 형성되면 맛있게 먹는다.

17장

따뜻한 채로 얼리기

에라스토 음펨바(1950~).

1963년 당시 에라스토 음펨바Erasto Mpemba는 탕가니카(현재의 탄자니아) 지역의 중학교 학생이었다. 아이스크림에 관한 요리 실습이 있던 어느 날이었다. 탕가니카에 사는 대부분의 중학생들은 요리사가 되는 것에 흥미가 없었기 때문에 수업은 건너뛰기 십상이었다. 아이스크림을 만들기 위해 학생들은 재료가 미리 섞인 가루를 물속에 넣은 다음 대충 휘휘 젓고 냉동고에 집어넣었다. 그러고 먹기만 하면 되었다.

음펨바는 뭔가 이상한 사실을 알아챘다. 찬물 대신에 미지근한 물을 사용해서 분말을 섞으면 아이스크림이 더 빨리 만들어지는 것이었다. 마치 따뜻한 물이 더 쉽게 어는 것 같았다. 중학교 선생님은 그런 일이 불가능할 것이라고 했지만 음펨바는 그 현상이 뇌리를 떠나지 않았다.

음펨바는 직관에 반하는 이 현상을 잊을 수가 없었다. 음펨바는 고등학생이 되었을 때 이 사실을 선생님에게 말했다. 물리학 교수였던 데니스 오즈번Denis Osborne은 과학의 놀라움을 학생들에게 깨우치기 위해 특별히 초빙되었던 선생님이었지만 그의 반응은 시큰둥했다. 열역학에 기초해서 생각해보아도 뜨거운 물이 찬물보다 더 빨리 언다는 것은 불가능할 것이기 때문이었다. 그럼에도 불구하고 음펨바는 생각을 굽히지 않았다. 마침내 그는 오즈번을 설득해서 정제수를 가지고 실험을 해보기로 했다. 놀라운 일이 벌어졌다. 오즈번이 음펨바의 관찰 결과를 재확인하는 데는 긴 시간이 걸리지 않았다.

이들의 논문은 이제 고전이 되었다.[1, 2] 이 현상을 현대적으로 재현한 영상도 존재한다.[3, 4] 이런 역설적인 현상의 중요성을 놓치지 않고 감지한 어린 중학생에게 공로를 돌려야 마땅하겠지만, 이와 비슷한 현상은 이미 오래전에 알려져 있었다. 아리스토텔레스도 그중 하나이다.

이른바 '음펨바 효과Mpemba effect'♦라고 불리는 이 역설적인 현상은 얼음이 만들어지는 과정에서 관찰되는 유일한 것은 아니다. 얼음은 고체처럼 보이고 움직이지 않는 물 덩어리이지만 얼음이 어는 과정을 정확히 이해하기 위해 풀어야 할 역설적인 과정은 의외로 여러 가지가 있다.

이제는 익숙해진 질문에서 얘기를 끌어가 보자. 배타 구역이 어떤 역할을 하는 것일까? 배타 구역의 구조가 얼음과 비슷하다면 배타 구역이 관여하는 것은 불가피한 것처럼 보인다. 예컨대 배타 구역은 얼기 전 물의 상태일 수 있다. 그렇지만 (상황이 달라지면) 녹을 수도 있다. 그렇다면 이제 우리는 얼음이 얼기 위해서 온도의 하강이 가장 중요한 요소인가 하고 질문할 수 있을 것이다. 혹은 차갑게 하는 것은 단지 얼음이 만들어지는 어떤 다른

♦ 싱가폴 난양공대 연구진이 이른바 '뜨거운 물이 찬물보다 먼저 어는 이유'인 음펨바 효과를 해명했다는 논문이 실렸다(https://arxiv.org/abs/1310.6514). 2013년 일이다. 하지만 아직 완전히 이해했다고 보기 힘들다. 본문을 보라.

과정을 촉발하는 것일까?

얼음이 만들어지는 과정에서 음펨바가 발견한 것보다 더 근본적인 역설이 있는지 살펴보자.

에너지 역설

물이 얼기 위해서는 에너지가 빠져나와야 된다고 흔히들 말한다. 이 과정을 생각해보자. 물이 들어간 제빙 상자를 냉동고에 넣는다고 하자. 여기에서 충분한 열이 빠져나가면 물은 얼음이 된다. 거꾸로도 해볼 수 있다. 얼음을 꺼내 공기 중에 놓으면 얼음은 녹는다. 따라서 에너지를 가하면 보다 무질서한 액체, 즉 물이 된다. 반면 에너지를 빼내버리면 보다 질서 있는 얼음 결정이 된다.

이상은 우리에게 익숙한 사실이지만 뭔가 이상하다. 지금까지 살펴본 바에 따르면 결정이 가지는 질서를 갖추기 위해서는 에너지를 집어넣어야 한다. 질서를 확립하고 엔트로피를 줄이려면 일반적으로 에너지를 집어넣어야 한다. 배타 구역을 조직화하기 위해 전자기 에너지가 필요했다. 에너지를 더 제공할수록 조직화된 구역이 넓게 확장되었다.

이런 원칙이 상식에 걸맞다. 만약 여러분이 모래성을 보다 정교하게 만들고자 한다면 거기에 에너지를 더 투자해야 한다. 그러나 이 건축물을 부수는 데는 에너지가 거의 소모되지 않는다. 그저 툭 건드리기만 해도 된다. 잘 알다시피 조직화된 구조를 만드는 작업에는 상당한 양의 에너지가 유입되어야 한다.

이런 모든 것이 합리적이라면 우리는 바로 난관에 부딪힌다. 물이 어는 각본에 뭔가 맹점이 있는 것처럼 보이기 때문이다. 얼음은 견고하게 조직화된 결정이다. 따라서 우리는 얼음을 만들기 위해 에너지를 넣어주어야 할 것이다. 그렇지만 일상생활에서의 경험에 의하면 우리는 에너지를 뽑아내야만 한다.

과학자들은 얼음 형성이 열역학 운동 법칙에 반하는 것이라고 추론한다. 온도가 내려가면 열적 운동은 감소한다. 따라서 온도를 떨어뜨리면 물 분자의 운동은 그들의 본성에 따라 자가 조직화하면서 얼음 결정으로 변한다. 겉보기에 이 말은 합리적으로 들린다. 그렇지만 이것은 열역학적인 의문을 불러일으킨다. 만약 배타 구역을 형성하기 위해 질서도를 올려야 한다면 에너지를 집어넣어야 한다. 그렇다면 왜 질서도를 올려 얼음을 만드는 과정에서는 에너지를 빼내야 하는가?

내 동료인 리 헌츠먼Lee Huntsman은 과학자이자 공학자이지만 연구를 접고 우리 대학의 총장으로 부임했다. 그는 내게 이러한 역설을 일깨워준 사람이다. 내가 대학에서 공개 발표를 마치자 그가 다가왔다. 의례적인 수인사를 마치자 그는 열역학적 역설이 (내가 가장 그럴 것이라고 생각했던) 상호작용에 관한 것이 아니겠냐고 물어왔다. 그 생각이 오랫동안 뇌리를 떠나지 않았다.

마침내 우리는 그 역설을 설명할 수 있었다. 또한 뭔가 새로운 이해의 지평을 넓힐 수 있었다. 나는 물에서 얼음으로의 전이를 촉진하는 거대한 내부 에너지 저장소에 대해 알게 되었다. 이들 내부 에너지가 방출되면 얼기에 적당한 조건이 충족된다. 결국 에너지는 조직화를 구축하는 데 사용되는 셈이다. 이는 배타 구역 형성 과정에서 그러는 것과 다를 바가 없었다.

에너지 역설 풀기: 배타 구역이 주인공

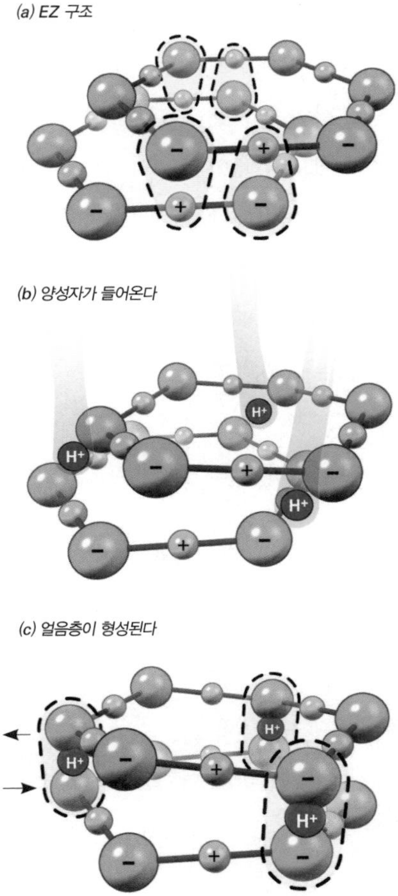

그림 17.1
배타 구역이(a) 얼음으로 전이된다. 이때 양성자와(b) 층의 이동이 수반된다(c). (얼음 평면은 국지적 인력과 반발력 때문에 서로 편평하지 않다.)

얼음이 물에서 비롯되는 것은 명백하지만 그 물이 일반적인 물인지 혹은 배타 구역 물인지는 확실하지 않다. 그렇지만 배타 구역과 얼음의 조직 모두 벌집 판구조를 가지기 때문에 이들 두 상 간에 어떤 연관성이 있을 것이라고 자연스럽게 생각할 수 있다. 배타 구역에서 얼음으로의 상전이는 관찰하기도 쉽다.

또 배타 구역과 얼음 구조의 차이에서 상전이를 촉진하는 어떤 단서를 찾을 수 있을지도 모른다(그림 17.1). 배타 구역 구조에서는 인접하는 상하 평면에 존재하는 원자들끼리 약간 어긋나 있다(a). 한 평면에 있는 하전은 다른 평면에 있는 하전과 반대이다. 따라서 배타 구역 평면 간에 인력이 유지된다. 반면 얼음은 벌집 판구조 위아래가 정렬되어 있다(c). 산소 원자와 산소 원자가 서로 마주 보고 있고, 수소 원자와 수소 원자도 서로 마주 보고 있다. 이들이 근접해 있기 때문에 국소적으로 반발력이 생긴다. 정상적인 경우라면 이 반발력은 육면체 평면을 서로 멀리 밀쳐낼 것이고 구조를 와해시킬 것이다. 그러나 자연은 여기에서 꾀를 부렸다. 양성자를 이용해서 이들 판을 서로 붙여놓은 것이다(c). 양성자는 인접하는(판에 놓인) 산소 쌍들 사이에 끼어 들어간다. 이런 방식으로 양의 하전이 두 개의 음의 하전을 띤 원소를 붙잡고 있다. 이렇게 배타 구역 물이 얼음으로 고형화된다.

사실 배타 구역에서 얼음으로 전이하는 과정에는 방대한 양의 양성자가 필요하다(b). 이들 양성자가 배타 구역 격자 사이에 양의 전하를 더해주기 때문에 통상 음성 하전을 띤 배타 구역 구조가 전기적으로 중성인 얼음으로 변화한다. 이때 판 사이의 양성자도 공간을 차지하려 하기 때문에 배타 구역 평면은 조금씩 서로 밀쳐낸다. 얼음의 밀도가 낮아지는 이유이다(물에 뜬다). 따라서 배타 구역-얼음 전이가 가능할 것 같다. 이를 통해 얼음의 기본적인 특성을 최소한 일부는 설명할 수 있다.

배타 구역-얼음 전이는 에너지 관점에서도 문제가 없다. 배타 구역은 양성자를 축출한다. 이렇게 쫓겨난 양성자가 전위차 에너지를 구성한다. 음의 하전에서 양의 하전이 분리되는 것이다. 만약 어느 순간 양성자가 되돌아가 음성인 배타 구역을 중화시킬 수 있다면 그것이 곧 얼음이 되는 것이다. 전위차 에너지가 투항하는 셈이다. 따라서 우리의 기대는 충족되었다. 조직화된 구조를 좀 더 조직화된 구조로 전환하는 데 에너지가 사용된다(그림 17.2).

이론적인 추상을 증명하기 위해 이런 특성을 감안하여 배타 구역-얼음

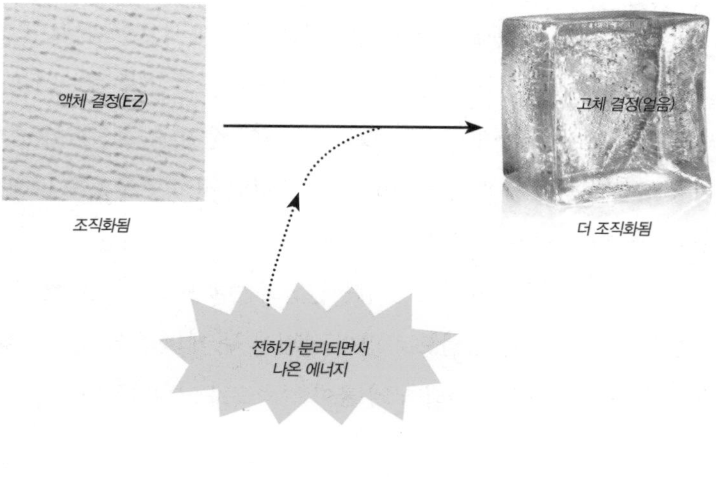

그림 17.2
배타 구역에서 얼음으로 전이되는 과정의 에너지학. 필요한 에너지는 분리된 양성자에서 유래한다.

전이를 실험해볼 수 있을 것이다. 우리는 정확히 얼음이 어떻게 형성되는지 조사하기 시작했다.

배타 구역이 얼음의 전 단계라는 증거

실험을 위해 넓은 냉각판을 사용했다. 판 위에 나피온 띠를 놓고 거기에 물을 몇 방울 떨어뜨렸다(그림 17.3). 이제 판을 얼릴 차례다.

나피온 근처 배타 구역이 언제나 처음 얼기 시작하는 장소였으며 일반적인 물보다 빨리 얼었다. 물과 나피온의 계면을 따라 결빙이 시작되는 것이 전형적이었다(아래 왼쪽 그림의 흰 점). 얼음은 계면에서 먼저 얼고, 다음은

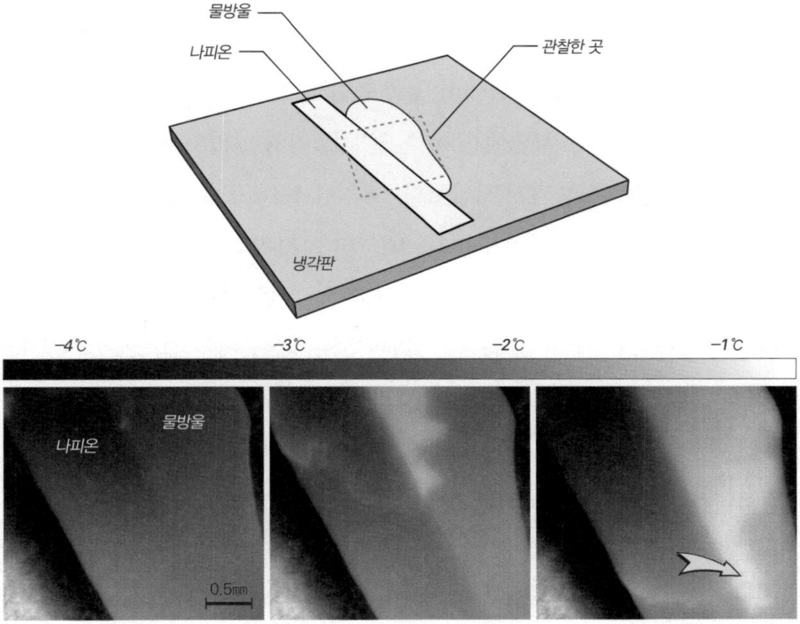

그림 17.3
냉각판에서 물방울이 어는 과정을 적외선 카메라로 연속 촬영했다. 나피온 띠 바로 옆에 물방울을 떨어뜨렸다. 이때 형성된 배타 구역에서 물이 얼기 시작해서(왼쪽, 흰 점) 점차 확장된다(오른쪽, 화살표).

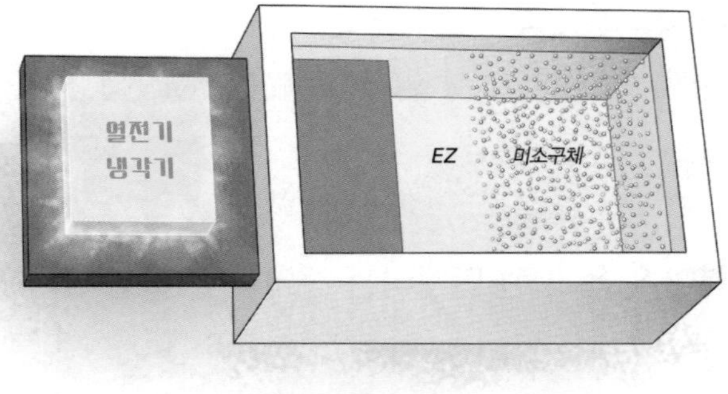

그림 17.4
배타 구역과 얼음 형성 간 관계를 알아보기 위한 냉각 실험 장치.

그 면에 수직인 곳으로 확장되었다. 배타 구역을 따라 길게 얼음이 생기고 다음에 일반적인 물에서 결빙이 시작되었다(아래 오른쪽 그림의 화살표).

우리는 완전히 다른 실험 장치에서도 배타 구역의 결빙을 확인했다(그림 17.4). 그림처럼 냉각전도 물질을 물과 미소구체가 들어 있는 실험 용기에 집어넣었다. 용기 안에 들어 있는 냉각전도 물질 판은 밖에서부터 차갑게 식어 들어간다. 이 판을 전기 냉각 장치를 이용하거나 냉매에 노출시키면 된다. 어떤 경우든 이 판은 물에서 열을 뽑아낼 것이다.

물은 차가워지지만 처음에는 아무 일도 생기지 않았다. 다음에 판 근처에서 배타 구역이 형성되기 시작했다. (판은 이 과정에 큰 영향을 미치지 않는다. 왜냐하면 판은 단지 열을 전도할 뿐이기 때문이다.) 더 차가워질수록 배타 구역이 확장되어 갔다. 때로 약 500마이크로미터 혹은 그 이상에 이르기도 했다. 그 다음에 두 가지 사건이 일어났다. 어떤 경우 미소구체가 갑작스럽게 배타 구역을 침범하기도 했으며 그대로 무리를 이루어 얼기 시작했다. 다른 경우에는 미소구체가 배제된 채로 배타 구역이 얼기도 했다. 어떤 경우든 배타 구역은 얼음의 전구체였으며 그것은 나피온 물방울 실험에서와 다를 것이 없었다.

부차적인 질문이 하나 있다. 어떻게 냉각판이 배타 구역을 형성할 수 있을까? 배타 구역이 만들어지기 위해서는 일반적으로 적외선 에너지가 필요하기 때문에 우리는 처음에 이런 상황이 역설적인 것이라고 보았다. 냉각판의 표면이 적외선 효과를 줄인다면 최초의 배타 구역이 움츠러들지언정 확장될 것이라고는 전혀 기대하지 않았기 때문이었다.

그러나 이런 상황에서는 비대칭성asymmetry 때문에 배타 구역이 예상했던 것보다 훨씬 많은 적외선을 수용할 것이라고 추론했다. 그림 17.4와 같은 설정에서 냉각판은 인접한 물에서 왼쪽으로 적외선을 끌어들일 것이다. 그렇지만 멀찍이 떨어진 일반적인 물에서도 차가운 판을 향해 적외선을 내보낼 수 있다. 이 적외선은 배타 구역을 통과해 들어갈 것이다(이것이 배타 구역의 형성을 돕는다). 이런 식의 밀고 당기는 작용에 의해 충분한 양의 적외선이 만들어진다. 다량의 적외선 에너지가 배타 구역을 통과하며 흐르면 배타 구역이 확장되고 그것이 뚜렷하게 얼음으로 전환되는 것이다.

부차적인 질문에 대한 답은 만족스러워 보인다. 왜냐하면 배타 구역이 커가기 위해서는 양성자가 자라나는 배타 구역 밖에 축적되어야 하기 때문이다. 이렇게 분리된 양성자는 배타 구역으로 침입하려는 태세를 갖춘

눈꽃 결정

거의 대부분의 사람들은 눈 내리던 순간의 환희를 기억할 것이다. 눈 결정은 육각형이고 대칭을 이룬다. 여러 층의 판이 켜켜이 쌓이면서 육각형 질서를 만들어낸다(사진을 보라). 이런 대칭형 구조를 이루려면 육각형 주형이 이 과정을 추동해야 한다. 배타 구역이 그 역할을 다 할 것이다.

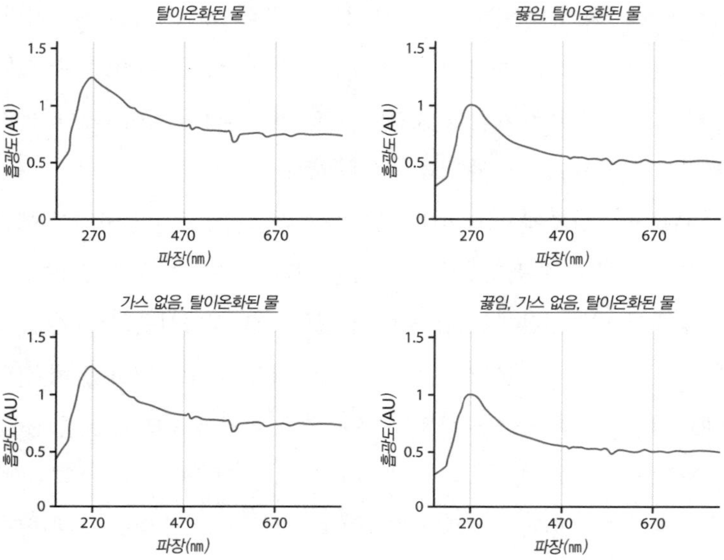

그림 17.5 바로 녹기 시작한 물의 분광학적 데이터. 270나노미터에서 흡수 피크가 보인다.

다. 우리는 이 추론이 틀리지 않다고 생각했다.

녹는 것은 어떤가? 배타 구역에서 얼음으로의 상전이를 어는 것이라고 한다면, 녹는 것은 결국 얼음이 배타 구역이 되는 것이다. 이런 예상은 쉽게 확인할 수 있다.[5] 분광학 기계의 큐벳에 작은 얼음 조각을 넣고 녹기 시작하는 얼음을 관찰해보자. 얼음이 녹기 시작하면 틀림없이 270나노미터 영역에서 배타 구역의 전형적인 흡수 피크를 관찰할 수 있을 것이다. 이 피크는 녹기 시작하는 어떤 종류의 물에서도 확인할 수 있다(그림 17.5). 피크는 수십 초 지속되다가 물이 완전히 일반적인 물로 전이되면서 사라진다.

따라서 물이 얼거나 녹는 것은 큰 문제가 되지 않는다. 어떤 경우든 배타 구역과 얼음의 상태는 긴밀하게 연결되어 있다. 그들의 구조가 유사하다는 점을 생각하면 그리 놀랄 것도 없다.

온도와 얼음의 형성

배타 구역과 얼음 사이의 연관성을 확인했으므로 이제 이 가설의 두 번째 측면을 살펴보자. 바로 양성자 유입에 관한 것이다. 배타 구역이 형성되면서 양성자가 만들어지기 때문에 이들은 쉽게 이용이 가능하다. 또 이들이 배타 구역에 침범해 들어가면서 얼음이 만들어지는 것이다.

그러나 먼저 온도 문제를 해결해야 한다. 대부분의 과학자들은 양성자의 유입이 아니라 냉각이 얼음 형성에 결정적인 요소라고 생각한다. 양성자 유입이 중요하고 온도를 낮추는 것이 부차적인 것이라고 하면 다들 의아하게 여길 것이다. 어는 것이 항상 일정한 온도에서 일어난다면 냉각은 어떤 역할을 하는 것일까? 고정된 어는 온도는 심지어 섭씨Celsius 척도의 기준점을 정의하는 데 사용되기도 한다.

섭씨 0도에서 얼음이 언다는 것은 어린아이들도 잘 안다. 상식이다. 그렇지만 얼음이 언제나 이 온도에서 어는 것은 아니다. 물에 용질이 녹아 있을 때, '총괄성colligative' 법칙에 따라 얼음이 어는 온도가 몇 도 정도 내려가는 것을 말하는 것은 물론 아니다. 내가 말하는 것은 표준 조건에서 순수한 물의 행동이다. 간혹 어는점이 섭씨 0도보다 한참 아래로 내려가는 경우가 있다.

과학자들은 해수면 근처의 대기압에서 섭씨 영하 40도가 되어도 순수한 물이 얼음으로 변하지 않는다는 사실을 알고 있다. 제한된 조건에서 어는점은 더 내려갈 수도 있다. 심지어 섭씨 영하 80도까지 내려가기도 한다.[6] 얼기 어려운 물은 비교적 잘 알려져 있지만 왜 그런 일이 일어나는지는 잘 모른다. 그럴싸하게 이런 물은 '과냉각되었다'라고 말한다. 그러나 단지 우리가 정확히 이해하지 못하고 있다는 점을 악용해 주의를 흐트러뜨릴 뿐이다.

얼음이 어는 임계 온도가 그렇게 내려갈 수 있다는 점은 어찌 보면 다행스러운 일이다. 얼음이 언제나 섭씨 0도에서 언다면 차가운 대기에서 식물의 삶은 보장할 수 없었을 것이다. 식물체 안에 있는 물이 얼음이 된다면 잔인하게도 나무는 쪼개져버릴 것이고 나무의 조직도 낱낱이 해체될 것이다. 그러나 이런 일은 일어나지 않는다. 어는점이 차가운 주변의 온도보다 더 내려갈 수 있기 때문이다.

반면에 인과론적으로 가정하듯 온도가 결정적인 변수가 아니라는 점은 정의의 내재적 부정확성이라는(10장) 관점에서 보면 그리 놀라운 사실도 아니다. '온도'라는 실체의 모호함 때문에 우리는 얼음이 어떻게 형성되는가를 이해하기 위한 보다 의미 있는 변수를 모색하게 된다. 지금 우리가 고려하고 있는 가설에 의하면 이 변수는 반드시 양성자 유입과 관련이 있어야 한다.

최근 한 이스라엘 그룹은 어는 동안 전하의 역할을 연구함으로써 여기에 대한 단서를 제공했다.[7] 열을 가하면 전기적으로 하전을 띠게 되는 장치를 가지고 연구자들은 용기의 밖에서 전체적으로 온도를 떨어뜨렸다(그림 17.6). 이 장치는 표면 하전을 조절할 수 있다. 이 조건에서 연구자들은 물이

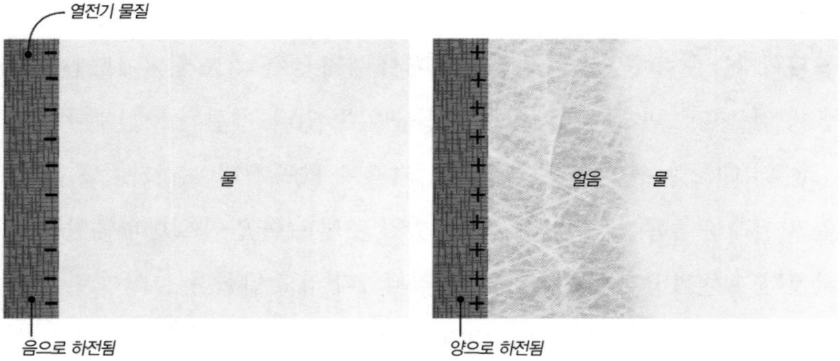

그림 17.6
전기 냉각 실험. 음전하가 얼음의 형성을 늦추지만 양전하는 반대로 촉진시킨다.

어는 데 음성, 중성, 양성 표면 하전이 어떤 영향을 미치는지 살펴보았다.

음으로 하전된 장치와 접하고 있는 물은 잘 얼지 않았다(그림 17.6, 왼쪽). 물이 얼기까지 온도를 많이 내려야 했다. 양으로 하전된 장치 주변의 물은 정확히 반대의 양상을 보이면서 금방 얼어버렸다(그림 17.6, 오른쪽). 이 현상은 표면이 양으로 하전되어 있을 때 얼음이 더 쉽게 언다는 말이다. 즉, 양전하는 결빙을 촉진한다.

그러나 사실 이 실험에서 주목할 만한 것은 어는 순서이다. 이들은 물이 채워진 용기의 모든 방향에서 온도를 떨어뜨렸다. 따라서 물은 용기의 주변부에서 얼기 시작해야 할 것이다. 일반적으로 얼음은 거기서부터 생겨난다. 그렇지만 양으로 하전된 장치에서는 그런 일이 일어나지 않았다. 여기서는 얼음이 양으로 하전된 계면에서 시작되었다. 이는 얼음 형성에서 양의 하전이 결정적이라는 사실을 암시한다. 더구나 양의 하전을 만들어내기 위해 이 장치는 열을 가해야만 했다는 점도 기억해야 할 것이다. 다시 말하면 장치에 열을 가하는 상황에서도 무리 없이 얼기 시작했다는 것이다. 얼음을 형성하기 위해 얼마나 차가워야 할까!

후자의 결과는 결빙에 온도는 결정적인 변수가 아니라는 점을 명쾌하게 보여준다. 주변 환경에 따라 열을 가해주어도 얼음이 얼 수 있었다.

이러한 실험 결과는 양전하가 얼음 형성에 얼마나 중요한지를 보여준다. 또 이 결과는 우리의 가설을 뒷받침해준다. 양으로 대전된 양성자가 배타 구역을 파고들 수 있다면 마찬가지로 얼음이 형성될 것이다. 최소한 온도를 낮추는 것만큼이나 양성자도 얼음 형성에 중요할 것이다.

양성자 쇄도

이런 관찰에 근거해서 우리는 양성자가 실제로 얼음이 형성될 때 쇄도해 들어갈 수 있는지 시험해보기로 했다. 먼저 우리는 약 반세기가 넘은 고전적인 전기장 측정, 즉 어는 과정에서 양의 하전이 나타나는지 재현해보기로 했다.[8] 형성되고 있는 얼음의 앞쪽에 전극의 끝을 꽂았다. 얼음이 얼기 시작하자 전기 전위가 거의 1볼트까지 튀어 올랐다. 이것은 양의 하전이 증가한다는 것이다. 우리는 이 현상을 눈으로 직접 보고 싶었다.

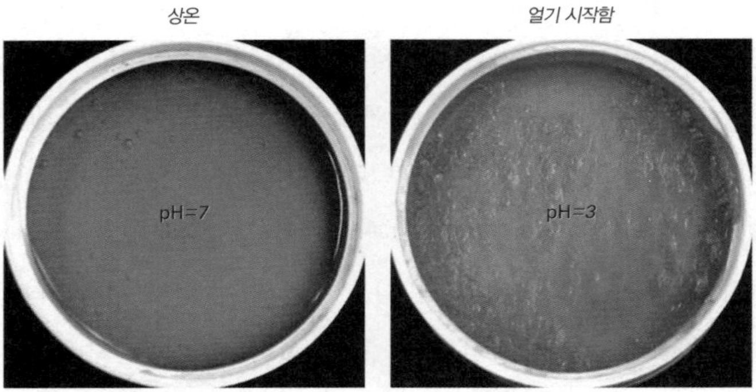

그림 17.7
pH 염색액을 포함한 물. pH는 용기 테두리 근처에서 측정했다.

그림 17.8
어는 동안 pH 염색액의 색상. 붉은색은 pH가 낮고 양성자의 수가 많다는 의미이다.

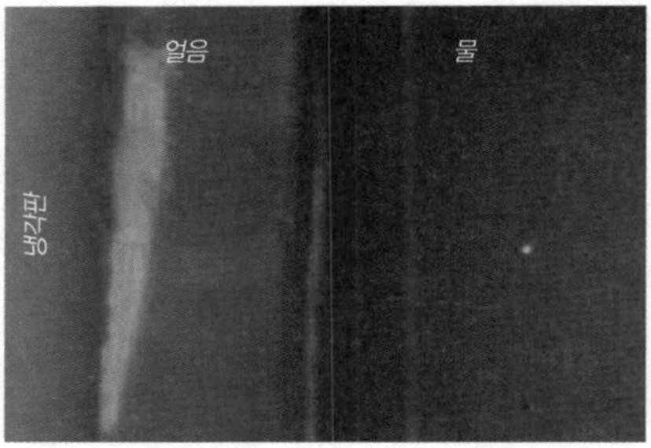

그래서 우리는 pH-민감성 염색액을(5장) 사용했다. 우선 원형의 용기 아래에 액체 질소로 식힌 금속판을 놓아두었다. 실온에서 염색액은 녹색으로(그림 17.7, 왼쪽) 보였다. 중성이라는 말이다. 물이 얼기 시작하자 테두리 근처의 색이 짙은 황색으로 변했다(그림 17.7, 오른쪽). 많은 수의 양성자가 결빙이 진행되는 장소에 결집했다는 의미이다. 그러나 이 실험만으로는 어떻게 양성자가 거기로 가게 되었는지 알 수 없다. 그렇지만 예상했

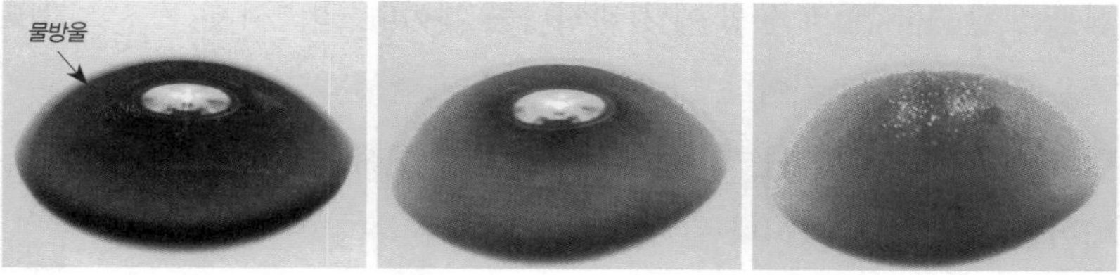

그림 17.9
냉각 표면 위에서 물방울이 어는 동안 pH 변화. 붉은색은 얼기 시작할 때 물방울 표면에 양성자가 농축된다는 의미이다.

던 대로 얼음이 얼기 위해 양성자가 결빙 부위로 가야 한다는 점만은 분명하다.

물이 담긴 용기에 차가운 알루미늄 판을 넣었을 때도 비슷한 결과를 얻었다. 다시 말하면 얼음이 형성되기 시작한 주변은 진한 황색으로 변했다. 양성자가 많이 존재한다는 말이다(그림 17.8).

물방울을 통해서도 유사한 결과를 얻었다. 차가운 판 위에 물 한 방울을 떨어뜨리고 주변부터 온도를 낮춰가기 시작했다. 얼음은 아래에서 위로 얼어가기 시작했다. 안쪽이 아니라 물방울의 주변이 얼기 시작하자 녹색에서 황색으로 변해갔다. 역시 양성자가 유입된다는 의미이다(그림 17.9).

예상했던 양성자 쇄도rush에 관한 몇 가지 확인 실험에서 확신을 얻은 우리는 이제 좀 다른 종류의 방법을 시도해보기로 했다. 적외선 카메라를 사용하는 것이었다. 차가운 표면에 물 한 방울을 떨어뜨렸다. 만약 양성자가 주변의 배타 구역 쪽으로 쏠린다면, 그 하전의 움직임이 적외선에 섬광을 비출 것이었다. 하전의 움직임은 적외선을 방출한다(10장). 이에 관한 예는 지금까지 여러 번 제시했다. 우리는 적외선 섬광도 확인했다. 이 섬광은 몇 초간 지속되었다(그림 17.10). 섬광의 존재는 양성자 쇄도에 관한 우리의 가설을 뒷받침하는 결과이다. 물방울은 얼음으로 전이해가는 신호를 아주 '찬란하게' 보여준다.

우리는 찬란하다고 했지만 어떤 사람들은 다른 해석을 내놓았는데, 그

섬광은 단순히 '열의 융합'에 불과하다는 것이다. 얼면서 물은 열을 잃게 될 것이다. 그 열의 소멸을 표현하는 것이 적외선 섬광일 수 있다는 것이었다. 처음에 그 해석은 설득력이 있어 보였다. 그러나 뭔가 아귀가 맞지 않는 것이 있었다. 열을 끌어내면 물방울은 차가워질 것이고, 아니면 최소한 같은 온도여야 할 것이다. 그러나 온도의 범위를 보면 (그림 17.10, 왼쪽 띠) 얼면서 물방울은 열을 내는 것 같다(그림 17.10, 세 번째). 결빙 과정에서 온도가 올라가는 현상이 관찰된다고? 말이 안 되는 것이었다.

그러나 적외선 섬광을 양성자의 신속한 쇄도로 설명하면 그럴싸하게 해석할 수 있다. 전하의 이동은 섬광을 만들어낸다. 이 해석은 양성자 쇄도를 직접적으로 보여준 pH 염색액 실험을 보강해준다. 따라서 앞의 두 가지 실험은 얼음을 만들기 위해 양성자가 실제로 유입되어야 함을 입증한다.

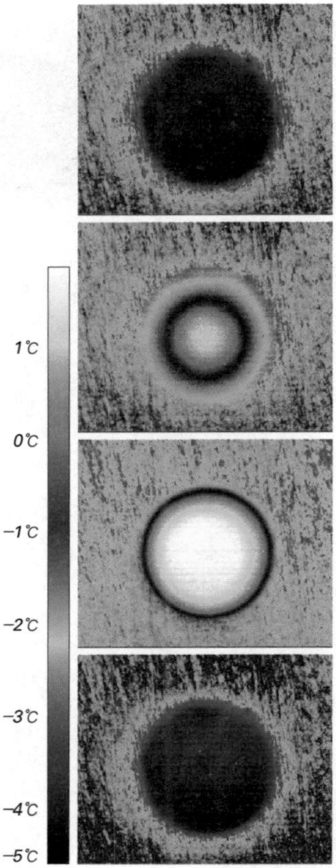

그림 17.10
냉각판 위에서 물방울이 얼 때 적외선이 방출된다(위에서 아래). 위에서 아래로 시간은 3.3초, 29.0초, 29.3초, 30.0초이다. 상응하는 온도는 왼쪽에 표시했다.

양성자 방출 촉진

만약 양성자가 이러한 역할을 한다면 어떤 뭔가가 나서서 양성자에 고삐를 매 배타 구역으로 밀어 넣는 것을 막아야 한다. 양성자가 다른 형태로 변하지 않는다면 이것들은 배타 구역으로 되돌아가면서 다시 얼음이 될 것이다. 그러나 평소에는 이런 일이 일어나지 않는다.

그렇다면 반대로 양성자의 유입을 촉진하는 요인은 무엇일까?

그림 17.11
배타 구역 격자를 통과하기에 적절한 크기를 가진 물질은 양성자뿐이다.

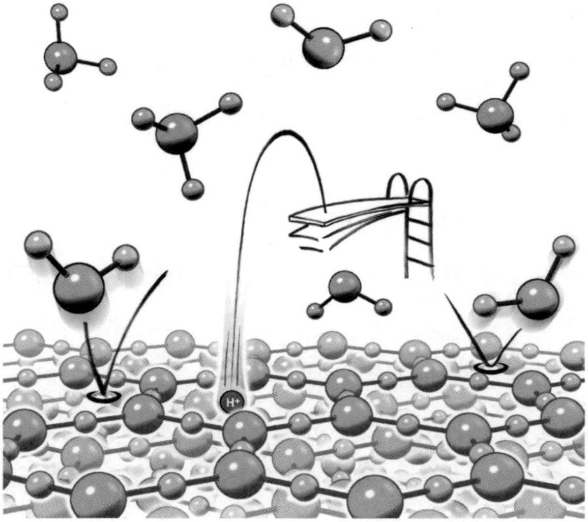

얼음 결정이 형성되기 위해서는 순전히♦ 양성자가 필요하다는 점을 상기하자. 이런 양성자가 배타 구역 평면 사이로 스며 들어가 얼음 결정이 된다(그림 17.1). 그렇지만 독립적인 양성자는 일반적으로 존재하기 힘들다. 보통 양성자를 포함하는 분자는 히드로늄 이온이다. 양성자가 물과 결합하고 있는 것이다.

얼음 형성 과정에 히드로늄 이온이면 충분할 것이라고 생각할 수 있지만 여기서는 크기가 문제가 된다. 히드로늄 이온은 음으로 하전된 배타 구역 격자 속으로 강하게 끌리지만 크기가 커서 격자 내로 들어가지 못한다(그림 17.11). 심지어 물 분자도 끼어들기에는 너무 크다. 배타 구역 격자의 크기를 고려하면 장벽이 얼마나 높은지 실감할 것이다. 육각형으로 짜인

♦ 원문은 'bare'이다. 물에 양성자가 결합하면 히드로늄 이온이고 보통 우리는 이것을 양성자라고 간주한다. 그러나 여기서는 물과 결합하지 않은, 즉 수소가 전자를 하나 잃어버린 상태를 의미한다.

배타 구역의 구성단위는 매우 작다. 더 심각한 것은 인접하는 육각형 평면들끼리 서로 어긋나 있다는 점이다(4장). 문자 그대로 이 틈을 통과할 수 있는 것은 없다고 보아야 한다. 오직 아주 작은 양성자만이 통과해 들어갈 수 있다.

그러나 자유로운 양성자의 양은 매우 적다. 양성자를 충분히 확보하려면 모핵인 히드로늄 이온으로부터 이들이 풀려나야 한다. 그런 연후에야 이들은 배타 구역 격자 틈으로 진입할 수 있다. 따라서 양성자의 방출은 결국 얼음 형성의 촉진제가 되는 것이다. 그런 역할을 하는 것이 무엇일까?

이런 인자를 물색하기 위해 우선 양성자에 가해지는 힘에 대해 생각해 보자. 한 가지 힘은 배타 구역의 음성 전하에서 직접적으로 유래하는 것이다. 그 힘은 빨아들이듯 배타 구역 쪽으로 양성자를 끌어당긴다(그림 17.12). 이렇게 당기는 힘만으로는 양성자를 떼어내기 충분하지 않다. 달리 말하면 이런 힘이 상존한다면 양성자는 끊임없이 배타 구역으로 들어갈 것이고 일반적인 물이 양의 하전을 띠는 것은 불가능해질 것이다. 따라서 배타 구역이 당기는 힘은 아마도 양성자가 자유를 얻기 위한 힘의 일부가 될 수는 있겠지만 그것으로 충분치는 않다.

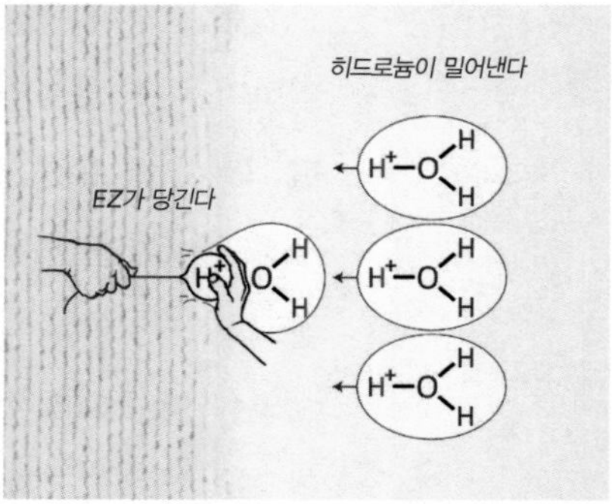

그림 17.12
히드로늄 이온 근처에 작용하는 힘. 음성의 배타 구역이 양성자를 당긴다(왼쪽). 그러는 동안 일반적인 물에 존재하는 히드로늄 이온이 이들을 밀어낸다(오른쪽). 결국 양성자가 떨어져 나간다. 일단 물에서 떨어져 나간 양성자는 쉽게 음성으로 대전된 배타 구역을 침입해 들어간다.

두 번째 힘은 척력이다. 이 힘은 배타 구역에 가까운 히드로늄 이온을 미는 주변의 모든 히드로늄 이온에서 나온다(그림 17.12 오른쪽). 이런 양의 하전은 양성자를 밀어낼 수 있다. 이 힘은 양성자를 밀어내고 음의 하전인 배타 구역은 이들 양성자를 자신의 내부로 끌어당긴다.

양성자를 떼어내기 위해 미는 힘은 반드시 어느 정도 이상이 되어야 한다. 이 힘의 크기는 히드로늄 이온의 농도에 의해 결정되지만 또 이들 이온의 분포에 의해서도 달라진다. 이들 히드로늄 이온의 농도가 충분히 높으면 배타 구역 표면 근처의 양성자가 자유로워질 것이다. 이제 양성자들은 바로 배타 구역으로 빨려 들어갈 것이며 가장 음의 하전이 큰 안쪽으로 깊이 침투해 들어간다. 이렇게 얼음 형성이 시작된다.

얼음 형성 연쇄반응: 왜 얼음은 고체일 수밖에 없는가?

앞에서 기술한 기제는 얼음이 어떻게 형성되는지 설명한다. 배타 구역이 자라면 그 영역 밖으로 히드로늄 이온이 만들어진다. 이 히드로늄 이온으로부터 떨어져 나온 양성자는 배타 구역층에서 가장 안쪽의 가장 음성으로 하전된 영역으로 돌진해간다. 이런 일이 점차적으로 일어나면서 얼음이 만들어진다.

모든 것이 질서 정연해 보인다. 아마도 여러분들은 이런 기제에 의해 얼음이 고형 물질로 변할 것이라고 생각할 것이다. 그러나 한 층에서라도 양성자가 결합하지 않은 곳이 있다면 그 층이 결빙의 진행을 방해할 수도 있지 않을까? 그렇다면 한 개의 커다란 얼음 대신 작은 얼음 두 조각이 생길 수도 있지 않겠는가? 그러나 그런 일은 생기지 않는다. 뭔가 얼음의 완결성을 촉진하는 어떤 특성이 자연계에 존재하지 않을까? 예를 들면 방금 생긴 얼음층이 다음 층의 형성을 촉진한다거나 하는 것 말이다. 이런 종류의 협동성이 얼음의 입방체를 만들게 하는지는 확실하지 않다.

우리가 제안한 양성자 침투 기제는 협동성을 내재적 속성으로 가진 것으로 판명되었다. 인접한 두 개의 평면을 생각해보자(그림 17.13). 배타 구역상에서 두 평면은 서로 약간 어긋나 있다(그림 17.13, 왼쪽). 얼음상에서는 두

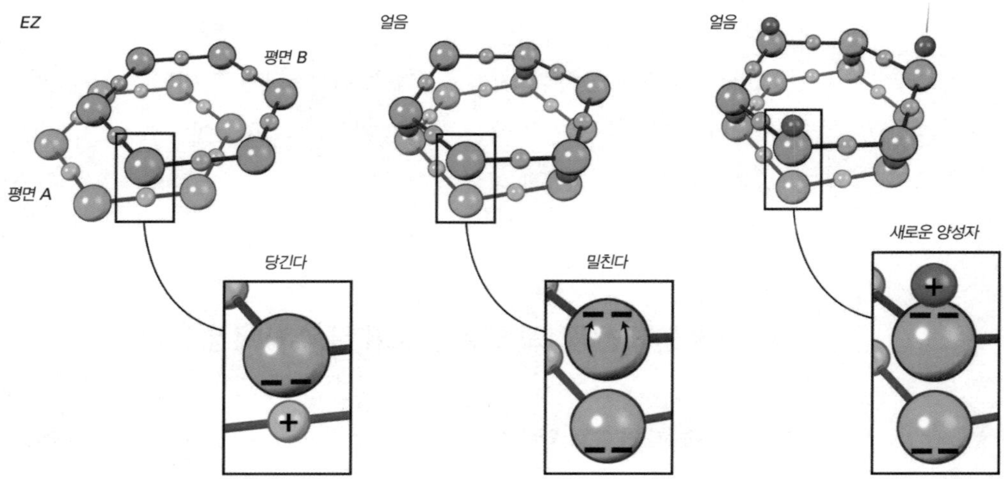

그림 17.13
얼음 형성의 협동 과정. 왼쪽은 배타 구역의 구조이다. 새롭게 형성된 얼음층(가운데)에서 산소의 음전하가 위로 움직인다 (가운데 박스 안). 아래쪽에 존재하는 산소 때문에 이런 일이 발생한다. 바로 이 자리에 양성자가 끼어 들어와(오른쪽) 다음 층을 준비한다.

평면의 위아래가 나란하게 들어맞는다(그림 17.13, 가운데). 얼음이 형성되기 위해 평면 B는 반드시 평면 A 쪽으로 움직여가야 한다.

이런 식의 이동을 상상하면서 산소의 전자 위치를 고려해보자. 그림에서 보듯 배타 구역일 때 평면 B의 산소 전자는 평면 A를 향하면서 주위에 있는 양전하 쪽으로 끌려간다(그림 17.13, 왼쪽 박스 안). 이 인력이 두 평면을 단단하게 붙들어놓는다. 그러나 평면 B가 움직여서 얼음의 형상을 취하면 환경이 약간 변한다. 수소 이온 대신 산소 원자가 산소 원자와 나란하게 놓이게 되는 것이다(그림 17.13, 가운데). 양성자에 의해 결합력을 받지 못하는 산소들끼리 반발력이 생기고 그에 따라 전자가 반대 방향으로 움직인다(그림 17.13, 가운데 박스 안). 이 위쪽에 존재하는 전자가 새롭게 들어오는 양성자를 우선적으로 끌어당긴다. 이런 식으로 하나 걸러 하나씩 산소에 양성자가 끼어 들어간다(그림 17.13, 오른쪽). 이런 평면 이동이 새로 유입되는 양성자를 맞이하는 것이다.

양성자 환영 파티가 바로 얼음이 만들어진 표면에 생긴다. 이 표면에 의

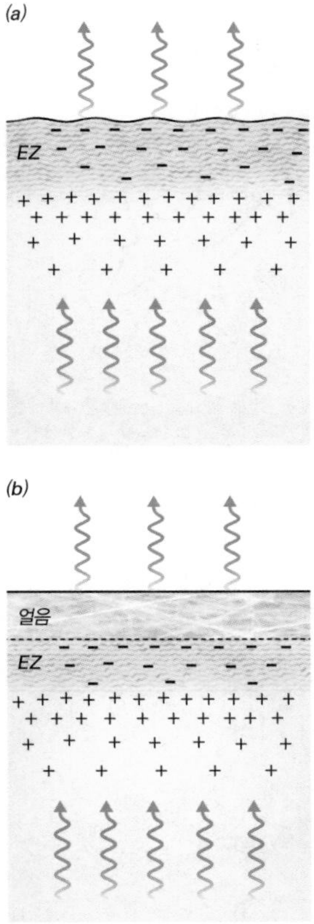

그림 17.14
자연 상태에서 얼음의 형성. 수심 깊은 곳에서 유래하는 적외선 때문에 물 표면에 배타 구역이 형성되고 전하가 분리된다(a). 양성자가 침입해 들어오면서 얼음이 형성된다(b). 이런 과정이 반복되면서 얼음이 두꺼워진다.

해 새로 들어오는 양성자가 달라붙고 다음 층을 형성할 수 있게 된다. 이런 방식으로 얼음이 한 평면, 한 평면 방해받지 않고 거듭 쌓인다. 얼음은 확실히 고체이다.

이렇게 자라나는 얼음층은 정합적으로 구조화된다. 이들 층 사이의 양성자 위치를 살펴보라(그림 17.13, 오른쪽, 짙은 파란색 점). 이 양성자들이 인접하는 모든 산소를 연결하고 있다. 이 양성자는 다음 층의 양성자와 60도 떨어져 있다. 이런 60도 간격의 규칙적인 이동을 통해 얼음의 구조가 만들어진다.

이제껏 얼음이 생성되는 모델을 추적해왔다. 이 모델의 협동성을 기초로 얼음이 고체가 된다. 이 모델이 작동되는 특성을 살펴보면 모든 양성자가 정확히 제자리를 차지해 들어간다는 것을 알 수 있다.

자연 상태에서 얼음의 형성

앞에서 제시한 모델을 이용해서 자연 상태에서 얼음이 어떻게 어는지 알아보자. 호수의 물이 언다고 생각해보자. 겨울이 되면 호수 위의 공기는 매섭게 춥다. 증발도 줄어든다. 표면의 배타 구역은 제자리에서 움직이지 않으면서 상대적으로 안정한 배타 구역 덮개를 형성하고 있다. 마치 수조에 뚜껑을 덮어놓은 것과 비슷하다(그림 17.14a).

배타 구역 덮개는 위쪽의 찬 공기에 적외선을 방출한다. 반면 이 덮개는 아래쪽에 있는 따뜻한 물로부터 적외선을 받는다(그림 17.14). 꽤 많은 적외선을 받아 배타 구역은 자랄 수 있다. 그림 17.4와 비슷한 양상이다. 아래쪽

수면에서부터 결빙이 시작된다

위에서 아래로 결빙하는 것은 매우 다행스러운 자연 현상이다. 만약 결빙이 바닥에서부터 시작된다면 얼음을 지치는 일은 아예 불가능하다. 물고기들도 얼고 있는 물을 피해 헐떡여야 할 것이다. 다행스럽게도 얼음은 항상 물 표면에서 시작해서 아래로 진행한다. 따라서 물고기는 살 수 있다.

에 쌓인 히드로늄 이온은 도망갈 구석이 없다. 덮개가 막고 있기 때문이다. 이들의 농도가 역치를 넘어 충분히 높으면 양성자가 빠져나와서 배타 구역을 침범한다. 양성자는 배타 구역 상층부의 음전하가 가장 많은 영역에 도달한다. 이들 양성자에 의해 호수의 상층부에서부터 얼음이 얼기 시작한다(그림 17.14b).

어쨌든 적외선이 계속 유입되기 때문에 배타 구역은 지속적으로 자란다. 이런 방식으로 얼음이 두꺼워진다. 여기서도 협동성이 얼음을 균일하게 만든다. 공기가 차가울수록 얼음의 두께가 두꺼워진다. 얼음이 충분히 두꺼워서 적외선 기울기♦가 줄게 되면 이윽고 얼음은 안정화된다.

따라서 얼음 형성의 원리는 실험실에서나 자연계에서나 일관성 있게 작동한다.

♦ 원문은 'gradient'로 화학에서는 농도의 차이를 말한다. 아래쪽 물에서 유입되는 적외선의 양이 줄었다는 의미이다.

에너지 문제를 해결하다

여기까지 왔으니 이제 에너지 문제를 다뤄보자. 우선 두 가지 질문이 생각난다. 첫 번째 질문은 왜 얼음 형성의 에너지학이 예상에서 벗어나느냐는 것이었다. 이 질문은 해결되었다. 얼음 형성에는 에너지가 꼭 필요하다. 전하의 분리에 의해 생겨난 전위차 에너지가, 양성자의 양전하가 배타 구역의 음의 하전과 결합할 때 전달되는 것이며 그 결과 얼음이 형성된다. 따라서 얼음 형성의 에너지학은 배타 구역 형성의 에너지학과 부합한다. 이 두 과정 모두 에너지를 필요로 한다.

질서를 구축하는 데 필요한 에너지는 좀 헷갈릴 수도 있는 원칙이다. 최소한 열을 다룰 때 그렇다. 통상적인 열역학은 반대로 말하고 있기 때문이다. 열은 '열역학 운동'을 증가시켜 시스템을 **무질서**하게 만든다. 열역학이 정식으로 받아들여지던 증기 엔진 시대에, 물이 들어 찬 용기에 열을 가하는 것은 확실히 무질서도randomness를 증가시키는 것으로 보였다. 그렇지만 15장에서 복사 에너지가 물을 증기로 만들 때 오히려 조직화 정도가 증가한다는 증거를 제시했다. 전통적인 열역학의 중심 원리가 도마에 오른 것이다. 열에너지는 정말로 시스템을 무질서 상태로 이끄는 것인가?

이런 식의 질문은 에너지 **유형**이라는 또 다른 판도라 상자를 여는 것과 같다. 열역학적 원리는 열을 고려하면서 탄생했지만 나중에는 모든 형태의 에너지에도 적용될 것이라고 생각되었다. 그러나 이런 추론에는 자가당착적인 요소가 있다. 열에너지는 **무질서**를 창조한다고 가정하였다. 그렇지만 일반적으로 에너지를 넣는 과정은 엔트로피를 줄이고 **질서**를 창조한다. 후자의 원칙은 일상적인 경험과 잘 부합하지만 우리가 살펴본 모든 예에서 보듯 전자는 잘못되었을 가능성이 있다(15장). 어떤 에너지든 그것이 유입되면 어떤 종류의 질서를 창조할 것 같다. 가령 전기적 전하의 질서가 그런 것이다.

이와 유사한 에너지 관련 문제는 소금이나 설탕의 결정 과정에서도 드러난다(10장). 여기서 결정은 용액을 차갑게 하면 생겨난다(그림 17.15). 따라서 에너지를 뺏으면 질서도가 커지는 것 같다. 그렇지만 주의할 점이 있다. 용액을 미리 가열했다는 점이다. 그렇지 않았다면 (결정을 만드는 데) 필요한 적외선 에너지는 외부에서 흡수되어야만 할 것이다. 이렇게 흡수된 에너지는 배타 구역을 형성하고 전하를 분리한다. 분리된 전하는 에너지를 제공하고 조직화된 결정의 형성을 유도하는데, 바로 '끼리끼리 끌림' 원리에 의해서다(8장). 따라서 소금이나 설탕의 결정 형성을 추동하는 에너지는 배타 구역이나 얼음을 형성하는 데 필요한 에너지와 다를 바 없다. 에너지는 질서를 구축한다.

그림 17.15
얼음 사탕. 설탕 결정이 만들어질 때 주형이 되는 것은 용액에 담긴 실이다. 설탕 용액은 이미 끓인 상태이다. 용액이 식으면서 결정이 형성된다.

동일한 원리가 금속에서도 유효하다. 보통 금속은 원자 상태에서 결정성을 갖는다. 열을 가해서 녹으면 금속은 무정형amorphous으로 변한다. 여기서 질문은 녹이기 위해 가해준 복사 에너지가 소금이나 설탕에서처럼 재결정화를 촉진하는 힘으로 작용할 수 있느냐이다. 그렇다면 동일한 열역학적 원리가 여전히 적용 가능할 것이다. 질서를 구축하는 데 에너지가 필요하다.

얼음으로 돌아가서 이제 명백히 비정상적으로 보이는, 잠열latent heat이라 칭하는 에너지의 두 번째 특성을 살펴보자. 사람들은 물이 얼음으로 변할 때 방출하는 열을 잠열이라고 생각한다. 이렇게 방출된 열은 주변 환경을 덥히지만 물 자체는 일정한 온도를 유지한다고 믿는다. 하지만 우리가 관찰한 것은 그와 다르다. 얼고 있는 물방울의 적외선 이미지를 보면 주변이 덥혀진다는 그 어떤 증거도 없다. 그렇지만 얼음으로 변하는 상태의 물이 '가열'된다(그림 17.10). 이러한 적외선 이미지를 일반적으로 해석하면 변하고 있는 상태의 물이 점점 더 뜨거워진다. 일어날 법하지 않은 일이 일어난 것이다.

'잠열'에 대한 보다 그럴싸한 해석은 앞에서 살펴보았듯 전하의 움직임에서 파생되는 적외선 복사에서 찾아볼 수 있다. 폭발적인 전하의 이동, 즉 양성자 쇄도가 바로 그것이다. 따라서 잠열이라 불리는 현상은 양성자 쇄도의 다른 표현에 지나지 않을 것이다. 적외선 섬광으로 나타나는 '열'은 본디 별다른 의미가 없는 것이다.

그것의 역동성을 고려하면 열에 바탕을 둔 해석은 혼란만 부추길 뿐이다. 전통적으로 잠열은 물에서 얼음으로 변하는 물리적 전이를 표현하는 방식이다. 그런 관점에서 물이 얼음으로 변할 때 열이 한 번 터져 나온다. 하지만 시간적으로 이런 현상은 관찰되지 않는다. 우리는 잠열이 나타나는 때와 얼음으로 변하는 물리적 전이 사이에 커다란 시간의 격차가 있다는 사실을 알고 있다.

물을 차가운 금속판에 놓은 실험을 생각해보자. 어느 물방울은 그림 17.10에서 보듯 적외선 섬광을 내놓는다. 얼기 시작하면서(물리적으로 얼음이 형성되는 것을 부피의 팽창으로 관찰하는 순간) 이 섬광은 약 0.5초 지속된다. 수직으로 세워놓은 모세관 안의 물에서는 이 시간이 좀 더 지체된다. 적외선 방출은 위쪽으로 향하며 마지막으로 모세관 꼭대기에 도달한다. 하지만 1.5초가 지나도록 꼭대기에서 부피가 팽창되는 현상은 관찰되지 않는다. 이러한 지체 현상은 잠열의 발생과 얼음의 형성이 동시에 진행된다는 통상적인 기대와 어긋난다.

새롭게 제시된 모델에 따르면 얼음 형성은 두 단계 과정이다. 첫째, 양성자가 배타 구역으로 흘러들며 적외선 섬광을 만들어낸다. 둘째, 이런 양성자가 배타 구역의 평면 사이에 요소요소 끼어들면서 판을 밀쳐낸다. 얼음은 이렇게 언다. 촉발 단계가 구조적 변화보다 앞서 진행되는 것이다. 적외선 이미지가 암시하는 것이 바로 그것이다.

에너지학에 관한 두 번째 문제인 잠열은 이렇게 이해된다. 우리가 제안한 모델이 주요한 모든 에너지학의 문제를 설명할 수 있을 것이다.

물리적 충격에 의해 얼음 형성이 촉진된다

어떤 한계를 넘으면 얼음이 곧바로 만들어지는 두 가지 광경을 살펴보자. 참으로 놀라운 일이 아닐 수 없다.

냉장고에 물이 들어찬 밀봉한 플라스크를 집어넣자. 과냉각되었지만 아직 물이 얼지는 않았을 때 이 플라스크를 꺼낸 다음 격렬히 흔들거나 테이블에 쾅 내리치면 갑자기 많은 양의 얼음이 만들어진다.[9] 이런 물리적 충격으로 인해 물에 있던 양성자가 빠져나올 수 있다. 양성자는 주변에 있는 배타 구역을 침범하고 얼음 형성을 시작한다. 플라스크를 흔들면 배타 구역과 양성자로 구성된 기포가 생길 수 있다. 얼음이 생기기에 충분한 두 가지 요건이 갖추어지는 것이다. 물리적 충격 때문에 생겨난 기포가 얼음 형성의 기폭제가 된다.[10]

또 다른 예를 들어보자. 얼기 직전의 플라스크를 하나 더 꺼내서 뚜껑을 열고 얼기 직전의 물을 약 20센티미터 높이에서 찬물이 들어 있는 비커에 들이붓자. 내려가는 물줄기가 비커의 물을 때리면 즉각 얼음이 형성된다.[11] 여기서도 물리적 충격이 시발점이다. 양성자가 배타 구역 격자로 들어가면서 얼음이 형성되는 것이다.

상온에서의 얼음?

'표준적이지 않은' 조건에서 물의 어는점이 변화할 수 있지만 내가 알기로 상온에서 얼음이 어는 것을 관찰한 사람은 없다. 그러나 양성자 침투가 얼음 형성에 필수적이라면 상온에서 얼음이 얼지 못할 이유가 없다. 양성자와 배타 구역이 비정상적으로 풍부하고 적절한 위치에 접근할 수 있다면 상온에서 얼음이 만들어지는 조건이 형성될 수 있다.

그림 17.16
두 비커 사이에 형성된 물 다리. 다리는 거의 실린더 모양이고 고리와 중심부로 구성되어 있다. 광학 이미지로는 구분이 불가능하다. 이 다리의 길이는 거의 3센티미터에 이른다.

물 다리가 그 한 예가 될 것이다(1장). 이 다리의 뚜렷한 속성 중 하나는 강직성이다. 물 다리는 수 센티미터 벌어지더라도 처지는 법이 없다(그림 17.16). 그 다리를 걸어서 건널 수 있을 것도 같다. 얼음과 비슷한 상의 존재가 뚜렷한 강직성을 설명할 수 있을 것이다.

이 다리의 단면은 두 종류의 영역으로 구성되어 있다. 고리 모양 테두리와 중심이다. 중심 영역은 양성자가 결합된 물이 양으로 하전된 비커에서 음으로 하전된 비커로 흐르는 모양새다. 이 흐름에서 강한 적외선 신호가 나올 것으로 예상되고 또 실제로도 그렇다.[12, 그림5] 고리 모양의 구역은 반대 방향으로 좀 더 천천히 움직인다. 이 고리 모양 구역은 여러 가지 측면에서 배타 구역과 비슷한 속성을 갖는다. 입자를 배척하고 음의 하전을(음 전극에서 시작했기 때문에) 띤다. 또한 질서를 의미하는 복굴절을 갖는다.[12]

양성자를 풍부하게 공급받는 고리 모양 영역의 배타 구역이 얼음을 형성할 기회를 포착하는 것처럼 보인다. 두 영역 중 어느 것이 빠르게 움직이느냐에 따라 얼음은 고리 모양, 중심 혹은 양쪽 모두에서 형성될 수 있을 것이다. 일시적으로 얼음이 형성되는 것이다. 그 얼음은 다리 전체를 통해 분포할 것이고 매우 역동적으로 파동 치면서 다리의 강직도를 유지할 수

있게 된다. 얼음과 흡사한 다리의 특징은 이전에도 암시된 바 있다.[13]

상온에서의 얼음은 물 다리가 아닌 조건에서도 형성될 수 있다. 물로 채워진 좁은 공간에 전기장이 걸리면 얼음이 만들어지기도 한다.[14] 주어진 전

왜 물의 밀도는 섭씨 4도에서 가장 높을까?

물이 냉각되면 밀도가 변한다. 아직도 과학자들은 왜 물의 밀도가 섭씨 4도에서 가장 높은지 설명하지 못한다. 섭씨 4도에 어떤 마술적인 힘이 있는 것일까?

차가운 물은 여러 개의 상을 가질 수 있다. 각각의 밀도는 다르다(a). 배타 구역 물은 일반적인 물보다 밀도가 높고(3장, 4장) 일반적인 물은 얼음보다 더 밀도가 높다(얼음이 물에 뜬다). 따라서 이들 상의 상대적인 비율이 문제가 된다. 전체적인 밀도를 계산하려면 용기 안에 이들 상이 어떤 비율로 존재하는지 알아야 할 것이다.

용기 안의 물을 천천히 냉각시킨다고 가정하자. 적외선 기울기에 따라 적외선이 방출되면서 배타 구역이 형성된다(그림 17.4). 계속해서 배타 구역의 분획이 자라면서 부피는 점차 움츠러든다(b). 이제 우리는 밀도가 전반적으로 높아졌다고 말할 수 있을 것이다.

특정 문턱을 넘어서까지 냉각시키면 배타 구역이 얼음으로 변하기 시작한다. 최초의 물-얼음 전이는

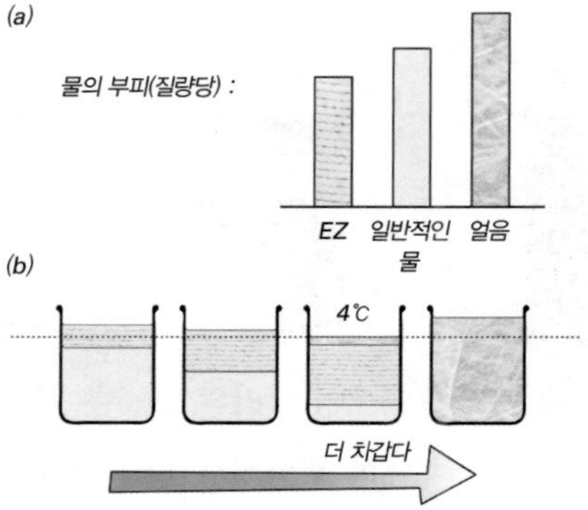

아마 양성자의 농도가 임계값을 넘어선 장소에서 국지적으로 일어날 것이다. 이때 생긴 얼음 조각이 배타 구역을 대체한다. 얼음은 배타 구역보다 부피가 크기 때문에 전체적인 부피가 늘어나기 시작한다. 이런 일들이 일어날 때 온도를 측정한다. 표준 상태에서 광범위한 얼음의 형성은 섭씨 0도에서 볼 수 있다. 그렇다면 얼음의 파편은 섭씨 2~3도 정도에 생길 것이다. 그렇다면 섭씨 4도가 가장 부피가 작은 상태가 아닐까(b의 세 번째)? 그렇다면 이때 가장 밀도가 높다.

기장은 충분한 양전하를 제공하여 상온에서 계면의 배타 구역을 얼릴 수 있다. 충분한 양의 배타 구역이 있고 주변에 이용 가능한 양성자가 풍부하다면 얼음은 언제라도 형성될 수 있는 것이다.

이런 양성자들은 음펨바가 관찰한 비정상적인 현상도 설명한다. 따뜻한 물은 얼음 형성에 필요한 요소 두 가지를 완비하고 있다. 배타 구역으로 둘러싸인 소체 및 그것과 결부된 양성자이다(14장). 이 두 요소가 주어지면 아이스크림 분말과 따뜻한 물의 혼합물을 얼리는 데는 그리 오랜 시간이 걸리지 않을 것이다. 음펨바에게 영광을!

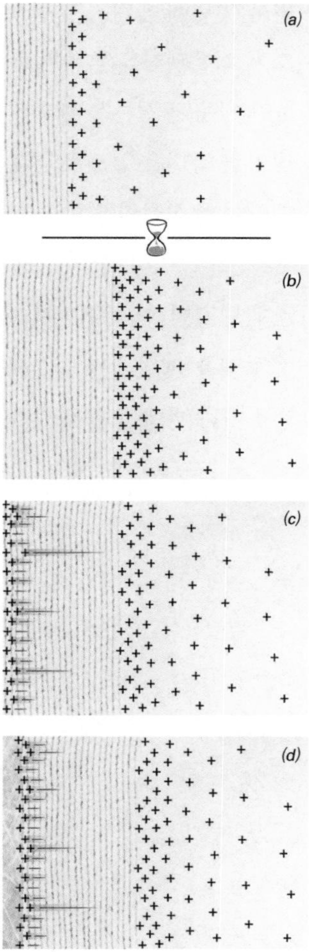

그림 17.17
얼음이 어는 기전. 왼쪽에서부터 얼기 시작한다. 적외선은 오른쪽에서 왼쪽으로 흘러간다. 그에 따라 배타 구역이 확장되고 분리된 양성자와 음성자의 농도를 높여나간다. 전하가 침범하면서 얼음이 형성된다.

결론

물이 얼음으로 전이되는 과정에는 배타 구역 중간체가 필요하다(그림 17.17). 물을 차갑게 하면 배타 구역이 만들어진다(a). 히드로늄 이온이 경계면에 몰려든다(b). 히드로늄 이온이 모여들어 특정 문턱값을 넘어서면 양성자가 빠져나와 음으로 하전된 배타 구역을 침범한다(c). 이 양성자들은 배타 구역 평면에 정렬되면서 얼음으로 전이되기 시작한다. 이런 과정이 지속되면서 얼음이 자라난다(d).

양성자 침투 모델은 에너지학의 역설을 해결했다. 배타 구역을 형성하여 결정 구조를 얻으려면 에너지를 투입해야 한다. 얼음의 결정 구조를 만들기 위해서는 보통 온도를 낮추면 된다. 이때 에너지가 방출된다. 양성자 침투 기전은 이 역설을 설명한다. 배타 구역으로 양성자가 쇄도하면서 전하의 분리에 필요한 전위차 에너지를 제공한다. 이 에너지는 시스템 내부에 이미 저장된 것이다. 이 두 상황에서 질서를 만들기 위해 에너지가 필요해진다. 물의 결정화에 필요한 에너지학이 일관되게 적용된다.

이 장에서 우리는 물과 물의 상에 관한 과학적인 질문에 결론을 내리려고 한다. 우리는 끓는 것에서 어는 것까지 물의 다양한 측면을 살펴보았다. 모든 경우 물의 행동을 이해하는 데 물의 네 번째 상이 중심적인 역할을 한다는 점도 알게 되었다.

마지막 장에서 우리의 여정은 끝이 난다. 처음에 던졌던 철학적인 질문을 되짚어볼 것이다. 우리가 어디를 다녀왔는지, 무엇을 배웠는지 앞으로 어떻게 해야 할지를 살펴볼 것이다. 바로 그 지점을 지나 과학적 진보의 대담한 미래가 약속될 것이다.

SECTION 5

지상의 미스터리를 풀다

결론

18장
자연의 숨겨진 법칙

몇 년 전 학생들과 실험실에서 이야기하는 중 전기가 갑자기 나가듯 잠시 정신을 잃은 적이 있었다. 주치의가 내 이름은 물론이고 얼굴도 기억하지 못할 정도로 내 건강은 거의 완벽한 편이었다. 혹시 암이 아닐까 의심했더니 그 의사는 내게 뇌 사진을 찍어보자고 했다. 길고 무서운 터널에 밀려 들어가면서 내 숨이 멎는 것은 아닌가 하는 생각도 얼핏 들었다.

자기공명 영상MRI 기사들은 어떤 경고 메시지도 주지 않았다. 사실 그들의 무심함 때문에 혹시 내 뇌의 기능에 뭔가 문제가 있지 않을까 반신반의했다. 그러나 아무 일도 일어나지 않았다. 그렇지만 나 스스로 남의 뇌에 관해 들었던 뭔가에 대해 궁금해하고 있음을 깨달았다. 의심이 많은 미국의 유명한 한 정치인이 MRI를 찍고 그의 주치의에게 결과를 묻자 의사는 이렇게 말했다고 한다. "미안합니다. 당신의 왼쪽left 뇌에는 정상적인right 것이 하나도 없고 오른쪽right 뇌에는 남아left 있는 것이 하나도 없군요."

결국 나의 뇌는 건강한 회백질이 많이 남아 있는 것으로 판명되었다. 모든 것은 정상처럼 보였다(MRI 결과가 말하고 있는 한).

MRI가 함축하고 있는 주제는 지금까지 우리가 보아왔던 것과 밀접하게 관련되어 있다. MRI 기계는 우리 뇌의 구석구석을 포괄하는 매우 자세한 영상을 제공한다. 그리고 그 영상은 양성자가 이완하는 성질에 기초를 두고 있다. 우리 몸속에 존재하는 대부분의 양성자는 물에서 나오는 것이기 때문에 결국 MRI는 우리 신체의 물에 관한 성질을 측정하는 셈이다. 만일 물이 국소적 구조에 의해 영향을 받지 않는다면 MRI 이미지에는 아무것도 나타나지 않을 것이다. 모든 것이 같은 것으로 보일 것이기 때문이다. 나쁘든 좋은 MRI 이미지는 여러분의 뇌를 성공적으로 가시화한다. 바로 뇌의 국소적 환경이 주변에 있는 물에 심대한 영향을 끼치기 때문이다.

우리는 이제 이 책이 전하고자 하는 핵심적인 메시지로 다시 돌아왔다. 물은 실제로 모든 과정에 다 참여한다. 물의 행동은 장소와 미세 환경에 따라 달라진다. 주위에 존재하는 물질 표면의 성질에 따라 물은 스스로 다르게 조직화하는 능력이 있다. MRI 기법은 이러한 물의 능력에 의존하는 것이다.

물에 관한 열일곱 개의 각론을 지나왔다. 이제 결론을 내리고 그것이 암시하는 바가 무엇인지 정리할 때가 되었다. 먼저 우리의 접근법이 일반적인 과학적 토대와 잘 합치하고 있으며 그것에 입각해 실질적인 물질의 연구로 나갔다는 점을 밝힌다. 바로 이것이 우리가 강조하고자 하는 점이다.

과학적 분위기, 문화

근대에 이르기까지 과학자들은 기초적인 기제를 찾는 데 초점을 맞추어왔다. 그들은 세계가 어떻게 작동하는지 이해하고자 했다. 만일 그들의 연구가 매우 다양한 자연 현상을 단순한 방법으로 설명하는 패러다임을 고수했다면 그들은 자신들의 노력이 의미 있는 무언가가 되었다는 것을 깨달았을 것이다. 그렇다. 멘델레예프의 주기율표는 알려진 수많은 화학 반응을 조리 있게 설명할 수 있었다. 갈릴레오는 태양 중심적인 태양계를 들고 나와 천체의 궤도를 있는 대로 복잡하게 설명한 주전원을 대체했다.

단순함을 추구하는 것은 이제 과학자의 머릿속에서 사라져버린 것 같다. 40년 이상 연구를 계속해오면서 나는 이런 새로운 문화가 담대함은 잃고 대신 보다 실용적인 측면으로 흐르고 있음을 목격했다. 용감함은 어디에서고 찾아볼 수 없다. 과학자들은 단기의 성과에 만족하면서 좁은 분야에 매몰되어 근본적인 진리를 추구하고 자연을 폭넓게 설명하는 것을 포기했다. 세세함에 대한 질문이 통합적이고 단순한 진리에 대한 탐구를 대체해버렸다(그림 18.1).

세부 지향적인 접근이 내게는 진정한 문화가 사라진 것처럼 보인다. 결과를 보고 여러분도 판단해보기 바란다. 지난 30년 동안 과학계가 만들어

그림 18.1
오늘날의 과학은 가지에 초점을 맞추고 가지 부풀리기에 나선다. 줄기가 튼튼하다는 가정을 은연중에 깔고 있는 듯하다.

낸 개념적인 혁신은 찾아보려야 찾아볼 수가 없다. 컴퓨터나 인터넷 같은 기술적 진보를 말하는 게 아니다. 또 암의 정복이나 영구기관과 같은 과대광고 혹은 (믿음을 현혹하는) 약속된 거짓 혁명에 대한 얘기도 아니다. 나는 세계를 변혁시키는 데 이미 성공했던 것과 같은 진정한 개념적인 혁신을 말하는 중이다. 여러분이 보기에 그런 것은 몇 개나 되는가?

한때 용감했던 과학적 문화는 점점 위축되고 소심해지고 있다. 그저 점진적인 개선을 추구할 뿐이다. 점진적인 개선이 의당 기대어야 할 기본적인 개념에 대한 질문이 사라지고 있다. 특히 그들의 유용성을 넘어서 오래 살아남을 수 있는 그런 기본 개념들 말이다. 과학 문화는 점차 순종적이 되어간다. 과학자들은 현재의 도그마에 넙죽 절을 하고 있다. 그렇게 해서 엄청난 양의 데이터를 뽑아내지만 우리의 이해를 증진시킬 값지고 기본적인 것들은 거의 전무하다.

자연과학을 연구하는 전통적인 방법으로 회귀함으로써 나는 이 책에서 이런 경향을 뒤집고 싶었다. 일상적이고 매일매일 접하는 현상에 아주 단순한 논리를 결합함으로써, 나는 근본적인 진리로 우리를 유도하는 '왜'라는 질문과 '어떻게'라는 질문 모두에 답하고 싶었다. 대신 점진적인 개선으로 이끄는 '얼마나 많게' 혹은 '어떤 종류의'라는 질문은 피하려고 최대한 노력했다. 현재 과학계의 사조가 어떤 것이든 내 생각에 이것이 과학적 진보를 성취하는 보다 나은 길을 제공한다고 믿는다.

이 책은 현재 사람들이 물에 대해 생각하고 있는 것들은 엄청나게 잘못되었다는 것을 느낄 수 있도록 공을 들였다. 나는 자연의 중심은 단순해야 한다고 느끼지만 내가 읽었던 어떤 것도 그렇지 않았다. 오히려 복잡하기만 했다. 나는 교과서가 얘기하는 기초(어떤 사람들은 관심을 가질 수도 있는)에서 과감하게 벗어났다. 내가 스스로 답변하기 어렵다고 생각했던 질문의 바탕이 되었던 (교과서 안이거나 밖이거나) 수많은 겉치레의 근저를 파헤치고 싶었다. 그러나 그것은 참 어려운 일이었다.

이런 이해를 향한 연구는 필연적으로 나를 전혀 새로운 분야로 이끌었다. 당대를 풍미하던 많은 양의 지식은 내가 원하는 것과는 거리가 있었으며 부담스럽기도 했다. 다행인 점은 나에게 지적인 자유가 주어졌다는 점이었다. 개별 과학 분야의 교조적 이론에 별다른 구애를 받지 않고 정신적으로 이 분야 저 분야를 자유롭게 활보할 수 있었다. 변할 수 없는 완벽함을 가진 분야는 실상 거의 없었다.

나는 폭넓은 이해를 도울 수 있는 단순하고 기본적인 원칙을 세우고자 목표를 설정했다. 이런 원칙은 (마술사들이 모자에서 토끼를 꺼내듯) 무無에서 찾아낸 것이 아니었다. 오랜 세월에 걸쳐 수없는 관찰과 노력의 결과로 이런 원칙이 도출된 것이다. 내가 보기에 이런 기본적인 개념은 물을 이해하기 위한 네 가지 중심 원칙으로 정리가 될 수 있을 것 같다.

네 가지 기본 원칙

제1원칙: 물의 상은 네 가지이다

어릴 적부터 우리는 물은 고체, 액체, 그리고 기체라는 세 가지 상을 가진다고 배웠다. 여기서 우리는 네 번째 상이라고 규정될 만한 새로운 물의 형상을 확인했다. 바로 배타 구역이다(그림 18.2). 이것은 액체도 고체도 아닌 무엇이다. 배타 구역을 삶지 않은 계란의 흰자와 흡사한 물리적 성질을 가진 액체 결정이라고 기술하는 것이 아마도 가장 정확할 것이다.

'배타 구역exclusion zone'이라는 용어는 어쩌면 잘못된 것일지도 모른다.

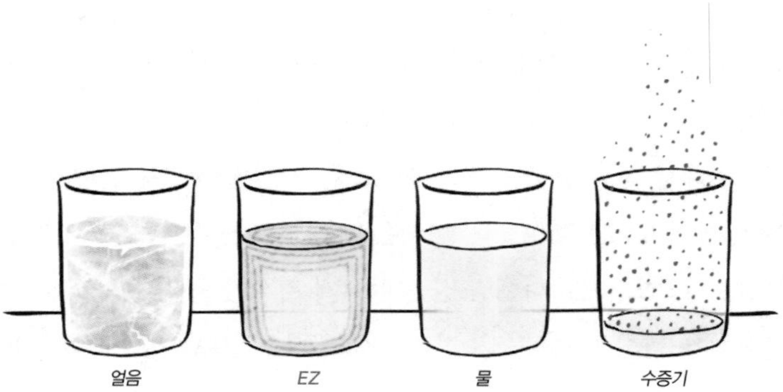

그림 18.2
물의 네 가지 상.

초기 연구 단계에서 친구인 존 와터슨이 지어준 용어로, 이들 구역의 특징이 배타적이라는 것을 명징하게 표현한다. 이 정의는 다소 고정적이다. 사람들은 'EZ'라는 용어가 쉽다는 뜻의 'easy'를 연상시켜서 딱딱하다는hard 것의 반대를 뜻하는 것 같다고 농담처럼 말했다. 경수hard water는 미네랄(무기 염류 이온)이 풍부한 물이지만 배타 구역 물은 미네랄을 배척한다. 이런 경우라면 이 용어가 괜찮아 보이기도 한다. 돌이켜 생각해보면 '액체 결정liquid crystalline' 상 또는 '반-액체semi-liquid' 상이라는 용어가 배타 구역보다 더 적합할 수도 있을 것 같다. 상을 분류할 때 사용하는 용어에 좀 더 자연스럽게 잘 들어맞는 것처럼 보이기 때문이다.

그것은 그렇다고 치더라도 상의 계열은 우리가 이전에 배운 것과는 다르다. 앞에서 우리는 물의 특성에 관한 생생한 설명을 곁들였다. 그에 따르면 보다 적절한 (물의) 상의 계열은 고체, 액체-결정, 액체, 그리고 기체로 구성되는 네 개의 상이어야 옳다. 세 종류의 상이 아니다.

이런 새로운 이해를 바탕으로 대학교 신입생들이 '오호라! 화학이 전혀 어려운 게 아닌걸'이라고 할지 그 누가 알겠는가?

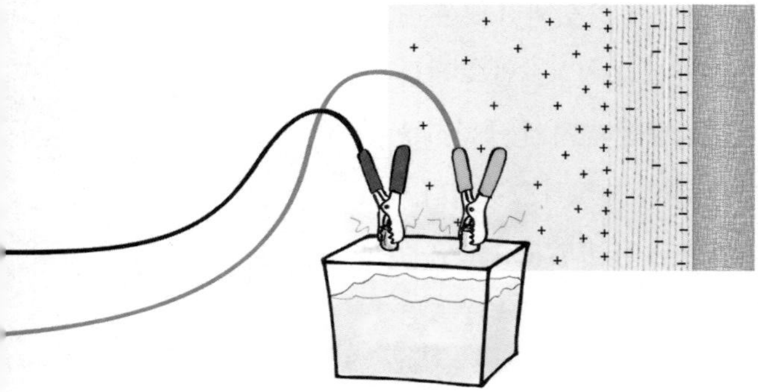

그림 18.3
물 배터리.

제2원칙: 물은 에너지를 저장한다

네 번째 상의 물은 에너지를 질서와 전하의 분리라는 두 가지 형태로 저장한다. 질서는 위상 전위차 에너지configurational potential energy를 구축하며 이것은 질서 상태에서 무질서 상태로 넘어갈 때 방출된다. 살아 있는 세포에서 질서-무질서 전이는 에너지 전달 기제의 핵심을 이루고 있다.[1] 두 번째 형태인 전하의 분리는 배타 구역이 통상 음의 하전을 가지도록 하는 전자와 양의 하전을 갖는 양성자(히드로늄 이온, H_3O^+)로 구성된다. 이렇게 분리된 하전은 배터리와 유사하다. 여기서는 국지적으로 전위차 에너지를 저장하고 있는 상태이다(그림 18.3).

자연계는 사용 가능한 에너지 저장소를 결코 버리지 않는다. 그 에너지를 아주 효과적으로 나누어 필요한 곳에서 사용한다. 책의 여기저기에서 그러한 예를 들었지만 그것 말고도 많다.

현대 생화학의 아버지인 얼베르트 센트죄르지는 생물학은 결국 전자 에너지가 세포 혹은 유기체 내에서 어떻게 이용되는지를 이해하는 것이라고 말했다. 배타 구역은 사용 가능한 전자의 기원이며 엄청난 수의 생물학적 과정을 추동할 수 있다. 이를 보충하는 양성자도 마찬가지로 동등하게 중요한 역할을 한다. 양이온 농도는 압력을 만들어내고 이를 통해 흐름이 생겨난다. 흐름은 실제로 어디에서나 존재한다. 원시적인 세포도 그렇고 고도로 분화된 세포도 그렇다. 우리의 혈관계도 그렇고 관목이나 거대한 나무의 물관도 마찬가지다. 히드로늄 이온이 이런 흐름을 추동한다.

배타 구역의 전위차 에너지는 실제로도 작동된다. 정수기가 그 예이다.

배타 구역이 불순물을 포함하는 용질을 배제하기 때문에 오염되지 않은 배타 구역 물을 회수하면 되는 것이다. 아주 간단하면서도 획기적인 효과를 갖는 전형적인 예도 앞에서 이미 설명하였다.[2] 말하자면 전자기 에너지를 받으면 물이 조직화되면서 필터 없는 여과(배제) 과정이 시작되는 것이다.

네 번째 상의 물과 결부된 전위차 에너지는 여러 가지 방법으로 사용될 수 있다. 에너지와 물은 실제적으로 같은 말이다. 그런 근거로 우리는 7장에서 $E=H_2O$라는 수식을 제안하였다. 단위가 맞지 않는 억지스러움이 있지만 이 식은 우리의 두 번째 원칙의 정수를 드러낸다. 즉, **물은 에너지를 저장한다.**

제3원칙: 물은 빛으로부터 에너지를 얻는다

태양이 지구를 비추고 지구 위에서 일어나는 다양한 과정을 추동한다고 알고 있다. 여기서 새로운 것이 있다면 그것은 태양이(아마 다른 우주나 지구 내부에서의 에너지도) 이런 명백한 것들 외에 물을 포함하는 과정도 추동할 것이라는 점이다(그림 18.4).

태양의 전자기 에너지는 물에서 전위차 에너지를 축적하게 한다. 광자가 질서와 하전의 분리를 통해 배타 구역을 재충전한다. 태양 에너지는 물 분자를 쪼개고, 배타 구역의 조직화하며, 따라서 조직화된 배타 구역 쪽에 전하를 부여하고 나머지 일반적인 물 부분에 반대의 전하를 부여한다.

통상 우리는 물이 에너지를 받을 것이라고 생각하지 않는다. 컵 속에 있는 물은 대체로 그 환경과 평형 상태로 존재한다고 간주된다. 그렇지

그림 18.4
지구에 도달하는 전자기 에너지.

만 앞에서 얘기한 것처럼 그 얘기는 틀렸다. 컵 속의 물은 평형 상태와는 거리가 멀다. 이런 개념은 말이 안 되는 것처럼 들릴지도 모르겠다. 그러나 물은 환경으로부터 끊임없이 에너지를 흡수하고 그리고 그 에너지를 통해 일을 할 수 있다.

식물체가 이와 같은 일을 하고 있다면 아무도 이상하게 생각하지 않을 것이다. 식물은 환경에서 방사되는 에너지를 흡수하고 이를 통해 일을 한다. 물론 식물의 대부분은 물로 이루어져 있다. 따라서 컵 속의 물이 식물 속에 있는 물과 달라야 할 이유가 없는 것이고 식물에서 그러는 것처럼 광자가 가진 에너지를 컵 속의 물에 전달할 수 있다고 해서 이상할 것은 전혀 없다.

복사 에너지가 물 위로 떨어지는 각본을 새롭게 생각해볼 필요가 있다. 우리의 관심은 주로 화학이지만 물리학과 생물학이라고 해서 그리 다를 것은 없을 것이다. 예컨대, 구름을 뚫고 나오는 태양 에너지를 우리는 느낄 수 있다. 이런 감각은 물론 정신적인 측면도 있겠지만 태양에서 오는 에너지가 실제로 우리 세포에 화학 에너지를 전달할 수 있기 때문에 우리는 에너지가 충만함을 느낄 수도 있다. 어떤 파장의 빛은 우리 몸을 통과해나간다. 전등을 손바닥에 비추고 그 빛이 새어 나가는가 확인해보라.

태양 에너지가 우리 신체에 에너지를 줄 수 있다는 말이 과장처럼 들릴 수도 있지만 실제 세포는 따뜻한 곳에서 더 빨리 자란다. 적외선에 노출된 세포처럼 말이다. 빛이 물속에 에너지를 축적할 수 있고 우리 인간이 대부분 물로 이루어졌다면 우리가 환경으로부터 에너지를 수확할 수 있다고 할 수 있지 않겠는가? 알다시피 빛을 수확하는 매우 다양한 기제는 생물학에서 흔하게 발견된다.

이와 같은 원칙이 물리학과 공학에도 적용된다. 예를 들면, 물에 흡수된 빛 에너지를 획득하는 것은 전기 에너지를 얻는 쓸모 있는 수단이 될 수 있다. 배타 구역에서 전하의 분리는 광합성 초기 단계와 매우 흡사하다. 이 단계에서는 친수성 표면♦ 근처에 있는 물이 쪼개진다. 이런 유사성은 우리에게 행운을 가져다줄 수도 있다. 물을 분할하는 과정이 초기 광합성 과정에서 효과적으로 이루어지고 있다는 것이 잘 알려져 있기 때문에, 어떤 종류의 물에 숨겨진 빛 에너지를 얻고자 하는 시도가 가까운 미래에 현실화될 수도 있다. 언젠가 물을 기반으로 하는 설계가 태양광photovoltaic 설계를 대체할 날이 오지 않을까?

어쨌든 전자기 에너지가 물 분자 안에서 전위차 에너지로 축적되면 그것은 에너지 저장소 역할을 할 수 있다. 이 에너지는 사방으로 퍼져나가면서 원래 에너지를 주었던 곳으로 돌아갈 수도 있고 뭔가 일을 하는 데 쓰일 수도 있다. 이 에너지는 환경이 우리에게 부여한 선물이다. 본질적으로 그것은 자유 에너지이기 때문에 지금 현재 우리가 직면한 에너지 파국 문제를 해결할 단서를 제공할 수도 있을 것이다.

제4원칙: 같은 하전을 띤 것들끼리 서로 잡아당긴다

지금까지 정리한 원칙들 중에서 아마도 이 원칙이 직관적으로 가장 받아들이기 힘들 것이다(그림 18.5). 그러나 같은 하전 사이에 인력이 작용한다는 이 원칙은 물리법칙에 전혀 위배되지 않는다. 같은 하전을 띤 물질은 그 자체로는 서로 끌어당기지 않는다. 그렇지만 인력은 그들 물체 사이에 끼어 있는 반대 하전에 의해 매개된다. 이들 반대 하전을 띤 물질 때문에 같

♦ 식물의 산소발생 복합체(oxygen evolving complex)에서 두 분자의 물이 깨지면서 전자 네 개, 양성자 네 개를 내놓는다. 이 분리 과정의 부산물은 산소이다.

그림 18.5
끼리끼리 끌림.

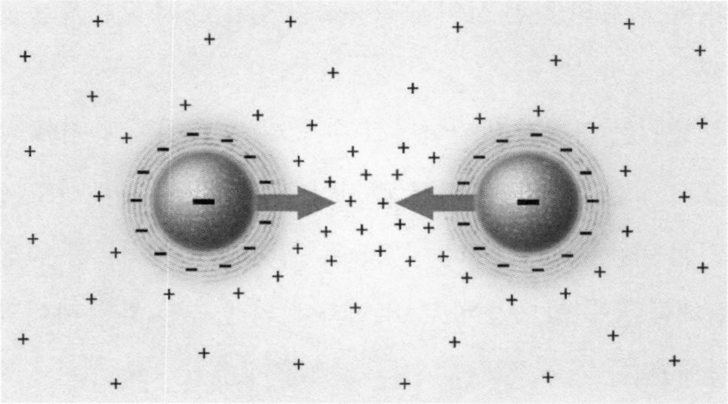

은 하전을 띤 물체들이 서로를 향하게 된다. 따라서 그 인력은 같은 하전을 띤 물체 사이의 반발력과 균형을 이룰 때까지 서로를 잡아당긴다.

리처드 파인먼 같은 유명한 물리학자가 이 원칙을 받아들였음에도 불구하고 여전히 대다수의 물리학자들은 동일한 전하 사이에 인력이 작용한다는 사실을 수긍하지 않는다. 파인먼은 "반대 전하의 중개에 의한 동일 전하 간 인력like-likes-like through an intermediate of unlikes"이라는 말을 만들어냈다. 그는 이런 방식의 인력이 물리학과 화학에서 매우 중요하다는 점을 이해했다. 그렇지만 대다수 과학자들은 반사적으로 동일 하전끼리는 서로 배척해야 한다고 가정한다. 잠깐 동안일지라도 같은 하전이 다른 하전의 도움을 받아 서로 끌어당길 수 있다고 생각하기를 꺼린다.

'어떻게 같은 하전끼리 잡아당길 수 있어?' 하는 생각이 저변에 깔려 있는 까닭에 이런 유의 학문적 저항이 생기는 것 같다. 이런 현상은 악마의 주술 같은 것일지도 모른다. 잘 해봐야 허풍선이의 어리광쯤으로 치부될 수도 있다. 따라서 같은 하전끼리는 반드시 서로 밀쳐야 된다는 생각은 전혀 무리함이 없다. 그렇지만 이런 가정은 너무 확고한 것이어서 불필요할 정도로 복잡한 해석이나 아니면 단순히 잘못된 해답으로 우리를 인도할 수도 있다. 두 종류의 하전 사이에 작용하는 힘보다 더 근본적인 것이 어디 있겠는가?

이 책은 동일한 하전끼리 잡아당길 수 있다는 몇 가지 증거를 제시한다. 나아가 그 인력을 매개하는 다른 하전이 무엇인가에 대해서도 설명하고 있다. 여기서 다른 하전은 배타 구역으로부터 나온다. 이들은 엄청난 수의 양성자를 제공할 수 있으며 바로 이 입자에 의해 동일 하전 사이의 끌어당김이 가능해진다.

실험을 통한 증명을 논외로 하더라도 이런 식의 동일 하전 끌림 현상은 거시적이든 미시적이든 간에 자연계에서도 광범위하게 관찰될 것이다. 가능한 한 가지 예는 생명의 기원에서 찾아볼 수 있다. 최초의 생명체가 만들어지는 과정에는 아마도 여기저기 흩어진 물질을 농축시켜 응축된 덩어리로 만드는 과정이 포함되었을 것이다. 이런 식의 응축이 없었다면 세포cell 고 시원세포precell고 존재할 수 없었을 것이다. '끼리끼리 끌림' 현상은 자가 조립과 같은 현상을 매개하는 자연적인 기제라고 볼 수 있다. 여기에 빛을 좀 더하자. 어떤가? 뭔가 나올 것 같지 않은가?

또 다른 예로는 하늘에 떠 있는 구름을 들 수 있다. 구름은 하전된 에어로졸 방울로 구성되어 있다. 상식적으로 생각해보면 이들 방울은 서로 밀쳐내면서 흩어져 있어야 한다. 그렇지만 여기서도 '끼리끼리 끌림' 기작이 왜 이런 방울들이 서로 응결되어 구름과 같이 눈에 보이는 구조를 취할 수 있는지 설명해준다. 태양이 에너지를 공급하고 반대 하전을 띤 입자들이 응집력을 제공한다.

동일 하전의 반발력이라는 개념을 가지고 어떤 현상을 해석할 때 그 반대의 경우는 어떤지 스스로에게 물어야 할 것이다. 어떤 경우에는 동일 하전 끌림이 특정 현상을 더 잘 설명할 수도 있기 때문이다. 그런 방식으로 여러분은 보다 믿을 만한 경로를 거쳐 자연을 더 정확하게 이해하고 이를 단순하게 설명할 수 있는 기회를 얻게 될 것이다.

ㅇㅇㅇ

지금까지 설명한 네 가지 원칙은 자연계의 법칙이라고 할 수 있다. 이전에는 구석에 처박혀 그 형체를 드러내지 못하던 것이 이제는 선명한 빛 아래 환하게 드러난다.(그림 18.6)

그림 18.6
숨겨진 원칙 되살리기.

이런 원칙을 통해 설명할 수 있는 자연 현상의 수는 엄청나게 많다. 이것들은 '왜' 또는 '어떻게'라는 질문에 답을 할 수 있게 해준다. 왜 겔은 물을 붙들고 있는가? 어떻게 샴페인의 거품이 끝없이 튀어나올 수 있는가? 어떻게 수화된 쐐기가 거대한 바위를 쪼갤 수 있는가? 어떻게 우리는 뜨거운 커피 잔 위로 피어오르는 증기 구름을 볼 수 있는가? 왜 우리는 얼음 위에서 미끄러지는가? 눈은 왜 오는가? 앞에서 제시한 원칙을 적용해 설명할 수 있는 예는 이것 말고도 너무 많다.

이들 원칙이 자연 현상을 광범위하게 설명할 수 있기 때문에 자연의 기본적 토대를 증명할 때도 적용 가능하리라고 생각한다.

왜 지금껏 이런 원칙들이 밝혀지지 못했던가?

앞에서 말한 것처럼 이런 원칙들이 매우 활용도가 높은 것이라면 왜 그렇게 오랜 세월 동안 숨겨진 채 자신을 드러내지 못했을까?

내 생각에 여기에는 최소한 네 가지 이유가 있다.

- 첫째, 물 과학의 파란만장한 역사 때문이다. 중합수에 대한 가설이 붕괴하면서 많은 상처를 남겼다. 호기심 많은 과학자들조차 물에서 수십 년 동안 멀리 떨어져 있었다. 이 분야에 뛰어든 과학자가 믿을 만한 근거를 가지고 새로운 것을 발견했다고 하면 그는 곧 중합수 가설을 공격할 때 썼던 그 무기의 위협을 받지 않을 수 없었다. 확실히 그들의 물은 오염되어 있었던 것이다(비록 자연수natural water가 완전히 정화된 것이라 해도 말이다). 따라서 그들의 결과는 간단히 기각되었다. 다른 하나는 기억하는 물에 관한 것이다. 물에 저장된 기억이란 것은 있을 법한 일이 못 되어서 기껏해야 과학적 조롱의 대상이 되었을 뿐이었다. 이름을 기억하기 힘드신가요? 물을 드셔보세요. 잊어버린 기억을 되찾아줄 겁니다.

  따라서 물의 과학 분야는 두 번이나 된서리를 맞은 셈이었다. 그때마다 비난과 야유가 쏟아졌다. 신중한 과학자들이 어찌 이 분야 연구에 뛰어들었겠는가? 물은 믿을 수 없는 연구 분야로 추락했다. 물 과학에 몸을 담는 것은 마치 부식성이 강한 산에 몸을 맡기는 것과 다르지 않았다.

- 둘째, 물은 어디에나 있기 때문에 오히려 그에 대한 이해가 늦춰지는 이유가 되었다. 많은 자연 과정의 중심에 물이 있지만 **그 어떤 과학자도 그것에 질문을 던지지 않았다.** 100년 전이나 200년 전에 틀림없어 누군가가 이미 물에 대해 연구했을 것이라는 생각들이 과학자들 사이에 팽배했다. 또 연구가 일부 있었다고 해도 마지못해하는 기색이 역력했다. 오늘날 과학은 당대에 유행하는 분야에서 뭔가 보상을 기대하는 협소한 것으로 전락했다. 특히 매우 기초적이고 보편적인 물과 같은 물질에 대한 기초적인 질문은 들어설 자리를 잃었다.
- 세 번째 이유는 모든 과학계에 만연해 있는 지적인 소심함이다. **혁명적인 돌파에 대한 불확실성보다 기존의 학설에 의존하는 것이 훨씬 안전한 일**이다. 사람들은 과학자들이 기초과학 분야에서 엄청난 진보를 이루었다고 생각할지도 모르겠다. 그렇지만 대부분의 과학자들은 실상 자신이 소속된 현재의 테두리를 조금만 벗어나도 불안함을 느낀다. 이때 과학자들은 독재자나 방어자가 그러하듯 혁명에 저항하고 있을 뿐이다.
- 네 번째 이유는 **노골적인 두려움**이다. 기존의 학설에 대한 도전은 그 학설에 기대어 경력을 쌓아온 과학자들의 발등을 찧는 일이다. 유쾌하지 않은 반응이 예상되는 것은 당연하다. 예를 들면, 나는 신성하기 이를 데 없는 성지를 유린해왔다고 볼 수 있다. 자신들의 과학적 지위를 지켜야 하는 사람들이 의지하고 있는 인식 체계, 연구비, 혹은 특허 등등이 나를 견책하고 끌어내릴 것이라고 추측하고 있다. 아이들은 아마도 나의 이단적인 가설을 용서할지 모르겠지만 노련한 과학자들은 결코 그런 관용을 보이지 않을 것이다. 따라서 경력 쌓기에 쫓기며 살아가야 하는 연구

자들은 보수적인 성향을 띠기 쉽다. 이제 과학자들은 혁명적인 도전이라는 냄새가 조금이라도 풍기면 거리를 둔다. 이런 자세를 견지하는 한 과학자들의 책상에서는 빵 조각이 사라지지 않는다.

결론적으로 말하면 이런 네 가지 이유로 새로운 원칙이 출현하는 것은 고통스럽게 지연되었다. (a) 물 연구의 황폐한 역사가 과학자들을 이 분야에서 격리시켰다. (b) 물은 어디에나 있기 때문에 그에 대한 연구는 이미 다 되어 있을 것이라는 가정이 팽배했다. (c) 주류 분야에서 벗어나는 것은 불안정한 일이다. (d) 기존의 질서에 도전하는 것은 과학이든 다른 분야든 위험하기 짝이 없는 일이다.

이런 장애물이 한데 모여서 새로운 원칙을 헛간에 오랫동안 처박아놓았다. 나는 그것을 부수는 데 최선을 다할 작정이다.

미래

우리는 다음과 같이 단순한 질문에서부터 이야기를 풀어왔다. 왜 배타 구역은 채택되지 못했을까? 많이 볼수록 많이 찾을 수 있다. 마침내 우리는 네 가지의 일반적인 원칙에 도달했다. 이와 더불어 이 책 여기저기서 그와 관련된 기초에 대한 통찰◆을 찾아볼 수 있을 것이다.

이런 원칙들이 어디까지 파급될 수 있을까 나는 오랫동안 숙고해왔다. 원래 나는 물리학과 생물학에 관한 내용을 이 책에 담으려고 했는데, 물의

◆ 고 김현 선생의 책 제목 중에 『전체에 대한 통찰』이라는 것이 있다.

화학에 집중하는 게 좋겠다는 초고를 읽은 독자들의 충고를 받아들여 현재의 모양새가 되었다. 그렇지만 여기에 정립된 원칙들은 물론 자연계의 다른 과학 분파에도 확장될 수 있는 것들이다. 따라서 나는 다음 기회에 이런 내용을 포함시키려고 한다. 물리와 생물에 대해서 쓸 말이 너무 많다.

이런 모든 분야에서 진척을 이루어내는 일에는 틀림없이 벌거벗은 임금님 되기를 두려워하지 않는 새로운 용기가 필요할 것이다. 심지어 위대한 과학자들도 실수를 할 수 있다. 그들도 인간이기 때문이다. 그들도 우리가 먹는 음식을 먹고 우리가 즐기는 패션을 선호한다. 그들도 우리가 흔히 저지르는 실수를 한다. 그들의 생각에 언제나 결점이 없는 것은 아니다. 불경스러워 보일 수도 있겠지만 우리가 어떤 근본적인 진리에 접근하기 위해서라면 할 수 있는 모든 기본적인 가정을 해볼 수 있는 용기를 가져야 한다. 특히 위험성이 큰 것들도 불사해야 할 것이다. 그러지 않으면 우리는 영원한 무지에 스스로를 속박할 수도 있다.

그러한 노력의 끝이 무엇일지는 아무도 답할 수 없다. 불확실성의 영역은 언제나 과학이 추구해야 할 매력적인 분야이다. 족쇄를 벗어난 실험, 논리적인 사고 그리고 거기에 가끔씩 기대하지 않던 행운이 버무려지면 자연의 후미진 곳에 빛을 비출 수도 있을 것이다.

참고문헌

1장

❶ Osada Y, and Gong J (1993): Stimuli-responsive polymer gels and their application to chemomechanical systems. *Prog. Polym. Sci.*, 18, 187–226.

❷ Ovchinnikova K, and Pollack GH (2009): Cylindrical phase separation in colloidal suspensions. *Phys. Rev. E.* 79(3), 036117.

❸ http://www.youtube.com/watch?v=FhBn1ozht-E

❹ Klyuzhin IS, Ienna F, Roeder B, Wexler A and Pollack GH (2010): Persisting water droplets on water surfaces *J. Phys. Chem.* B 114, 14020–14027.

❺ http://www.youtube.com/watch?v=yDun7ILKrUI

❻ http://www.youtube.com/watch?v=oY1eyLEo8_A&feature=related

2장

❶ Ball, Philip (1999): *H_2O: A Biography of Water.* Weidenfeld & Nicholson. 한국어판은 강윤재 옮김, 『H_2O: 지구를 색칠하는 투명한 액체』(살림FRIENDS, 2012).

❷ Ball P. (2008): Water as an Active Constituent in Cell Biology *Chem. Rev.* 108, 74–108.

❸ http://www1.lsbu.ac.uk/water/

❹ Roy R, Tiller WA, Bell I, Hoover MR (2005): The Structure of Liquid Water: Novel Insights From Materials Research; Potential Relevance to Homeopathy. *Materials Research Innovations Online* 577-608.

❺ Schiff, Michel (1995): *The Memory of Water,* Thorsens.

❻ Walach H, Jonas WB, Ives J, Van Wijk R, Weingartner O, (2005): Research on Homeopathy: State of the Art. *J. Alt. and Comp Med.* 11(5) 813-829.

❼ Montagnier L, Aissa J, Del Giudice E, Lavallee C, Tedeschi A and Vitiello G (2011): DNA waves and water. *J . Phys: Conf. Series* vol. 306 (on line).

3장

❶ Henniker, JC (1949): The depth of the surface zone of a liquid. *Rev. Mod. Phys.* 21(2): 322–341.

❷ Pollack, GH (2001): *Cells, Gels and the Engines of Life: A New Unifying Approach to Cell Function.* Ebner and Sons, Seattle, WA. 한국어판은 김홍표 옮김, 『진화하는 물』(지식을만드는지식, 2017).

❸ Zheng, J -M, and Pollack GH (2003): Long-range forces extending from polymer-gel surfaces. *Phys. Rev E.* 68: 031408.

❹ Zheng J -M, Chin W -C, Khijniak E, Khijniak E, Jr., Pollack GH (2006): Surfaces and Interfacial Water: Evidence that hydrophilic surfaces have long-range impact. *Adv. Colloid Interface Sci.* 127: 19–27.

❺ Chai B, Mahtani A, Pollack GH (2012): Unexpected presence of solute-free zones at metal-water interfaces. *Contemporary Materials* III-1-12.

❻ Zheng, J.-M., Wexler, A, Pollack, GH (2009): Effect of buffers on aqueous solute-exclusion zones around ionexchange resins. *J. Colloid Interface Sci.* 332: 511–514.

7. Klyuzhin I, Symonds A, Magula J and Pollack, GH (2008): A new method of water purification based on the particle-exclusion phenomenon. *Environ. Sci and Techn,* 42(16) 6160–6166.
8. Yoo H, Baker DR, Pirie CM, Hovakeemian B, and Pollack GH (2011): Characteristics of water adjacent to hydrophilic interfaces. In: Water: The Forgotten Biological Molecule Ed. Denis Le Bihan and Hidenao Fukuyama, Pan Stanford Publishing Pte. Ltd. www.panstanford.com, pp. 123–136.
9. Green K, Otori T (1970): Direct measurement of membrane unstirred layers. *J Physiol (London)* 207: 93–102.
10. Ling GN (2001): *Life at the Cell and Below-Cell Level: The Hidden History of a Fundamental Revolution in Biology.* Pacific Press, NY.
11. Olodovskii PP and Berestova IL (1992). On Changes in the Structure of Water due to its contact with a solid phase. I NMR Spectroscopy Studies. *J. Eng'ng. Phys and Thermophys.* 62 622–627.
12. Yoo H. Paranji R and Pollack GH (2011): Impact of hydrophilic surfaces on interfacial water dynamics probed with NMR spectroscopy. *J. Phys. Chem Letters* 2: 532–536.
13. Bunkin NF (2011): The behavior of refractive index for water and aqueous solutions close to the Nafion interface. http://www.watercon.org/water_2011/abstracts.html
14. Tychinsky V (2011): High Electric Susceptibility is the Signature of Structured Water in Water-Containing Objects *WATER* 3, 95–99.
15. Ho, Mae-wan (2008): *The Rainbow and the Worm: The Physics of Living Organisms.* 3rd edition. World Scientific Co.
16. Roy R, Tiller, WA, Bell I, and Hoover MR (2005): The structure of liquid water; novel insights from materials research; potential relevance to homeopathy. *Mat. Res. Innovat.* 9, 98–103.
17. Ling, GN (2003): A new theoretical foundation for the polarized-oriented multilayer theory of cell water and for inanimate systems demonstrating long-range dynamic structuring of water molecules. *Physiol. Chem Phys. & Med. NMR.* 35: 91–130.

4장

1. Franks, Felix (1981): *Polywater.* MIT Press.
2. Ling, GN, (2003): A new theoretical foundation for the polarized-oriented multilayer theory of cell water and for inanimate systems demonstrating long-range dynamic structuring of water molecules. *Physiol. Chem Phys. & Med. NMR.* 35: 91–130.
3. Roy R, Tiller WA, Bell I, and Hoover MR (2005): The structure of liquid water; novel insights from materials research; potential relevance to homeopathy. *Mat. Res.* Innovat. 9–4 93124 1066–7857.
4. Ling, GN (1992): *A Revolution in the Physiology of the Living Cell.* Krieger Publ. Co, Malabar FL.
5. Pollack GH (2001): *Cells, Gels and the Engines of Life: A New Unifying Approach to Cell Function.* Ebner and Sons, Seattle, WA. 한국어판은 김홍표 옮김, 『진화하는 물』(지식을만드는지식, 2017).
6. Lippincott ER, Stromberg RR, Grant WH, Cessac GL (1969):

Polywater. *Science* 164, 1482–1487.
❼ Chatzidimitriou-Dreismann CA, Abdul Redah T, Streffer RMF and Mayers J. (1997): Anomalous Deep Inelastic Neutron Scattering from Liquid H2O-D2O: Evidence of Nuclear Quantum Entanglement. *Phys Rev Lett.* 79(15): 2839–2842.
❽ http://www.aip.org/enews/physnews/2003/split/648-1.html
❾ Henderson MA (2002): The interaction of water with solid surfaces: Fundamental aspects revisited. *Surface Science Reports* 46: 1–308.
❿ McGeoch JEM and McGeoch MW (2008): Entrapment of water by subunit c of ATP synthase. *Interface (Roy. Soc.)* 5(20): 311–340.
⓫ Kimmel GA, Matthiessen J, Baer M, Mundy CJ, Petrik NG, Smith RS, Dohnalek Z, and Kay BD (2009): No Confinement Needed: Observation of a Metastable Hydrophobic Wetting Two-Layer Ice on Graphene. *JACS 131,* 12838–12844.
⓬ Ji N, Ostroverkhov V, Tian CS, Shen YR (2008): Characterization of Vibrational Resonances of Water-Vapor Interfaces by Phase-Sensitive Sum-Frequency Spectroscopy, *Phys Rev Lett* 100, 096102.
⓭ Michaelides A and Morgenstern K (2007): Ice nanoclusters at hydrophobic metal surfaces. *Nature Mater.* 597–601.
⓮ Xu, K, Cao P, and Heath JR (2010): Graphene Visualizes the First Water Adlayers on Mica at Ambient Conditions. *Science* 329: 1188–1191.
⓯ McGeoch JEM and McGeoch MW (2008): Entrapment of water by subunit c of ATP synthase. *J. Roy Soc Interface* 5, 311–318.
⓰ Chai B, Mahtani AG and Pollack GH (2012): Unexpected Presence of Solute-Free Zones at Metal-Water Interfaces. *Contemporary Materials,* 3(1) 1–12.

5장

❶ Feynman RP, Leighton RB and Sands M (1964): *The Feynman Lectures on Physics Addison-Wesley, Vol 2, Chapter 9.*
❷ O'Rourke C, Klyuzhin IS, Park JS and Pollack GH (2011): Unexpected water flow through Nafion-tube punctures. *Phys. Rev. E.* 83(5) DOI: 10.1103/PhysRevE.83.056305.
❸ Pollack GH (2001): *Cells, Gels and the Engines of Life: A New Unifying Approach to Cell Function.* Ebner and Sons, Seattle, WA. 한국어판은 김홍표 옮김, 『진화하는 물』(지식을만드는지식, 2017).
❹ Pauling L (1961): A Molecular Theory of General Anesthetics. *California Institute of Technology Contribution* 2697.
❺ Guckenberger R, Heim M, Cevc G, Knapp HF, Wiegrabe W, and Hillebrand A (1994): Scanning tunneling microscopy of insulators and biological specimens based on lateral conductivity of ultrathin water films. *Science* 266 (5190) 1538–1540.
❻ Klimov A and Pollack GH (2007): Visualization of charge-carrier propagation in water. *Langmuir* 23(23): 11890–11895.
❼ Ovchinnikova K and Pollack GH (2009): Can water store charge? *Langmuir* 25: 542–547.

6장

❶ Chai B, Yoo H and Pollack

GH (2009): Effect of Radiant Energy on Near-Surface Water. *J. Phys. Chem B* 113: 13953-13958.
❷ Kosa T, Sukhomlinova L, Su L, Taheri B, White TJ, and Bunning TJ (2012): Light-induced liquid crystallinity. *Nature* 485 347-349.
❸ Del Giudice E, Voeikov V, Teseschi A, Vitiello G (2012): Coherence in Aqueous Systems: Origin, Properties and Consequences for the Living State. Chapter 4 in "Fields of the Cell" ed. Daniel Fels and Michal Cifra, *In press.*
❹ Beatty JT, Overmann J, Lince MT, Manske, AK, Lang AS, Blankenship RE, Van Dover CL, Martinson TA and Plumley FG (2005): An obligately photosynthetic bacterial anaerobe from a deep-sea hydrothermal vent. *PNAS* 102(26): 9306–9310.

7장

❶ Pollack GH (2001): *Cells, Gels and the Engines of Life: A New Unifying Approach to Cell Function.* Ebner and Sons, Seattle, WA. 한국어판은 김홍표 옮김, 『진화하는 물』(지식을만드는지식, 2017).
❷ Piccardi G (1962): *Chemical Basis Of Medical Climatology* Charles Thomas Publisher, Springfield, IL. *In PDF format:* http://www.rexresearch.com/piccardi/piccardi.htm
❸ Rao ML, Sedlmayr SR, Roy R, and Kanzius J (2010): Polarized microwave and RF radiation effects on the structure and stability of liquid water. *Current Sci* 98 (11): 1–6.
❹ http://www.youtube.com/watch?v=4OkIlm5a1Lc
❺ Yu A, Carlson P, and Pollack, GH (2013): Unexpected axial flow through hydrophilic tubes: Implications for energetics of water. *In Water as the Fabric of Life* eds. Philip Ball and Eshel Ben Jacob. *Eur. Phys. Journal, in press.*
❻ Rohani M and Pollack GH (2013): Flow through horizontal tubes submerged in water in the absence of a pressure gradient: mechanistic considerations. *Submitted for publication*
❼ O'Rourke C, Klyuzhin I, Park, J-S, and Pollack GH (2011): Unexpected water flow through Nafiontube punctures. *Phys. Rev. E.* 83(5) DOI:10.1103/PhysRevE.83.0563057. Zhao Q, Coult J, and Pollack GH (2010): Long-range attraction in aqueous colloidal suspensions. *Proc SPIE* 7376: 73716C1-C13.
❽ http://www.youtube.com/watch?v=JEjFJsocDW8

8장

❶ Langmuir I (1938): The Role of Attractive and Repulsive Forces in the Formation of Tactoids, Thixotropic Gels, Protein Crystals and Coacervates. *J. Chem Phys.* 6, 873–896. doi:10.1063/1.1750183
❷ Feynman, RP, Leighton RB, Sands M (1964): *The Feynman Lectures on Physics;* Addison-Wesley: Reading, MA; Chapter 2, p 2.
❸ Dosho S, Ise N, Ito K, Iwai S, Kitano H, Matsuoka H Okumura H and Oneo T (1993). Recent Study of Polymer Latex Dispersions. *Langmuir* 9(2): 394–411.
❹ Ito K, Yoshida H, and Ise N (1994): Void Structure in Colloidal Dispersions *Science* 263 (5413) 66–68.
❺ Ise N (1986): Ordering of Ionic Solutes in Dilute Solutions through Attraction of Similarly Charged Solutes—A Change of Paradigm in Colloid and

Polymer Chemistry. *Angew. Chem.* 25, 323–334.

❻ Ise N and Sogami IS (2005): *Structure Formation in Solutions, Ionic Polymers and Colloidal Particles,* Springer.

❼ Ise N (2010): Like likes like: counterion-mediated attraction in macroionic and colloidal interaction. *Phys Chem Chem Phys,* 12, 10279–10287.

❽ Mudler WH (2010): On the Theory of Electrostatic Interactions in Suspensions of Charged Colloids. *SSSAJ:* 74 (1) 1–4.

❾ Ise N (2007): When, why, and how does like like like?—Electrostatic attraction between similarly charged species. *Proc. Jpn. Acad., Ser. B* (83) 192–198.

❿ Ise N and Sogami IS (2010): Comment on "On the Theory of Electrostatic Interactions in Suspensions of Charged Colloids" by Willem H. Mulder. *SSSAJ*: 74 (1) 1–2.

⓫ Nagornyak E, Yoo H and Pollack GH (2009): Mechanism of attraction between like-charged particles in aqueous solution. *Soft Matter,* 5, 3850–3857.

⓬ Zhao Q, Zheng JM, Chai B, and Pollack GH (2008): Unexpected effect of light on colloid crystal Spacing. *Langmuir,* 24: 1750–1755.

⓭ Chai, B, Pollack GH (2010): Solute-free Interfacial Zones in Polar Liquids. *J Phys. Chem* B 114: 5371–5375.

⓮ Tata BVR, Rajamani, PV, Chakrabarti J, Nikolov A, and Wasan DT (2000): Gas-Liquid Transition in a Two-Dimensional System of Millimeter-Sized Like-Charged Metal Balls. *Phys. Rev. Letters* 84(16):3626–3629.

⓯ Thornhill W and Talbott D (2007): *The Electric Universe,* Mikamar, Portland OR.

9장

❶ Brush SG (1968): *A History of Random Processes.* I. Brownian Movement from Brown to Perrin. Springer, Berlin/Heidelberg.

❷ Okubo T (1989a): Brownian Movement of Deionized Colloidal Spheres in Gaslike Suspensions and the Importance of the Debye Screening Length. *J Phys Chem* 93: 4352–4354.

❸ Weeks ER, Crocker JC Levitt AC, Schofield A and Weitz DA (2000): Imaging of structural relaxation near the colloidal glass transition. *Science* 287: 627–31.

❹ Ise N, Matsuoka, H, Ito K and Yoshida H (1990): Inhomogeneity of SoluteDistribution in Ionic Systems. *Faraday Discuss. Chem. Soc.* 90, 153–162.

❺ Okubo T (1989b): Microscopic observation of gas-like, liquid-like, and crystal-like distributions of deionized colloidal spheres and the importance of the Debyescreening length. *J Chem Phys.* 90(4): 2408–2415.

❻ Weeks ER and Weitz DA (2002): Properties of Cage Rearrangements Observed near the Colloidal Glass Transition. *Phys Rev Lett* 89(9): 095704.

❼ Bursac P, Lenormand G, Fabry B, Oliver M, Weitz DA, Viasnoff V, Butler JP and Fredberg JJ (2005): Cytoskeletal remodelling and slow dynamics in the living cell. *Nature Materials* 4: 557–561.

❽ Bhalerao A and Pollack GH (2001): Light-induced effects on Brownian displacements. *J Biophotnics* 4(3) 172–177.

❾ Das R and Pollack GH (2013): Charge-based forces at the Nafion-water interface.

Langmuir, DOI: 10.1021/la304418p.

⑩ Albrecht-Buehler G (2005): A long-range attraction between aggregating 3T3 cells mediated by nearinfrared light scattering. *Proc Natl Acad Sci U S A.* 102(14):5050–5055.

⑪ Ovchinnikova, K, Pollack GH (2009): Cylindrical phase separation in colloidal suspensions. *Phys Rev E* 79(3): 036117.

⑫ Dosho S, Ise N, Ito K, Iwai S, Kitano H, Matsuoka H Okumura H and Oneo T (1993): Recent Study of Polymer Latex Dispersions. *Langmuir* 9(2): 394–411.

⑬ Chai B and Pollack GH (2010):Solute-Free Interfacial Zones in Polar Liquids. *J. Phys. Chem. B* 114: 5371–5375.

⑭ Zheng J-M and Pollack GH (2003): Long range forces extending from polymer surfaces. *Phys Rev E.:* 68: 031408.

10장

① Ivanitskii GR, Deev AA and Khizhnyak EP (2005): Water surface structures observed using infrared imaging. *Physics – Uspekhi* 48(11) 1151–1159.

② Chang H (2011): The Myth of the Boiling Point. http://www.hps.cam.ac.uk/people/chang/boiling/

③ Montagnier L, Aissa J, Ferris S, Montagnier JL and Lavall C (2009): Electromagnetic Signals are Produced by Aqueous Nanostructures Derived from Bacterial DNA Sequences. *Interdisc. Sci Comput. Life Sci* 1: 81–90. DOI 10.1007/s12539-009-0036-7.

④ Montagnier L, Aissa J, Del Giudice E, Lavallee C, Tedeschi A and Vitiello G (2011): DNA waves and water. J. Phys: Conf. Series vol. 306, 2011 (on line). http://dx.doi.org/10.1088/1742-6596/306/1/012007

⑤ Gurwitsch AG, Gurwitsch LD (1943): Twenty Years of Mitogenetic Radiation: Emergence, Development, and Perspectives. *Uspekhi Sovremennoi Biologii* 16:305–334. (English translation: *21st Century Science and Technology*. Fall, 1999; 12(3): 41–53).

⑥ Thomas Y, Kahhak L, Aissa J. (2006): The physical nature of the biological signal, a puzzling phenomenon: The critical role of Jacques Benveniste. In Pollack GH, Cameron IL, Wheatley DN, editors: *Water and the Cell.* Dordrecht: Springer, p. 325–340.

⑦ Chai B and Pollack GH (2010): Solute-free Interfacial Zones in Polar Liquids. *J Phys. Chem B* 114: 5371–5375.

11장

① Lin SC, Lee WI and Schurr JM (1978): Brownian motion of highly charged poly(L-lysine). Effects of salt and polyion concentration. Biopolymers 17(4) 1041–1064.

② Weiss M, Eisner M, Kartberg F, Nilsson T (2004): Anomalous Subdiffusion is a Measure for Cytoplasmic Crowding in Living Cells.Biophys J, 87(5): 3518–3524.

③ Halliday I (1963): Diffusion effects observed in the wake spectrum of a Geminid meteor. Smithsonian Contrib to Astrophys, 7, 161–169.

④ http://news.softpedia.com/news/Unmixed-Pool-of-Freshwater-Found-in-Arctic-Ocean-193373.shtml

⑤ http://vivithemage.com/zen/blog/picturesaroundtheworld/13.

jpg.php
❻ Chai B, Zheng JM, Zhao Q, and Pollack GH (2008): Spectroscopic studies of solutes in aqueous solution. *J Phys Chem A* 112: 2242–2247.
❼ Sedlák M (2006): Large-Scale Supramolecular Structure in Solutions of Low Molar Mass Compounds and Mixtures of Liquids: I. Light Scattering Characterization, *J. Phys. Chem. B,* 110 (9), 4329–4338.
❽ Zhao Q, Ovchinnikova K, Chai B., Yoo H, Magula J and Pollack GH (2009): Role of proton gradients in the mechanism of osmosis. *J Phys Chem B* 113: 10708–10714.
❾ Zheng JM and Pollack GH (2003): Long range forces extending from polymer surfaces. *Phys Rev E.:* 68: 031408.
❿ Loeb J (1921): The Origin of the Potential differences responsible for anomalous osmosis. *J Gen Physiol* 20; 4(2): 213–226.
⓫ Osada Y, and Gong J (1993): Stimuli-responsive polymer gels and their application to chemomechanical systems. *Prog. Polym. Sci.,* 18, 187–226.

12장

❶ Tada T, Kanekoa D, Gong, J -P, Kanekoa T, and Osada Y (2004): Surface friction of poly(dimethyl siloxane) gel and its transition phenomenon. *Tribology Letters,* Vol. 17, No. 3.
❷ Stern KR, Bidlack J, Jansky, SH (1991): *Introductory Plant Biology,* McGraw Hill.
❸ So E, Stahlberg R, and Pollack GH (2012): Exclusion zone as an intermediate between ice and water. in: *Water and Society,* ed. DW Pepper and CA Brebbia, WIT Press. pp 3–11.
❹ http://en.wikipedia.org/wiki/Dead_water; http://www.youtube.com/watch?v=PCOL8kUtufg
❺ Chai B, Mahtani AG, and Pollack GH (2012): Unexpected Presence of Solute-Free Zones at Metal-Water Interfaces. *Contemporary Materials,* III (1) 1–12.
❻ Chai B, Mahtani A, Pollack GH (2013): Influence of Electrical Connection between Metal Electrodes on Long Range Solute-Free Zones. *Submitted for publication.*
❼ Musumeci F and Pollack GH (2012): Influence of water on the work function of certain metals. *Chem Phys Lett* 536: 65–67.
❽ O'Rourke C, Klyuzhin IS, Park JS, and Pollack, GH (2011): Unexpected water flow through Nafion-tube punctures. *Phys. Rev. E.* 83(5) DOI:10.1103/PhysRevE.83.056305.

13장

❶ http://www.youtube.com/watch?v=IkqSEApCSvM&feature=related
❷ Klyuzhin, IS, Ienna, F, Roeder B, Wexler, A and Pollack GH: Persisting Water Droplets on Water Surfaces (2010): *J. Phys Chem B* 114:14020–14027.
❸ Melehy, M. (2010): *Introduction to Interfacial Transport.* Author House, Bloomington IN.
❹ Chai B, Zheng JM, Zhao Q, and Pollack GH (2008): Spectroscopic studies of solutes in aqueous solution. *J. Phys. Chem A* 112:2242–2247.
❺ Bunkin, NF, Suyazov NV; Shkirin AV, Ignatiev PS, Indukaev KV (2009): Nanoscale structure of dissolved air bubbles in water as studied by measuring the elements of the scattering

matrix. *J Chem Phys* 130, 134308.

❻ Zheng JM and Pollack GH (2003): Long range forces extending from polymer surfaces. *Phys Rev E.:* 68:031408.

❼ Ninham, BW and Lo Nostro, P (2010): *Molecular Forces and Self Assembly in Colloid, Nano Sciences, and Biology.* Cambridge University Press.

❽ Zuev AL, and Kostarev KG (2008): Certain peculiarities of solutocapillary convection. *Physics - Uspekhi* 51 (10) 1027–1045.

❾ Hu W, Ishii, KS and Ohta AT (2011): Micro-assembly using optically controlled bubble microrobots. *Appl. Phys. Lett.* 99 (094103), 1–3.

❿ Spiel DE (1998): On the births of film drops from bubbles bursting on seawater surfaces. *J. Geophys Res* 103 (C11) 24,907–24918.

14장

❶ Chang H. (2011) http://www.hps.cam.ac.uk/people/chang/boiling/

15장

❶ Ienna F, Yoo H and Pollack GH (2012): Spatially Resolved Evaporative Patterns from Water. *Soft Matter* 8 (47), 11850–11856.

❷ http://www.youtube.com/watch?v=bT-fctr32pE

❸ Ivanitskii GR, Deev AA, Khizhnyak EP (2005): Water surface structures observed using infrared imaging *Physics ± Uspekhi* 48 (11) 1151–1159.

❹ Chai B, Zheng JM, Zhao Q, and Pollack GH (2008): Spectroscopic studies of solutes in aqueous solution. *J. Phys. Chem.,* A 112 2242–2247.

❺ Tychinsky V (2011): High Electric Susceptibility is the Signature of Structured Water in Water-Containing Objects. *WATER* 3: 95–99.

❻ Bunkin N (2013): Refractive index of water and aqueous solutions in optical frequency range close to Nafion interface. *(submitted).*

❼ http://touristattractionsgallery.com/niagara-is-thelargest-waterfall-in-the-world

❽ http://www.engineeringtoolbox.com/air-composition-d_212.html

16장

❶ http://www.youtube.com/watch?v=45yabrnryXk

❷ Ovchinnikova K and Pollack GH (2009): Cylindrical phase separation in colloidal suspensions. *Phys. Rev. E* 79 (3) 036117.

❸ Mopper K and Lindroth P (1982): Diel and depth variations in dissolved free amino acids and ammonium in the Baltic Sea determined by shipboard HPLC analysis. *Limnol. Oceanogr.* 27(2): 336–347.

❹ http://oai.dtic.mil/oai/oai?verb=getRecord&metadataPrefix=html&identifier=ADB228588

❺ Pollack GH (2001): *Cells, Gels and the Engines of Life: A New Unifying Approach to Cell Function.* Ebner and Sons, Seattle, WA. 한국어판은 김홍표 옮김, 『진화하는 물』(지식을만드는지식, 2017).

❻ Cameron I (2010): Dye Exclusion and Other Physical Properties of Hen Egg White. *WATER* (2): 83–96.

❼ Gaddis, V. (1965): *Invisible Horizons: True Mysteries of the Sea.* Chilton Books, Phila.

❽ http://www.bermuda-triangle.org/html/don_henry.html

❾ http://www.youtube.com/watch?v=yf1n00LW1XI&feature=related

❿ http://www.youtube.com/

watch?v=DkIIMEVnNDg

⑪ Heilbron JL (1999): Electricity in the 17th & 18th Centuries: A Study in Early Modern Physics (Dover Books on Physics), p 239.

⑫ Wegner LH and Zimmermann U (2004): Bicarbonate-Induced Alkalinization of the Xylem Sap in Intact Maize Seedlings as Measured in Situ with a Novel Xylem pH Probe. *Plant Physiol.* 136(3): 3469–3477.

⑬ Klyuzhin IS, Ienna F, Roeder B, Wexler A, and Pollack GH (2010): Persisting water droplets on water surfaces. *J. Phys. Chem. B* 114: 14020–14027.

17장

① Mpemba EB, Osborne D G. (1969): "Cool?" *Physics Education* (Institute of Physics) : 172–175. doi:10.1088/0031-9120/4/3/312.

② Mpemba EB and Osborne DG (1979): The Mpemba effect. Physics Education (Institute of Physics) : 410–412. doi:10.1088/0031-9120/14/7/312. http://www.iop.org/EJ/article/0031-9120/14/7/312/pev14i7p410.pdf.

③ http://www.youtube.com/watch?v=Gp8vc0DWf3U

④ http://www.youtube.com/watch?v=ywh5TQ5B4Es

⑤ So E, Stahlberg R, and Pollack GH (2012): Exclusion zone as an intermediate between ice and water. in: *Water and Society,* ed. DW Pepper and CA Brebbia, WIT Press, pp 3-11.

⑥ Hori T. (1956): *Low Temperature Science A*15:34 (English translation) No. 62, US Army Snow, Ice and Permafrost Res. Establishment, Corps of Engineers, Wilmette, Ill

⑦ Ehre D, Lavert E, Lahav M, Lubomirsky I (2010): Water Freezes Differently on Positively And Negatively Charged Surfaces of Pyroelectric Materials *Science* 327: 672–675.

⑧ Workman, EJ and Reynolds SE (1950): Electrical Phenomena Occurring during the Freezing of Dilute Aqueous Solutions and Their Possible Relationship to Thunderstorm Electricity. *Phys. Rev.* 78(1): 254–260.

⑨ http://www.youtube.com/watch?v=bDwZqBqrLQ&p=2556DBFD5031F40F&index=39

⑩ http://www.youtube.com/watch?v=xuhUTaFmaX8&NR=1&feature=endscreen

⑪ http://www.youtube.com/watch?v=fSPzMva9_CE

⑫ Woisetschlager J, Gatterer K, and Fuchs EC (2010): Experiments in a floating bridge *Exp Fluids* 48: 121–131.

⑬ Piatkowski L, Wexler AD, Fuchs EC, Schoenmaker H and Bakker HJ (2012): Ultrafast vibrational energy relaxation of the water bridge *Phys. Chem. Chem. Phys. 14(18): 6160-6164.*

⑭ Choi E-M, Yoon Y-H, Lee S, Kang H (2005): Freezing Transition of Interfacial Water at Room Temperature under Electric Fields. *Phys. Rev. Lett.* 95, 085701.

18장

① Pollack GH (2001): *Cells, Gels and the Engines of Life: A New Unifying Approach to Cell Function.* Ebner and Sons, Seattle, WA. 한국어판은 김홍표 옮김, 『진화하는 물』(지식을만드는지식, 2017).

② Klyuzhin I, Symonds A, Magula J and Pollack GH (2008): A new method of water purification based on the particle-exclusion phenomenon. *Environ Sci and Technol* 42(16): 6160–6166.

도판 저작권

1장

그림 1.4: Elmar Fuchs

2장

그림 2.3: 허락을 받고 실음.

3장

그림 3.19: 허락을 받고 실음,
Dr. Maewan Ho

5장

그림 5.1: Basil Hovakeemian
그림 5.5: Li Zheng and Ronnie Das
그림 5.6: Hyok Yoo
145쪽: Nenad Kundacina
그림 5.8: 허락을 받고 실음.

6장

그림 6.1: Binghua Chai
그림 6.3: Bora Kim
그림 6.5: 허락을 받고 실음.
그림 6.12: 허락을 받고 실음,
Office of Ocean Exploration and Research, NOAA

7장

그림 7.6: 허락을 받고 실음.

8장

그림 8.4: 허락을 받고 실음.
그림 8.11: 허락을 받고 실음.

9장

그림 9.1: 허락을 받고 실음.
그림 9.4: 허락을 받고 실음.
그림 9.8: Derek Nhan
그림 9.9: Ronnie Das
그림 9.10: Rainer Stahlberg
그림 9.12: Kate Ovchinnikova

10장

그림 10.6: Eugene Khijniak
그림 10.9: Anna Song
그림 10.10: Anna Song

11장

그림 11.2: Ronnie Das

13장

그림 13.3: 허락을 받고 실음.
그림 13.6: Sudeshna Sawoo
그림 13.7: Rolf Ypma,
Orion Polinsky
그림 13.8: Georg Schröcker
그림 13.9: Eric Gupta
그림 13.10: Hyok Yoo

14장

그림 14.5: George Danilov
그림 14.6: Hyok Yoo
그림 14.7: Hyok Yoo
그림 14.10: George Danilov
그림 14.11: Rainer Stahlberg

15장

그림 15.1: Ethan Pollack
그림 15.2: 허락을 받고 실음.
그림 15.3: 허락을 받고 실음.
그림 15.4: 허락을 받고 실음.
그림 15.5: Hyok Yoo,
Ethan Pollack
그림 15.6: Federico Ienna
그림 15.7: ZiYao Wang
그림 15.8: Yan Dong
그림 15.9a: Federico Ienna
그림 15.9b: ZiYao Wang
그림 15.10: Federico Ienna
그림 15.11: Federico Ienna
391쪽: Zheng Li

16장

그림 16.3: Laura Marshall,
Hyok Yoo
그림 16.14: Patrick Belenky
그림 16.16: Ivan Klyuzhin
그림 16.17: 허락을 받고 실음.

17장

그림 17.3: Hyok Yoo
그림 17.5: 허락을 받고 실음.
그림 17.7: Rainer Stahlberg
그림 17.8: Rainer Stahlberg
그림 17.9: Rainer Stahlberg
그림 17.10: Hyok Yoo
그림 17.16: Elmar Fuchs

용어 설명

- **격자(lattice)**: 어떤 유역이나 공간에 입자 혹은 물체가 주기적이고 규칙적으로 배열된 모습. 특히 이온이나 분자가 결정 구조를 이룰 때 흔히 사용하는 용어이다.
- **계면(interfacial)**: 물질 혹은 공간에서 경계 부분.
- **광자(photon)**: 빛과 관련된 모든 전자기파를 구성하는 전자기력의 매개 입자.
- **광전 효과(photoelectric effect)**: 전자기 에너지를 흡수한 물질이 전자를 내놓는 현상.
- **굴절률(refractive index)**: 빛이나 전자기 복사가 어떻게 매질을 통과하는지를 기술하는 숫자.
- **극(pole)**: 배터리의 양극과 음극 두 말단.
- **기울기(gradient)**: 공간에서 관찰되는 양적인 편차이며 경사로 표시할 수 있다. 기울기란 경사도와 방향을 포함하는 개념이다.
- **기체 포접화합물(gas clathrate)**: 얼음을 닮은 결정성 고체. 여기서 기체 분자들은 물 분자의 새장 속에 갇혀 있다.
- **돌턴(dalton)**: 원자 혹은 분자 수준에서 질량을 표현하는 표준 단위.
- **듀어(dewar)**: 단열하기 위해 고안된 플라스크. 뜨겁거나 차가운 액체를 채웠을 때 일반 용기보다 온도가 변하는 데 시간이 많이 걸린다. 보온병을 연상하면 된다.
- **라만 분광기(Raman spectroscopy)**: 진동, 회전 및 주파수가 적은 분자의 진동을 측정하는 기계.
- **루미놀(luminol, $C_8H_7N_3O_2$)**: 적절한 산화제와 섞었을 때 푸른색 빛을 내는 화합물.
- **마찰계수(friction coefficient)**: 두 물체의 접촉면에서 물체의 운동을 억제하고 방해하는 힘을 숫자로 표시한 것이다.
- **마찰전기(triboelectric) 효과**: 다른 물체에 대고 문질렀을 때 특정 물질이 전기를 띠는 현상.
- **반도체(semiconductor)**: 도체와 절연체 중간 정도의 전도성을 갖는 물질.
- **발광 다이오드(light emitting diode, LED)**: 전압을 가했을 때 빛을 내는 반도체.
- **베르누이의 혹(Bernoulli hump)**: 물 아래에서 이동하는 물체가 미세하게나마 바다 표면을 볼록 튀어나오게 만드는 현상.
- **변환기(transducer)**: 한 형태의 에너지를 다른 형태의 에너지로 바꾸는 장치.
- **복굴절(birefringence)**: 방향에 따라 굴절률이 달라지는 물질의 광학적 특성이다. 방해석이나 석영 결정은 입사 파장이 같더라도 방향에 따른 굴절률이 달라서 빛이 갈라지게 한다.
- **산화물(oxide)**: 산소 원자가 한 개 이상 포함된 화합물.
- **삼투압(osmosis)**: 용질의 농도가 높은 쪽을 향해 용매가 막을 통해 움직이는 현상.
- **섬유사(filament)**: 생물학에서 단백질의 긴 사슬을 의미한다.
- **소체(vesicle)**: 자그마한 주머니, 특히 액체를 함유하고 있는 주머니.
- **수산 이온(hydroxyl ion, OH^-)**: 수소와 공유결합한 산소를 포함한 음이온.
- **수화(hydration)**: 물이 붙들려 있는 것.
- **쌍극자(dipole)**: 양전하와 음전하의 분리. 크기는 같지만 반대의 전기 전하가 일정한 거리를 두고 떨어져 있는 쌍이 가장 간단한 예이다.
- **양극(cathode)**: 음극과 반대 개념으로 전류가 흘러나오는 쪽 전극을 가리킨다. 전류와 전자의 흐름은 서로 반대 방향이므로 양극은 전자가 흘러 들어가는 쪽이 된다.
- **엔트로피(entropy)**: 무질서도 또는 무작위를 의미한다. 유용한 일로 쓰이지 못한 어떤 계의 열에너지를 측정한 값이다.
- **열역학(thermodynamics)**: 열과 관련된 자연과학 또는 열이

다른 형태의 에너지 및 일과 관련된 분야를 연구하는 학문.

- **열용량(heat capacity)**: 어떤 물질의 온도를 섭씨 1도 올리는 데 필요한 열의 양. 열량이라고 흔히 칭한다.
- **요변성(thixotropy)**: 충분히 흔들어주거나 전단력을 주었을 때 흐르는 성질을 나타내는 겔의 특성.
- **용매(solvent)**: 용질을 녹이는 물질.
- **음극(anode)**: 양극과 반대 개념으로 전류가 흘러 들어가는 쪽 전극을 가리킨다. 전류와 전자의 흐름은 서로 반대 방향이므로 음극은 전자가 흘러나오는 쪽이 된다.
- **일(work)**: '특정한 높이만큼 물체를 들어올린다'라는 뜻을 가진 일은 일반적으로 힘을 들인 결과이며 그 힘이 가해지는 방향으로 물체가 움직이는 것을 일컫는다. 바위를 힘껏 밀었으나 끄떡도 하지 않았다면 힘은 썼지만 일은 전혀 하지 않은 것이다.
- **전극(electrode)**: 회로 안의 도체로 전류를 흘러 들어가거나 나오게 하는 단자이다. 전원에서 전류를 내보내는 쪽이 양의 전극(양전극)이다. 음극, 양극 참고.
- **전기 음성도(electronegative)**: 원자 혹은 기능 단위가 전자를 끌어들이는 경향. 전기적으로 음성인, 공유결합을 하는 원자가 자신 쪽으로 전자를 끌어들이는 정도를 의미한다.
- **전리층(ionosphere)**: 태양 복사에 의해 분자들이 이온화된 대기층 위쪽.
- **전자기파 스펙트럼(electromagnetic spectrum)**: 전자기 복사의 모든 파장 영역.
- **정전기(electrostatic)**: 전하가 서로에게 미치는 힘에서 비롯되는 전기 현상.
- **제곱 평균(mean square)**: 여러 숫자들의 제곱을 평균한 것.
- **중합체(polymer)**: 반복되는 단위체로 구성된 커다란 화합물 분자.
- **직류(direct current, DC)**: 전하의 한 방향 흐름을 일컫는다. 주기적으로 반대 방향으로 흐르는 교류(alternating current, AC)와 다르다.
- **촉매 작용(catalysis)**: 촉매라 불리는 물질이 참여하면서 화학 반응의 속도가 증가되는 현상.
- **총괄성(colligative properties)**: 끓는점 또는 어는점과 같은 용액의 물리적 특성. 총괄성은 용질의 본성과는 대체로 무관하며 다만 용질 입자와 용매 분자의 비율에 의존한다. 오염이 심한 강물이 잘 얼지 않는다는 사실을 생각해보자.
- **침전(precipitation)**: 용액 안에서 고체 물질이 형성되어 바닥으로 떨어지는 현상.
- **콜로이드(colloid)**: 어떤 물체에 균등히 분산되어 있는 물질. 분산된 물질의 크기는 보통 1~1,000나노미터의 입자인 경우가 흔하다.
- **큐벳(cuvette)**: 정사각형 혹은 둥근 단면을 갖는 작은 관. 한쪽 끝은 막혀 있으며 분광학 분석을 위해 사용된다.
- **패러데이 상자(Faraday cage)**: 도체 혹은 도체 그물로 둘러싸인 구조물이며 외부의 전기장을 차단하기 위해 만들어졌다. 번개나 방전으로부터 전자 장치를 보호하기 위해 사용된다.
- **폴리아크릴산(polyacrylic acid)**: 아크릴산의 고중합체.
- **표면 에너지(surface energy)**: 전체와 비교했을 때 물질 표면에서의 과도한 에너지.
- **핵이 되다(nucleate)**: 어떤 것의 출발점 혹은 중심점이 되다.
- **화학량론(stoichiometry complex)**: 화학 반응에서 반응물과 반응 결과물의 상대적인 양. 양초가 타는 과정을 화학량론적으로 표현하면 다음과 같다. $C_{25}H_{52}$(고체)+$38O_2$(기체)→25 CO_2(기체)+$26H_2O$(액체)
- **히드로늄 이온(hydronium ion, H_3O^+)**: 양성자가 물에 붙들려 있는 것.

찾아보기

더 살펴보기

공들여 쓴 이 책이 독자들에게 도움이 되었으면 하는 마음이 간절하다. 그래도 지적 허기가 느껴진다면 다음 정보에 다가가 보시길.

① 워싱턴대학, 제럴드 폴락의 실험실(https://www.pollacklab.org)
최근 실험 동향을 살피고 최근 발표된 논문을 볼 수 있다. 물 연구 분야에서 어떤 일이 벌어지고 있는지 살펴볼 수 있다.

② 과학 저널 《워터(Water)》(http://www.waterjournal.org)
물을 주제로 하는 다양한 저자의 논문을 볼 수 있다.

③ 물의 물리학 · 화학 · 생물학에 관한 연례 학술대회(http://www.waterconf.org)
물 주제에 관련된 강연을 들을 수 있고 각종 정보를 얻을 수 있다.

④ 이 책에 관한 제럴드 폴락의 강연 영상
- TEDx(https://www.youtube.com/watch?v=i-T7tCMUDXU)
- Interview with Dr. Mercola(https://www.youtube.com/watch?v=bvDoOIX9Fn0)
- University of Washington Award Lecture(http://uwtv.org/watch/XVBEwn6iWOo)
- Water and Electricity Lecture(https://www.youtube.com/watch?v=JnGCMQ8TJ_g)
- Water and Health Lecture(https://www.youtube.com/watch?v=h4D_7Cw8aT8)

⑤ 제럴드 폴락의 블로그(https://www.ebnerandsons.com/blogs/news)

⑥ 제럴드 폴락의 페이스북(https://www.facebook.com/professorpollack)

물의 과학
물의 궁극적 실체를 밝히는 과학 여행

초판 1쇄 펴낸날 2018년 8월 1일
초판 3쇄 펴낸날 2024년 11월 25일

지은이 제럴드 폴락
옮긴이 김홍표
펴낸이 한성봉
편집 최창문 · 이종석 · 오시경 · 권지연 · 이동현 · 김선형
디자인 최세정
마케팅 박신용 · 오주형 · 박민지 · 이예지
경영지원 국지연 · 송인경
펴낸곳 도서출판 동아시아
등록 1998년 3월 5일 제1998-000243호
주소 서울시 중구 필동로8길 73 [예장동 1-42] 동아시아빌딩
페이스북 www.facebook.com/dongasiabooks
전자우편 dongasiabook@naver.com
블로그 blog.naver.com/dongasiabook
인스타그램 www.instagram.com/dongasiabook
전화 02) 757-9724, 5
팩스 02) 757-9726

ISBN 978-89-6262-239-3 03400

이 도서의 국립중앙도서관 출판예정도서목록(CIP)은
서지정보유통지원시스템 홈페이지(http://seoji.nl.go.kr)와
국가자료공동목록시스템(http://www.nl.go.kr/kolisnet)에서
이용하실 수 있습니다.(CIP제어번호: CIP2018022303)

잘못된 책은 구입하신 서점에서 바꿔드립니다.

만든 사람들

편집 조서영
북디자인 안성진